U0240211

6G丛书

6G

移动通信系统

理论与技术

彭木根　刘喜庆◎编著
闫　实　曹　傧

人民邮电出版社

北　京

图书在版编目（CIP）数据

6G移动通信系统：理论与技术 / 彭木根等编著. --
北京：人民邮电出版社，2022.1
（6G丛书）
ISBN 978-7-115-57003-1

Ⅰ. ①6… Ⅱ. ①彭… Ⅲ. ①第六代移动通信系统－
研究 Ⅳ. ①TN929.59

中国版本图书馆CIP数据核字(2021)第150165号

内 容 提 要

本书系统深入地介绍了 6G 移动通信系统的演进背景、应用场景、性能目标、体系架构、理论原理、关键技术、先进算法以及未来发展趋势等。内容包括 5G 到 6G 的演进驱动力、6G典型应用场景和性能目标、毫米波通信、太赫兹通信、可见光通信、多址接入、信道编译码、随机接入、大规模天线、体系架构、空天地海一体化、雾无线网络、智慧无线通信、智简无线网络、内生安全、区块链技术等。

本书可供从事新一代宽带移动通信研究的大专院校高年级学生、专业技术人员、管理人员，特别是从事 6G 通信理论、关键技术、算法设计、标准研究和应用开发的工程人员作为基础专业图书和权威参考图书使用。本书也可供学习 6G 传输与组网理论的大专院校相关专业师生阅读参考，还可以作为移动通信专业的教材和学习参考书。

◆ 编　著　彭木根　刘喜庆　闫　实　曹　傧
　　责任编辑　李彩珊
　　责任印制　陈　犇
◆ 人民邮电出版社出版发行　　北京市丰台区成寿寺路 11 号
　　邮编　100164　　电子邮件　315@ptpress.com.cn
　　网址　https://www.ptpress.com.cn
　　三河市中晟雅豪印务有限公司印刷
◆ 开本　720×960　1/16
　　印张：34.25　　　　　　　　2022 年 1 月第 1 版
　　字数：597 千字　　　　　　2022 年 1 月河北第 1 次印刷

定价：249.80 元
读者服务热线：(010)81055493　印装质量热线：(010)81055316
反盗版热线：(010)81055315

前　言

移动通信是新一代信息技术的重要组成部分，是感知中国、感知地球的基础设施，更是数字基建的核心组成。2019 年 10 月 31 日，我国三大运营商公布 5G 商用套餐，并于 11 月 1 日正式上线，标志着我国正式进入 5G 商用时代。在产业环境和市场需求双重驱动下，我国开始加速推进 5G 的融合发展和创新应用，基站建设进度超过预期，截至 2021 年 6 月底，我国累计开通 5G 基站 96 万个，5G 手机终端连接数量突破 3.6 亿，万物智联时代离我们越来越近。

移动通信每 10 年换一代，5G 商用时代的到来意味着 6G 基础理论和关键技术研究开始启动。实际上，国际电信联盟（International Telecommunication Union，ITU）于 2018 年 7 月成立了网络 2030 焦点组；2019 年年初，美国启动 6G 技术研究，联邦通信委员会（Federal Communications Commission，FCC）已经为无线电频率方面的 6G 研发铺好道路，开放了太赫兹频段；2019 年 3 月，由 6G 旗舰计划组织的"6G 无线峰会"在芬兰召开，发布了 6G 白皮书《6G 泛在无线智能的关键驱动因素及其研究挑战》，并在 2020 年继续发布新版本；2019 年年底，日本电报电话公司（Nippon Telegraph & Telephone，NTT）旗下的设备技术实验室研发了 6G 超高速芯片，并在 300GHz 频段进行了高速无线传输试验，实现了 100Gbit/s 的无线传输。与此同时，为推动我国移动通信持续发展，2019 年 6 月 3 日，工业和信息化部在北京召开了 6G 研究组成立大会，正式拉开了我国 6G 研究的大幕；2019 年 11 月 3 日，科学技术部会同国家发展和改革委员会、教育部、工业和信息化部、中国科学院、自然科学基金委员会在北京成立国家 6G 技术研发推进工作组和总体专家组，标志着我国 6G 技术研发工作正式启动；2019 年 12 月 31 日，我国 6G 研究组正式更名为 IMT-2030(6G) 推进组，并在一些省部级科研项目中进行了 6G 技术研究，6G 重点研发计划项目也在有条不紊地开展。

全球新一轮科技革命和产业革命正在加速发展，以 6G 为代表的新一代信息通信技术将为行业转型升级、经济创新发展注入新动能，进一步促进全球产业融合发展，其应用前景非常广阔，未来将成为新型战略产业。面向 2030 年信息通信数据需求，6G 将在 5G 基础上全面支持数字化，并结合人工智能等技术的发展，实现智慧的泛在可取，全面赋能万事万物，推动社会走向虚拟与现实结合的"数字孪生"世界，实现"数字孪生、智慧泛在"的美好愿景。6G 将渗透至未来社会的各个领域，涉及数字化、网络化、智能化发展的核心技术领域，它不仅支持大带宽需求的浸入式交互体验场景，还将支撑自动驾驶和车联网等超可靠低时延通信应用，并基于大规模机器类通信广泛服务于工业互联网等。这些场景及其相关应用需要太比特级的峰值速率、亚毫秒级的时延体验、超过 1000km/h 的移动速度以及内生安全、内生智慧、数字孪生等新的网络能力。为了满足新场景和新应用的更高要求，6G 空口技术和架构需要进行相应的变革。6G 突破了传统移动通信范畴，它正加速和垂直行业紧密融合，技术上也和大数据、人工智能、云计算、边缘计算、雾计算等深度协同，演进为"大通信"范畴，正慢慢成为信息领域高科技竞争的制高点。

6G 在后摩尔时代面临重大挑战，亟须突破原有移动通信的体系架构限制，提升智能性、安全性、稳健性、宽带性、异构性。通过原生智慧、内生安全、感传算边缘融合等特性形成"由智生简、以简促智，柔性智简、内生安全"的 6G 已经成为学术界和产业界的共识。智简且可信的 6G 面向的领域将从个人通信演进为智能人机物通信，网络节点的功能也将从传统通信演进为通信、感知、计算、控制、缓存一体化；网络架构将侧重云边协同，应用场景包括物联网、无人机网络、卫星通信网络、密集蜂窝网络等多种形态。

虽然目前全球 6G 都处于探索起步阶段，技术路线尚不明确，关键指标和应用场景还未有统一定义，标准化工作还处于起步阶段，相关体系架构、关键技术、实验测试等基本上处于空白状态，但 6G 帷幕已经缓缓拉开，新的移动通信时代正慢慢向我们走来。随着信息通信技术与大数据、人工智能的深度融合，网络泛在性的进一步扩展，用户体验和个性化服务需求的持续提升，许多新的 6G 使能技术不断涌现。为促进我国移动通信产业持续健康发展和科技原始创新，特别是为了培养更多的 6G 研究和产业化专业人才，亟须编著有关 6G 理论和技术前瞻的专业图书，针对大家关心的 6G 应用愿景、基础理论和关键技术进行系统且深入的讲解，致力于信息通信产业人才先期的系统深入培养，填补 6G 发展初期市场上缺乏相关专业书籍的空白。

本书是基于作者所在团队多年来在 5G 和 6G 等领域深厚的成果积累和研究经验汇集而成的，由多名奋斗在 6G 科研第一线的老师撰写。本书从 5G 演进到 6G 的趋势特点出发，重点结合 6G 的应用愿景和性能目标需求，对相关的无线频谱、链路级关键技术和系统级关键技术进行了系统深入的介绍。具体来说，重点对提升极值速率和用户平均传输速率的毫米波通信、太赫兹通信和可见光通信等进行了描述，然后对提高频谱效率和连接数的多址接入、信道估计、编译码等链路级信号处理技术进行了介绍；考虑到全覆盖和柔性可重构组网需求，陆续介绍了空天地海一体化网络、空间信息网络、雾无线网络、智慧无线通信、智简无线网络、内生安全和区块链等。在介绍这些知识点的过程中，重点论述了具有普遍性和代表性的基础理论知识，包括基本的理论、问题挑战、技术思路和分析方法等，力求每部分内容的讲述都有新的观点及视角，注重逻辑严密，配有丰富的图示、表格和分析等。本书语言流畅、内容丰富，基本理论和关键技术及体系架构紧密结合。

本书部分研究内容受国家自然科学基金项目"无线通信协同组网理论与技术"（项目编号 61925101）、"面向智能服务的雾无线接入网络动态协同理论与关键技术"（项目编号 61831002）和"物联网基础理论与关键技术"（项目编号 61921003），以及北京市自然科学基金杰出青年科学基金项目（项目编号 JQ18016）和国家高层次人才特殊支持计划项目资助，在此特别表示感谢。

由于 6G 研究和标准化工作都还在进一步深入，为了尽快把当前最新研究成果以飨读者，在撰写本书过程中，参考了大量学术界和产业界的最新成果，在每章尽力列出了全部相关参考文献，在此对参考文献作者表示衷心感谢，万一有遗漏，敬请谅解和告知。对讲解不太系统深入的地方，读者可以参阅每章的参考文献，以获得更全面、更准确和更深入的知识。

　　希望本书能起到抛砖引玉的作用，作者对未来 6G 的发展心存敬畏，书中部分内容可能会过时，甚至与未来实际的系统和应用相悖，预测不对的地方敬请谅解。由于作者水平有限，谬误之处在所难免，敬请广大读者批评指正。根据大家反馈的意见以及技术的增强和演进，我们将陆续修改本书部分章节内容，欢迎读者一同讨论其中的技术问题，联系邮箱为 pmg@bupt.edu.cn。

作　者

2021 年惊蛰于

北京邮电大学教 2 楼

目 录

第 1 章

移动通信系统演进

未来无线通信系统将进一步提升频谱效率、网络能效、峰值速率、用户体验速率、时延、流量密度、连接数密度、移动性、定位能力等关键指标的性能；并随着大数据和人工智能的发展逐步从"万物互联"向"泛在连接、万物智联"演进。本章对 5G 进行了概述，并简要介绍了 6G 愿景、性能需求和频谱规划以及体系架构和关键技术，希望为未来的 6G 研究提供参考。

纵观移动通信发展史，人类对于通信的要求从能交流信息、简单通话，到现在的低时延、高可靠、大容量的第五代移动通信技术（5G），最终将迈向"信息随心至，万物触手及"的终极愿景。移动通信从第一代发展至第五代以及第六代，经历了一次次技术革新与标准的演进。5G 网络架构的设计需要兼顾实现高效的信息交互、功能平面划分更合理的统一的端到端网络的系统设计，目标是实现灵活和安全的组网。网络切片、移动边缘计算（Mobile Edge Computing，MEC）、按需定制的移动网络功能等相关技术为 5G 愿景实现提供了必要的技术支撑。在 5G 商用起步阶段，还有许多问题需要解决，如在高频段通信以及大规模多入多出（Multiple-Input Multiple-Output，MIMO）场景下，相关信道问题需要解决，5G 相关技术特性和标准协议还需要继续完善，同时，对于第六代移动通信技术（6G）的探索也应该开始进行。

目前，对于 6G 的本质探索，主要集中在"智慧连接""深度连接""全息连接"和"泛在连接"[1]。基于此，6G 支持的典型业务将催生出许多全新应用，如全息通信、孪生体域网、智慧交通和无人机等。为支持这些应用，6G 的频谱效率、网络能效、峰值速率、用户体验速率、时延、流量密度、连接数密度、移动性、定位能力等关键指标比 5G 都有了明显的提升，所具有的网络架构具有支持多种异构网络智能互联融合的能力，以动态满足复杂多样的场景和业务需求。目前，对 6G 的探索还在进行中，已被提出的关键技术有：太赫兹（THz）通信、可见光通信（Visible

Light Communication，VLC）、超大规模天线、智能反射表面（Intelligent Reflect Surface，IRS）、基于人工智能的无线通信等，这些通信技术将对社会发展及人类生活产生深远的影响，将成为推动社会经济、文化和日常生活等的社会结构变革的驱动力。

1.1　第五代移动通信系统概述

移动通信始于 20 世纪 70 年代基于模拟技术的第一代移动通信系统（1G），1G 仅支持模拟语音业务，存在容量有限、保密性差、通话质量不高、不支持漫游、不支持数据业务等缺点。1991 年后，以数字语音传输技术为核心的第二代移动通信系统（2G）被提出，它以欧洲的全球移动通信系统（Global System for Mobile Communications，GSM）、美国的数字式高级移动电话系统（Digital Advanced Mobile Phone Service，D-AMPS）、日本的公用数字蜂窝（Personal Digital Cellular，PDC）以及后面出现的 IS-95 码分多址（Code Division Multiple Access，CDMA）为代表。2G 有效提升了语音质量和网络容量，同时引入了新服务，如用于文本信息的存储和转发短消息、数据分组交换的业务等。为了满足人们对图像传输、视频流传输以及互联网浏览等移动互联网业务需求，业界提出了第三代移动通信系统（3G）。

3G 的主要代表是欧洲的宽带码分多址（Wideband CDMA，WCDMA）、美国的 cdma2000 和中国主导的 TD-SCDMA（Time-Division Synchronous，CDMA）。与 2G 广泛采用的时分多址（Time Division Multiple Access，TDMA）相比，3G 采用的 CDMA 技术具有频率效率高、基站覆盖范围大、同频复用和跨小区软切换等优点，用户体验质量（QoE）显著提高。但是，当时的用户应用仍然局限于短信和移动互联冲浪等文本和图片信息传输，并未出现无线数据服务的"杀手级"应用，也没有相适配的移动终端，3G 初建的网络没有得到充分应用。

然而，移动互联网经过一段时间的培育逐步进入了爆发期，智能手机也适时被推出。2007 年，美国苹果公司推出第一款 iPhone 手机，标志着智能手机革命的到来。智能手机需要无线系统提供每秒百兆比特的高容量数据服务，这也触发了第四代移动通信系统（4G）时代的到来。3G 到 4G 是一个从低速到高速数据传输的演进过程，4G 除了提供传统的语音和基本的数据服务外，还提供移动宽带服务，支持的应用涵盖移动互联网、游戏、HDTV、视频会议、云服务等。但是，随着移动互联网蓬勃发展，能给用户良好感受的业务对传输速率的要求越来越高，4G 开始无法满足人们对无线通信传输速率持续增长的需求。

从 2020 年起，5G 逐渐部署，与前几代移动通信技术不同，5G 不仅服务于电信本身，也有望服务于行业信息化和整个信息社会。中国 IMT-2020（5G）推进组发布的《5G 愿景与需求白皮书》[2]中提到：5G 将渗透到社会各个领域，以用户为中心构建全方位的信息生态系统；5G 将使信息突破时空限制，提供极佳交互体验，为用户带来身临其境的信息盛宴；5G 将拉近万物的距离，通过无缝融合方式，便捷地实现人与万物的智能互联；5G 将为用户提供光纤般的接入速率，"零"时延的使用体验，千亿设备的连接能力，超高流量密度、超高连接数密度和超高移动性等多场景的一致服务，业务及用户感知的智能优化，同时将为网络提升超百倍的能效和降低超百倍的比特成本，最终实现"信息随心至，万物触手及"的总体愿景。

5G 大致被分为如下 3 个应用场景。

（1）增强型移动宽带（Enhanced Mobile Broadband，eMBB）：主要目标是为用户提供 100 Mbit/s 以上的用户体验速率；局部热点区域用户体验速率不小于 1Gbit/s、峰值速率数十 Gbit/s 以及每平方千米数十 Tbit/s 的流量密度。eMBB 在保障现有移动宽带的基础上还可以实现诸如直播、移动高清、虚拟现实（Virtual Reality，VR）/增强现实（Augmented Reality，AR）等服务。

（2）大连接物联网（Massive Machine Type of Communication，mMTC）：特点是小数据包、低功耗、大连接、免调度；要求网络支持超每平方千米百万连接的连接数密度；主要面向智慧城市、智慧家庭、环境监测、森林防火等以传感器和数据采集为目标的场景。

（3）低时延高可靠通信（Ultra-Reliable and Low Latency Communication，URLLC）：主要是保障 1ms 量级的时延和高达 99.999%的可靠性，主要被应用于车联网、工业物联网、远程医疗等场景。

如图 1-1 所示，从通信标准演进角度来看，4G 的长期演进（Long Term Evolution，LTE）从 2008 年被提出至今，一直在不断发展和完善。LTE-A（LTE-Advanced）首个版本 Rel-10 于 2011 年 3 月完成标准化，它最大支持 100MHz 的带宽，8×8 天线配置，峰值吞吐量提高到 1Gbit/s。Rel-10 引入了载波聚合、中继（relay）、异构网干扰消除等技术，增强了多天线技术，相比 LTE 进一步提升了系统性能。Rel-11 增强了载波聚合技术，采用了多点协作（CoMP）技术，并设计了增强的物理专用控制信道 ePDCCH。其中，CoMP 通过同小区不同扇区间协同调度或多个扇区协同传输来提高系统吞吐量，尤其对提升小区边缘用户的吞吐量效果明显；ePDCCH 实现了更高的多天线传输增益，并降低了异构网络中控制信道间的干扰。Rel-11 通过增强载波聚合技术，支持时隙配置不同的多个时分双工（Time-Division Duplex，TDD）载波间的聚合。Rel-12 采用的关键技术包括 256QAM、小区快速开关和小区发现、基于空中接口的基站间同步增强、宏微融合的双连接技术、业务自适应的 TDD 动态时隙配置、D2D 等。Rel-13[3]主要关注垂直赋形和全维 MIMO 传输技术、LTE 授权频谱辅助接入（LAA）以及物联网优化等内容。面向 5G 的 Rel-15、Rel-16 主要研究了面向增强型移动宽带（eMBB）、低时延高可靠通信（URLLC）和大连接物联网（mMTC）场景，相应地提出如超大规模天线、新型多址接入技术、毫米波、全双工、增强多载波、超密集组网等技术革命，使容量达到 10Gbit/s，连接数达到 100 亿，且时延低于 1ms。

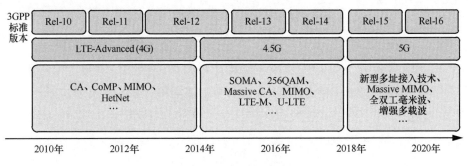

图 1-1　移动通信演进

随着移动互联网、物联网、智能终端应用和智能可穿戴电子设备的迅猛发展，多样化的移动多媒体业务需求急剧增长，无线分组数据业务量呈指数级递增，移动用户不再满足于普通的语音通信和简单的数据通信[4]。此外，快速增长的移动多媒体业务和智能应用具有"突发、局部、热点化"等特征，业务及应用在地域上并不是均匀分布的，在用户高密度聚集的部分热点区域，业务数据量呈指数级提升，基站与核心网的负载极大增加，导致网络易过载、业务时延长，甚至脆弱易瘫痪等问题。然而，传统无线接入网在部署、建设与运维中通常存在着各种问题，如潮汐效应、高能耗、高运营成本（Operating Expense，OPEX）与高资本支出（Capital Expenditure，CAPEX）等。国际电信联盟（Intcrnational Telecommunication Union，ITU）为 5G 分配的带宽不足 600MHz，为了支撑剧增的移动多媒体业务需求，具有大容量、高传输速率能力的后 5G 亟待发展和突破，力求提高单位面积的频谱效率。

1.1.1　5G 性能需求与目标

2015 年 9 月，ITU 正式确认了 5G 的三大应用场景，即增强型移动宽带（eMBB）、大连接物联网（mMTC）和低时延高可靠通信（URLLC）。

国际上，第三代合作伙伴计划（3rd Generation Partnership Project，3GPP）是制定 5G 技术标准的主要组织，涉及的标准包括 Rel-15/Rel-16/Rel-17。2017 年 12 月，Rel-15 标准的非独立组网（Non-Standalone，NSA）部分的规范被发布。独立组网（Standalone，SA）部分的规范在 2018 年 6 月发布。2020 年 6 月，Rel-16 标准冻结，而 Rel-17 标准预计在 2022 年 6 月完成冻结。

我国 5G 始终处于国际领先地位。2013 年 2 月，中国 IMT-2020（5G）推进组正式成立。2016 年 9 月，中国 5G 技术研发实验第一阶段测试结束。2017 年，中国 5G 技术研发实验第二阶段测试结束。2018 年 12 月，工业和信息化部向三大运营商颁发了 5G 中低频段频率使用许可证。2019 年，工业和信息化部向四家电信企业颁发 5G 商用牌照，中国正式进入 5G 商用元年。2020 年 1 月，中国通信标准化协会发布了我国首批 14 项 5G 标准。2020 年 4 月，三大运营商联合发布了《5G 消息白皮书》[5]。

相比于 4G，5G 网络需要适应多种未来场景的应用，这就对相关重要性能指标参数提出了要求。根据 IMT-2020 愿景[6]，5G 网络应该达到以下 8 个性能指标，如图 1-2 所示。

（1）移动性

在满足通信性能的前提下，通信双方的最大相对速率，是评价通信系统的重要

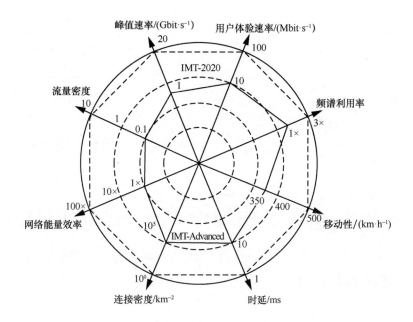

图 1-2　5G 性能指标

指标。5G 的移动性需要满足高铁、地铁等高速移动通信场景的需求，可以实现 500km/h 场景下的良好通信。

（2）时延

发射端和接收端数据之间的间隔，或是数据从发送到确认的时间间隔。4G 网络扁平化极大地降低了通信系统时延。而在 5G 时代，车联网、VR/AR 等多种场景，对端到端的时延提出了更高的要求，空口时延需要达到毫秒级。

（3）用户体验速率

单位时间内用户获得媒体接入控制（Medium Access Control，MAC）层用户面数据传送量。5G 系统的用户体验速率为 0.1～1Gbit/s。

（4）峰值速率

用户可以获得的最大业务速率。5G 进一步提升峰值速率，可以达到数十 Gbit/s。

（5）连接密度

单位面积内可以支持的在线设备总和。物联网应用需求对通信系统的连接能力提出了更高的要求，5G 的连接密度为每平方千米不低于百万。

（6）流量密度

单位面积内的总流量数，用来衡量移动网络在一定区域范围内的数据传输能力。5G 需要支持一定局部区域的超高数据传输，网络架构应该支持每平方千米数十 Tbit/s 的流量。

（7）网络能量效率

每消耗单位能量可以传送的数据量。相比于 4G，5G 在网络能量效率方面预期提升 100 倍。

（8）频谱利用率

单位带宽和单位时间内可以传输的比特数，相比于 4G，5G 在频谱利用率方面将提升 3 倍。

1.1.2　5G 体系架构

与前几代移动通信系统不同的是，5G 系统架构基于服务，其体系架构如图 1-3 所示（其中 N1～N6、N9 代表不同网络功能之间的参考点，显示了服务之间的交互关系）。在 5G 服务化网络架构中，控制面功能分解为多个独立的网络功能（Network Function，NF）。例如，接入和移动性管理功能（Access and Mobility Management Function，AMF）、会话管理功能（Session Management Function，SMF）、网络开放功能（Network Exposure Function，NEF）、策略控制功能（Policy Control Function，PCF）。这些 NF 可以根据业务需求进行合并。例如，合并为统一数据管理（Unified Data Management，UDM）和认证服务器功能（Authentication Server Function，AUSF），即 UDM+AUSF。NF 的注册、发现、授权、更新、监控等由网络仓储功能（NF Repository Function，NRF）负责。该架构用于非漫游场景，用户设备（User Equipment，UE）访问数据网络（Data Network，DN）、网络切片选择功能（Network Slice Selection Function，NSSF）、AMF、SMF 和应用功能（Application Function，AF）由受访网络提供。用户面功能（User Plane Function，UPF）提供的用户面控制管理遵循与 3GPP 4G 标准相似的控制面/用户面分离模型。在 Rel-16 中引入了新的网元服务通信代理（Service Communication Proxy，SCP），使组网方式更加方便和灵活，同时，还引入了网络切片专门认证和授权功能（Network Slice Specific Authentication and Authorization Function，NSSAAF）对 UE 接入特定切片进行认证和授权，防止非法 UE 接入切片访问服务或资源。

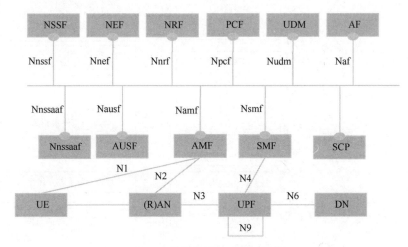

图 1-3　基于服务的 5G 体系架构

1.1.3　5G 关键技术

为提升业务支撑能力和性能，5G 在无线传输和网络技术方面有新的突破。在无线传输技术方面，引入能进一步挖掘频谱效率、提升潜力的技术，例如毫米波通信、多天线、编码调制、新的波形设计等。在无线网络方面，采用更灵活、更智能的网络架构和组网技术，例如网络切片、自组织网络（Self-Organized Network，SON）、移动边缘计算等。如图 1-4 所示，为满足容量、极值速率、时延、连接数、开销和用户体验质量等性能需求，5G 采用了先进的频谱接入、大规模 MIMO、新空口、小小区异构组网、终端直通、软件定义网络（Software Defined Network，SDN）、网络功能虚拟化（Network Functions Virtualization，NFV）、绿色节能等技术。此外，由于采用的无线频谱相较于传统的 4G 有本质区别，因此需要给出适合 5G 频谱的先进信道自适应技术。

挑战　　　　　　　　　　解决方案　　　　　　　　　设计原则

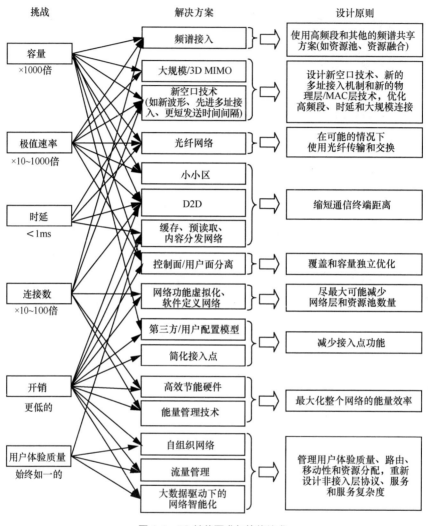

图 1-4　5G 性能要求与使能技术

（1）先进的编码技术

与在 4G 中广泛应用的 Turbo 码相比，低密度奇偶校验码（Low Density Parity Check Code，LDPC）的译码基于一种稀疏矩阵的并行迭代算法，并且由于结构并行的特点，在硬件实现上比较容易。因此在 5G eMBB 大容量通信的数据信道中，采用 LDPC 正迎合了 5G 的发展趋势。极化码（Polar Code）构造的核心是通过"信道极化（Channel Polarization）"的处理，在编码侧采用编码的方法，使各个子信道呈现出不同的可靠性。当码长持续增加时，一部分信道将趋向于容量接近于 1 的完美信道（无误码）；另一部分信道趋向于容量接近于 0 的完全噪声信道，选择在容量接近于 1 的信道上直接传输信息以逼近信道容量。在译码侧，被极化后的信道可用简单的逐次干扰抵消译码的方法，以较低的复杂度获得与最大似然译码相近的性能。Polar 码可以由简单的编码器与解码器来实现，编译码复杂度仅为 $O(n\log n)$；再考虑到其优良的性能，Polar 码相比于 Turbo 码来说优势更明显。因此 Polar 码成为 5G 控制信道 eMBB 场景编码方案。

　　LDPC 和 Polar 码作为 5G 采用的信道编码，各有优缺点：①在编译码复杂度上，与 LDPC 相比，Polar 码逐渐能达到任意二元对称离散无记忆信道的信道容量，具有较低的编译码复杂度，译码算法无须复杂的迭代计算并且能被很好地应用于多终端系统；②在频带利用率方面，Polar 码不如多元 LDPC，此外，Polar 码在中短码长的性能也不及多元 LDPC，但相差不太大。

　　（2）超密集无线组网

　　减小小区半径，提高频谱资源的空间复用率，以提高单位面积的传输能力，是保证 5G 较 4G 增加 1000 倍业务量的核心技术，但这意味着站点部署密度的增加，会形成超密集异构网络。在超密集异构网络中，网络的密集化使得网络节点离终端更近，带来了功率效率、频谱效率的提升，大幅度提高了系统容量，以及业务在各种接入技术和各覆盖层次间切换的灵活性。虽然超密集异构网络具有潜在的优势，但是节点之间距离的减少，将导致共享频谱的干扰、不同覆盖层次之间的干扰；此外，小区边界更多、更不规则，这将导致更频繁、更复杂的切换，难以保证移动性能；大量站点的突然、随机的开启和关闭，使得网络拓扑和干扰图样随机、大范围地动态变化；此外，各站点中的服务用户数量往往比较少，使得业务的空间和时间分布出现剧烈的动态变化，因此，需要适应这些动态变化的网络动态部署技术。站点的密集部署将需要庞大、复杂的回传网络，如果采用有线回传网络，会导致网络部署的困难和运营商成本的大幅度增加。为了提高站点部署的灵活性，降低部署成本，利用和接入链路相同的频谱和技术进行无线回传，是解决这个问题的一个重要方向。在无线回传方式中，无线资源不仅为终端服务，而且为站点提供中继服务，使无线回传组网技术非常复杂，因此，无线回传组网关键技术（包括组网方式、无线资源管理等）是核心技术瓶颈。

（3）大规模 MIMO

大规模 MIMO 是一种新兴的技术，与 4G 多天线技术相比，它可以将 MIMO 的规模扩大几个数量级[7]。大规模 MIMO 可以使用几十甚至几百个天线阵列，在同一时间—频率资源中为几十个终端服务。从数学原理上来讲，当空间传输信道所映射的空间维度趋向于极限大时，空间信道就会趋向于正交，从而可以对空间信道进行区分，大幅降低干扰；而且随着移动通信使用的无线电波频率的提高，尤其是毫米波及以上的频段，路径损耗也随之加大。天线尺寸相对无线波长是固定的，比如 1/2 波长或者 1/4 波长，那么载波频率提高意味着天线变得越来越小，在同样的空间里可以部署越来越多的高频段天线。因此，可以通过增加天线数量来补偿高频路径损耗，而又不会增加天线阵列的尺寸，这也是大规模 MIMO 成为 5G 关键技术的重要原因。

（4）网络切片

网络切片是使 NFV 应用于 5G 的关键技术之一。一个网络切片是指根据业务和应用需求灵活地构造一个端到端的逻辑网络，以提供一种或多种网络服务。图 1-5 所示的网络切片架构主要包括切片管理和切片选择两项功能。

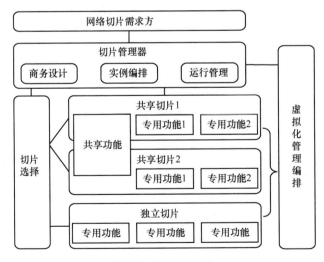

图 1-5　网络切片架构

切片管理功能可分为应用设计、实例编排、运行管理 3 个阶段，把应用运营、虚拟化资源平台和网管系统有机串联起来，为不同切片需求方（如垂直行业用户、虚拟运营商和企业用户等）提供安全隔离、高度自控的专用逻辑网络。切片选择功能实现 UE 与网络切片间的接入映射。切片选择功能综合业务签约和功能特性等多种因素，为用户终端提供合适的切片接入选择。用户终端可以分别接入不同切片，也可以同时接入多个切片。

（5）移动边缘计算

MEC 改变 4G 系统中网络与业务分离的状态，将业务和计算平台下沉到网络边缘，为移动用户就近提供业务计算和数据缓存能力，实现网络从接入管道向信息化服务使能平台的关键跨越，是 5G 的代表性技术之一[8]。MEC 来源于边缘计算，IBM 公司将边缘计算定义为：一种分布式计算框架，其使企业应用程序更接近数据源，如物联网设备或本地边缘服务器；这种接近数据源的方式具有多个优点：更快的洞察力、更短的响应时间和更好的带宽效率。通过在边缘位置处理数据，边缘计算在帮助实时应用程序无时延或无停机运行方面至关重要。MEC 于 2013 年提出，源于 IBM 公司与 Nokia Siemens 网络共同推出的一款计算平台，MEC 可在无线基站内部运行应用程序，向 UE 提供业务。后来 MEC 又被扩展到多接入边缘计算，将边缘计算接入网络延伸到其他接入网络。从计算角度来说，MEC 可以弥补终端设备计算能力有限的不足；从时延角度来说，MEC 可以减少部分任务卸载到云端所造成的高时延。

1.2　5G 演进与愿景

截至 2020 年年底，虽然 5G 刚进入商用起步阶段，相关技术特性和标准协议还需要继续增强完善，物联网及垂直行业应用场景的业务模式仍然需要继续探索，但以移动通信大约每 10 年更新换代一次的速度来看，对于后 5G 概念与技术的研究已经势在必行。

ITU 于 2018 年 7 月成立网络 2030 焦点组，以探索后 5G 技术[9]。芬兰政府于 2018 年启动了与 6G 相关技术的研究[10]。2019 年 3 月 15 日，美国联邦通信委员会

（Federal Communications Commission，FCC）投票决定了开放太赫兹频谱用于 6G 实验。2019 年 3 月，芬兰举办了全球首届 6G 峰会，来自 29 个国家的近 300 名与会者参加了会议，该活动的 6G 愿景宣言抓住了 6G 的本质，即"无处不在的无线智能"。峰会结束后，组织者举办了研讨会并起草了第一份 6G 白皮书《6G 泛在无线智能的关键驱动因素及其研究挑战》。该白皮书于 2019 年 9 月由芬兰奥卢大学与 70 位世界顶尖通信专家共同发布，书中从 7 个方面分析了 6G 的主要驱动因素、研究要求、挑战和基本研究问题[11]。2020 年 2 月，ITU 启动了面向 2030 年及未来 6G 的研究工作，标志着 6G 正式被纳入国际标准化组织研究计划[12]。

我国最早于 2018 年 1 月启动 6G 概念研究。2018 年 3 月，工业和信息化部部长苗圩在采访中表示我国已经开始着手研究 6G。中国移动研究院在 2019 年 9 月发布了我国第一份 6G 报告《2030+愿景与需求报告》[13]。2019 年 11 月 3 日，科学技术部会同国家发展和改革委员会、教育部、工业和信息化部、中国科学院、国家自然科学基金委员会在北京组织召开 6G 技术研发工作启动会，会议宣布成立了国家 6G 技术研发推进工作组和总体专家组，正式启动和部署中国的 6G 研究工作。2020 年 3 月，赛迪智库无线电管理研究所正式发布了由其编写的《6G 概念及愿景白皮书》，从愿景、应用场景、网络性能指标、潜在关键技术、国际组织和各国 6G 研究进展等方面进行了介绍[14]。

3GPP 的 5G 标准化已经日益成熟，随着 2020 年 7 月 Rel-16 的冻结以及 Rel-17 的全面展开，3GPP 对 6G 的研究也已经提上了日程。从其发布的时间表来看，3GPP 拟于 2023 年开启对 6G 的研究，并计划在 2025 年开始对 6G 技术进行标准化。

5G 的愿景是"万物互联"，但是 5G 的连接对象主要集中在陆地的有限空间范围内，且与垂直行业的结合迄今还面临着需求模糊化、标准碎片化等诸多挑战，如何实现 5G 与垂直行业的深度融合还需要相当长的时间。而 6G 将在 5G 的基础上进一步扩大连接的范围，并与大数据、人工智能等技术相结合，实现"泛在连接、万物智联"的宏伟愿景。如图 1-6 所示，6G 催生出例如全息通信、数字孪生、智慧城市群、智能工厂、智赋农业、超能交通、无人区探测等全新的愿景和应用[13-14]。

智慧城市群　　　智能工厂　　　智赋农业

数字孪生

超能交通

全息通信

无人区探测

图 1-6　6G 潜在应用场景

1.2.1　全息通信

VR、AR 和扩展现实（Extended Reality，XR）被看作下一个万亿级市场，而这些业务需要高速率、低时延的无线网络的支撑。6G 网络能满足这样的大容量、低时延的需求。在未来，用户可通过互联基础设施，随时随地享受全息通信和全息显示带来的体验升级——视觉、听觉、触觉、嗅觉、味觉乃至情感等重要感觉通过高保真 XR 充分支撑，用户将不再受到时间和地点的限制，可以通过完全沉浸式的全息体验，更好地认识世界、解放自我、实现多维感觉互通与情感交流。

利用全息通信，传统视频会议有望转换到虚拟面对面会议，在极短的时间内实现实时运动的真实投影信息传输，如图 1-7 所示。具体来说，需要实现具有立体声音频的三维视频传输，并且可以容易地重新配置以捕获同一区域中的多个物理存在，并可以与接收到的全息数据进行交互，然后根据需要修改接收到的视频。为了实现全息信息的传输，需要利用 6G 极大带宽的可靠通信，这对 6G 的用户感受速率、传输时延、定位能力、人工智能（Artificial Intelligence，AI）赋能和本地算力都提出了新的要求。

图 1-7　6G 全息通信应用示范

1.2.2　数字孪生及应用

在体域网应用方面，5G 主要实现人体的健康监测以及疾病的初级预防等功能。随着分子通信理论和纳米材料、传感器等前沿技术的突破性进展，以及生物科学、材料科学、生物电子医学等交叉学科的进一步成熟，面向未来的体域网将进一步实现人体的数字化和医疗的智能化，未来有望实现完整的"人体数字孪生"。6G 可以通过大量智能传感器（>100 个/人）在人体的广泛应用，对重要器官、神经系统、呼吸系统、泌尿系统、肌肉骨骼、情绪状态等进行精确实时的"镜像映射"，形成一个完整人体的虚拟世界的精确复制品，如图 1-8 所示，进而实现人体个性化健康数据的实时监测。

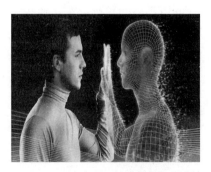

图 1-8　6G 数字孪生在人体的应用示范

通过对现实世界人体的数字重构，孪生体域网将构造出虚拟世界个性化的"数字人"。通过对"数字人"进行健康监测和管理，可实现人体生命体征全方位精准监测、靶向治疗、病理研究和重疾风险预测等，为人类健康生活提供保障。数字孪生还可以被用于社会的各个方面。如图 1-9 所示，是其在制造行业的应用，分别对高铁车头和发动机进行孪生，促进智能制造的数字化转型和信息化及智能化升级。

图 1-9　6G 数字孪生在制造领域应用示范

1.2.3　智慧城市及应用

智慧城市是把 6G 等新一代信息技术充分运用在城市各行各业中，实现基于知识社会创新的城市信息化高级形态。智慧城市将信息化、工业化与城镇化深度融合，从而缓解"大城市病"，提高城镇化质量，实现精细化和动态管理，并提升城市管理成效、改善人们生活质量。如图 1-10 所示，智慧城市包括智慧园区、平安城市、智慧交通、应急联动、电子政务、智慧环保、智慧社区、智慧物流、智慧医疗、数字城管、食品安全、智慧旅游等，6G 是智慧城市发展不可或缺的公共基础设施。

图 1-10　6G 赋能智慧城市

传统的城市由于不同的基础设施由不同的部门分别建设和管理，绝大部分城市公共基础设施的信息感知、传输、分析、控制仍处于"各自为政"的状态，缺乏统一的平台。作为城市群的基础设施之一，6G 可以采用统一网络架构，引入新的智能业务场景，使用网络虚拟化、软件自定义、网络切片等技术，并结合人工智能的方法，实现对城市的精细化、智能化的统一管理，从而减少资源消耗，降低环境污染，解决交通拥堵，消除安全隐患。在智能城市应用场景，6G 将在高效传输、无缝组网、内生安全、大规模部署、自动维护等多个层面发挥重要作用，解决 5G 面临的速率、连接数、时延、智能性等方面的问题。

1.2.4 工业互联网和智能工厂

工业互联网的本质和核心是把设备、生产线、工厂、供应商、产品和客户紧密地连接起来，形成跨设备、跨系统、跨厂区、跨地区的互联互通，从而提高效率，推动整个制造服务体系的智能化。基于工业互联网，有利于推动制造业融通发展，实现制造业和服务业之间的跨越发展，使工业经济各种要素资源能够高效共享，达到高度自动化、信息化、网络化的生产模式，从而顺利实现智能制造。

工业互联网的重要组成之一是智能工厂，即工厂内的人、机、料三者相互协作、相互组织；而工厂之间，通过端到端的整合和横向的整合，可以实现价值链共享、协同和有效，可以使费率、成本、质量、个性化有质的飞跃，进而构建基于工业互联网的智能工厂。一个应用示例如图 1-11 所示。智能工厂不仅可以起到预测工业生产发展因素的作用，还可以借助数字域进行实验室中的生产研究，进一步提高生产创新力。

实体工厂中部署了大量的智能传感器，用于状态感知和数据采集，并由智能化的管理系统进行实时监控。利用 6G 网络的超高带宽、超低时延和超可靠等特性，可以对工厂内车间、机床、零部件等运行数据进行实时采集；利用边缘计算和 AI 等技术，直接在终端进行数据监测，并且能够实时下达执行命令。利用内嵌的区块链（Blockchain）技术，智能工厂所有终端之间可以直接进行数据交互，而不需要经过云中心，实现了去中心化操作，提升了生产效率。

图 1-11　6G 赋能智能工厂应用示例

不仅限于工厂内，6G 还可保障对整个产品生命周期的全连接。工厂内任何需要联网的智能设备/终端均可灵活组网，智能装备的组合同样可根据生产线的需求进行灵活调整和快速部署，从而能够主动适应制造业个人化、定制化的大趋势。

更进一步，数字和虚拟工厂是基于实际工厂的数字化模型，基于 6G，未来拟对整个制造过程进行全面的建模和验证，从而优化制造过程。此外，管理系统还会根据对市场数据的实时动态分析制定工业生产、存储和销售方案，以保障工业生产利益最大化。

1.2.5　智赋农业

6G 将继续赋能垂直行业的应用，包括建筑和工厂自动化、制造、电子医疗、运输、农业、监视和智能电网。这些垂直行业更关注连接可靠性、传输等待时间和安全性等。为了将这些垂直行业整合到 6G，需要对 5G 的 mMTC 进一步演进。

在 5G 赋能农业的基础上，6G 智赋生产将进一步解放农业劳作，提高全要素生产率，推进农业物联网发展和成熟应用。如图 1-12 所示，6G 智赋农业是通过各种传感器实时显示或将传感器作为自动控制的参变量参与到农业物联网中，为温室精准调控提供科学依据，达到增产、改善品质、调节生长周期、提高经济效益的目的。

具体来说，在 6G 智赋农业物联网中，运用温度传感器、湿度传感器、pH 值传感器、光照度传感器、二氧化碳传感器等设备，检测环境中的温度、相对湿度、pH 值、光照强度、土壤养分、二氧化碳浓度等物理量参数，保证农作物有一个良好的、适宜的生长环境。远程控制的实现使技术人员在办公室就能对多个大棚的环境进行监测控制，确保农作物生长在最佳条件，从而实现以人力为中心、依赖于孤立机械的生产模式平滑演进到以信息和软件为中心的生产模式。

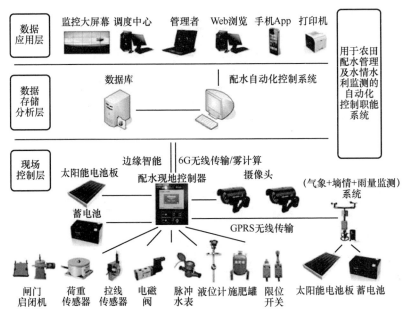

图 1-12　6G 智赋农业应用示例

总之，6G 融合陆基、空基和海基的泛在覆盖网络将进一步解放生产场地，数字孪生技术可预先进行农业生产过程模拟推演，提前应对负面因素，进一步提高农业生产能力与利用效率。同时，运用信息化手段紧密连接城市消费需求与农产品供给，可为农业产品流注入极大的活力，推进智慧农业生态圈建设。大数据、物联网、云计算等技术将支撑更大规模的无人机（Unmanned Aerial Vehicle，UAV）、机器人、环境监测传感器等智能设备，实现人与物、物与物的全连接，在种植业、林业、畜牧业、渔业等领域大显身手。

1.2.6　超能交通与一体化控制

5G 提出了车联网，赋能交通运输业，使交通运输初步实现网联化，并开始走向智慧化，辅助驾驶、远程驾驶和自动驾驶将提升交通安全，提高出行效率。如图 1-13 所示，6G 将进一步向超能交通演进，实现多模态互联交通运输的愿景以及从无人驾驶到完全智能的车联网扩展，通过城市的一体化超级大脑，进行空天地海一体化控制，实现多维感知、AI 决策、通信联动、泛在协同等。6G 将促进自动驾驶汽车或无人驾驶汽车的大规模部署和应用。自动驾驶汽车通过各种传感器来感知周围环境，如光探测和测距（LiDAR）、雷达、GPS、声纳、里程计和惯性测量装置，而 6G 将实现多维信息感知、高速传输与机动组网，以及集中边缘自适应计算的深度融合，实现可靠的车与万物（V2X）相连以及车与服务器之间的连接。

基于 6G，超能交通将在交通体验、交通出行、交通环境等方面具有突出优势。全自动无人驾驶将进一步模糊移动办公、家庭互联、娱乐生活之间的差异，通过有序运行的"海—陆—空—太空"多模态交通工具，使人们享受到按需定制的立体交通服务。新型特制基站同时覆盖各空间维度的用户、城市上空无人机等，使得无人机路况巡检、超高精度定位等多维合作护航成为可能，从而塑造可信安全的交通环境。

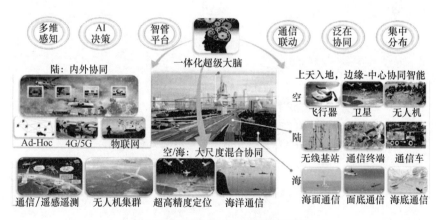

图 1-13　空天地海一体化智慧超能交通

1.2.7　应急通信和无人区探测

5G 主要侧重陆地覆盖，需要在边远地区和海洋等场景的全覆盖方面进一步增强演进。为此，6G 将由地基、海基、空基和天基网络构建成分布式跨地域、跨空域、跨海域的空天海地一体化网络，完成在沙漠、深海、高山等现有网络盲区的部署，实现全域无缝覆盖。依托其覆盖范围广、灵活部署、超低功耗、超高精度和不易受地面灾害影响等特点，进行机动敏捷无线组网。

6G 将充分利用无人机、空中平台、低轨卫星等，进行广域覆盖和应急通信，并探索通信和感知探测一体化，推动组网便捷化、管制精细化与生态智能化。依托 6G 覆盖范围广、灵活部署、超低功耗、超高精度和不易受地面灾害影响等特点，在即时抢救、无人区探测等社会治理领域应用前景广阔。通过 6G 的全覆盖和"数字孪生"，实现"虚拟数字大楼"构建，可迅速制定出火灾等灾害发生时的最佳救灾和人员逃生方案。如图 1-14 所示，通过无人机、空中平台、低轨卫星的实时探测，可以实现诸如台风预警、洪水预警和沙尘暴预警等功能，为灾害防范预留时间。

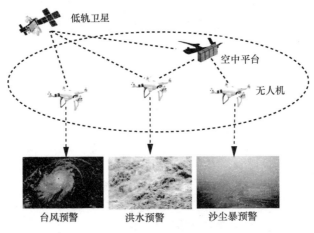

图 1-14　无人机应急通信示例

|1.3　6G 性能需求和频谱规划|

5G 的驱动力来源于消费者不断增长的流量需求，以及垂直行业的生产力需求。而 6G 的驱动力除了来自传统消费者和垂直行业，还有社会驱动因素，包括经济、社会、技术、法律和环境等方面的社会需求，以及进一步促进数字社会的包容性与公平性等内容，比如，让全球贫困人口、弱势群体和偏远的农村居民都能公平地享受到教育、医疗保健等服务。

相比 5G，6G 具有更好的包容性和延展性，因此，6G 不只是传统运营商的生态系统，还会在传统运营商之外产生新的生态系统。如图 1-15 所示，6G 的核心功能之一就是更好地把物理空间和信息空间关联起来，有效地促进信息物理融合，使得传统的信息物理系统（Cyber-Physical Systems，CPS）能够更好进行演进，满足全方位的需求。

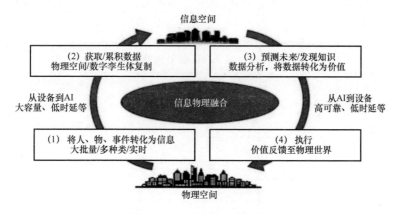

图 1-15　6G 信息物理融合特征

1.3.1　6G 多极致性能需求

为了支撑全新应用场景以及全方位的需求，6G 的频谱效率、网络能效、峰值速率、用户体验速率、时延、流量密度、连接数密度、移动性、定位能力等关键指标相较于 5G 都有了明显的提升。从覆盖范围上看，6G 不再局限于地面，而是实现地面、卫星和机载网络的无缝连接。从定位精度上看，传统的 GPS 和蜂窝多点定位精度有限，难以实现室内物品精准部署，6G 则足以实现对物联网设备的高精度定位。同时，6G 将与人工智能、机器学习（Machine Learning，ML）深度融合，智能传感、智能定位、智能资源分配、智能接口切换等都将成为现实，智能程度大幅提升。

　　为支持高保真的全息通信，6G 峰值速率将在 100Gbit/s～1Tbit/s，而 5G 峰值速率仅为 10～20Gbit/s；6G 用户的体验速率将达到 Gbit/s 级别；对于高精度的需求，例如超能交通，则要求具有比 5G 更低的端到端的时延，6G 的时延指标大约为 0.1ms，是 5G 的十分之一；6G 具有超高可靠性，中断概率小于百万分之一；对于超大规模的连接场景，例如智慧城市群、智能工厂等，则需要同时支持超海量的无线节点，6G 最大连接密度需达到每平方千米亿个连接的级别；与此同时，面对未来巨大的能源消费压力，6G 需要尽可能地提高网络能效。6G 与 5G 关键性能指标见表 1-1[14-15]。6G 与 5G 的性能增益如图 1-16 所示。6G 将在时延、吞吐量、可靠性、覆盖范围等方面有显著增强，以便更好地支撑智慧城市、VR/AR、智慧医疗、智能制造、工业互联网、自动驾驶、全息通信等。

表 1-1　6G 与 5G 关键性能指标

指标	6G	5G	提升效果
速率	峰值速率 100Gbit/s～1Tbit/s；用户体验速率：Gbit/s	峰值速率：10～20Gbit/s 用户体验速率：0.1～1Gbit/s	10～100 倍
时延	0.1ms，接近实时处理海量数据时延	1ms	10 倍
流量密度	100～10000Tbit/s/(s·km²)	10Tbit/s/(s·km²)	10～1000 倍
连接数密度	最大连接密度可达 10^8/km²	10^6/km²	100 倍
移动性	大于 1000km/h	500km/h	2 倍
频谱效率	200～300bit/(s·Hz)	可达 100bit/(s·Hz)	2～3 倍
定位能力	室外 1m，室内 10cm	室外 10m，室内几米甚至 1m 以下	10 倍
频谱支持能力	常用载波带宽可达到 20GHz，多载波聚合可能实现 100GHz	Sub-6G：带宽达 100MHz，多载波聚合达 200MHz；毫米波带宽达 400MHz，多载波聚合达 800MHz	50～100 倍
网络能效	可达 200bit/J	可达 100bit/J	2 倍

　　从定位精度上看，6G 室内定位精度为 10cm，室外定位精度为 1m，相比 5G 提高 10 倍，以便实现对物联网设备的高精度定位。

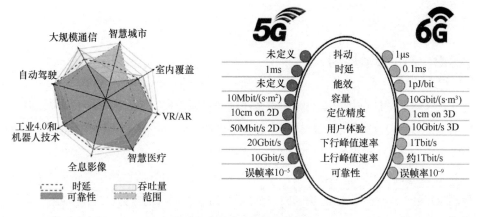

图 1-16　6G 与 5G 的性能增益

1.3.2　6G 技术特征

　　为了满足上述性能指标，6G 将采用更高的频谱以获得更宽的频率带宽，也便于部署更多的天线，从而获得更高的频谱效率。随着频段频率的增加，天线体积将越来越小，频率达到 250GHz 时，$4cm^2$ 面积上足以安装 1000 个天线，这对集成电子、新材料等技术是巨大的挑战。此外，6G 将采用先进的体系架构，实现通信–感知–计算深度融合，从而提升智能性、减少端到端时延、减小能耗和提高定位精度等。在链路级，6G 将进一步探索更先进的多址接入、调制、编码和信道估计检测技术等；在系统级，6G 将进一步协同通信、计算、感知、算力和 AI 资源，实现智能的频谱感知和干扰控制，进一步提升连接数、组网效率和移动性等。

　　需要说明的是，未来数字世界将与物理世界深度融合，人们的生活将愈发依赖可靠的无线网络运行，这对无线网络的安全问题提出了更高的要求。6G 网络应具备缓解和抵御网络攻击并追查攻击源头的能力。更进一步，万物互联将产生海量数据信息，一方面，这些数据关乎个人和企业隐私，实现可靠的数据保护是 6G 推广应用的前提；另一方面，实时处理这些数据需要成熟的边缘计算技术，但也面临数据访问受限、设备计算能力和存储能力不足等问题，这些都要求 6G

生态不断扩展和完善。

1.3.3　6G 频谱规划

日益增长的信息处理需求同样给无线频谱资源带来了巨大压力。频谱资源作为移动通信技术发展的核心资源，频谱划分是产业的起点，将在很大程度上决定产业的发展方向、节奏和格局。在 5G 时代，我国率先在全球规划及分配 5G 中频段 3.4～3.6GHz 及 4.8～5.0GHz 频段，为运营商分配至少 100MHz 的连续频谱资源，加快了我国 5G 网络部署的节奏，为我国成为 5G 系统研发和部署的先行者之一奠定了基础，并且在极大程度上影响了全球 5G 产业向中频段聚集。另外，工业和信息化部于 2017 年 7 月批复 24.75～27.5GHz 和 37～42.5GHz 频段用于我国 5G 技术研发毫米波实验频段，在实验室以及北京的怀柔、顺义地区开展了试验[16]。

为了满足 5G 三大应用场景需求，5G 统筹 300MHz～300GHz 低中高全频段频谱，其中 3GHz 以下为低频段，3～6GHz 为中频段，6～300GHz 为高频毫米波频段。低频段提供广域覆盖；中频段提供容量与覆盖支持；高频毫米波频段能够提供连续的大带宽，满足热点区域极高的用户速率和大系统容量需求，能为用户提供低时延接入。

随着通信需求的不断提高，移动通信网络需要更多的频谱。由于 6GHz 以下的频谱已经分配殆尽，26GHz、39GHz 的毫米波频段已经分配给 5G 使用，需要采用更高频段，如太赫兹和可见光，以满足更高容量和超高体验速率的需求。目前满足 6G 需要的频谱资源主要集中在毫米波、亚太赫兹和太赫兹频段，300GHz～10THz 的亚太赫兹和太赫兹频段成为关注的焦点。图 1-17 所示为无线移动通信频谱规划。

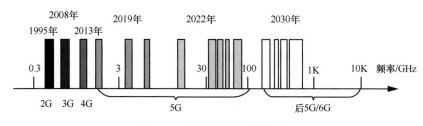

图 1-17　无线移动通信频谱规划

6G 将全频谱接入，支持 3GHz 以下低频段，包括 3.3～3.6GHz 和 4.8～6GHz 在内的中频段，24.5～27.5GHz、37～43.5GHz 和 66～71GHz 在内的毫米波频段，引入潜在的 140～220GHz、275～296GHz、306～313GHz、318～333GHz 和 356～450GHz 太赫兹频段以及可见光波段，并将兼容非授权频段和卫星频段等。

2019 年世界无线电通信大会（WRC-19）就毫米波频段、太赫兹地面通信频段的划分和高空平台通信新增使用频段等议题达成共识。全球范围内将 24.25～27.5GHz、37～43.5GHz、66～71GHz 共 14.75GHz 带宽的频谱资源，标识用于 IMT 未来发展，上述 3 个频段在我国也将被用于 5G 及 6G 系统的发展[17]。

为了满足太赫兹频段通信产业发展需求，WRC-19 最终确定 275～296GHz、306～313GHz、318～333GHz 和 356～450GHz 频段由各主管部门用于实施陆地移动和固定业务应用，不需要特定条件来保护卫星地球探测业务（无源）应用，这些都属于太赫兹频段范畴。太赫兹指频段 0.1～10THz（波长为 30～3000μm）的电磁波，具有约 10THz 候选频谱；而可见光通常指频段 430～790THz（波长为 380～750nm）的电磁波，具有约 400THz 候选频谱；两者都具有大带宽的特点，易于实现超高速率通信，是未来移动通信系统的潜在补充。

需要注意的是，可见光和太赫兹的空间传输损耗都很大，因此在地面通信中不适用于远距离传输，而适合于在局域和短距离场景提供更大的容量和更高的速率。为了扩大覆盖范围，可见光通信可利用其低功耗、低成本、易部署等特点，与照明功能结合，采用超密集部署实现更广泛的覆盖；而太赫兹通信由于波长短、天线阵子尺寸小、发送功率低，更适合与超大规模天线结合使用，形成宽度更窄、方向性更好的太赫兹波束，有效地抑制干扰，提高覆盖范围。

目前的频谱管理大多是依照传统的静态频谱分配模式进行的。静态频谱分配就是为已授权的用户提供一个固定的频谱，具有独占性，被授权用户即使在某段时间或空间内不使用，频谱资源暂时空闲，其他用户也无权使用。这种模式让本来就紧缺的频谱资源在时间或空间上白白浪费。5G 和 6G 应用场景更丰富，规模更大、连接设备更多，需要智能化的频谱管理系统，科学、高效、精细化地管理频谱资源，优化网络性能，化解供需矛盾，基于认知的智能频谱管理是 6G 的一大特征[16]。

（1）智能频谱感知

频谱感知是先进频谱管理的基础。频谱感知网络由监测网络、探测网络和测向网络组成，有固定式、车载式、机载式、舰载式和便携式等，可以对天、地、海立体空间进行全方位布局，采集频谱数据，并把采集到的频谱数据上传汇聚至频谱云。频谱感知网络采集 3 个维度的数据：频域、时域和空域。在频域，采集频率、带宽、调制参数、功率和信号来波方向等数据；在时域，采集日期、时间等数据；在空域，采集高度、经度和纬度等空间数据。频谱感知的数据结合频谱云所装载的地理信息、电波环境信息，构成频谱大数据库。频谱数据不仅具有大数据四大特征（4V）：大量、高速、多样、价值，还具有频域、时域和空域多维度上的相关性，使频谱感知系统具有预测能力。时域频谱预测通过历史频谱信息建立频谱占用模型实现频谱感知，频域频谱预测根据已获得的感知结果来推断相邻或其他信道的状态，空域频谱预测在推断频谱状态的同时考虑次用户的位置和认知系统覆盖范围。基于预测的频谱感知系统可以进一步优化监测、测向和探测网络感知策略，提高频谱感知效率，还可以利用神经网络计算方法降低信号噪声，提升感知灵敏度。

（2）动态频谱共享

动态频谱共享指两个或多个用户以分时的方式享用同一频段或部分频段频谱资源，是提高频谱利用率、解决频谱资源供需矛盾的重要方法。提供频谱资源或授权的用户被称为主用户，共享主用户频谱资源的用户是次用户。动态频谱共享指当主用户有空闲频谱时，次用户接入；主用户没有空闲的频谱时，次用户等待主用户的空闲频谱出现；当主用户要使用被次用户占用的频谱时，次用户必须立即释放占用的频谱给主用户使用。动态频谱共享有主次之别，以主用户为主、次用户为辅。动态频谱共享能让空闲频谱得以充分利用，有效提高频谱资源利用率，它应用灵活、适用范围广，但技术难度大，实现富有挑战性。在频谱资源竞争越发激烈的环境下，许多国家都在推动动态频谱共享技术。

| 1.4 6G 体系架构和关键技术 |

为了实现"泛在连接、万物智联"、6G 将与复杂多样的垂直行业标准和技术进行融合。为满足不同类型移动通信应用和性能指标差异化需求，要求 6G 的网络架构具有支持多种异构网络智能互联融合的能力，以动态适应复杂多样的场景和满足各种极致性能需求[18]。

后 5G 时代在大幅度提高用户体验速率的同时，还要满足飞机、轮船等机载船载互联网的网络服务需求，保障高速移动的地面车辆、高铁等终端的服务连续性，支持即时抢险救灾、环境监测、森林防火、无人区巡检、远洋集装箱信息追踪等海量物联网设备部署，实现人口稀少区域低成本覆盖等需求。故 6G 覆盖主要形式是将网络覆盖范围拓展到太空、深山、深海、陆地等自然空间，构建空天地海一体化网络，实现通信网络全球全域的三维立体"泛在覆盖"。

5G 对偏远山区和海洋等地域盲区缺乏低成本无线覆盖方案，为了实现"泛在连接"，可将卫星通信系统和深海通信系统与地面通信系统相结合，形成空天地海一体化的网络架构。该网络架构可充分利用卫星通信系统和深海通信系统的优势，能够在任何地点、任何时间，以任何方式提供信息服务，实现空基、天基、陆基、海基等各类用户接入与应用，实现真正的全地形覆盖。空天地海一体化网络具有不可替代的重要战略意义，已成为国民经济和国家安全的重大基础设施[19]。

1.4.1　AI 驱动的空天地海一体化按需网络

空天地海一体化网络主要包括不同轨道卫星构成的天基、各种空中飞行器构成的空基、卫星地面站和传统地面网络构成的地基、海洋领域通信设备组成的海基 4 个部分，具有覆盖范围广、可灵活部署、超低功耗、超高精度和不易受地面灾害影响等特点。

空天地海一体化网络的难点在于目前不同通信系统的通信制式互不兼容、通信带宽高低不一、网络结构极为复杂、网络业务多样化、缺乏统一高效的管理机制。不同系统的通信节点特征各不相同，例如，天基系统中的低轨卫星节点具有高速移动的特点，多普勒频移大，其网络拓扑结构、基站覆盖等都具有时变特征，且传输时延大。因此，要实现空天地海一体化网络，需要重点解决网络架构、接口标准、频谱资源管理等问题。AI 驱动的空天地海一体化网络如图 1-18 所示。

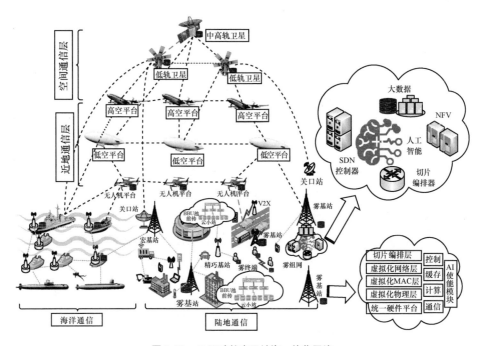

图 1-18　AI 驱动的空天地海一体化网络

　　6G 将通过按需自重构方式驱动无线网络，以满足无线网络日益增长的性能需求。AI 可以通过学习预测未来网络发生的变化，并提前做出相应操作，实现网络的自动、自优、自愈和自治。虽然 AI 在 5G 资源管理、无线网络规划优化和运维、数据业务推送等方面都有成功的应用，但其主要聚焦于 5G 规定的无线网络架构的优化。如何基于 AI 构建高效的按需可重构无线网络架构，是 6G 的核心关键技术之一。

　　想要实现按需自重构，就必须让网络知道用户、性能、运维等多维意图。2015 年，时任美国开放网络基金会北向接口工作组主席 Daivd Lenrow 提出了意图驱动网络（Intent-Driven Network，IDN）的概念[20]，在所谓的意图模式中，智能软件将决定如何把意图转化为针对特定基础设施的配置手段，从而使网络以期望的方式运行。IDN 借助 AI 可以实现意图的转译和验证、自动化部署配置、网络状态的察觉和精准预测以及动态的配置优化和补救等，以用户意图自主驱动网络的全生命周期自动化管理，极大地提升了网络的运维效率和相应业务变化的速度，在面对不断更新的用户需求和时变的无线环境时展现出可观的性能优势。

意图驱动的 6G 空天地海一体化网络以人工智能、网络虚拟化、软件定义网络等技术为基础，将用户或者运营商对网络期望的业务、性能和组网"意图"转化为实际组网策略，实现空天地海一体化网络的高效柔性可重构。该体系架构可适配不同的网络配置方法和物理层传输技术，满足海量连接、超低时延、超大带宽等 6G 时代的组网需求。

1.4.2　物理层关键技术

为满足未来 6G 网络的性能需求，需要引入新的物理层关键技术。目前业界讨论较多的技术方向主要包括面向更高更宽频谱的太赫兹、可见光、高效频谱使用等新型频谱使用技术，以及提升频谱效率的超大规模天线、轨道角动量（Orbital Angular Momentum，OAM）等高效无线接入技术等。这些潜在使能技术将极大地提升 6G 传输性能，为用户提供更加丰富的业务和应用。

（1）太赫兹通信

随着手机、平板电脑等移动终端的普及，移动数据流量呈指数级增长，无线通信正面临有限频谱资源和迅速增长的高速业务需求的矛盾。现有的无线通信技术已难以满足多功能、大容量无线传输网络的发展需求，迫切需要发展新一代高速传输的无线通信技术。太赫兹频段的通信技术被认为是有望解决频谱稀缺问题的有效手段，引起世界各国的高度关注。太赫兹技术作为非常重要的交叉前沿技术，是当今国际学术研究的前沿和热点[21]。太赫兹频段是指频率在 0.1～10THz 范围的电磁波，如图 1-19 所示，频率介于技术相对成熟的微波频段和红外线频段两个区域之间。太赫兹频段是宏观电子学向微观光子学过渡的频段，也是人类尚未完全认知和利用的频段，被称为电磁波频谱资源中的"太赫兹间隙"。

太赫兹通信的特点如下。

- 大气传输影响大，不透明。大气中的水汽对太赫兹波有强烈的吸收作用，太赫兹波对大气表现为不透明性，使得太赫兹通信不适合地面远程通信。但在距通信双方一定距离以外的区域，太赫兹通信信号有一个很高的衰减，使得探测通信信号难度加大，因此太赫兹通信适合地面短程安全通信。

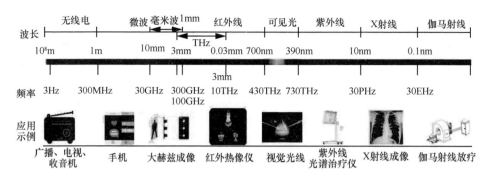

图 1-19　无线通信频谱

- 频谱带宽较宽。太赫兹频段在 0.1～10THz，因此可以划分出更多的通信频段。太赫兹频段大约是长波、中波、短波、微波总的带宽的 1000 倍。太赫兹频段的高带宽特性可以满足未来人们对通信速率不断增加的要求。另外，如果事先不知道通信双方使用的频段，在如此高的带宽内正确捕捉到通信双方使用的频段的概率非常小，因此太赫兹通信较为安全。

- 天线小，方向性好。由于太赫兹波比微波的频率更高，波长更短，可以制成方向性很强、尺寸又小的天线，大幅降低发射功率和减少相互之间的干扰。

- 散射小。对浮质和云层可穿透性高。这主要是由太赫兹波的波长大小决定的。太赫兹通信适用于卫星间的星际通信和同温层空对空通信。同温层是指从地面 10～50km 高度的大气层，同温层内的空气大多做水平运动，气流平稳，能见度好，适合监视和侦察设备飞行。

- 安全性高：与 X 射线相比，太赫兹辐射是非电离的。X 射线会电离，会对人体健康造成重大危害，而太赫兹波的光子能量极低，不存在化学键被破坏和测试材料被损坏的危险，因此太赫兹波对人体的安全性较高。

与现有的通信手段相比，太赫兹通信技术在高速无线通信领域具备了明显的技术优势：①频谱资源宽，太赫兹高速无线通信可利用的频率资源丰富；②高速数据传输能力强，具备 100Gbit/s 以上高速数据传输能力；③通信跟踪捕获能力强，灵活可控的多波束通信为太赫兹通信在空间组网通信中提供更好的跟踪捕获能力；④抗干扰/抗截获能力强，太赫兹波传播的方向性好、波束窄，侦察难度大；太赫兹信号的激励和接收难度大，具有更好的保密性和抗干扰能力；⑤克服临近空间通信黑障能力强，能有效穿透等离子体鞘套，提供临近空间高速飞行器的测控通信手段。

太赫兹通信技术具备以上优势的同时，也面临一些挑战。太赫兹波在空气中传播时很容易被水分吸收，会经历极为严重的路径损耗，大大限制了通信距离。另外，传统的通信器件和技术难以满足太赫兹波的需求，为实现太赫兹通信的应用，要克服通信硬件的约束，调整太赫兹系统和相关通信策略的设计。

太赫兹通信应用场景广泛，典型应用场景如图 1-20 所示。太赫兹通信可以被用于陆地的密集无线网络中，提升局部热点区域的组网容量；也可以被用于空间信息组网，利用其超大带宽和太空传输无损等特征，提高超高传输速率等；还可以被用于身体微纳组网，监测身体健康和治疗疾病等。

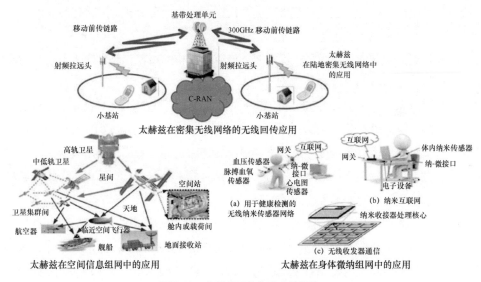

图 1-20　太赫兹通信典型应用场景

（2）可见光通信

可见光通信技术利用了可见光发光二极管（Light Emitting Diode，LED）高速切换的特性，其结构由 LED 发射光源、可见光传输信道和可见光接收 3 个部分组成，如图 1-21 所示。可见光通信通过 LED 照明、显示等设备将受信息编码、调制和预均衡的电信号转换成光信号进行传输，再通过光电二极管等光电转换器将接收到的光信号转换为电信号，通过解码、解调和后均衡等信号处理，最终解调得到信息。

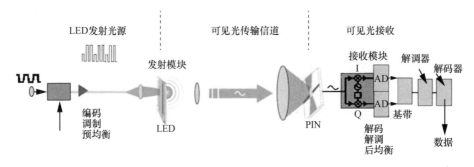

图 1-21　可见光通信结构

可见光通信充分利用 LED 的优势，实现照明和高速数据通信的双重目的。与无线电通信相比，可见光通信在宽带高速、泛在覆盖、安全兼容、融合包容、绿色节能五大方面具备独特的优势，具体如下。

- 可见光频谱使用不受限，不需要频谱监管机构的授权，且具有大量的可用频谱，具有极高的传输速率。

- 可见光通信在信号收发过程中不会产生电磁干扰，也不易受外部电磁干扰的影响，更适用于医院、核电站、机舱、矿井、工厂等限制电磁干扰的特殊场景。

- 可见光定位具有精度高、操作便捷、性能稳定等显著优点，可解决无线电定位在室内复杂环境精度差、需布设基站、成本高、在具有强电磁干扰区域难以适用、电磁兼容性能差的问题。

- 可见光通信技术所搭建的网络安全性更高。该技术使用的传输媒介是可见光，不能穿透墙壁等遮挡物，传输限制在用户的视距范围以内。这就意味着网络信息的传输被局限在一个建筑物内，有效地避免了传输信息被外部恶意截获，保证了信息的安全性。

- 可见光通信的通照两用的优势大大简化了通信网络的建设，为广泛解决通信末端介入和深度覆盖问题提供了一种便捷而自然的方式。

可见光通信系统的通信距离和覆盖范围主要由光学天线等器件决定，因此设计适用于通信系统的光学器件仍是一个重要的研究领域；可见光通信组网目前参考各种成熟的射频（Radio Frequency，RF）通信组网技术，包括多址接入、上下行链路设计、网络融合等，然而光与电磁波的传播特性存在较大差异，改进或者设计一个适用于可见光的组网技术，是 6G 的核心关键技术之一。

（3）超大规模天线技术

大规模天线技术是 5G 中提升无线移动通信系统频谱效率的关键技术之一。相较于 5G，6G 对于频谱效率的要求更高，进一步增加天线数目，提升天线增益是可行的技术之一。超大规模天线技术与传统的多用户 MIMO 对比见表 1-2。6G 超大规模天线技术通过部署数量更多、空间分布更复杂的多天线技术，可以进一步提升无线传输的频谱效率，提升理论极值容量，但也带来理论和技术多方面的挑战。

表 1-2　超大规模天线技术与传统的多用户 MIMO 对比

对比项目	超大规模天线技术	传统的多用户 MIMO
用户数（K）和基站天线数（M）关系	$M>>K$，两个值都很大（$M=128$，$K=20$）	$M \approx K$，两个值都很小（都不到 10）
双工模式	设计支持 TDD，为了信道互易性	设计支持 TDD 和频分双工（Frequency-Division Duplex，FDD）
信道获取方式	上行靠发送导频；下行靠信道互易性	导频码本
预编码的链接质量	由于信道硬隔离化，一般不随时间和频率变化	频率选择性和小范围衰落的信道特性，使预编码随时间和频率变化
资源分配	信道变化慢，分配方式变化也慢	信道变化快，分配变化也快
小区边缘用户	导频干扰严重	在基站协作的情况下性能较好

由于 6G 极有可能采用太赫兹频段进行通信，天线的尺寸可以小于毫米量级，基站可配置上千甚至上万个天线单元。这样的超大规模天线技术可带来以下优点。

- 可在同一频率通道上传输数百个并行数据流，通过超高的空间多路复用能力来实现超高的频谱效率。
- 可以显著提高能源效率和减小时延。
- 可以提供数百个波束同时为更多的用户服务，且由于天线尺寸很小，使用户端配置大规模天线成为可能，网络吞吐量显著提高。
- 形成的超窄波束有助于克服毫米波和太赫兹频严重的传输损耗，并可以减少共信道的小区间干扰。

虽然超大规模天线技术存在上述明显的优点，但是采用超大规模天线技术还需要研究并突破如下几方面的问题。

- 解决跨频段、高效率、全空域覆盖天线射频领域的理论与技术实现问题。
- 研究可配置、大规模阵列天线与射频技术，突破多频段、高集成射频电路面临的低功耗、高效率、低噪声、非线性、抗互扰等多项关键问题挑战。
- 提出新型大规模阵列天线设计理论与技术、高集成射频电路优化设计理论与实现方法，以及高性能大规模模拟波束成形网络设计技术。

此外，在发射端和接收端获得准确的信道状态信息（Channel State Information，CSI）对于系统充分实现超大规模天线增益异常重要。对于超大规模天线来说，获取 CSI 极具挑战性。由于传统信道估计采用正交导频时，导频开销随着发送侧的天线总数线性增加，即使在 TDD 双工模式下，由于正交导频资源的匮乏，依然会存在导频污染的问题，即来自不同小区的上行链路导频序列彼此干扰。天线阵子数越多，需要估计的信道数目将会越庞大。

幸运的是，在超大规模天线系统中，发射机和/或接收机配备了大规模天线阵列，由于散射群数量有限，空间分辨率提高，信道可以在角域中稀疏地表示。另外，相关研究和实际测量表明，太赫兹到达信号由少量的路径簇构成，且每个路径簇仅有较小的角度扩展。这些太赫兹频谱及其大规模天线的显著稀疏特性有利于采用压缩感知技术对信道进行估计和反馈，来有效降低处理复杂度，提升系统性能[1]。

（4）智能反射表面

通过充分利用超大规模天线带来的高空间复用增益和太赫兹频段的大带宽的综合优势，可以实现频谱效率的大幅提高。但是，在高频段工作的几个射频链会导致信号处理过于复杂、功耗极高且硬件成本过高。智能反射表面（Intelligent Reflect Surface，IRS）是解决上述挑战的方案之一。

虽然 5G 物理层技术通常能够适应空间和时间变化的无线环境，但信号传播本质上是随机的，在很大程度上是不可控制的。而智能反射表面可以通过软件控制反射来重新配置无线传播环境，是一种很有前途的新技术。如图 1-22 所示，IRS 是由大量低成本无源反射元件组成的平面，每个元件能够独立地诱导入射信号的振幅和/或相位变化，从而协同形成精细粒度的三维反射波束。与现有的发射机/接收机无线链路适配技术形成鲜明对比的是，IRS 可通过高度可控和智能的信号反射，主动地修改发射机/接收机之间的无线信道，这为进一步提高无线链路的性能提供了新的自由度，为实现智能可编程无线环境铺平了道路。由于 IRS 无须射频链路，因而可以灵活地控制其成本；再则 IRS 一般作用于小范围内的节点，因而无须在无源 IRS 之间进行复杂的干扰管理，易于实现低能耗的密集部署。

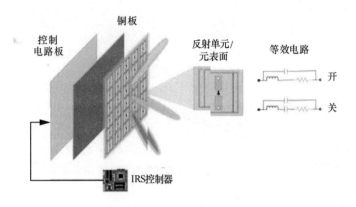

图 1-22　IRS 通信结构

从实现的角度来看，IRS 具有多个显著优势。首先，IRS 通常是采用低轮廓、轻重量和相同几何形状制作而成的，这使得用户很容易在墙壁、天花板、建筑立面、广告面板等地安装/移除它们。此外，由于 IRS 在无线网络中是一种补充设备，将其部署在现有的无线系统（例如蜂窝或 Wi-Fi）中不需要更改其标准和硬件，而仅需对通信协议进行必要的修改。将 IRS 集成到无线网络中可以对用户透明，从而提供比现有无线系统更高的灵活性和更优越的兼容性，并且以较低的成本在无线网络中实际部署和集成[22]。

（5）轨道角动量

轨道角动量的工作原理是通过在正常电磁波上添加一个与空间方位角相关的旋转相位因子，将正常电磁波转变为涡旋电磁波，利用不同本征值涡旋电磁波的正交特性，在同一带宽内并行传输多路涡旋电磁波，在同一频段对多个数据流进行多路复用，从而获得更高的频谱效率。

轨道角动量在无线通信领域的应用主要面临如下问题和挑战：如何在无线领域产生不同本征值的涡旋电磁波；如何对大量的涡旋电磁波状态进行有效的检测和分离；如何降低传输环境对涡旋电磁波的影响。

目前常用的移动通信、广播电视、卫星通信和导航等均基于平面电磁波理论（与球面波的远距离近似），其等相位面与传播轴垂直。电磁波的轨道角动量特性却使得电磁波的等相位面沿着传播方向呈螺旋上升的形态，故轨道角动量电磁波又称涡旋电磁波，如图 1-23 所示[23]。

图 1-23　轨道角动量电磁波与常规球面电磁波示意图

与频分复用（Frequency Division Multiplexing，FDM）、时分复用（Time Division Multiplexing，TDM）、码分复用（Code Division Multiplexing，CDM）、空分复用（Space Division Multiplexing，SDM）类似，电磁波的轨道角动量为无线通信系统提供了另一个复用维度，其传输能力无可限量。涡旋电磁波的场表达式中具有 $\exp(-\mathrm{j}l\varphi)$ 的相位因子，每一个轨道角动量态可被一个量子拓扑电荷（Topological Charge）l 来定义，l 可取任意的整数值，拓扑电荷亦被称作轨道角动量的阶数。具有不同拓扑电荷的涡旋电磁波间相互正交，因此在无线传输过程中，可以在同一载波频率上将信息加载到具有不同轨道角动量的电磁波上，而相互之间不影响。这种复用技术不仅可有效提高频谱利用率，而且具有更高的安全性。

此外，由于轨道角动量在理论上可以拥有无穷维阶数（l 可取任意的整数值），故理论上同一载波频率利用轨道角动量涡旋电磁复用可获得无穷的传输能力[23]。图 1-24 给出了一个轨道角动量无线传输示意图，在 X 极化和 Y 极化上均成功传输了拓扑电荷 $l=-1,-3,1,3$ 的涡旋电磁波，共计 8 个通信信道，误码率低于 3.8×10^{-3}[24]。

（6）基于人工智能的物理层技术

为了降低实现复杂度，提升链路级信号处理性能，在 6G 中将对 AI 技术进行初步的探索。目前主要采用基于深度学习等 AI 算法，移动通信领域研究中比较常用的 AI 方法如图 1-25 所示，大体可以分为 3 类：一是"改进"类，包括物理层研究中的去模块化、由传统最优化的资源分配到基于深度学习的资源分配等；二是"0 到 1"类，包括自组织网络或网络运维中的 KPI 建模、多参数性能模型等；三是"代替"类，包括通过神经网络代替 MIMO 最大似然检测以降低复杂性等。

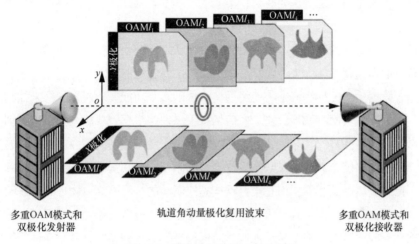

图 1-24　轨道角动量无线传输示意图

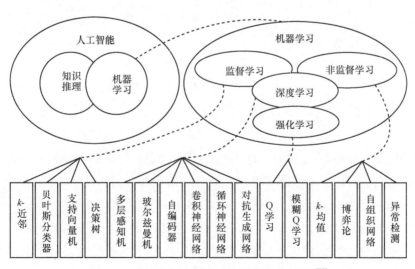

图 1-25　移动通信领域研究中比较常用的 AI 方法[25]

使用深度学习解决物理层无线通信问题有诸多技术挑战，比如如何建立通信数据集、如何选取或设计适用于通信场景的神经网络及如何将基于深度学习的通信技术运用于通信设备等。目前的研究主要聚焦在端到端的无线链路设计、信道估计、信号检测、信道状态信息的反馈与重建、信道解码等方面[25]。

将 AI 用于物理层的主要有两种类型的深度学习网络，一种是基于模型驱动的神经网络，另一种是基于数据驱动的神经网络。基于模型驱动的神经网络是在传统无线信号处理算法的基础上，将传统算法的迭代结构转化为神经网络的架构，通过神经网络的强大学习能力来优化算法，从而提高算法性能。

基于数据驱动的神经网络将无线通信系统的多个功能模块看作一个未知的黑盒子，利用深度学习网络取而代之，然后依赖大量训练数据完成输入到输出的训练。6G 物理层性能的提升离不开功能模块的建模，基于数据驱动的神经网络摒弃这些已有的无线通信知识，需要海量数据进行训练与学习，而获得的性能往往达不到已有无线通信系统模型的性能。而基于数据模型双驱动的神经网络以物理层已有模型为基础，可以显著减少训练或升级所需的信息量。由于已有的模型具有环境自适应性和泛化性，因此数据模型双驱动深度学习网络也具有这些特性，并且在原模型基础上进一步提升系统的性能。

1.4.3　边缘计算和雾计算

6G 是通信技术、信息技术、大数据技术、AI 技术、控制技术深度融合的新一代移动通信技术，呈现出极强的跨学科、跨领域发展特征。6G"泛在连接、万物智联"愿景，需要从信息采集、信息传递、信息计算、信息应用多个环节端到端设计。这些技术的深度融合将是 6G 端到端信息处理和服务架构的发展趋势，是推动网络全维可定义的柔性无线网络的基础；是推动人工智能与大数据全面渗透的智能无线网络的基础；也是推动确定性网络发展的自动化系统与数字孪生系统的基础。6G 将在大数据流动的基础上实现云、网、边、端、业深度融合，并通过以区块链为代表的手段创造可信环境，提升各方资源利用效率，协同升级云边计算能力、网络能力、终端能力和业务能力。

此外，随着移动通信技术的快速发展，业务需求与场景更加多元化、个性化，

6G 网络将采用更加灵活的可重构架构。一方面基于共享的硬件资源，网络为不同用户的不同业务分配相应的网络和空口资源，实现端到端的按需服务，在提供极致服务的同时，实现资源共享，以最大化资源利用率，降低网络建设成本；另一方面，极简的网络架构、灵活可扩展的网络特性为后续网络维护、升级及优化提供极大的便利，进一步降低运营商网络运营成本。另外，面向 6G 内生智慧的特征需求，也对网络的计算能力以及可扩展能力提出了更高的要求。

20 世纪 90 年代，Akamai 公司推出了内容分发网络（Content Delivery Network，CDN），该网络在接近终端用户处设立了能够存储缓存静态内容的传输节点，这可被看作边缘计算的起源。思科在 2011 年首次提出了雾计算概念。该概念拓展了云计算的概念，把数据、与数据相关的处理和应用程序向网络边缘的雾节点集中，而并非全部在云端处理。边缘计算与雾计算有效弥补了云端传输链路较远的问题，将数据处理转移到数据生成源头，以有效降低时延和成本，满足了地理上大规模分布式物联网设备的服务需求[26]。

边缘计算和雾计算虽然有很多相似的地方，但是这两者对数据的收集、处理以及通信的方法是不同的。在边缘计算中，物联网设备的嵌入式计算设备通过 Ad-Hoc 网络连接本地资源，并可以进一步被用于处理物联网数据，且这些数据大多来源于所在的物联网设备本身。然而，并非所有物联网设备都是计算使能的。当物联网设备不具备计算能力时，需要将处理任务发送到云端进行处理，这会显著降低时延敏感的物联网应用程序的服务质量（Quality of Service，QoS），同时也容易造成网络拥塞。

为了应对这些挑战，雾计算通过分布式雾节点提供基础和软件服务，以在网络中执行物联网应用程序。在雾计算中，传统的网络设备，如路由器、交换机等，都可以充当雾节点，并且可以通过独立或集群的方式创建广域的云服务。移动边缘服务器或微云也可以被视为雾节点，并在雾使能的移动云计算（Mobile Cloud Computing，MCC）和 MEC 中执行各自的工作。在某些情况下，边缘计算和雾计算的概念是等同的，但从更广泛的角度来看，边缘计算是雾计算的一个子集。

从 6G 的角度来看，MEC 是独立于通信而被提出的一种计算架构，其核心是围绕业务和应用，预先将业务缓存到本地服务器，目的是减少端到端时延。而雾计算则侧重和无线接入网的深度融合，利用边缘通信节点的通信、计算、感知、测量等能力，进行中心分布自适应的信号处理，通过大规模集中式协作处理减少干扰以提升容量，通过本地信号处理和预先缓存业务，减少端到端时延和缓解前传链路容量压力等。因此，雾计算可以被看作云计算和 MEC 的协同自适应集合，其包含了两者的优势，并和超密集异构无线组网、终端直通、边缘 AI 等深度融合在一起，是6G 的一种重要组网形式。基于雾计算可以实现智能的空天地海一体化无线组网，自适应满足差异化应用和全场景业务需求，如图 1-26 所示。

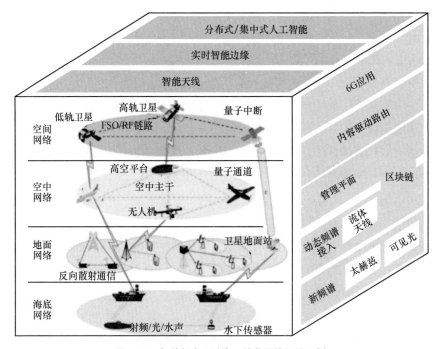

图 1-26　智能的空天地海一体化无线组网示例

1.4.4　通信–感知–计算一体化

通信–感知–计算一体化是指在信息传递过程中，同步执行信息采集与信息计算的端到端信息处理技术框架。其将打破终端进行信息采集、网络进行信息传递和云边进行计算的烟囱式信息服务框架，是提供无人化、浸入式和数字孪生等感知通信计算高度耦合业务的技术需求。

（1）一体化背景

日益增长的信息处理需求同样对无线频谱资源带来巨大压力。6G 将全频谱接入，支持 3GHz 以下低频段，包括 3.3～3.6GHz 和 4.8～6GHz 在内的中频段，24.5～7.5GHz、37～43.5GHz 和 66～71GHz 在内的毫米波频段，引入潜在的 140～220GHz、275～296GHz、306～313GHz、318～333GHz 和 356～450GHz 太赫兹频段以及可见光波段，并将兼容非授权频段和卫星频段等。这些频段与传统的无线感知（雷达）频段将产生越来越多的交叠，传统频谱共享与兼容性设计亟待升级[19]。

同时，面向 6G 的超大规模天线、太赫兹通信和可见光通信等无线通信技术具备三维定位和成像能力，感知与通信共设备使得降低成本成为可能。另外，新业务需要多时空维度的实时感知与协同决策，对端到端时延敏感，传统串行信息采集、信息传递和信息处理流程亟须重新设计。

上述技术趋势与需求促进了通信-感知-计算一体化技术的发展，成为 6G 空口研究热点。无线感知通信一体化是指基于软硬件资源共享实现无线感知与无线通信功能协同的信息处理与服务技术。具体来说，它包括在感知软硬件资源中引入通信功能，或在通信软硬件资源中引入感知功能，还包括基于信息共享的感知通信功能协同等。IEEE 802.15.7 制定了可见光成像通信技术标准，3GPP NR 正在制定无线定位技术标准，将定位引入空口功能中。通信-感知-计算一体化 3GPP NR 将为 6G 提供一种新型的信息处理能力[18]。

（2）一体化技术

通信-感知-计算一体化具体分为功能协同和功能融合两个层次。在功能协同框架中，感知信息可以增强通信能力，通信可以扩展感知维度和深度，计算可以进行多维数据融合和大数据分析；感知可以增强计算模型与算法性能，通信可以带来泛在计算，计算可以实现超大规模通信。

在功能融合框架中，感知信号和通信信号可以使用一体化波形来设计与检测，共享一套硬件设备。一方面，目前雷达通信一体化技术已成为热点，将太赫兹探测能力与通信能力融合，以及将可见光成像与通信融合成为 6G 潜在的技术趋势。另一方面，感知与计算可融合成算力感知网络，计算也可与网络融合实现网络端到端可定义和微服务架构。

未来，感知通信计算可以在软件定义芯片技术发展基础上实现功能可重构。通信-感知-计算一体化的应用场景包括无人化业务、浸入式业务、数字孪生业务等。在无人化业务领域，提供智能体交互能力和协同机器学习能力；在浸入式业务领域，提供交互式 XR 的感知和渲染能力，全息通信的感知、建模和显示能力；在数字孪生业务领域，提供物理世界的感知、建模、推理和控制能力；在体域网领域，提供人员监控、人体参数感知与干预能力。

（3）一体化应用

通信-感知-计算一体化主要被应用在感知、通信与计算紧耦合的场景，包括基于智能体交互的无人化业务、基于人机交互的沉浸式业务和基于虚实空间交互的数字孪生业务。这类业务中的感知行为和内容与通信行为和内容具有不同层次与层度的相关性。下面以智能体交互为例，阐述感知通信计算一体化的具体应用思路。

智能体是指具有环境感知、交互与响应能力的实体，如机器人、无人车和无人机等。智能体感知能力通常来自摄像头、各类雷达和各类传感器。交互能力通常基于感知与通信实现。响应能力来自智能体的学习（包括推理和决策）和执行能力。由于智能体软硬件资源不同，其无线感知、通信、学习、计算能力各有差异，智能体交互具有不同层次的目标[27]。

- 协同感知。为了完成目标任务，智能体需要交互数据与信息。例如，在车联网场景中，车车或车路之间以通信方式交换感知数据，通过数据融合提高感知维度、深度和精度。这里，被交互的数据可以是原始数据或训练集数据。
- 协同训练。协同训练是智能体合作训练模型的过程。具体有 3 种情况：一是智能体算力不均衡，较强算力的智能体帮助其他智能体完成模型训练；二是相关智能体分工完成本地模型训练，再汇总形成完备的区域模型；三是智能体交互各自的训练模型，帮助测试和优化性能。
- 协同推理。协同推理是智能体合作求解问题的过程。通常目标任务会被定义为若干优化问题，每个问题可被分解成子问题，并分配给智能体局部求解。智能体基于自身的资源和模型对分配的问题进行推理，并将局部推理结果发送给其他智能体进行参考或修正，或者发送给网络合成整体推理结论。最终推理结论可能需要多次推理结果的更新迭代才能确定。多个智能体通过交互形成推理网络，需要精心设计推理架构来优化其推理能力。

- 协同决策。协同决策是智能体达成一致行动约定的过程。这些行动约定以命令的形式被下发到智能体的执行单元，推动任务流程或响应任务外的突发事件。数据融合问题贯穿上述 4 个智能体交互层级，可以进行数据级、推理级或决策级融合。如摄像头和毫米波雷达感知信息的融合，可以综合利用目标形状、距离、速度等感知信息，实现对物体的精准定位与识别。

通信–感知–计算一体化可以应用在上述 4 个智能体交互层级，支持数据融合、数据降维，提升感知精度。其主要应用思路是围绕目标任务，充分利用基于通信的合作感知方式，降低感知数据量。对于非合作目标，充分利用任务先验信息和合作感知获取的先验信息，降低感知计算量。同时，根据目标任务的全生命周期等先验信息，通过通信–感知–计算一体化，减少下一步流程中不必要的感知、通信与计算行为。

1.4.5　内生安全

传统无线网络的安全性主要依赖于位级加密技术和不同层级的安全协议，这些解决方案采用的是"补丁式"和"外挂式"的思想。一方面，随着网络边缘化以及软件虚拟化，网络安全的边界越来越模糊，网络架构所引发的安全缺陷越来越凸显；另一方面，随着人工智能等革新性技术与通信网络的深度融合，网络数据安全面临着前所未有的挑战。6G 无线网络内部安全问题已无法依靠传统的方案来解决，因此，亟须在设计之初就植入防御机制，使网络安全体系从外向内演化，逐渐进化为以内生安全为主导的安全体系架构，从而适配新一代 6G 移动通信网络。

6G 内生安全遵循"内聚而治、自主以生"的思想[28]。内聚而治指 6G 网络在技术融合与业务融合的背景下对不同安全协议与安全机制的聚合，进而对网络进行安全治理；自主以生指 6G 网络的安全防护应具备自主驱动力，来同步甚至前瞻地适应网络变化，以衍生网络内在稳健的防御力。

6G 网络内生安全体系结构将分为接入侧安全与网络侧安全。接入侧安全通过"内聚而治"为 6G 网络内生安全网络实现"门卫式"安全保障；而网络侧安全提供网络自内向外的安全稳健能力，是体现"自主以生"的重要方面。未来网络可在身份认证、接入控制、通信安全以及数据加密等方面采用物理层安全通信、量子密钥分发以及区块链等实现 6G 网络内生安全。

在基于区块链的 6G 内生安全体系架构中，设备间进行直接通信，减少上传云服务器的时间，提升设备处理速率，同时深度覆盖的物联网容量进一步促进了区块链去中心化特征的实现。基于区块链的 6G 内生安全如图 1-27 所示。利用区块链中节点之间通信发送方和接收方数字签名实现网络节点验证，确保通信的网络安全性和可追溯性；通信和区块链之间的特征完全契合，有效解决了应用场景中数据共享安全问题，排除了恶意节点的随意非法访问，进一步实现了高速率传输、低时延、低功耗的网络传输。

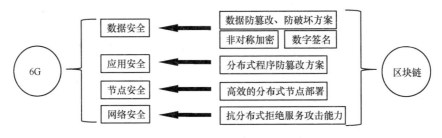

图 1-27　基于区块链的 6G 内生安全

基于共识机制的区块链技术与去中心化、分布式的 6G 网络架构结合，通过减少数据挖掘处理开销和时延，增加区块链的可扩展性，进而抵抗多种安全攻击，提升系统安全。共识机制的应用提升了交易验证和防范恶意攻击、篡改信息数据的能力，降低了网络攻击、恶意节点欺骗和外部环境攻击的风险。智能合约技术的不断完善，其规则制定必将由固定规则向智能化学习规则发展，提升了 6G 网络数据传输速率，加快了共识进程，提升了网络性能，避免了因传输数据量大、交互频繁而出现的系统故障[29]。

｜参考文献｜

[1]　赵亚军, 郁光辉, 徐汉青. 6G 移动通信网络: 愿景、挑战与关键技术[J].中国科学: 信息

科学, 2019, 49(8): 963-987.

[2] 刘光毅, 方敏, 关皓, 等. 5G 移动通信系统: 从演进到革命[M]. 北京: 人民邮电出版社, 2016.

[3] HOYMANN C, CHEN W S, MONTOJO J, et al. Relaying operation in 3GPP LTE: challenges and solutions[J]. IEEE Communications Magazine, 2012, 50(2): 156-162.

[4] 滕学强, 彭健. 世界各国积极推进 6G 研究进展[J]. 信息化建设, 2020(6): 59-61.

[5] 中国移动, 中国电信, 中国联通. 5G 消息白皮书[R]. 2020.

[6] BACHKANIWALA A K, DHANWANI V, CHARAN S S, et al. IMT-2020 evaluation of EUHT radio interface technology[C]//2020 IEEE 3rd 5G World Forum. Piscataway: IEEE Press, 2020: 631-636.

[7] CHEN Z L, SOHRABI F, YU W, et al. Multi-cell sparse activity detection for massive random access: massive MIMO versus cooperative MIMO[J]. IEEE Transactions on Wireless Communications, 2019, 18(8): 4060-4074.

[8] 卢海峰, 顾春华, 罗飞, 等. 基于深度强化学习的移动边缘计算任务卸载研究[J]. 计算机研究与发展, 2020, 57(7): 1539-1554.

[9] International Telecommunication Union. Focus group on technologies for Network 2030[Z]. 2019.

[10] POUTTU A. 6Genesis - taking the first steps towards 6G[C]//Proceedings of IEEE Conference Standards for Communications and Networking. [S.l.:s.n.], 2018.

[11] AAZHANG B, AHOKANGAS P, ALVES H, et al. Key drivers and research challenges for 6G ubiquitous wireless intelligence (white paper)[R]. 2019.

[12] International Telecommunication Union. Proposal for a new study on IMT development and technology trends[Z]. 2020.

[13] 中国移动研究院. 2030+愿景与需求报告[R]. 2019.

[14] 赛迪智库无线电管理研究所. 6G 概念及愿景白皮书[R]. 2020.

[15] YANG P, XIAO Y, XIAO M, et al. 6G wireless communications: vision and potential techniques[J]. IEEE Network, 2019, 33(4): 70-75.

[16] 曹倩, 王健. 面向 5G、6G 的智能频谱管理研究[J]. 中国无线电, 2020(9): 13-15.

[17] 周瑶, 李毅. WRC-19 结论分析及启示[J]. 邮电设计技术, 2020(4):21-26.

[18] 易芝玲, 王森, 韩双锋, 等. 从 5G 到 6G 的思考: 需求、挑战与技术发展趋势[J]. 北京邮电大学学报, 2020, 43(2): 1-9.

[19] 尤肖虎. Shannon 信息论与未来 6G 技术潜能[J]. 中国科学: 信息科学, 2020,50(9): 1377-1394.

[20] 周洋程, 闫实, 彭木根. 意图驱动的 6G 无线接入网络[J]. 物联网学报, 2020, 4(1): 72-79.

[21] 陈智, 张雅鑫, 李少谦. 发展中国太赫兹高速通信技术与应用的思考[J]. 中兴通讯技术, 2018, 24(3): 43-47.

[22] WU Q Q, ZHANG R. Towards smart and reconfigurable environment: intelligent reflecting

surface aided wireless network[J]. IEEE Communications Magazine, 2020, 58(1): 106-112.

[23] TORRES J P, TORNER L. Twisted photons: applications of light with orbital angular momentum[M]. John Wiley & Sons Inc., 2011.

[24] YAN Y, XIE G D, MARTIN P J, et al. High-capacity millimetre-wave communications with orbital angular momentum multiplexing[J]. Nature Communication, 2014(5): 4876.

[25] 伏玉笋, 杨根科. 人工智能在移动通信中的应用: 挑战与实践[J]. 通信学报, 2020, 41(9): 190-201.

[26] 拉库马·布亚, 萨帝什·纳拉亚纳·斯里拉马. BUYYA R, SRIRAMA S N. 雾计算与边缘计算: 原理及范式[M]. 彭木根, 孙耀华, 译. 北京: 机械工业出版社, 2020.

[27] 潘成康, 王爱玲, 刘建军, 等. 无线感知通信一体化关键技术分析[J]. 无线电通信技术, 2021, 47(2): 143-148.

[28] 刘杨, 彭木根. 6G 内生安全: 体系结构与关键技术[J]. 电信科学, 2020, 36(1): 11-20.

[29] 牛娇红, 黄何, 王卫斌, 等. 区块链技术及其 6G 网络中应用探析[J]. 信息通信, 2020(11): 37-39.

第 2 章

毫米波通信技术

随着各类移动互联网业务的爆发式增长，无线通信系统的容量面临着巨大挑战。目前，低频段无线频谱已趋于饱和，亟须开发更高频段的无线频谱资源。在此背景下，毫米波具有波长短、频带宽的特征，相较于 6GHz 以下频段，毫米波频段拥有丰富的频谱资源，可实现超高速率的数据传输。在 5G 中，已经正式启用了毫米波频段，预计毫米波通信技术在 6G 中仍然将发挥重要作用。本章将介绍毫米波信道特征和毫米波通信技术，并在此基础上深入讨论毫米波通信的标准化工作以及应用场景。

随着各类移动互联网业务的爆发式发展，无线通信系统的容量面临着更大的挑战。目前低频段无线频谱已趋于饱和，亟须开发更高频段的无线频率资源。在此背景下，毫米波具有短波长、宽频带的特征，相较于 6GHz 以下频段，毫米波频段拥有丰富的频谱资源，在载波带宽上具有巨大优势，可实现 400MHz 和 800MHz 的大带宽传输，通过不同运营商之间的共享和共建，可实现超高速率的数据传输。同时，毫米波通信技术的元器件尺寸小，有助于产品的集成化，将会是 6G 的重要组成部分。5G 已经划分了毫米波频段，而在 6G 中，毫米波通信技术仍然将发挥重要作用。考虑到毫米波相对于太赫兹和可见光更加成熟，本章将以毫米波为 6G 重要的频谱组成和物理层关键技术进行介绍，以更好地描述 6G 频谱特征，以及为后续太赫兹和可见光通信介绍提供更好的知识支撑。

本章将对毫米波通信的相关理论、技术特征、传输性能等进行系统介绍，包括移动通信频谱特征、毫米波信道特性、毫米波关键技术、毫米波组网、毫米波标准化等。此外，还将结合物联网中的主流应用，对毫米波通信技术在物联网中的应用进行详细探讨。

| 2.1　无线频谱 |

网络容量是无线通信网络的关键性能指标，移动通信对网络容量有极高的要求。

根据香农公式，无线通信系统的总容量 C_{sum} 可以通过式（2-1）计算得到：

$$C_{sum} \Leftrightarrow \sum_{Cells} \sum_{Channels} B_i \log_2(1+SINR_i) \tag{2-1}$$

其中，Cells 代表蜂窝系统小区的数量，Channels 代表信道数量，B_i 代表第 i 个信道的带宽，$SINR_i$ 代表第 i 个信道对应的信干噪比。从式（2-1）中可以看出，增加系统的总容量可以从增大覆盖面积、增加信道数量、增大系统带宽以及增大信干噪比（Signal to Interference Plus Noise Ratio，SINR）4 个方面入手，其中最有效、最直接的方式就是增大系统带宽。

2.1.1　电磁波谱排列

在介绍 6G 的频谱特征之前，先介绍电磁波谱的排列，如图 2-1 所示。

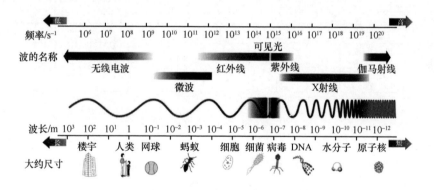

图 2-1　电磁波谱

电磁波谱包含多个频段，频率由低到高依次为无线电波、微波、红外线、可见光、紫外线、X 射线和伽马射线。其中，目前的无线通信主要使用无线电波以及微波，而无线电波与微波又可根据波长细分为甚长波、长波、中波、短波、超短波、分米波、厘米波与毫米波，如图 2-2 所示。

虽然波长较长的电磁波更有利于进行远距离的传输，但从图 2-2 中可以看出，这类电磁波的频谱范围很小，无法满足通信所需的大容量。因此移动通信主要使用特高频附近的频段。我国 5G 之前的移动通信频谱分布如图 2-3 所示。

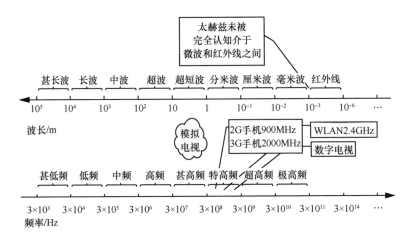

图 2-2　无线电波与微波具体划分

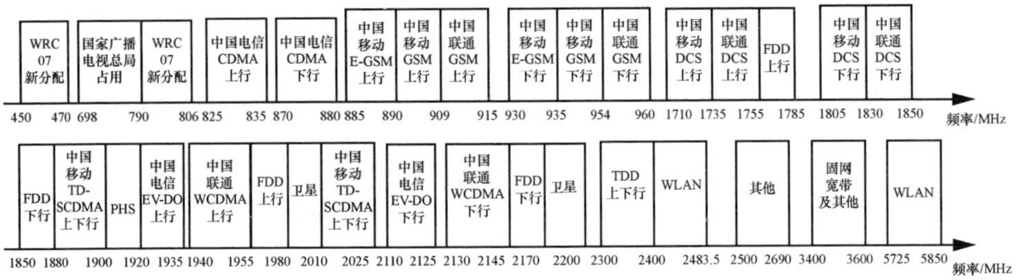

图 2-3　我国 5G 之前移动通信频谱分布

　　为了追求更大的容量，5G NR 将频谱范围扩大至 100GHz。3GPP 指定了 5G NR 所支持的两大频率范围，如表 2-1 所示：FR1（450～6000MHz）和 FR2（24250～52600MHz）[1]。我国则将 3400～3500MHz 的频谱分配给了中国电信，将 3500～3600MHz 分配给了中国联通，将 2515～2675MHz 和 4800～4900MHz 分配给了中国移动，如表 2-2 所示。

表 2-1　3GPP 指定的 5G 频率范围

频率范围名称	对应的频率范围
FR1	450～6000MHz
FR2	24250～52600MHz

表 2-2　国内运营商分配到的 5G 频段

运营商	5G 频段	带宽	5G 频段号
中国移动	2515～2675MHz	160MHz	n41
	4800～4900MHz	100MHz	n79
中国电信	3400～3500MHz	100MHz	n78
中国联通	3500～3600MHz	100MHz	n78

2.1.2　毫米波频谱

毫米波是指波长在 1～10mm 的电磁波，通常对应于 30～300GHz 的无线电频谱[2]。考虑大气吸收的影响，毫米波一般包括 4 个大气窗口。图 2-4 为目前频段划分示意图。

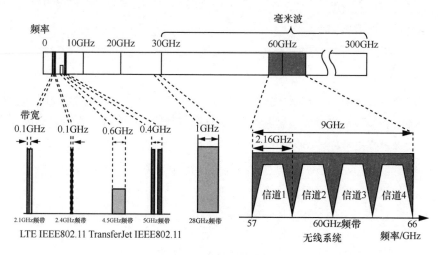

图 2-4　频段划分示意图

2.1.3　毫米波通信优势

随着通信产业尤其是移动通信的高速发展，无线电频谱资源已趋近饱和，无法满足未来通信发展的需求，因而若要实现高速、宽带的无线通信，必须在微波高频段开发新的频谱资源。毫米波具有的诸多优势，可以有效地解决高速宽带无线接入面临的许多问题，因而在短距离无线通信中有着广泛的应用前景。毫米波具有以下优势[3-4]。

- 频率高：毫米波的频率在 30GHz 以上，这使其受到的干扰较小，能够提供更加稳定的传输信道。
- 频谱宽：毫米波拥有 30～300GHz 的极宽频谱资源，即使考虑大气吸收，传播时只能使用 4 个主要窗口，但 4 个窗口的总带宽可达 135GHz，为微波以下各频段带宽之和的 5 倍。
- 方向性好：毫米波受空气中悬浮颗粒物、氧气、水蒸气的影响，虽然吸收损耗较大，但波束较窄，方向性好。例如一个 12cm 的天线在 94GHz 时波束宽度仅 1.8 度，增大了窃听难度，适合短距离点对点通信。
- 波长短：所需的天线尺寸很小，易于在较小的空间内集成大规模天线阵，也有利于通信系统小型化。

但是，毫米波所在的高频段也是一把双刃剑，除了上述优势以外，同样会带来以下缺点。

- 传播损耗严重：毫米波在大气中传播损耗较大，尤其是恶劣气候条件，例如降雨会导致毫米波传输衰减严重,并且在移动场景下存在严重的多普勒效应，这导致毫米波覆盖范围受限，很难实现规模组网。
- 穿透性差：毫米波不易穿过建筑物或障碍物，且传播依赖视距，进一步限制了毫米波的覆盖范围。
- 成本高昂：工作于毫米波频段的亚微米尺寸的集成电路元件昂贵。

2.1.4　小结

5G 时代到来之前主要使用 6GHz 及以下的频段,导致频谱资源紧缺且趋于饱和；毫米波具有毫米级别的波长，使用了新的高频段，使频谱宽度、方向性、传输效率等都有极大的提升，但也伴随着高传输损耗等缺点。2019 年国际电信联盟的世界无线电通信大会（WRC-19）确定了 24～86GHz 的毫米波频段将被用于国际移动通信，其中 24.25～27.5GHz、37～43.5GHz 和 66～71GHz 频段为全球融合一致的 IMT 频段。

我国低频段 5G 在 2019 年已开始商用，毫米波 5G 的频谱尚未正式发布，但已批准了 24.75～27.5GHz 和 37～42.5GHz 作为实验频段。

|2.2　毫米波通信特性|

毫米波的波长为 1～10ms，这意味着它们的尺寸比红外线或 X 射线大，但比无线电波或微波小。电磁波的频率范围（30GHz）被称为高频区。毫米波的高频率及其传播特性（即它们在传播过程中改变或与大气相互作用的方式）使其适用于各种应用，包括传输大量数据、蜂窝通信和雷达。

2.2.1　毫米波传播特性

无线信道的衰落特性取决于无线电磁波传播环境，环境、频率不同，传播特性也不尽相同。

（1）自由空间损耗

与所有传播的电磁波一样，对于自由空间中的毫米波来说，功率衰减为射程的平方。当射程加倍时，到达接收器天线的功率是原来的 25%。这种效应是由无线电波在传播过程中的球形扩散造成的。两个各向同性天线之间的损耗与频率和距离的关系可以用式（2-2）（单位：dB）表示为绝对数：

$$L_{\text{free space}} = 20\log_{10}\left(4\pi\frac{R}{\lambda}\right) \tag{2-2}$$

其中，$L_{\text{free space}}$ 是自由空间损耗，R 是发射天线和接收天线之间的距离，λ 是工作波长。这个方程描述了视距波在自由空间中的传播。结果表明，自由空间损耗随频率或传输距离的增大而增大。而且，毫米波自由空间损耗即使在短距离内也可能相当高。这表明毫米波频谱最好用于短距离通信链路。当链路距离 $R = 10\text{m}$ 时，可以使用 $(4\pi R / \lambda)^2$ 计算路径损耗。表 2-3 列出了不同未授权频段的路径损耗。

表 2-3　不同未授权频段的路径损耗

未授权频段/GHz	路径损耗/dB
2.4	60
5	66
60	88

　　60GHz 和其他未授权频段之间的损耗差异已经将系统设计推向了极限。一种可以覆盖这个额外的 22dB（即 88−66=22）损耗的方法是采用高增益天线。另一种表示路径损耗的方法是 Friis 方程，它能更全面地说明从发射机到接收机的所有因素[5]：

$$P_{RX} = P_{TX} G_{RX} G_{TX} \frac{\lambda^2}{(4\pi R)^2 L} \tag{2-3}$$

其中，G_{TX} 是发射天线增益，G_{RX} 是接收天线增益，λ 是工作波长（与 R 的单位相同），R 是分离发射和接收天线的视距，系统损耗系数 L（$\geqslant 1$）。这里，因子 G_{RX} 是接收天线的有效面积。

　　（2）毫米波传播损耗因子

　　除了自由空间损耗（传输损耗的主要来源），还有吸收损耗因素，如大气损耗和传输介质中的雨水的损耗。大气损耗是指在大气中传播的毫米波被氧气、水蒸气和其他气态大气成分的分子吸收时发生的传输损耗。这些损失在某些频率下更大，与气体分子的机械共振频率一致。

　　57~64GHz 被氧气分子吸收的电磁波能量大约为 15dB/km；水蒸气对电磁波能量的吸收取决于水蒸气的量，在 164~200GHz 频段范围内，水蒸气吸收电磁波的能量最大可达数十分贝[6]。图 2-5 显示了不同频段下氧气、水蒸气的吸收损耗。

　　毫米波频段有 4 个传播衰减相对较小的大气窗口，任何一个毫米波窗口的可用带宽几乎可以把包括微波频段在内的所有低频频段容纳在内。

　　如图 2-6 所示，毫米波频段存在 4 个传播衰减较小的大气窗口以及 3 个传播衰减较大的大气吸收带，如表 2-4、表 2-5 所示。利用大气窗口可以减小毫米波传输损耗，拓宽现有的通信频谱，而利用大气吸收带，可以为军用通信和雷达提供更好的隐蔽通信环境。

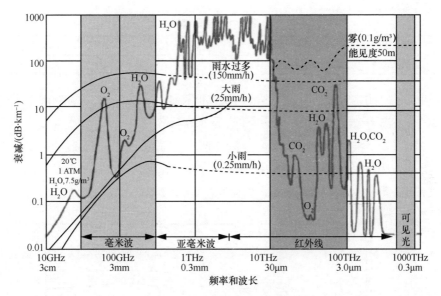

图 2-5　氧气、水蒸气的吸收损耗[7]

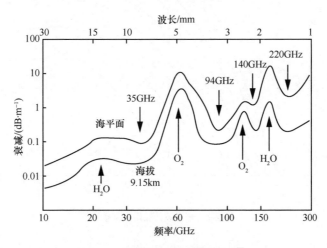

图 2-6　毫米波频段大气吸收衰减[7]

表 2-4　大气窗口

中心频率 f/GHz	35	94	140	220
波长 λ/mm	8.6	3.2	2.1	1.4
带宽 B/GHz	16	23	26	70

表 2-5 大气吸收带

中心频率 f/GHz	60	120	183
波长 λ/mm	5	2.5	1.6

电磁波在雨水中传播时，受雨滴的吸收和散射影响而产生的衰减叫雨水衰减。在 3GHz 左右的频段，随着频率的升高，雨水衰减增大。

然而在毫米波频段需要考虑所有降水影响，中雨以上的降雨引起的衰减相当严重。毫米波频段雨水衰减如图 2-7 所示，在中雨（雨量为 5mm/h）情况下，毫米波的总衰减值可达 5dB。在暴雨时，这种情况更加严重[4]。

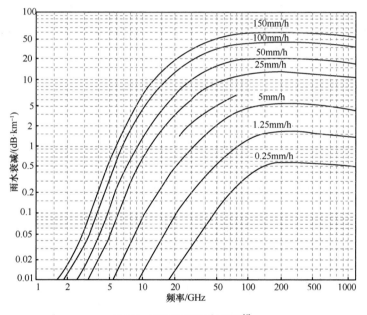

图 2-7 毫米波频段雨水衰减[4]

2.2.2 毫米波信道特性

了解毫米波的传播特性和信道性能是研究毫米波通信系统的第一步。当信号为低频段时，如 GSM 信号，可以传播数千米，更容易穿透建筑物，但是，毫米波信号在空气和固体材料中只能传播很短的距离甚至不能传播，并且会受到高传输损耗的影响。然而，这些毫米波传播特性对无线个人区域网的一些应用中可能非常有用。毫米波可被用于建立更密集的封装通信链路，通过频率重用提供高效的频谱利用率，从而提高通信系统的整体容量。

利用 60GHz 信道的主要挑战如下：

- 高损耗，可以根据弗里斯传输方程计算损耗值；
- 人体阴影；
- 非视距传播（Non Line of Sight，NLOS），它导致信号电平的随机波动，多径效应显著，如图 2-8 所示；
- 在行人速度下，多普勒频移是不可忽略的。

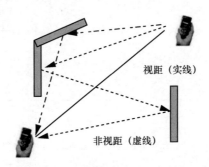

视距（实线）

非视距（虚线）

图 2-8　室内无线通信信道性能在 60GHz 下的多径效应[8]

美国联邦通信委员会将 60GHz 通信链路的等效各向同性辐射功率限制在 40dBm。发射机的功率和路径损耗是高速无线链路的限制因素。然而，天线方向性可被用于在期望方向上增加功率增益。假设一个简单的无视距空间通信链路，其中接收功率 P_{RX} 和噪声系数分别为 10dBm 和 10dB，发射端和接收端相距分别 10m、15m 和 20m。此外，假设发射端和接收端各有一个全向天线，则在距离 R 处的接收功率 P_{RX} 随着频率的增加而减小，并且假定在 60GHz 下工作的系统会因人的遮扫产生 10dB 的阴影损耗。

即使带宽是无限的，接收功率 P_{RX} 仍然受到加性高斯白噪声（Additive White Gaussian Noise，AWGN）容量的限制，如下所示：

$$C = BW \log_2\left(1 + \frac{P_{RX}}{BW \cdot N_0}\right) \approx 1.44 \frac{P_{RX}}{N_0}, BW \to \infty \qquad (2\text{-}4)$$

其中，N_0 为噪声功率谱密度。

结果如图 2-9 所示，当存在阴影时，不能使用全向天线来达到 Gbit/s 的数据速率。在工作频段为 60GHz、当收发机具有发送功率 $P_T=10\text{dBm}$、噪声系数 $NF_{RX}=6\text{dB}$、环境中的人为阴影损耗为 18dB 的前提下实现 1Gbit/s 的传输速率，需要天线增益在 10～15dB 范围内。

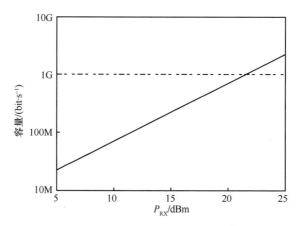

图 2-9　发射全向天线和接收全向天线之间距离 *d*=10m 的香农极限[9]

如果不考虑人体的阴影损耗，则发送端和接收端之间存在视距传输。60GHz 系统参数见表 2-6。

表 2-6　60GHz 系统参数

系统参数	取值
发送功率 P_T	10dBm
噪声系数 NF	6dB
实现损耗 IL	6dB
热噪声 N_0	174dBm/MHz
带宽 BW	1.5GHz
距离 R	20m
1m 路径损耗 PL_0	57.5dB

当参数如表 2-6 所示时，可以通过以下方法计算接收端 RX（单位：dB）的信

噪比（Signal-Noise Ratio，SNR）：

$$SNR = P_{TX} + G_{TX} + G_{RX} - PL_0 - PL(R) - IL - (N_0 + 10\log_{10} BW - NF) \quad (2\text{-}5)$$

其中，G_{TX} 和 G_{RX} 分别表示发射和接收天线增益，P_{TX} 表示发射机功率。在式（2-4）的香农容量中插入式（2-5），可以计算出 AWGN 下的最大可实现容量。图 2-10 显示了使用全向天线设置的室内办公室在视距和非视距（NLOS）情况下的香农容量限制[10]。结果表明，在视距条件下，数据传输速率可达 5Gbit/s。另一方面，由于非直瞄能力随着距离的增加而急剧下降，非视距条件下的作战距离被限制在 3m 以下。

　　为了提高给定工作距离的容量，可以增加带宽或 SNR。从图 2-10 可以看出，使用 7GHz 的带宽只会显著提高 5m 以下距离的容量。超过此距离，7GHz 的容量带宽仅略高于 1.5GHz 带宽的情况，因为距离较长时，由于较高的路径损耗，接收端的 SNR 显著降低。另一方面，通信距离在 20m 以内时，与 1.5GHz 和 7GHz 带宽的全向天线相比，如果采用 10dBi 的发射天线增益，总容量会显著增加。当系统工作在 60GHz 频段时，提升天线增益可以获得非常高的容量，而问题是不能实现全向天线配置。

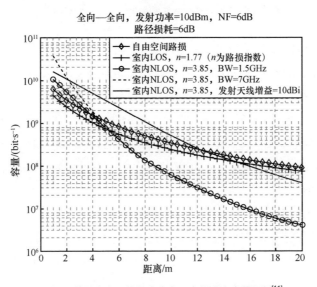

图 2-10　使用全向天线的室内办公室的香农容量限制[11]

图 2-11 中显示了在 20m 的距离下，传输和接收组合增益的容量。为了在 20m 的速度下实现 5Gbit/s 的数据速率，在没有人体阴影损耗的情况下，LOS 和 NLOS 需要 25dBi 和 37dBi 的天线增益[11]。这两个数据考虑了 TX 和 RX 的增益。在噪声信道中，为了达到该速率，需要更高的增益来克服干扰。

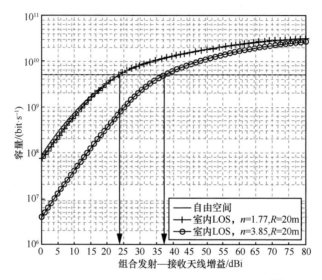

图 2-11　达到目标容量所需的组合 Tx-Rx 天线增益[11]

因此，千兆传输速率的无线通信需要定向天线，可以根据不同的应用场景对每个接入点（Access Point，AP）和远程终端（Remote Terminal，MT）进行不同的配置，如图 2-12 所示。

60GHz 通道测量设置如图 2-13 所示，在 65GHz 时，合成滤波器的最大输出功率为 0dBm。同轴电缆在 60GHz 时的最大传输损耗为 6.2dB/m。当电压驻波比（Voltage Standing Wave Ratio，VSWR）为 2.6:1 时，亚谐波混频器的转换损耗为 40dB，噪声系数为−130dBm。

根据 AP 和 MT 的天线波束宽度对毫米波链路进行分类，特别是 LOS 的存在，如图 2-12 所示，辐射波束宽度以灰色显示[12]。

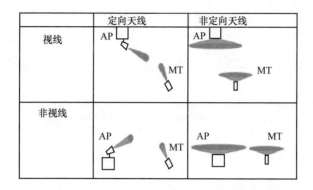

图 2-12　根据天线波束宽度对毫米波链路的分类

图 2-13　60GHz 通道测量设置[12]

　　动态范围可以由天线总增益和 60GHz 下天线间距的函数来测量,结果如图 2-14 所示。当发射机发射的波沿着两个或多个路径到达接收机时，各个路径的波会相互干扰，会产生多径传播。衰落是由这些波的破坏性干扰引起的[13]，这种现象的发生是因为沿着不同路径传播的波到达天线时可能相位不同，从而相互抵消，形成电场零点。解决这个问题的一个方法就是发射更多的能量（无论是全向的还是定向的）。在室内环境中，由于散射体的运动，多径传播总是存在并趋于动态（不断变化）。室内多径传播引起的严重衰落可导致信号减少 30dB 以上，应提供足够的链路冗余度，否则将影响无线链路接收，所需衰减冗余度的确切数量取决于所需的链路可靠性，经验值为 20～30dB。

　　在毫米波信道测量中，需要考虑天线的波束宽度，如图 2-15 所示。对于波束宽度较窄的天线，信道测量的频率响应会出现一个陷波缺口。对于具有宽波束宽度的天线，频率响应的缺口变得严重。在极端情况下，响应是非常严重的，如果天线像激光一样锋利，这个缺口就不会存在于频率响应中。缺口步进受时延的影响，缺口深度受路径增益（或损耗）差异的影响。此外，缺口位置还受传播路径长度差异的影响。为此，可以采用如下解决方案来最小化缺口效应。一种方法是使用窄波束天线来减少反射路径，实现更小的陷波深度和更宽的陷波周期，但这将需要解决跟踪分辨率和跟踪速度问题，此外，还应选择性能良好的均衡器；另一种方法是使用精确的信源追踪或空间分集来避免陷波效应，但还有一些问题需要解决，包括跟踪算法和双天线配置。

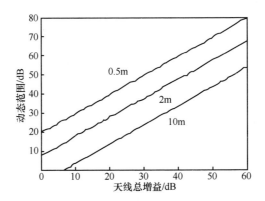

图 2-14　动态范围与天线总增益和 60GHz 天线间距的关系[12]

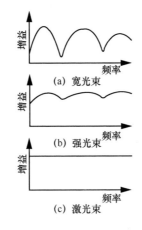

图 2-15　非直瞄 60GHz 室内信道测量[12]

环境和遮挡物对毫米波信道传输都有影响,办公环境具有专门的室内结构的反射特性[14]。人体阴影损耗特性如图 2-16 所示。当 60GHz 的 0dBm 功率通过 10dBi 增益的发送天线到 10dBi 增益的接收天线，并以 4m 的距离发射时，频谱显示有人体阴影损耗时接收功率约为−35dBm（情况 1）。如果两根天线之间有人体，信号接收功率会被缩小到-65～-55dBm（情况 2）。如果两根天线之间有两个人体，信号接收功率会被缩小到-80～-65dBm（情况 3）。

　　如果改变 10dBi 发射天线的波束方向，使信号能在 2m 的高度上从混凝土天花板上反弹，进而反射到接收器，则接收到的信号功率增加到-42dBm（情况 4）。这表明反射传播 60GHz 可被用于无线通信。如图 2-16 所示，情况 1 显示服务水平情况；情况 2 显示一个人站在两根天线之间；情况 3 显示两个人站在两根天线之间；情况 4 显示了一个 NLOS 无线链路，它提高了接收信号的功率。

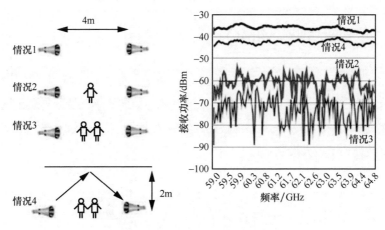

图 2-16　人体阴影损耗特性[14]

2.2.3　小结

　　毫米波频段高、传播损耗高、绕射和衍射能力弱，导致覆盖相对受限。关于毫米波特性，主要介绍了传播特性与信道特性，由于毫米波频段高，高频通信在传播过程中有着较大的损耗，由毫米波自由空间损耗的介绍可知，毫米波频谱最好用于短距离通信链路。毫米波的信道特性，使得毫米波适用于建立密集通信链路来提高通信系统的整体容量。同时，由于频段特殊，除了常规的衰落损耗，毫米波也容易受到环境条件的影响，比如大气吸收和雨水衰落。

|2.3 毫米波通信关键技术 |

毫米波可以通过提升频谱带宽来实现超高速无线数据传播，然而，使用毫米波频段在自由空间中进行传输时更容易造成路径受阻和损耗。但是，考虑到毫米波的波长较短，尺寸小，可以结合大规模天线，通过超大规模 MIMO 技术以及波束赋形等关键技术来提升传输可靠性。下面介绍多天线毫米波通信中的关键技术。

2.3.1 毫米波大规模 MIMO

MIMO 技术，也叫多天线技术，如图 2-17 所示，通过在基站端和终端设置多根天线充分利用资源，提供了复用增益以增加系统的频谱效率，是近年来无线通信领域的主流技术之一。4G 系统基站配置的天线数较少，一般不超过 8 根，所以 MIMO 的性能增益受到了极大限制。

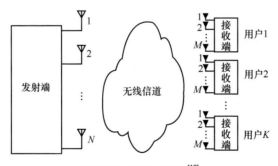

图 2-17　MIMO 示意图[12]

针对传统 MIMO 技术的不足，美国贝尔实验室于 2010 年提议采用大规模 MIMO[15]。在大规模 MIMO 中，基站端通常配置数十乃至数百根天线，较传统 MIMO 的天线数提升 1～2 个数量级。在此基础上，对于同一时频资源，可以利用基站侧大规模天线部署所提供的空间自由度，增加同时服务的用户数，提升频谱资源在多个用户之间的多路复用能力、用户链路的频谱效率，由此明显提升总的频谱效率。与此同时，利用基站大规模天线数量部署所提供的分集增益和阵列增益，每个用户与基站之间通信的链路可靠性得到提高，功率效率也得到显著提升。

　　MIMO 的信道容量突破了传统的香农信道容量（单输入单输出（Single-Input Single-Output，SISO））的瓶颈，其信道容量主要由信道矩阵 $\boldsymbol{H}$ 的奇异值决定，即 $\boldsymbol{H}\boldsymbol{H}^{\mathrm{H}}$ 的特征值，若 $\boldsymbol{H}$ 的条件数越好，奇异值分布越平均，则代表信道状态越好，采用相同的预编码方式时带来的系统性能越好。已有的理论分析结论表明，如果接收端已知完美的信道状态信息，发射端可以采用注水法的发射功率分配原则或者平均分配发射功率的原则，该 MIMO 系统的容量与发射天线和接收天线的最小天线数目成正比。从理论上来说，假设信道为独立同分布信道，基站端获得完美的信道状态信息，系统容量就与最小的发射天线数目或最小的接收天线数目成正比。MIMO 容量计算公式见表 2-7[15]。

表 2-7　MIMO 容量计算公式

系统	容量 $C/$（$\mathrm{bit}\cdot\mathrm{s}^{-1}\cdot\mathrm{Hz}^{-1}$）
SISO 系统	$C_{\mathrm{SISO}} = \log_2(1+\gamma) = \log_2(1+h^2\dfrac{P_t}{\sigma_n^2})$
MIMO 系统	$C_{\mathrm{SU}} \leqslant \min(N,M) = \log_2(1+\dfrac{\rho\max(N,M)}{N})$
大规模 MIMO 系统	$C_{\mathrm{massive\ MIMC}} \approx M\log_2(1+\rho)$

　　大规模天线具体配置由 M、N、P、Mg、Ng 以及 dg、H、dg、V、dH、dV 决定。每个天线阵列包含 MgNg 个天线面板，天线面板的水平和竖直间距由 dg、H、dg、V 表示；每个天线面板包含 $M\times N$ 个天线元素，天线元素的水平和竖直间距由 dH、dV 指示；P 表示每个天线的极化方式，$P=1$ 表示单极化，$P=2$ 表示双极化[16]。双极化 2D 有源天线阵列如图 2-18 所示。

　　下面介绍几种典型的大规模 MIMO 模型，分别是单个小区的单用户大规模 MIMO、单个小区的多用户大规模 MIMO 以及多个小区的多用户大规模 MIMO。

　　（1）单个小区的单用户大规模 MIMO

　　单个小区的单用户大规模 MIMO 模型如图 2-19 所示，为工作在单个小区的单用户通信系统的接收端和基站端（发射端）配置大量天线，且假设收发端的天线数目分别为 N_r 和 N_t，发送数据流的信号矢量用 s 表示，传输介质矩阵假定为 $\boldsymbol{H}$，且 s 和 $\boldsymbol{H}$ 的维度分别为 $N_r\times N_t$ 和 $N_r\times N_t$。那么接收端收到的信号的矢量 y 如下所示：

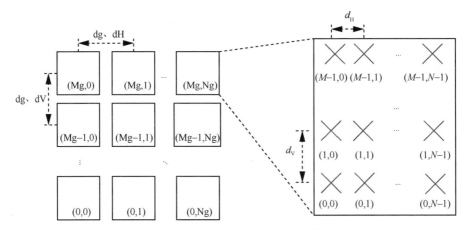

图 2-18 双极化 2D 有源天线阵列[16]

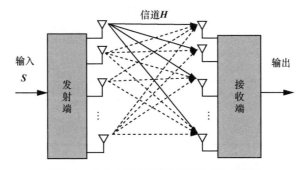

图 2-19 单个小区的单用户大规模 MIMO 模型

$$y = \sqrt{p}Hs + n \tag{2-6}$$

其中，y 的维度为 $N_r \times 1$，p 表示数据流信号的平均发射功率，n 表示为数据传输过程中的噪声。假设接收端的 CSI 是事先知道的，即处于理想状态下，那么整个系统的容量 C 如式（2-7）所示：

$$C = \log_2 \left| I_{N_r} + \frac{p}{N_t} HH^H \right| \tag{2-7}$$

式（2-7）中，I_{N_r} 表示一个 N_r 阶的方阵，H^H 表示的是 H 的共轭转置，且信道归一化矩阵满足条件 $T_r(HH^H) = N_tN_r$，则根据 Jenson 不等式可知，系统容量 C 的范围如式（2-8）所示：

$$\log_2\left(1+pN_r\right)\leqslant C\leqslant\min\left(N_r,N_t\right)\log_2\left(1+\frac{p\max\left(N_r,N_t\right)}{N_t}\right) \tag{2-8}$$

（2）单个小区的多用户大规模 MIMO

多用户大规模 MIMO 并非只是单纯地在单用户大规模 MIMO 上进行用户叠加，多用户大规模 MIMO 既可以获得复用增益又可以降低因不利传播环境所引起的衰落。多用户大规模 MIMO 的终端结构、功耗等因素与单用户大规模 MIMO 不同，该系统基站端被安装了大量的天线，而用户端却仅有一根，单个小区的多用户大规模 MIMO 系统模型如图 2-20 所示。设基站端的发射天线数目为 N_t，而接收端有 N 个单天线用户，假设基站端已知 CSI 且给每一个用户都输送一个数据信号，记任意用户 i 所接收的数据信号为 s_i，其中 $1\leqslant i\leqslant K$。基站端到用户 k 的信道矩阵记为 $\boldsymbol{H}_k$，则用户 k 接收到的信号如式（2-9）所示：

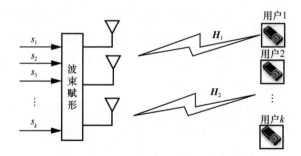

图 2-20　单个小区的多用户大规模 MIMO 模型

$$y_k=\sqrt{p}\boldsymbol{H}_k\boldsymbol{w}_k s_k+\sqrt{p}\boldsymbol{H}_k\sum_{i=1}^{K}\boldsymbol{w}_i s_i+n_k \tag{2-9}$$

其中，$\boldsymbol{w}_k$ 表示第 k 个用户所对应的预编码矩阵，维度为 $N_t\times 1$。表示第 k 个用户接受到的噪声信号，其方差值为 1，平均值为 0，服从高斯分布。由于用户的增多，多用户之间也会产生相应的信号干扰，式（2-9）中用 $\sqrt{p}\boldsymbol{H}_k\sum_{i=1}^{K}\boldsymbol{w}_i s_i$ 来表示。还可得出从基站到用户 k 的数据传输速率如式（2-10）所示：

$$r_k=\log_2\left(1+\frac{p\|\boldsymbol{H}_k\boldsymbol{w}_i\|^2}{p\sum_{i=1}^{K}\|\boldsymbol{H}_k\boldsymbol{w}_i\|^2+1}\right) \tag{2-10}$$

单个用户传输速率叠加即可得到和速率 R，如式（2-11）所示：

$$R = \sum_{i=1}^{k} \log_2 \left(1 + \frac{p \| \boldsymbol{H}_k \boldsymbol{w}_i \|^2}{p \sum_{i=1}^{k} \| \boldsymbol{H}_k \boldsymbol{w}_i \|^2 + 1} \right) \tag{2-11}$$

当基站端发射天线数目越来越多时，基站与单个用户构成的信道的相关性就越小，即越来越接近于正交。在已知信道状态信息的情况下，多用户大规模 MIMO 中用户间的干扰以及通信过程中的高斯噪声都可通过预编码技术进行减少甚至消除，经过处理后的数据传输速率会更高，可达和速率也有所提升。

（3）多个小区的多用户大规模 MIMO

多个小区的多用户大规模 MIMO，网络信号的复用方式通常分为 TDD 和 FDD，前者使用的是相同的频带资源，在不同时间段工作；后者则是同时工作，只是将有限的频带资源进行划分。大规模 MIMO 由于天线数目众多，为得到足够的反馈信息而产生的反馈开销也十分庞大，基于 TDD 模式的大规模 MIMO 更为合理。在 TDD 模式中，可近似认为上行和下行链路发送信号的时间差足够短，上下行信道的衰落基本保持一致，这样就可以通过对上行发送信号进行检测来估计下行发送信号将要经历的信道衰落，并由此来确定下行传输的方案和参数。也就是说，在上行链路传输信号的过程中，用户端通过手机等向基站端发送导频信号，基站端对该导频信号进行检测和获取，然后再基于信道的互易原理，预测出基站端到用户端的下行链路信道状态，以此来节省用户端的反馈开销。多个小区的多用户大规模 MIMO 模型如图 2-21 所示。

假设含有 $L(L>1)$ 个无缝隙连接的小区，且基站分别位于各个小区的中心点。给每个基站配置 N_t 根天线，任意小区内的基站为该区域内的 K 个单天线用户提供相应的服务。其中 $N_t \gg K$，用户是毫无规则地分布在各个小区任意位置的。则在上行链路中，小区 i 中任意用户 k 到小区 j 基站间的信道传播向量 $\boldsymbol{h}_{ilk}$ 如式（2-12）所示：

$$\boldsymbol{h}_{ilk} = \boldsymbol{g}_{ilk} \sqrt{\beta_{ilk}}, i, l \epsilon (1, L), k \epsilon (1, K) \tag{2-12}$$

其中，$\boldsymbol{g}_{ilk}$ 表示的是小尺度衰落向量，服从均值为 0、方差为 I_N 的高斯分布；β_{ilk} 表示大尺度衰落因子，且与这一衰落相关的两个主要因素为信号在空间路径传播过程中产生的损耗和因障碍物阻挡产生的阴影。不难得出，整个小区 i 内所有 K 个用户到小区 j 基站的总的信道传播矩阵为：

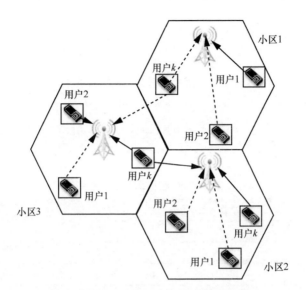

图 2-21　多个小区的多用户大规模 MIMO 模型

$$\boldsymbol{H}_{il} = [\boldsymbol{h}_{il1}, \boldsymbol{h}_{il2}, \cdots, \boldsymbol{h}_{ilK}] = [\boldsymbol{g}_{il1}, \boldsymbol{g}_{il2}, \cdots, \boldsymbol{g}_{ilK}]\boldsymbol{D}_{il}^{\frac{1}{2}} \qquad (2\text{-}13)$$

其中，$\boldsymbol{D}_{il} = \mathrm{diag}(\beta_{il1}, \beta_{il2}, \cdots, \beta_{ilK})$ 是阶数为 K 的对角方阵，表示整个小区 i 中全部用户到小区 j 基站过程中经历的大尺度衰落矩阵。

2.3.2　毫米波混合波束赋形

波束赋形技术是一种使用天线阵列定向发送和接收信号的信号处理技术，其原理是调整各天线收发单元的幅度和相位，使特定方向上信号的相消和相长，以空分复用的方式成倍地提高网络频谱效率[17]。根据射频链和天线阵子的关系，波束赋形大致可分为以下 3 种类型。

- 模拟波束赋形：每个天线阵列包含多根阵子和多个模拟相移器，并与一个射频链连接，所有天线阵子属于同一个收发单元。该方法配置较简单，仅能调整收发信号的相位，无法调整信号幅度。
- 数字波束赋形：每个天线阵子作为独立的收发单元，具有专用的射频前端和数字基带，可实现幅度和相位控制。其结构相对复杂且功耗相对较大，适用于天线数目较小的情形，例如，4G 采用数字波束赋形技术，最高支持 8×2 天线配置。

- 混合波束赋形：所有 M 个天线阵子连接模拟相移器，并与 N 个射频链连接形成 N 个收发单元，N 个收发单元可进行数字波束赋形。混合波束赋形融合了模拟波束赋形和数字波束赋形技术的优点，实现了功耗和性能的折中，适用于天线数目较大的情形，特别是用于毫米波通信。

表 2-8 给出了 3 种波束赋形技术的特征。为了平衡能耗、成本与性能，5G NR 和毫米波通信一般采用混合波束赋形。

表 2-8　3 种波束赋形技术的特征

特征	模拟波束赋形	数字波束赋形	混合波束赋形
服务流数	单流	多流	多流
服务用户数	单用户	多用户	多用户
信号处理能力	相位控制	相位、幅度控制	相位、幅度控制
硬件需求	最小，仅 1 个射频链	最高，射频链数目与阵子数相同	中等，射频链数目小于阵子数
能耗	最小	最高	中等
成本	最小	最高	中等
性能	最差	最优	接近最优
扩展性	不适用于毫米波通信	不实际，功耗成本过高	实用

为了阐明混合波束赋形的原理和实现方式，下面将对模拟波束赋形和数字波束赋形分别进行介绍。

在结构上，模拟波束赋形方案的每个模拟子阵列（收发单元）包含多个天线阵子和模拟相移器，并与一个射频链相连。经过模拟相移器，天线阵子可以发射特定波束指向的信号。根据收发单元和天线阵子连接方式的不同，有部分连接和全连接两种方式，如图 2-22 所示，其中 LNA 为低噪声放大器（Low Noise Amplifier，LNA）。

如图 2-22 所示，在部分连接方式下，每个射频链只与部分天线阵子相连，形成一个收发单元，不同射频链的天线阵子无交叉。对于全连接方式来说，每个射频链与所有天线阵子相连，即多个收发单元共享所有天线阵子。当采用 2D 有源天线阵列且收发单元由同列阵子组成时，收发单元内天线阵子的相位可定义为[16]：

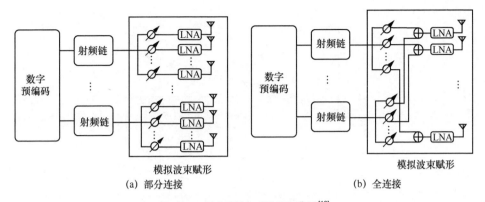

(a) 部分连接　　　　　　　　　　　　　　　(b) 全连接

图 2-22　部分连接和全连接示意图[16]

$$w_k = \frac{1}{\sqrt{K}} \exp\left(-\mathrm{j}\frac{2\pi}{\lambda}(k-1)d_V \cos\theta_{\text{etilt}}\right), k = 1,\cdots,K \qquad (2\text{-}14)$$

其中，λ 为电磁波波长 K 表示 1 个收发单元的天线阵子数目，d_V 为垂直方向的天线阵子间隔，θ_{etilt} 表示模拟波束赋形在垂直方向的指向角度。

当信号经过模拟相移器，可生成具有特定指向的模拟波束。模拟波束的指向是影响混合波束赋形性能的重要因素。在理想情况下，当模拟波束指向用户时可得到最高阵列增益。实际上由于用户终端的角度难以获取，3GPP 在 TR 38.802 中将 DFT 波束定义为候选波束集合，用户可依据具体准则，选择最优波束指向。模拟波束指向对网络性能的影响如图 2-23 所示，DFT 波束方案可接近最优波束指向性能，实际网络可根据用户分布进行合理规划。DFT 候选波束集合定义如下：

$$\theta_i = \frac{\pi}{rN}\left(i - \frac{1}{2}\right), \quad i = 1,\cdots,rN \qquad (2\text{-}15)$$

其中，θ_i 表示波束指向角，N 代表总的采样点数，r 表示过采样率，通常取 1。

数字波束赋形依据已知的 CSI 生成波束赋形矢量，然后对信号进行相位幅度联合控制，可以有效提高传输速率和频谱效率。按照该阶段是否进性线性预算，分为线性预编码和非线性预编码两种。

线性预编码运算复杂度小，随着天线数目逐渐增加，线性预编码可逼近最优性能，常用的线性预编码方法有 ZF 预编码、MMSE 预编码、MRT 预编码等。非线性预编码采用了反馈和求模等非线性运算，复杂度较高，常用的非线性预编码方法有 DPC 预编码和 THP 预编码。

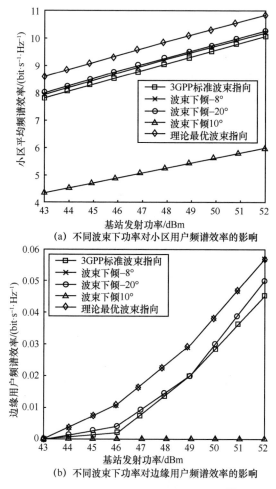

(a) 不同波束下功率对小区用户频谱效率的影响

(b) 不同波束下功率对边缘用户频谱效率的影响

图 2-23　模拟波束指向对网络性能的影响[16]

　　预编码矩阵设计的前提是获得毫米波传输信道的状态信息参数，但是在大规模 MIMO 系统中，信道矩阵复杂多变，CSI 获取难度非常大，需要付出巨大的计算量且有悖于追求效率的目标，目前混合波束赋形主要有两种途径：一是基于理想信道条件，假设已经获得完整 CSI，然后进行全理想的预编码；二是基于波束配对，通过设计合适的码本以及低复杂度的波束配对算法，寻找收发两端最优通信波束对。下面将分别介绍这两种情况下的波束赋形。

（1）基于理想信道条件的混合波束赋形

基于理想信道条件的数字波束赋形主要原理是在发射端利用已知 CSI 对发送信号进行预处理，达到抑制信道噪声和用户间的干扰甚至小区间的干扰的目的。主要的线性预编码算法有匹配滤波（Matched Filtering，MF）、迫零（Zero Forcing，ZF）、最小均方差（Minimum Mean-Square Error，MMSE）、块对角化（Block Diagonalization，BD）等，各级性预编码算法及其性能见表 2-9。ZF、MF 和 MMSE 线性预编码的性能对比如图 2-24 所示，当信噪比较低时，MF 和 MMSE 比 ZF 性能优，此时噪声是主要影响因素；随着信噪比的提高，MF 趋于定值，ZF 性能趋向于 MMSE，此时用户间干扰是主要影响因素。

表 2-9　主要线性预编码算法及其性能[18]

算法	预编码矩阵	主要思想	优点	缺点	条件
MF	$\boldsymbol{H}^{\mathrm{H}}$	信噪比最大化	实现简单	未考虑用户间干扰	—
ZF	$\boldsymbol{H}^{\mathrm{H}}(\boldsymbol{HH}^{\mathrm{H}})^{-1}$	完全对角化，将干扰信号逼迫到零	完全消除用户间干扰	用户较少、信道秩亏表现差	天线数：发送>接收
MMSE	$\boldsymbol{H}^{\mathrm{H}}(\boldsymbol{HH}^{\mathrm{H}}+\dfrac{\sigma^2}{P}\boldsymbol{I})^{-1}$	最小化收发信号之间的均方误差	兼顾噪声和干扰	未彻底解决噪声和干扰	天线数：发送≥接收
BD	$\tilde{\boldsymbol{V}}_k^{(0)}\boldsymbol{A}_k$	分块对角化，形成多个并行的单用户 MIMO 信道	消除用户间干扰和用户流间干扰	需要 SVD 分解，复杂度高	维数条件、信道独立性条件

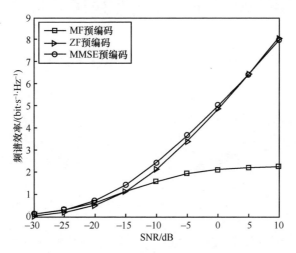

图 2-24　ZF、MF、MMSE 线性预编码性能对比[17]

（2）基于波束配对的混合波束赋形

波束配对包含两部分，即码本设计和波束搜索，码本设计是波束搜索的基础。在得到产生特定方向图的码本矩阵后，收发两端基于一定的规则寻找能取得最大信道能量的波束对，即码本矩阵的列向量对。基于波束配对的混合波束赋形方案的思路在于设法降低原信道矩阵 H 的维度，产生一个更低维度的等效信道 H_{eff}。该方法不要求完整 CSI，而是通过码本设计和波束搜索寻找最优通信波束对，然后基于等效信道进行数字波束赋形消除用户间干扰。

码本是指预先设定的矩阵，每一列表示一个特定的权值向量，对应一个特定指向的波束。目前常用的码本有：3c 码本、DFT 码本、量化码本和分层码本。

3c 码本[17]是一种低复杂度低功耗的毫米波模拟波束赋形算法，为了满足低功耗的需求，在码本设计时需要保持恒定幅度，只进行相位调整，但是 3c 码本方法的波束旁瓣增益较高且部分波束达不到最大增益，2bit 的量化精度意味着相位可选值只有 4 个，精度不够。针对 3c 码本波束旁瓣增益较高和量化精度不够的问题，设计了基于离散傅里叶变换产生码本元素的 DFT 码本[18]。DFT 码本各个波束有相同的最大增益值，而且波束旁瓣值较低，半波长间隔均匀线阵 3c 码本和 DFT 码本的波束方向如图 2-25 所示。量化码本采用有限精度量化位数来表示毫米波信道的离去角和到达角，量化位数越高，波束指向越精确，性能越好，但是相应的计算量也就越高。为了解决量化精度和计算量之间的矛盾，设计了分层码本，初始层波束少而宽，往下波束多且窄，用户可根据实际情况选择层数。分层码本每层码本覆盖的范围内波束增益近似为常数，配合分阶段波束搜索算法能减少波束搜索所需的时间。

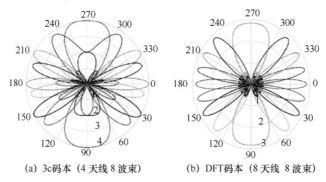

(a) 3c码本（4天线 8波束）   (b) DFT码本（8天线 8波束）

图 2-25　半波长间隔均匀线阵 3c 码本和 DFT 码本的波束方向[17-18]

常用的波束搜索算法包括穷举法、3c 协议推荐算法和 IEEE 802.11ad 标准协议推荐算法。穷举法是最简单的寻找最优通信波束对的方法，通过依次比较收发端每对波束挑选出最优通信波束对。穷举法虽然会找到最优通信波束对，且算法思路简单，但是会消耗掉大量运算资源，复杂度过高。3c 协议采用两级双边波束搜索模式，通过逐级细化波束搜索宽度（包含准全向级、扇区级、精细波束级和高精度波束级），减小搜索开销，但是存在波束训练的设置时间较长的问题。IEEE 802.11ad 标准协议在 3c 协议的基础上，采用基于有限反馈的单边搜索模式，降低了搜索复杂度。波束搜索算法是混合波束赋形技术的核心，虽然学术界设计了很多算法，但波束搜索面临的波束对齐困难、搜索复杂度高等诸多问题还未得到很好解决。

2.3.3　毫米波信道估计技术

获取发射端的精确 CSI 对于波束赋形来说是至关重要的。在 TDD 系统中，CSI 可通过上下行信道互异性和反馈获得。毫米波通信的信道估计主要面临以下困难：天线数目多导致导频开销大（即使在 TDD 系统中）；需要 CSIT 和 CSIR 用于计算发射预编码和接收解调；受低成本、低功耗硬件的限制，需要低复杂高效的信道估计方法。

目前主要存在两种候选信道估计方法[19]。其中，基于压缩感知的信道估计方法利用了毫米波信道的空域/角度域稀疏性；模拟域等效信道估计方法结合模拟域的波束赋形问题，有效降低了信道系数估计的复杂度及基带信号处理难度。

（1）基于压缩感知的信道估计方法

压缩采样技术在信道估计问题上的一个好处就是在对信号进行处理时，对传输信号的带宽没有特殊性质要求，该技术主要是通过优化信道估计中算法的复杂度来实现对系统信道信号的重构重建的。一般在波束选择的情况下，传输信号是具有稀疏特性的，这一特定的稀疏特性使得信号可以被压缩采样。

基于压缩感知的信道估计方法的理论如下：该方法通常用较少的采样信号来重构基站端发送的原始信号，这里定义 $y \in R^M$ 为观测变量，$\boldsymbol{\Phi} \in R^{M \times N}$ 是测量矩阵，假设一个未知原始信号表示为 $X \in R^N$，如果信号 X 具有稀疏特性，那么 X 可以用一组稀疏基 $\boldsymbol{\psi} = [\boldsymbol{\varphi}_1, \boldsymbol{\varphi}_2, \cdots, \boldsymbol{\varphi}_N]^H$ 表示为：

$$X = \sum_{i=1}^{N} \boldsymbol{\varphi}_i \alpha_i = \boldsymbol{\psi} \boldsymbol{\alpha} \tag{2-16}$$

其中，$\boldsymbol{\alpha}=[\boldsymbol{\alpha}_1,\boldsymbol{\alpha}_2,\cdots\boldsymbol{\alpha}_N]^{\mathrm{H}}$ 代表稀疏系数，压缩感知（CS）主要解决的问题是从测量矩阵 $\boldsymbol{\Phi} \in \mathrm{R}^{M \times N}$、观测向量 $\boldsymbol{y} \in \mathrm{R}^{M}$，求出系统的 T 个稀疏度，然后在基站端恢复出未知的原始信号 $\boldsymbol{X}$，即：

$$\boldsymbol{y} = \boldsymbol{\Phi} \boldsymbol{X} + \boldsymbol{n} = \boldsymbol{\Phi} \boldsymbol{\psi} \boldsymbol{\alpha} + \boldsymbol{n} \tag{2-17}$$

其中，令 $\boldsymbol{\Phi}=\boldsymbol{\psi}\boldsymbol{\alpha}$ 为 CS 矩阵，$\boldsymbol{n}$ 表示高斯白性噪声矢量，$\boldsymbol{A} = \boldsymbol{\Phi}\boldsymbol{\psi}^{\mathrm{H}}$ 定义为传感矩阵，通过确定原始信号（稀疏信号），$\boldsymbol{X}$ 中非零元素的位置得到一个最优问题，可以将最优问题表示为求解最优稀疏系数 $\bar{\boldsymbol{\alpha}}$：

$$\bar{\boldsymbol{\alpha}}= \min \|\boldsymbol{\alpha}\| \,\mathrm{s.t.} \boldsymbol{A} \boldsymbol{X} = \boldsymbol{\Phi} \boldsymbol{\psi}^{\mathrm{H}} \boldsymbol{X} \tag{2-18}$$

（2）正交匹配追踪（Orthogonal Matching Pursuit，OMP）信道估计算法[20]（以下简称 OMP 算法）

传感矩阵 $\boldsymbol{A}^{\mathrm{CS}} = \mathrm{diag}\{x(w_i)F_L(w_i:)\}$，$w_i \in \{w_1, w_2, \cdots, w_n\}$ 表示帧结构中的导频位置；OMP 算法重构。

输入：测量的信号 y，信号的稀疏度 T，传感矩阵 $\boldsymbol{A}$；

输出：信道的稀疏系数 $\bar{\boldsymbol{c}}$；

初始化：最开始迭代的信号残差为接收到的信号序列 $\boldsymbol{r}^0 = \boldsymbol{y}$，迭代的次数从 $k = 0$ 开始；

步骤 1：在第 k 次迭代时，计算前一次迭代位置的残差值 $\boldsymbol{r}^{k-1}$ 与传感矩阵 $\boldsymbol{H}$ 的内积，然后从计算值中选择出相关性最大的原子 v_{ik}，即得到 $\sup\limits_{i \in \{1,2,\cdots,n\}}\left|\left\langle \boldsymbol{r}^{k-1}, v_i \right\rangle\right| = \left|\left\langle \boldsymbol{r}^{k-1}, v_i \right\rangle\right|$；

步骤 2：令索引 $\lambda_t = \arg\max\left|\left\langle \boldsymbol{r}^{k-1}, v_{ik} \right\rangle\right|$，找到 λ_t，将测算到的原子矩阵的位置信息存放到索引集合 Λ_t 中，即得到 $\Lambda_t = \Lambda_{t-1} \bigcup \{\lambda_t\}$；

步骤 3：求 $\boldsymbol{y} = \boldsymbol{H}_t \boldsymbol{c}_t$ 的最小二乘解，可以得到 $\bar{\boldsymbol{c}}_t = \arg\min_c \|\boldsymbol{y} - \boldsymbol{H}_t \boldsymbol{c}_t\| = (\boldsymbol{H}_t^{\mathrm{T}} \boldsymbol{H}_t)^{-1} \boldsymbol{H}_t^{\mathrm{T}} \boldsymbol{y}$，然后再次迭代重构信道稀疏系数 $\bar{\boldsymbol{c}}$；

步骤 4：更新残差 $\boldsymbol{r}^k = \boldsymbol{y} - \boldsymbol{H}_t \bar{\boldsymbol{c}}_t$；

步骤 5：$t = t+1$，如果 $t \leqslant K$ 就返回步骤 1；

步骤 6：信道稀疏系数为最后一次迭代的 $\tilde{c}_t$，利用得到的 $\overline{c}_t$ 和变换矩阵得到信道响应 Y；信道估计结束，输出 Y。

（3）CoSaMP 信道估计算法（以下简称 CoSaMP 算法）

传感矩阵 $A^{\mathrm{CS}} = \mathrm{diag}\{x(w_i)F_L(w_i:)\}$，$w_i \in \{w_1, w_2, \cdots, w_n\}$ 表示侦结构中的导频位置；CoSaMP 算法重构。

输入：测量的信号 y，信号的稀疏度 T，传感矩阵 A；

输出：信道的稀疏系数 $\overline{c}$，以及信道响应；

初始化：最开始迭代的信号残差为接受到的信号序列 $r^0 = y$，迭代的次数从 $k = 0$ 开始；

步骤 1：在第 k 次迭代时，先计算出 $u = \left\{u_i \mid u_i = \left|\left\langle r^{k-1}, v_i \right\rangle\right|, i = 1, 2, \cdots, K\right\}$，再从 K 个元素的 u 序列中检测出 $2T$ 个最大值与其对应的索引值；

步骤 2：令索引 $\lambda_t = \arg\max \left|\left\langle r^{k-1}, v_{ik} \right\rangle\right|$，找到 λ_t，将选择出的 $2T$ 个最大值在序列中对应的位置信息存放到索引集合 Λ_t 中，即得到 $\Lambda_t = \Lambda_{t-1} \bigcup \{\lambda_t\}$；

步骤 3：求 $y = H_t c_t$ 的最小二乘解，可以得到 $\overline{c}_t = \arg\min_{c_t} \left\|y - H_t c_t\right\| = (H_t^{\mathrm{T}} H_t)^{-1} H_t^{\mathrm{T}} y$，然后再次迭代重构信道稀疏系数 $\overline{c}$；

步骤 4：更新残差 $r^k = y - H_t \overline{c}_t$；

步骤 5：$t = t + 1$，如果 $t \leqslant K$ 就返回到步骤 1；

步骤 6：信道稀疏系数为最后一次迭代的 $\overline{c}_t$，利用得到的 $\overline{c}_t$ 和变换矩阵得到信道响应 Y；信道估计结束，输出 Y。

OMP 算法在进行信道估计时，会把系统最先设置的稀疏度中原子总数作为有效的检测信息，然而为了减小计算复杂度，CoSaMP 算法选择的原子总数比 OMP 算法少，只需要一个原子作为信道矢量矩阵索引即可[21]，但这样会使重构速度较慢，特别在信号稀疏度检索比较高时，重构过程所需要的时间开销就会成倍地增加。

（4）仿真结果分析

图 2-26 表示 3 种不同算法的 MSE 随信噪比变化的曲线。系统仿真环境设置为：信道模型选择瑞利信道模型，基站端天线配置数 N=128，信道长度为 32，导频数为 56，用户数 K=32，信噪比变化范围为 0～14dB。从图 2-26 能够观察出 3 种算法的 MSE 都是随信噪比的增大呈现下降的趋势，但是在信噪比相同的情况下，MMSE

算法得到的 MSE 值是最大的，因此其最小化的误差性能比经典 CS 算法要差。CoSaMP 算法比 OMP 算法估计性能略好。相比于传统 MMSE 算法，采用经典 CS 算法对系统的性能提高效果更佳。

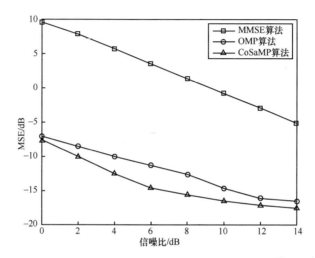

图 2-26　3 种不同算法的 MSE 随信噪比变化的曲线[22]

　　图 2-27 比较了 OMP 算法、CoSaMP 算法与 MMSE 算法的时间比值。从图 2-27 可以观察到，OMP 算法与 MMSE 算法的时间比值的平均值在 5.4 左右，而 CoSaMP

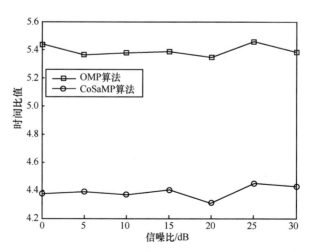

图 2-27　OMP 算法、CoSaMP 算法与 MMSE 算法的时间比值[22]

算法与 MMSE 算法的时间比值的平均值在 4.4 左右。OMP 算法在进行信道估计时通过牺牲计算复杂度减轻重构的复杂性,这使信道估计的稳定性不够高,获取的 CSI 很难达到较好的精度要求。而 CoSaMP 算法通过增加重构的复杂性来获得比 OMP 算法更优的信道估计效果。

2.3.4　毫米波通信器件

　　天线技术和射频收发信机电路技术是 5G 中毫米波通信应用得以成功实现的关键技术[23]。6G 对传输设备的要求会越来越高,使得毫米波通信的运用与实现迫在眉睫,毫米波器件制造面临着巨大的挑战。下面主要对收发信机技术进行介绍。

　　毫米波收发信机的基本组成如图 2-28 所示[23]。当信道带宽一定时,为了获得高的信噪比,收发设备应采用高增益天线,产生大的发射功率并尽可能地降低系统内部噪声。射频发射机的基本作用是输出足够高的毫米波功率;射频接收机的基本作用是对收到的微弱信号进行滤波选出期望信号,并将其放大到一定电平,同时只引入低的系统内部噪声,以便之后进行解调、解码处理。可见,低噪声性能和高输出功率电平是毫米波收发信机的首要指标。

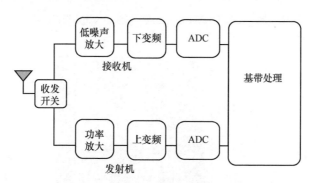

图 2-28　毫米波收发信机的基本组成[24]

　　随着工作射频的升高,到达毫米波频段后,低噪声放大和功率放大都将遇到很大的挑战。无论是功率放大还是低噪声放大,其性能取决于所用的半导体材料和制作工艺。新材料与新工艺的应用将毫米波器件和电路的性能和集成度推到了更高的水平。

基于硅的互补金属氧化物半导体（Complementary Metal Oxide Semiconductor，CMOS）技术可实现系统级封装集成，在毫米波电路中得到广泛的应用。图 2-29 给出了工作于 60GHz 的天线—射频模块和系统板照片[24]。在射频模块中，每一收/发天线由 4 个贴片阵元组成，增益 6.5dB，波束宽度 500，射频集成电路（Radio Frequency Integrated Circuit，RFIC）模块和基带集成电路（Baseband Integrated Circuit，BBIC）模块分别用 90nm CMOS 和 40nm CMOS 工艺制作。在发射模式下，RFIC 功耗 347mW，BBIC 功耗 441mW，有效全向辐射功率 8.5dBm；在接收模式下，噪声系数 7.1dB，BBIC 功耗 710mW。图 2-30 为利用 65nmCMOS 工作于 60GHz 收发信机芯片照片[25]。印制电路板上是包括发射机、接收机和锁相源本振的系统集成模块。

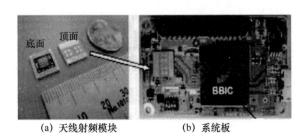

(a) 天线射频模块　　　　　　(b) 系统板

图 2-29　工作于 60GHz 的天线—射频模块和系统板照片

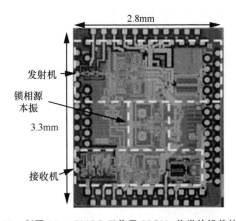

图 2-30　利用 65nmCMOS 工作于 60GHz 收发信机芯片照片

砷化镓（GaAs）单片微波集成电路（Monolithic Microwave Integrated Circuit，

MMIC）技术被用作数字衰减器和相移器的开关、压控振荡器（Voltage Controlled Oscillator，VCO）和无源器件，在数 GHz 到 100GHz 范围内占主导地位。在高频段，氮化镓（GaN）的 MMIC 技术将挑战 GaAs 的 MMIC 技术，表 2-10 给出了 GaN 与其他可供应用的半导体材料的若干性能[26]。

表 2-10　GaN 与其他可供应用的半导体材料的若干性能

指标参数	硅（Si）	GaAS	GaN	碳化硅（SiC）
能带带隙/eV（300℃ 温度下）	1.1	1.4	3.4	2.9
载流子迁移率/（cm²·V⁻¹·s⁻¹）（室温下）	1400	8500	1000	600
空穴迁移率/（cm·s⁻¹）（室温下）	600	400	30	40
饱和速度/（cm·s⁻¹）	1×10^7	2×10^7	2.5×10^7	2×10^7
击穿场强/（V·cm⁻¹）	0.3×10^6	0.4×10^6	$>5\times10^6$	4×10^6
热传导率/（W·cm⁻¹）	1.5	0.5	1.5	5
相对介电常数	11.8	12.8	9.0	10.0
熔点/K	1690	1510	>1700	>2100

由表 2-10 可知，GaN 具有较高的载流子迁移率和饱和速度，能构成"异质结"，获得高的功率密度和功率附加效率。工作于 W 频段（80GHz）的三级功放 GaN 单片集成电路和输出性能曲线如图 2-31 所示，其饱和输出功率达 25dBm，线性增益 19.8dB，功率辅助效率 14%，功率密度约 2W/mm。工作于 31～36GHz 的 GaN 微带型单片集成平衡功放的电路和输出性能如图 2-32 所示。

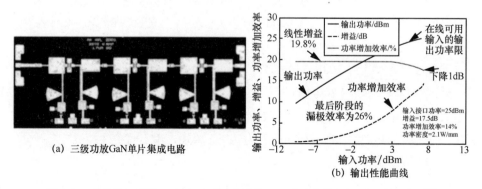

(a) 三级功放GaN单片集成电路

(b) 输出性能曲线

图 2-31　工作于 W 频段（80GHz）的三级功放 GaN 单片集成电路和输出性能曲线[27]

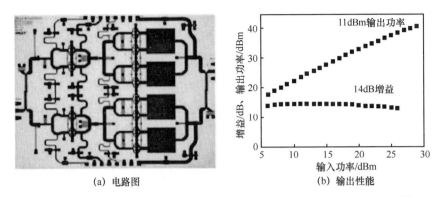

(a) 电路图　　　　　　(b) 输出性能

图 2-32　工作于 31～36GHz 的 GaN 微带型单片集成平衡功放的电路和输出性能[27]

根据小区规模（链路传播距离）可选择不同的半导体材料来制作产生不同功率电平的功放，具体见表 2-11。

表 2-11　各类小区对射频功率的需求和相应的候选半导体技术[28]

小区类型	射频功率/dBm	用户数/个	每功放输出功率/dBm	候选的半导体技术
飞蜂窝	0～24	1～20	<20	CMOS/SOI，锗硅（SiGe）GaAs
微微小区	24～30	20～100	<20	CMOS/SOI，锗硅（SiGe）GaAs
微小区	30～40	100～1000	<27	GaAs，GaN，CMOS/SOI，SiGe，
宏小区	40～47	>1000	>27	GaAN，GaAs

表 2-11 中所列的半导体材料，也适用于制作低噪声放大器。工作于毫米波频段时，单级放大器的增益一般较低（10dB 以下）。为了能将接收到的微弱信号放大到足够高的电平，需采用多级级联，如图 2-33 所示，上述超宽带 LNA 由 3 级级联组成，除保证全频段达到 20dB 的增益外，还通过参差调谐来获得超宽带性能，超宽带 LNA 的噪声性能如图 2-34 所示[23]。

收发信机中，还有用于上/下变频的混频器、作为本振的压控振荡器，以及滤波器等无源器件。将天线和收发信机分解为若干子模块，用不同的材料和工艺制作，从而发挥各种半导体技术的优势。

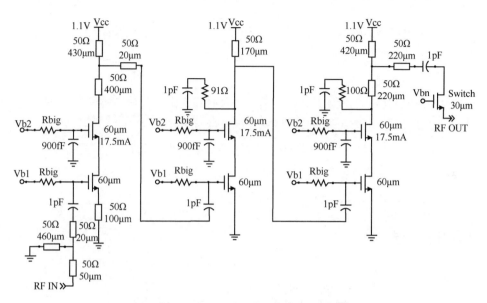

图 2-33　24～47.5GHz 超宽带 LNA 的级联[23]

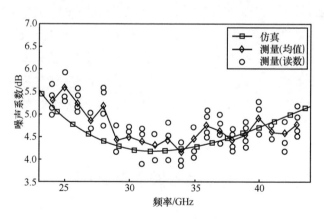

图 2-34　超宽带 LNA 的噪声性能

2.3.5　其他关键技术

一方面，毫米波通信的性能依赖于视距传输，并与现有低频蜂窝网进行异构组网，通信链路的可靠性和网络干扰问题较为严重，因此，低复杂高效的干扰协作算法是 6G 毫米波通信的重要方向[29]。基于统计信息、到达角或者离开角的混合编码方案，基于等效信道的数模混合毫米波通信方案，多用户调度与波束赋形联合跨层设计等仍亟待研究设计。

另一方面，移动通信网络内用户终端位置时刻变化，随着车联网、移动基站、无人机基站的引入，高移动状态下的移动性管理对于毫米波通信至关重要[13]。高效兼容覆盖与传输质量的同步波束训练、移动用户接入波束训练、适应收发机移动环境下的波束追踪对准算法以及适应 5G 增强型移动宽带应用场景的高效速率自适应及动态波束跟踪切换都是未来研究的重要方向。

2.3.6　小结

大规模 MIMO、混合波束赋形、信道估计技术等关键技术是针对信道损耗大这一特征设计的，这些关键技术可以提高传输可靠性、减少干扰、提升功率效率。目前在毫米波通信系统中，波束管理功能对波束赋形后形成的窄波束进行，也是关注的热点技术，主要包括以下内容：波束扫描、波束测量、波束上报、波束指示和波束失败恢复等。此外还有支持毫米波通信技术发展的基础：毫米波器件制造技术、半导体材料的发展等，有了这些基本器件的支撑，才能更好地发挥毫米波的性能优势。低复杂高效的干扰协作算法、高移动状态下的移动性管理等都是未来毫米波发展的关键技术。

| 2.4　毫米波通信组网 |

当前的毫米波通信系统主要包括陆地上的点对点通信和通过卫星的通信或广播系统。由于毫米波通信技术具有方向性好、频带宽、干扰少等优点，可以被应用在异构组网、室内通信、高速回传、车联网以及卫星通信等场景中。

2.4.1　毫米波陆地通信

互联网迅猛发展，交互多媒体业务、宽带视频业务以及专用网络和无线电通信业务急剧增长，迫切需要提高传输速率、传输带宽和传输质量。用户对宽带接入的需求日益强烈，推动了各种宽带接入网络和设备的研发，基于毫米波的无线宽带接入技术应运而生[4]。

毫米波微小区可以通过波束赋形来提供精确的数据传输和极高的数据传输速率，进而提升系统的频谱效率。毫米波小基站可增强高速环境下移动通信的使用体验。宏小区与微小区异构组网示意图[13]如图 2-35 所示，在异构组网中，宏基站工作于低频段并作为移动通信的控制平面，毫米波小基站工作于高频段并作为移动通信的用户数据平面。

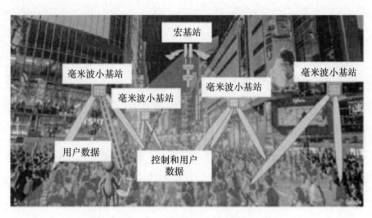

图 2-35　宏小区与微小区异构组网示意图

超密集组网是基于小/微基站的技术，它是 5G 阶段引起业界普遍关注的技术研究方向和网络站点规划重要方式[30]。超密集组网采用虚拟层技术，宏基站小区作为虚拟层，虚拟宏小区承载控制信令，负责移动性管理；实体小/微基站小区作为实体层，微小区承载数据传输。该技术可通过单载波或者多载波实现。单载波方案通过不同的信号或者信道构建虚拟多层网络；多载波方案通过不同的载波构建虚拟多层网络，将多个物理小区（或多个物理小区上的一部分资源）虚拟成一个逻辑小区，即虚拟小区。虚拟小区的资源构成和设置可以根据用户的移动、业务需求等动态配置和更改。虚拟层和以用户为中心的虚拟小区可以解决超密集组网中的移动性问题。超密度异构组网技术也增强了网络的灵活性，可以针对用户的临时性需求和季节性需求快速部署新的小区。

毫米波属于甚高频段，它以直射波的方式在空间中传播，波束很窄，具有良好的方向性。一方面，由于毫米波受大气吸收和雨水衰落影响严重，所以单跳通信距离较短；另一方面，由于毫米波频段高，干扰源很少，所以传播稳定可靠。类似于超带宽（Ultra-WideBand，UWB）技术，毫米波适用于高数据速率和短距离应用，且毫米波所在频段比较高，故遭受的系统间干扰更少。因为毫米波固有的衰减特性，毫米波更适合应用于几十米范围内的小区，特别是在室内环境，如通信设备间音视频传输和支持便携式设备等。

无线回传作为一种低成本、易部署的回传方案逐渐成为研究重点，运营商期望80%的小站点可以使用无线回传将 UE 的数据传输到核心网。而毫米波回传因具有以下优势，在学术界和工业界引起了广泛的关注。①毫米波可以作为无线回传链路，利用高达 800MHz 的带宽、10Gbit/s 的系统峰值速率，满足一些无法布放光纤或布放光纤代价过高的固定无线宽带场景，或者毫米波自回传组网场景需求[31]，所以可以替代传统的采用光纤的方式进行回传。②与传统的采用光纤方式进行回传相比，其优点在于小基站/微基站无须接入光纤。③在 5G 时代，小/微基站的数目将非常庞大，部署方式也将非常复杂，以毫米波为回传链路可以随时随地根据数据流量增长需求部署新的小基站或者微基站，并可以在空闲时段或轻流量时段灵活、实时关闭某些小基站，从而达到节能降耗目的。

通过搭建车与车、车与人、车与路和车与网络间的无线通信网络，车联网（V2X）能够实现车辆与一切相关实体间的实时信息交互，提高交通效率和驾驶安全性以及提升用户体验，是未来智能交通系统的重要组成部分。

在未来的自动驾驶应用中，V2X 通信技术是实现环境感知的重要技术之一，与传统车载激光雷达、毫米波雷达、摄像头、超声波等车载感知设备优势互补，为自动驾驶汽车提供雷达无法实现的超视距和复杂环境感知能力。高清 3D 地图有利于 V2X 与周边车辆、道路、基础设施进行通信，其从时间、空间维度扩大了车辆对交通与环境的感知范围，能够提前获知周边车辆操作信息、交通控制信息、拥堵预测信息、视觉盲区等周边环境信息，但这些需要较高的吞吐量（每小时 1TB，超过750Mbit/s）。V2X 急需一种互补的通信技术，使车辆在更高的带宽和更高可靠性下进行信息传输。因此，未来可以借助毫米波丰富的频谱资源，研究毫米波 V2X 技术，与现有的 V2X 进行互补[31]。

毫米波通信的优势在于：①大量可用频段可提供高容量，降低时延；②波长小因而天线小，故可以实现很大的天线阵列，获得高的波束赋形增益，因此可以支持高的传输速率。使用毫米波通信技术可获得高数据速率能力，支持各种高级 V2X 应用进行协作自动驾驶和增强的信息娱乐服务，如高清 3D 地图、传感器数据上传等[29]。

2.4.2　毫米波卫星通信

由于丰富的频率资源，毫米波在卫星通信中得到了快速发展。与其他通信方式相比，卫星通信具有许多优点，如通信距离远，建站成本与通信距离无关；以广播方式工作，便于实现多址连接；通信容量大，能传送的业务类型多等。

20 世纪 70 年代初，全球开始毫米波卫星通信实验研究。1970 年至 1974 年只有两颗工作于 18～40GHz 频段的卫星被送入对地静止轨道，而 1975 年至 1984 年发射的这种卫星则达 10 多颗。1980 年至 1990 年，推出继续用于范围更广、内容更多的 Ka 波段毫米波实验卫星。由此带来的卫星通信频谱拥挤问题也日益突出，向更高频段推进已成为必然趋势[32]。表 2-12 为各个波段对应的频率与波长范围。

表 2-12　各个波段对应的频率与波长范围

波段名称	频率范围	波长范围
L 波段	1～2GHz	150.00～300.00mm
S 波段	2～4GHz	75.00～150.00mm
C 波段	4～8GHz	37.50～75.00mm
X 波段	8～12GHz	25.00～37.50mm
Ku 波段	12～18GHz	16.67～25.00mm
K 波段	18～26.5GHz	11.11～16.67mm
Ka 波段	26.5～40GHz	7.50～11.11mm

美国 Milstar 军事星卫星的星间交叉连接链路采用了毫米波频段，它能使每一个终端进行无干扰的全球保密通信，任何时候均可同时接通 1000 个用户。星际间通信

的上行链路频率为 44GHz（EHF），下行链路频率为 20GHz（Ka），星间交叉链路频率为 60GHz。

英国宇航公司与马可尼公司制造的 skyNETIV 卫星通信系统，载有 7 个转发器，其中有一个就是毫米波 EHF 频段，其余 6 个分别为 4 个 X 波段、2 个 UHF 波段。

日本已将工作在毫米波频段的试验卫星送入了同步轨道，其媒体移动通信委员会所开发的支持 156Mbit/s 超高速 WLAN 使用了毫米波频段；用于实时无线传输不经压缩的高清晰度视频信号也使用了毫米波频段。

我国实践十三号卫星于 2017 年 4 月 12 日在西昌卫星发射中心成功发射，是我国自主研发的新一代高轨技术试验卫星，它突破了制约我国航天技术跨越发展的诸多瓶颈技术。实践十三号实现了 Ka 频段毫米波通信技术在我国通信卫星上的首次应用，通信总容量达 20Gbit/s，标志着我国卫星通信进入高通量时代。

2019 年 12 月 27 日 20 时 45 分，长征五号遥三运载火箭在中国文昌航天发射场点火升空，如图 2-36 所示，发射 2000 多秒后，与实践二十号卫星成功分离，将卫星送入预定轨道，任务取得圆满成功。实践二十号卫星的 Q/V 频段的毫米波通信带宽达到了 5.5GHz，最高速率达 10Gbit/s，刷新了静止轨道激光通信速率新指标，可应用于高轨通信和微波遥感等，能够为用户提供更多频率资源。

图 2-36　长征五号遥三运载火箭发射现场

2.4.3　小结

拥有大带宽的高频毫米波是 5G 也是 6G 的重要技术，不仅能够满足超高速率、超低时延的无线移动通信网络应用需求，实现全频谱接入，还可以满足空天地一体化的全覆盖需求。军事上的需求是推动毫米波系统发展的重要因素，在陆地通信方面，多跳的毫米波中继通信是可行的；在卫星通信方面，卫星组网包括星间链路和星地链路，采用了一系列先进的技术，包括多波束天线、星上交换、星上处理和高速传输。目前，毫米波组网在雷达、遥感、辐射测量、制导、战术和战略通信、电子对抗等方面得到了广泛应用，未来将进一步完善和增强。

｜2.5　毫米波通信标准化｜

2.5.1　IEEE 毫米波通信标准化

电气与电子工程学会（Institute of Electrical and Electronics Engineers，IEEE）早在 2002 年 1 月就正式启动了 WLAN 下一代超宽带研究组（后为工作组），对毫米波频段超高速无线局域网（Ultra High Speed Wireless LAN）的研究，其协议为 IEEE 802.15.3c，速率大于或等于 156Mbit/s。

2009 年 9 月，IEEE-SA 标准委员会批准了 IEEE 802.15.3c & Wireless HD 标准草案[33]。Wireless HD 也是第一个规定 Gbit/s 级传输的短距离无线标准[33]。主要包括 3 种物理层（PHY）传输方案，分别为单载波（Single-Carrier，SC）PHY、高速接口（High-Speed Interface，HSI）正交频分复用（Orthogonal Frequency-Division Multiplexing，OFDM）PHY、音视频（Audio/Video，AV）OFDM-PHY。不同 PHY 规范将对特定应用提供良好支撑：SC-PHY 用于低成本、低功耗移动设备；HIS-PHY 用于支持低时延、高速率两路数据传输；AV-PHY 针对高清晰度音视频流应用。

IEEE 802.15.3c 中定义了以下两种波束赋形类型。

• 按需波束赋形（On-Demand Beam Forming）：发生在信道时隙分配阶段。

波束赋形技术按需分为扇区级和波束级，根据需求选择扇区级训练或波束级训练。训练可以发生在设备与设备之间或设备与协调者之间。

- 主动波束赋形（Pro-Active Beam Forming）：针对协调者（PNC）和设备间的通信，扇区级训练发生在信标时间区段，波束级训练发生在信道时隙分配阶段。

IEEE 802.11ad 标准是首个融合局域网 WLAN 和个域网 WPAN 业务的网络标准。IEEE 802.11ad 标准化工作于 2009 年年初启动，2010 年 9 月形成了标准草案的 1.0 版本，于 2013 年完成标准制定工作。IEEE 802.11ad 的一大特点在于，提供了 IEEE 802.11 协议的一个毫米波频段的物理层以及与其适应的 MAC 层[34]。这意味着在同一款设备上可以支持毫米波与低频段（2.4GHz/5GHz）的传输，增强了设备的适用性。设备支持两种模式的快速会话转移，一种是透明模式有限状态转换器（FST），另一种是非透明模式 FST。对于透明模式 FST，切换前后保持相同的 MAC 地址；对于非透明模式 FST，切换前后 MAC 地址发生改变。

IEEE 802.11ad 物理层在实施过程中有以下几种新特性。①针对不同的应用场景采用不同的 PHY 方式。②互操作：所有设备必须支持 Control PHY 和 SC PHY。③Control PHY、SC PHY 和 OFDM PHY 具有相同属性的简化 PHY 设计。

IEEE 802.11ad 具有新的 MAC 层特性。①提出了新的 PBSS 架构模式，同时能够兼容 IEEE 802.11 网络架构中已有的业务支撑系统（Business Support System，BSS）和综合业务支撑系统（Integrated Business Support System，IBSS）模式。PBSS 针对 60GHz 通信，结合无线个域网的需求、挑战和独特应用开发。②信道访问支持方向性和空间频率复用，包括随机访问和调度访问。③除了支持竞争式的访问模式，还增加了预分配的访问模式，这样可以有效支持实时的图像传输应用以及其他对时延要求高的应用场景。④设计了一种可以应用于低功耗设备和复杂设备的统一灵活的波束赋形规划。⑤安全性得以提高，可以链路自适应，同时节约功耗。⑥支持多频段，提升用户的使用体验。

2012 年 9 月根据我国提交的毫米波通信建议，IEEE 成立了 IEEE 802.11aj 任务组，针对中国毫米波频段制定下一代无线局域网标准。IEEE 802.11aj 的 MAC 层协议支持可变带宽的共存，可以根据信道的使用情况灵活组网，同时支持在组网过程中切换使用带宽信道，实现与 IEEE 802.11ad 标准共存，又能有效地利用我国特有的频段带宽。

　　IEEE 802.11aj 增强了网络吞吐量，通过 PCP 分配利用空闲信道进行传输以提高网络的吞吐量，在理想状态下能提供高达 15Gbit/s 的网络吞吐量。IEEE 802.11aj 利用已有的毫米波波束训练信息来改进 IEEE 802.11ad 空间复用的效率。IEEE 802.11aj 采用快速波束搜索/跟踪能够降低波速的训练和搜索时间[10]。这些技术提高了设备间空间复用的选择准确度，同时能有效地降低网络的开销，达到提高网络效率和降低设备功耗的目的。

2.5.2　3GPP 毫米波通信标准化

　　2016 年年初，3GPP 与世界主要通信厂商合作，完成了几个主要毫米波通信频段的初步量测，公布了有关毫米波信道模型的技术报告：3GPP TR38.900，厘清与证明了毫米波频段作为 5G 操作频段在户外通信的可行性，作为全球开发 5G 毫米波通信系统的共同依据[35]。

　　3GPP NR 毫米波频段的射频标准讨论和制定工作由 3GPP RAN4 牵头开展，3GPP 定义的 3GPP NR 毫米波频段见表 2-13，定义了 52.6GHz 频谱界限，Rel-15 中定义的 FR2 毫米波频段上限为 52.6GHz，Rel-17 中则对 52.6GHz 以上频段的波形进行研究。

表 2-13　3GPP NR 毫米波频段

频段号	UL	DL	双工方式
n257	26.5～29.5GHz	26.5～29.5GHz	TDD
n258	24.25～27.5GHz	24.25～27.5GHz	TDD
n260	37～40GHz	37～40GHz	TDD

2.5.3　ITU 毫米波通信标准化

　　为了标准化毫米波通信，ITU 专门设立了 TG 5/1 工作组，负责研究确定毫米波频段在 5G 系统中可使用的频谱资源，重点讨论全球在 5G 毫米波频段的最新研究进展，完成了 5G 系统在不同毫米波候选频段与相关无线电业务的兼容共存研究报告[36]，ITUNR 毫米波频段与业务信息见表 2-14（"巴"表示"巴西"）。

表 2-14　ITU NR 毫米波频段与业务信息

频段		业务/系统	主要贡献者	基本结论
24.25～27.5GHz	23.6～24GHz	EESS passive	美、韩、欧洲航天局、法、中、巴、德、爱立信、诺基亚	杂散−13dBm/MHz加严约18～30dBss
	23.6～24GHz	RAS	法、CRAF、中	保护距离约 34～52km
	25.5～27GHz	EESS/SRS（S-E）	美、中、ESA、英、韩、巴	保护距离 EESS 约 0.4～7km，SRS 约 2～77km
	25.25～27.5GHz	ISS	中、英、法、美	余量约 11.8～27dB
	24.65～25.25GHz/27～27.5GHz	FSS（E-S）	澳、韩、卢森堡、法、日、中、巴、爱立信	余量约−30～9.1dB（仅俄结果不能共存）
	24.25～27.5GHz	FS	德、英、瑞士、巴	—
37～43.5GHz	36～37GHz	EESS passive	美、中、全球移动通信系统协会（GSMA）	杂散−13dBm/MHz加严约 0～20.6dBss
	37～38GHz	SRS	美、ESA	保护距离 30～82km
	37.5～42.5GHz	FSS（S-E）	中、加、美、巴、卢森堡、GSMA	保护距离约 1km
	40.5～42.5GHz	BSS	同上	同上
	42.5～43.5GHz	RAS	CRAF	保护距离约 48～62km
66～71GHz	66～71GHz	ISS	英	单站余量 38dB
71～76GHz/81～86GHz	71～76GHz/81～86GHz	FS	诺基亚、中	—
	79～92GHz	RAS	中	保护距离 7.5～22.5km，约 8.2～29.9dB
	86～92GHz	EESS passive	ESA、美、中	杂散−13dBm/MHz加严约 0～20.6dBss
	76～81GHz	汽车雷达	瑞典、德、瑞士	干扰概率 2.4%～40.3%

2019 年世界无线电通信大会于 2019 年 10 月 28 日至 11 月 22 日在埃及沙姆沙伊赫召开。关于毫米波通信有以下结论[37]。

（1）全球范围内将 24.25～27.5GHz、37～43.5GHz、66～71GHz 共 14.75GHz 带宽的频谱资源用于 5G 及 6G 发展。

（2）在 45.5～47GHz 频段，部分国家在脚注中标识用于 5G 和 6G 等。

（3）在 47.2～48.2GHz 频段，部分地区和国家在脚注中标识用于 5G 和 6G 等。

2.5.4　小结

在 5G 标准制定之初，毫米波就是 5G 的主要组成部分，是 5G 性能指标的重要保证，毫米波频段应用于 5G 成为业界共识。为科学、合理地进行 5G 系统频谱规划，标准组织、运营商和设备厂商以及产业链各方都在积极努力。3GPP Rel-16 的部分研究领域涉及功能扩展，得到了越来越多的垂直行业的支持，如非地面网络，车联网，工业物联网、未经许可的接入、增强的 MIMO 研究、集成接入和回传以及非正交多址波形。随着毫米波标准工作的继续进行，在 6G 中将进一步发扬光大，基于毫米波通信的 6G 将不断出现新的应用、挑战和机遇。

| 参考文献 |

[1]　方箭, 李景春, 黄标, 等. 5G 频谱研究现状及展望[J]. 电信科学, 2015, 31(12): 105-112.

[2]　PI Z Y, KHAN F. An introduction to millimeter-wave mobile broadband systems[J]. IEEE Communications Magazine, 2011, 49(6): 101-107.

[3]　HANSEN C J. WiGiG: multi-gigabit wireless communications in the 60GHz band[J]. IEEE Wireless Communications, 2011, 18(6): 6-7.

[4]　XIAO M, MUMTAZ S, HUANG Y M, et al. Millimeter wave communications for future mobile networks[J]. IEEE Journal on Selected Areas in Communications, 2017, 35(9): 1909-1935.

[5]　FRIIS H T. A note on a simple transmission formula[J]. Proceedings of the IRE, 1946, 34(5): 254-256.

[6]　MARZETTA T L. Noncooperative cellular wireless with unlimited numbers of base station antennas[J]. IEEE Transactions on Wireless Communications, 2010, 9(11): 3590-3600.

[7]　马蓁, 高泽华, 刘健哲, 等 面向 5G 应用场景的毫米波传输衰减分析[J]. 移动通信, 2015, 39(23): 92-96.

[8]　SOBEL D. 60GHz wireless system design: towards a 1 Gbps wireless link[Z]. Berkeley Wireless Research Centre: 2003.

[9]　SOBEL D, BRODERSEN R W. 60GHz CMOS system design: challenges, opportunities, and next steps[Z]. Research Retreat at Berkeley Wireless Research Centre: 2003.

[10] 彭晓明, 卓兰. 60GHz 毫米波无线通信技术标准综述[J]. 信息技术与标准化, 2012(12):

49-53.

[11] O'BRIEN D C, FAULKNER G E, JIM K, et al. Experimental characterization of integrated optical wireless components[J]. IEEE Photonics Technology Letters, 2006, 18(8): 977-979.

[12] SIMON M K, ALOUINI M S. Digital Communication over Fading Channels, 2nd edition[M]. New York: Wiley-IEEE Press, 2004.

[13] 刁兆坤, 范才坤, 刘威, 等. 毫米波 5G 基站的应用场景和超密集组网规划方法详解[J]. 通信世界, 2019.

[14] SATO K, MANABE T, IHARA T, et al. Measurements of reflection and transmission characteristics of interior structures of office building in the 60GHz band[J]. IEEE Transactions on Antennas and Propagation, 1997, 45(12): 1783-1792.

[15] TELATAR E. Capacity of multi-antenna gaussian channels[J]. European Transactions on Telecommunications, 1999, 10(6): 585-595.

[16] 3GPP. Study on channel model for frequency spectrum above 6GHz: 3GPP TR 38.900[S]. 2016.

[17] IEEE Computer Society. Part 15.3: wireless medium access control (MAC) and physical layer(PHY) specifications for high rate wireless personal area networks (WPANs)[S]. 2009.

[18] LIU A, LAU V K N, ZHAO M J. Stochastic successive convex optimization for two－timescale hybrid precoding in massive MIMO[J]. IEEE Journal of Selected Topics in Signal Processing, 2018,12(3): 432-444.

[19] BUSARI S A, HUQ K M S, MUMTAZ S, et al. Millimeter-wave massive MIMO communication for future wireless systems: a survey[J]. IEEE Communications Surveys & Tutorials, 2018, 20(2): 836-869.

[20] DUARTE M F, ELDAR Y C. Structured compressed sensing: From theory to applications[J]. IEEE Transactions on Signal Processing, 2011, 59(9): 4053-4085.

[21] 李雷, 刘盼盼. 库缩感知中基于梯度的贪婪重构算法综述[J]. 南京邮电大学学报(自然科学版), 2014, 1(34).

[22] 康国良. 毫米波大规模 MIMO 系统信道估计算法研究[D]. 赣州: 江西理工大学, 2018.

[23] 钟旻. 毫米波在 5G 应用中的关键技术[J]. 数字通信世界, 2019(1): 1-4.

[24] ITU-R. Technical feasibility of IMT in bands above 6GHz M. 2376-0(07/2015)[R]. 2015.

[25] MiWave S. 60-90GHz transceiver technology: Deliverable D3.6[Z]. 2016.

[26] ZOLPER J C. Status, challenges, and future opportunities for compound semiconductor electronics[C]//Proceedings of the 25th Annual IEEE Symposium on Gallium Arsenide Integrated Circuit. Piscataway: IEEE Press, 2003

[27] MISHRA U K, SHEN L K, KAZIOR T E, et al. GaN-Based RF power devices and amplifiers[J]. Proceedings of the IEEE, 2008, 96(2): 287-305.

[28] LIE D Y C, MAYEDA J C, LI Y, et al. A review of 5G power amplifier design at cm-wave and

mm-wave frequencies[J]. Wireless Communications and Mobile Computing, 2018.

[29] LARSSON E G, EDFORS O, TUFVESSON F, et al. Massive MIMO for next generation wireless systems[J]. IEEE Communications Magazine, 2014, 52(2): 186-195.

[30] 项弘禹, 张欣然, 朴竹颖, 等. 5G 移动通信系统的接入网络架构[J]. 电信科学, 2018, 34(8): 10-18.

[31] CHOI J, VA V, GONZALEZ-PRELCIC N, et al. Millimeter-wave vehicular communication to support massive automotive sensing[J]. IEEE Communications Magazine, 2016, 54(12): 160-167.

[32] IEEE. Local and metropolitan area networks-Specific requirements-Part 15.3: Amendment 2: Millimeter-wave-based Alternative Physical Layer Extension: IEEE 802.15.3c-2009[S]. 2009.

[33] BAYKAS T, SUM C S, LAN Z, et al. IEEE 802.15.3c: the first IEEE wireless standard for data rates over 1 Gb/s[J]. IEEE Communications Magazine, 2011, 49(7): 114-121.

[34] IEEE. Telecommunications and information exchange between systems--Local and metropolitan area networks--Specific requirements-Part 11: Wireless LAN Medium Access Control (MAC) and Physical Layer (PHY) Specifications Amendment 3: Enhancements for Very High Throughput in the 60GHz Band: IEEE 802.11ad-2012[S]. 2012.

[35] 5G 微波毫米波特别工作组. 5G 毫米波频谱规划建议白皮书[R]. 2018.

[36] ITU-R. Conference preparatory meeting for WRC-19[R]. 2018.

[37] 王坦, 钱肇钧, 韩锐, 等. WRC-19 大会 5G 毫米波结果梳理与分析[J]. 中国无线电, 2020(2): 24-28.

第 3 章

6G 太赫兹与可见光通信

随着移动数据流量指数式的增长，有限频谱资源和迅速增长的高速业务需求之间的矛盾愈发凸显。现有的无线通信技术已难以满足多功能、大容量无线传输的发展需求。为此，亟须发展新一代高速传输的无线通信技术。太赫兹和可见光通信技术被认为是解决频谱稀缺问题且满足高速业务需求的有效手段之一，从而吸引了全球科技强国、顶尖科研院所、高科技企业及新兴研发机构的关注和支持，其相关的标准化工作也在迅速推进。本章主要介绍 6G 太赫兹与可见光通信的研究现状、信道特性、组网技术、发展趋势和标准化情况。

太赫兹和可见光通信是 6G 的重要组成。太赫兹频段在电磁波谱中的特殊位置，使其在过去和现在都备受关注，具有重要的学术价值和应用前景。作为一种相比传统通信而言比较特殊的技术，可见光通信技术能够在充分利用灯光照明的同时进行高速率的数据传输，具有安全、传输源和通信路径可见、直观绿色的特点。

本章将对 6G 太赫兹与可见光通信的相关技术进行介绍，包括原理、信道建模、关键技术等。此外，还将结合物联网中的主流应用，对太赫兹与可见光通信在未来应用中发挥的作用进行系统介绍。第 3.1 节介绍了太赫兹与可见光通信的原理和国内外研究现状，国内外太赫兹研究单位在太赫兹源、探测器、成像、卫星通信、远距离传输等方面都取得了阶段成果，为太赫兹技术的应用奠定了良好的基础；第 3.2 节介绍了太赫兹与可见光通信的信道特性，并结合信道特性介绍了一些代表性的关键技术；第 3.3 节介绍了太赫兹和可见光通信组网，例如异构组网、空天地海组网和微纳组网，并对可见光组网及演示平台进行了介绍，说明了不同场景下的组网技术差异；第 3.4 节介绍了太赫兹与可见光通信的发展趋势并阐述了面对的挑战和产业发展的情况；第 3.5 节介绍了太赫兹与可见光通信的标准化情况。

3.1　太赫兹与可见光通信概述

随着移动数据流量呈指数式增长，无线通信有限频谱资源和迅速增长的高速业务需求之间矛盾愈发凸显。现有的无线通信技术已难以满足多功能、大容量无线传输网络的发展需求。太赫兹波段的通信技术被认为是有望解决频谱稀缺问题，同时满足高速业务需求的有效手段。对于可见光通信技术来说，自 1999 年香港大学学者使用 LED 交通灯进行音频信号传输实验后[1]，可见光通信迅速获得世界上科技强国、顶尖科研院所、高科技企业及新兴研发机构的关注。可见光通信在十几年间迅猛发展，传输速率从兆比特每秒到吉比特每秒，传输距离从厘米级到百米级，系统从实验验证到应用演示。2011 年的《时代周刊》将可见光通信评为全球 50 大科技发明之一。

3.1.1　太赫兹与可见光通信原理

（1）太赫兹通信原理

太赫兹波是指频率在 $0.1 \sim 10\text{THz}$ 的电磁波[2]，频率介于技术相对成熟的微波频段和红外频段两个区域之间，如图 3-1 所示。

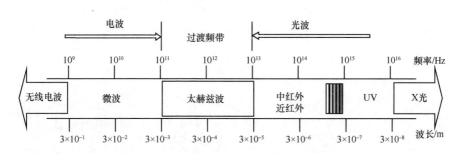

图 3-1　太赫兹频段在无线电频谱内所处的位置

随着通信技术的飞速发展，太赫兹通信集成了微波通信与光通信的优点。传统微波通信难以满足高速、宽带无线通信的需求，太赫兹通信因其高数据传输速率和宽广频谱带宽的特点，具有成为 6G 主流方式的潜力。与现有的通信手段相比，太赫兹通信技术在高速无线通信领域具备如下技术优势[3]：

- 频谱资源宽，太赫兹通信可选用的频率资源丰富；
- 数据传输能力强，具备 100Gbit/s 以上高速数据传输能力；
- 通信跟踪捕获能力强，其多波束通信为在空间组网通信中提供更好的跟踪捕获能力；
- 抗干扰/抗截获能力强，太赫兹波传播的方向性好、波束窄，抗干扰能力强，侦查难度大；
- 太赫兹信号的激励和接收难度大，具有更好的保密性和抗干扰能力；
- 克服临近空间通信黑障能力强，能有效穿透等离子体鞘套，提供临近空间高速飞行器的测控通信手段。

具备以上优势的同时，太赫兹通信技术也面临一些挑战。太赫兹波在空气中传播时很容易被水分吸收，会经历极为严重的路径损耗，大大限制了通信距离。另外，传统的通信器件和技术难以满足太赫兹波的需求，为实现太赫兹通信的应用，要克服通信硬件的约束，调整太赫兹系统和相关通信策略的设计。

（2）可见光通信原理

可见光通信技术是指利用可见光发光二极管（LED）高速切换的特性，通过 LED 照明、显示等设备将受信息调制的电信号转换成光信号进行传输，再通过光电二极管等光电转换器将接收到的光信号转换为电信号，最终解调得到信息的一种新兴通信技术，可见光通信原理如图 3-2 所示。可见光通信主要由光源及驱动模块、光电检测模块、调制解调模块、收发光学天线等主要部分组成。

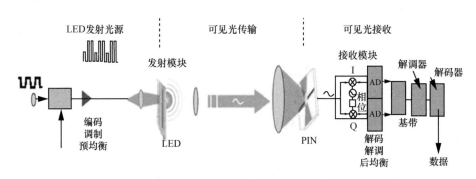

图 3-2　可见光通信原理

3.1.2　国内外研究现状

（1）太赫兹通信研究现状

近年来，很多国家都制定了太赫兹通信研究计划，推动太赫兹高速无线通信技术发展，抢占太赫兹频段的通信资源。美国认为太赫兹科学是改变未来世界的十大科学技术之一，日本政府将太赫兹技术列为未来 10 年科技战略规划 10 项重大关键科学技术之首，欧盟第五至七框架计划启动了一系列跨国太赫兹研究项目。2019 年 10 月发布的全球首份 6G 白皮书也将太赫兹通信技术作为重要的突破口。

太赫兹通信技术作为未来超高速通信的主要解决方案，在外层空间卫星间高速无线通信、地面室内短距离无线通信及局域网的宽带移动通信等领域都引发了极大关注。

①　美国太赫兹研究工作

美国国家科学基金会（National Science Foundation，NSF）、国家航空航天局（National Aeronautics and Space Administration，NASA）、能源部（Department of Energy，DOE）和国立卫生研究院（National Institutes of Health，NIH）等从 20 世纪 90 年代中期开始对太赫兹科技研究进行大规模的投入。美国国防部高级研究计划局（Defense Advanced Reasearch Projects Agency，DARPA）开展了名为"太赫兹作战延伸后方（THOR）"的研究计划，并投入大量经费研制太赫兹通信关键器件和系统，2014 年实行了 100Gbit/s 骨干网计划，致力于开发机载通信链路以实现大容量短距离无线通信，2015 年美国研发通信卫星预期具备 10Gbit/s 量级的传输速率，2020 年具备 50Gbit/s 以上的传输速率。2019 年 3 月，美国联邦通信委员会（FCC）正式批准 95GHz～3THz 频段用于 6G 实验，这将给一些厂商提供为期十年的频率使用牌照，用以测试新产品和新服务。

②　日本太赫兹研究工作

日本的东京大学、京都大学、大阪大学等大学机构以及日本电报电话公司（NTT）等单位都在展开太赫兹的相关研究工作。NTT 长期从事通信系统的开发与研究，在太赫兹通信系统领域处于领先地位。2006 年 Hirata A 等人[4]基于微波光子学设计了 120GHz 的通信系统，可以传输 10GHz 的数据，通信距离可达 200m。2007 年研制出全固态太赫兹通信系统，该系统工作在 0.12THz 频段，可实现远距离（大于 800m）同时传输 6 路未压缩的高清晰度电视节目信号。它采用幅移键控（Amplitude Shift Keying，ASK）调制，传输速率可达 11.1Gbit/s。NTT 利用 0.12THz 做了多个实用性实验，2008 年已成功应用于北京奥运会高清转播。2014 年，日本将 116～134GHz 频段划为广播服务应用，进行 120GHz 频段 4K/8K 电视转播应用研究。日本总务省在 2021 年的东京奥运会上采用太赫兹通信系统实现 100Gbit/s 高速无线局域网服务，传输速率是 4G 传输系统的 1000 倍。

③ 欧盟太赫兹研究工作

欧盟第五至七框架计划启动了一系列跨国太赫兹研究项目，包括由英国剑桥大学牵头，法国、瑞士和意大利等国家的 5 家研究机构联合参与的 WANTED（Wireless Area Networking of Terahertz Emitters and Detectors）计划和 THz-Bridge 计划，欧洲太空总署启动的 Star-Tiger 计划。2017 年欧盟正式布局 6G 通信技术，目前已初步定位于进一步的增强型移动带宽，要求峰值数据速率大于 100Gbit/s，计划采用高于 0.275THz 的太赫兹频段。欧盟于 2018 年 2 月正式将太赫兹通信列为 6G 研究计划，并且"地平线 2020"（第八框架计划）启动了多个发展宽带太赫兹通信项目。

④ 国内太赫兹研究工作

2005 年，我国科学技术部（以下简称科技部）、中国科学院、国家自然科学基金委员会在北京香山联合召开以"太赫兹科学技术的新发展"为主题的科学会议，标志着中国太赫兹研究战略的启动。2006 年，中国电子学会太赫兹专家委员会成立。2007 年，中国科学院上海微系统与信息技术研究所联合电子科技大学、中国科学院物理研究所等单位申请我国首个太赫兹 973 计划，并成功立项。2011 年年底，科技部启动"毫米波与太赫兹无线通信技术开发"项目，为我国太赫兹领域第一个过亿元的 863 计划主体项目，该项目由电子科技大学牵头，国内十多所高校和研究所共同参与研究，旨在研究太赫兹无线通信技术，根据不同波段的太赫兹波和功能器件的特点，研究覆盖 0.1～7THz 频段范围的 3 种太赫兹通信体系结构，突破关键技术及相关功能器件研制，完成原理验证系统，进行实验验证。

国内各研究队伍在研制关键器件和系统实现方面取得了丰硕的成果。中国电子科技集团公司第十三研究所与电子科技大学合作掌握了太赫兹肖特基二极管的设计和制备核心技术，共同研发出了第一支全国产化的 220GHz 混频器、225GHz 阻性二极管三倍频源，为全固态太赫兹通信系统打下了坚实的基础。电子科技大学自主研制出小型化、低功耗的太赫兹源，在 0.11THz、0.22THz、0.34THz 和 0.56THz 均可产生功率大于 3mW 的太赫兹源，输出功率和稳定性均达到了国际先进水平。中国工程物理研究院研制出了 0.14THz 行波管太赫兹功率放大器，可以提供 2W 功率的连续波输出，能够实现太赫兹远距离通信。2017 年，浙江大学和丹麦科技大学联合研制了基于光电结合的 0.4THz 6 通道太赫兹通信系统，总传输速率可达 160Gbit/s。

另外，湖南大学在 100GHz 频段，用基于光电结合的方式实现高速实时数据通信。发射端采用光电二极管产生 100GHz 高频载波，接收端通过分谐波混频器进行相干解调，实现了速率达 6Gbit/s 的通信。中国科学院上海微系统与信息技术研究所采用量子级联激光器实现了 3.1THz、传输速率为 100Mbit/s 的演示系统[2]。

2016 年国务院印发的"十三五"国家科技创新规划中指出，要发展新一代网络与信息技术，重点加强包括太赫兹通信等技术的研发与应用。科技部 2018 年重点研发计划"宽带通信和新型网络"立项"太赫兹无线通信技术与系统"，面向空间高速传输和下一代移动通信的应用需求，研究太赫兹高速通信系统的总体技术方案，太赫兹空间和地面通信的信道模型，低复杂度、低功耗的基带信号处理技术，开发太赫兹高速通信实验等。另外，"太赫兹核心器件及收发芯片"被列入国家自然科学基金委员会 2019 年度专项项目移动网络基础科学问题与关键技术项目指南，旨在重点研究 0.2THz 以上的核心器件及收发芯片，满足未来移动通信需求。

总之，虽然我国太赫兹研究较国际上其他发达国家开始较晚，但在国家的总体规划和支持下，经过十余年的发展，我国已经形成了一支以高校、科研院所为主体的太赫兹技术创新研发队伍，并在相应理论和实验研究上取得了一系列重要的成果。

（2）可见光通信研究现状

① 日本可见光通信研究

可见光通信的概念发起于中国香港，但兴起于日本。在 2000—2002 年，日本学者先后对白光 LED 作为室内照明和通信光源的可行性进行数学分析和仿真计算，模拟分析不同调制方式以及反射引起的多径效应等因素对可见光通信系统性能的影响[1,5]，并分析了使用白光 LED 进行室内通信时信号脉冲之间的串扰、阴影效应、室内光线反射、光源属性和不同位置信噪比分布对通信性能的影响[6-7]。2003 年，日本众多的研究单位和企业成立了可见光通信联盟（Visible Light Communication Consortium，VLCC），其成员来自通信、照明系统设计和器件制造等方面的公司与高校，包括卡西欧、日本电气股份有限公司（NEC）、松下电器、夏普、东芝以及 NTT DoCoMo、庆应义塾大学、东京大学、早稻田大学等。VLCC 一直致力于可见光通信系统的市场调查、推广和标准化研究等，其目的是通过市场研究、推广和技术标准化，建立安全的、无处不在的可见光通信网络。VLCC 关注的可见光通信研究范围比较宽广，根据具体的应用场景可分为室内移动通信、可见光定位、可见光无线局域网接入、交通信号灯通信、水下可见光通信等。2007 年，VLCC 向日本电子情报技术产业协会（JEITA）制定了基于当地白光 LED 照明灯塔的可见光 ID 系统标准 CP-1222。2009 年，VLCC 与红外数据协会（Infrated Data Association，IrDA）共同制定了可见光通信物理层协议 1.0，确定调制方式采用反相 4PPM 和曼彻斯特编码。2014 年 5 月，VLCC 更名为可见光通信协会（Visible Light Communication Association，VLCA），更多的机构参与到研究和标准化活动中。

② 美国可见光通信研究

NSF 于 2008 年投入 4000 万美元，资助伦斯勒理工大学、波士顿大学和新墨西哥大学等单位共同成立了智能照明工程技术研究中心，其中可见光通信作为研究中心的重要方向，计划用 10 年时间从事 LED 无线通信智能照明架构的研究。波士顿大学的研究团队聚焦可见光通信与网络方面；伦斯勒理工大学重点研究照明设备材料；新墨西哥大学更多地关注生物医学扫描方面的光通信。此外，美国的 UC-Light、COWA 也是可见光通信研究的重要机构。UC-Light 由美国加州大学的 4 所分校和美国劳伦斯伯克利国家实验室的 5 个科研机构组成，其研究范围涉及 LED 照明、高速光通信、网络、定位等方面。COWA 项目则由宾夕法尼亚州立大学和佐治亚理工学院联合一些美国企业，进行可见光通信技术应用的研究。

③ 欧盟可见光通信研究

2008 年，欧盟启动 OMEGA 项目，开展对可见光通信技术的研究。该项目的目标是研究一种全新的能够提供宽带和高速服务的室内接入网络，集成 VLC 技术，实现通信速率 1Gbit/s。该项目由欧洲的 20 多所大学、科研单位和企业参与，包括英国牛津大学、剑桥大学、帝国理工学院、德国西门子股份公司、法国电信等。OMEGA 项目把可见光通信技术列为重要的高速接入技术之一，并且取得了丰硕的研究成果。2011 年欧洲 OMEGA 项目小结时，参加单位之一的 Orange 实验室利用房间天花板上的 16 个白光 LED 通信，完成了 4 路高清视频的实时广播。该室内可见光通信演示系统的通信速率达到 100Mbit/s，净载荷 80Mbit/s。从 2011 年 11 月到 2015 年 11 月，由欧洲科学基金会开展 OPTICWISE 项目继续支持和巩固欧洲无线光通信技术的发展，该项目是欧洲 5G PPP（Public Private Partnership）的组成部分。

④ 我国可见光通信研究

与日本、美国等国相比，我国可见光通信技术研究起步较晚。2008 年，中国科学院半导体研究所整合所内优势研发力量，在中国科学院的支持下，启动了基于可见光通信的"半导体照明信息网（Solid State Lighting Information Network, S2-Link）"的研究，研究范围覆盖材料、器件、协议和系统。2013 年，国家 863 计划设立了"可见光通信系统关键技术研究"项目，项目由中国人民解放军战略支援部队信息工程大学牵头，东南大学、北京大学、清华大学、北京邮电大学、上海交通大学、复旦大学、中国科学院半导体研究所、工业和信息化部电信传输研究所、上海宽带技术及应用工程研究中心等共同承担，旨在开发可见光（波长 380～780nm）新频谱资源，研究可见光通信系统在复杂信道条件下非相干光散射畸变检测、调制编码、光电多维复用与分集、最佳捕获检测等关键技术，建立可见光通信实验系统并开展典型应用示范，为可见光通信这一新型绿色信息技术的产业化奠定基础。同年，国家 973 计划项目"宽光谱信号无线传输理论与方法研究"启动，由中国科学技术大学、北京理工大学、清华大学、东南大学、北京大学、北京邮电大学、中国科学院半导体研究所共同承担。项目面向国家发展"新一代信息技术"的重大需求，重点围绕开拓新的光谱资源的核心目标，旨在从本质上揭示宽光谱信号无线传输机理，建立宽光谱信号无线光通信的基础理论与方法，挖掘从红外光延伸至可见光和紫外光波段的光谱资源，适应多场景、多应用需求，实现信息在空间的可靠、高效传输，解决日益严重的无线通信频谱和无线覆盖的瓶颈问题，满足未来宽带大容量移动通信的需求，为人口密集区域的信息基础设施建设提供高速大容量有效解决方案，为国防安全领域提供可靠安全的通信手段，并辐射至电磁敏感行业、矿山智能化、交通管理、物联网等应用领域。经过十余年的努力，我国科研人员在可见光通信领域已经取得了与世界发达国家和地区同等的水平，在其中某些方向处于领先地位。

3.1.3 小结

太赫兹通信技术凭借其极高的数据传输速率、安全性等一系列优势，在 6G 无线网络中具有广阔的应用前景，如片上通信、超高速率无线接入、高速基站间回传、安全通信、空间通信等。在 14 个 6G 潜在无线技术方向中，其中 6 个与太赫兹相关的技术方向，包括与太赫兹通信相关的关键器件材料工艺（磷化铟、锗硅 CMOS、COMS（互补金属氧化物半导体）、石墨烯、无损太赫兹材料等）和无线物理层设计等。拥有丰富频段资源的太赫兹频段受到学术界的热烈关注，也受到欧、美、日等地区和国家的高度重视，成为极具潜力的 6G 关键候选频谱技术。

可见光通信作为一种利用 $400\sim800$ THz 无须授权频段的高速通信技术，具有高保密、人体无害、无电磁辐射等优点，能够实现大气内外、水面水下等场景中的同环境设备之间以及不同环境设备间的通信。由于基于电磁波信号的无线通信无法为"空—天—地—海"全覆盖场景提供高速率传输，而可见光通信利用发光二极管产生的可见光实现数据传输，并适用于自由空间和水下等环境，因此可见光通信是 6G 蓝图中十分重要的组成部分。在面向 6G 的可见光通信技术中，主要的方向包括可见光通信中的器件、高速可见光通信系统、水下可见光通信、可见光通信异构组网技术和可见光芯片高速光互联。

太赫兹和可见光通信技术将作为 6G 的关键技术，为 6G 提供更快的传输速率、更低的延迟与更大的网络容量，极具应用前景，目前正处于蓬勃发展的阶段，在 6G 中会大放异彩，具有重要的意义与价值。

| 3.2　太赫兹与可见光通信信道特性 |

为了在太赫兹频段或可见光通信系统中实现优化的无线通信网络，需要一种能够准确描述太赫兹频谱特性或可见光通信的信道模型。对太赫兹信道或可见光信道的信道特征进行准确刻画，是实现可靠和有效无线通信的基础。

3.2.1　太赫兹信道建模

太赫兹波的传播模型包括视距（LoS）和非视距（NLoS）传播，其中非视距传播包括反射、散射和衍射。太赫兹通信系统将优先广泛应用于短程室内通信场景，目前，对于室内太赫兹信道模型的研究主要归类为确定性方法和统计方法。在确定性信道模型中，射线追踪技术是一种通用的分析太赫兹波传播过程中 LoS 和 NLoS 传输的可靠方法，其中基于射线追踪技术的太赫兹频段（0.1～10THz）的统一信道模型中的 0.1～1THz 频段的模型已被评估和验证[8]。

（1）视距传播

太赫兹频段中的信道高度依赖于距离和频率，即通信距离的改变不仅会导致路径损耗的变化，还会导致可用的传输带宽的变化[9]。电磁波在太赫兹频段频率下的自由空间传播特性由传播损耗决定，主要由分子吸收损耗决定。由此产生的路径损耗是具有高度频率选择性的，并且可以在几米以上的距离轻松地达到 100dB 以上。此外，水蒸气分子的分子吸收定义了几个透射窗口，其位置和宽度取决于介质的距离和分子组成。对于远低于一米的距离，分子吸收损耗几乎可以忽略不计，因此太赫兹频段几乎表现为 10THz 宽的透射窗。对于超过 1m 的距离，许多共振声变得显著，并且传输窗口变得更窄，如图 3-3 所示，其中，r 为通信距离。

（2）非视距传播

由于障碍物的存在，除了视距传播还存在非视距传播。非视距传播可分为镜面反射传播、漫散射传播和衍射传播[8]。非视距传播的一个主要挑战是粗糙表面的粗糙度。在太赫兹频段中，任何具有与波长（即毫米或亚毫米级）相当的粗糙度的表面

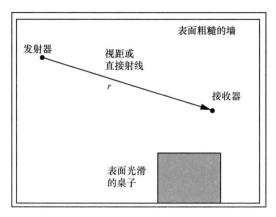

图 3-3　视距或直接射线传播

都会散射电磁波。因此，在较低频率的无线通信中被认为平滑的表面在太赫兹频段中变得粗糙。对于粗糙表面，表面的反向散射电磁波由镜面上的反射或相干射线以及所有其他方向上的散射或非相干射线组成。

（3）多径信道

超宽带信号中的每个频率分量经历不同的衰减和时延。这种频散效应或等效的时域失真需要用太赫兹频段多径信道模型来表示。刻画多径传播的一种可行方法是使用射线跟踪技术研究在接收机处的单个到达射线。然而，这需要先验环境几何信息，或者一个统计模型来有效地表示多径信道，从而对影响所接收的多径信号的频率敏感参数进行概率分析，例如存在视距传播的概率、非视距分量的数目、时延和增益。

3.2.2　可见光信道建模

（1）白光 LED 频率响应模型

目前的可见光通信系统多基于白光 LED，作为可见光信道的重要组成部分，LED 的频率响应特性决定了信号的有效带宽。

商品化白光 LED 据光谱成分主要分成两大类：蓝色光 LED 芯片+黄绿色光荧光粉激发白光；将红、绿、蓝（RGB）3 种 LED 芯片封装在一起，混合产生白光。实验所用的白光 LED 多为第一类 LED。通过导频信号测得的白光 LED 频率响应，信号高频成分有明显的衰减，可见光通信白光 LED 响应如图 3-4 所示。

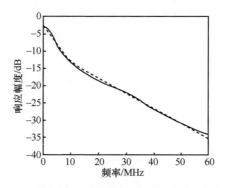

图 3-4　可见光通信白光 LED 响应

（2）单次直射模型

在可见光通信中，当发射机与接收机之间视距路径不存在障碍物阻挡时，通常使用单次直射模型对该场景下的光信道进行描述，如图 3-5 所示。在单次直射模型中，光源辐射的所有光信号几乎在同一时间到达接收端，直射光信道的冲击响应通常用时延 δ 函数表示。同时，由于发射端与接收端的距离远大于接收端中光电探测器的尺寸，光电探测器表面各处的接收光强被认为是近似相等，信道系数由光电探测器的器件特性与光源的朗伯发射模式决定。

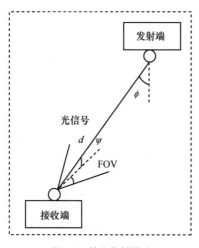

图 3-5　单次直射模型

（3）IEEE 802.15.7 多色可见光信道模型

标准 IEEE 802.15.7 给出了多色可见光信道模型和供参考的相关参数。多色可见光信道的特性主要受两个因素的影响：一是辐射度量与光度量之间的转换关系；二是接收机光电探测器的光敏特性。

可见光接收机中 Si 光电探测器的光敏特性受光波长的影响。图 3-6 展示了典型的 Si 光电探测器的光敏特性随波长变化的情况。由图 3-6 可知，在可见光光谱范围内 Si 光电探测器的光敏特性随着波长增加而逐渐提高。

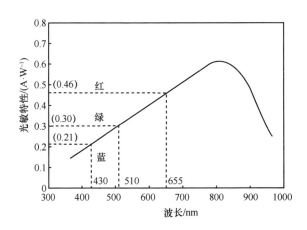

图 3-6　典型的 Si 光电探测器的光敏特性随波长变化曲线

可见光光谱规划见表 3-1。

表 3-1　可见光光谱规划

波长/nm	光谱宽度/nm	编码
[380, 478]	98	000
[478, 540]	62	001
[540, 588]	48	010

IEEE 802.15.7 中建立的多色可见光信道模型，刻画了不同波长下的光电探测器光敏特性，建立了可见光辐射度量和光度量的关系。在应用中，基于多色可见光信道的可见光系统，需要考虑不同可见光波长下辐射度量与光度量之间的转换关系以及光电探测器光敏特性的变化。

3.2.3 太赫兹与可见光通信关键技术

对于太赫兹通信系统，需要足够的核心器件对太赫兹波进行控制，传统的微波和光学的器件并不适用于太赫兹频段，需要全新的手段和材料实现对太赫兹波的调控。对于可见光通信技术，它是一种将光作为传输媒介的无线通信技术，广泛应用于无线通信以及光纤通信中的物理层关键技术，并被用在可见光通信中进行各项实验研究。

3.2.3.1 太赫兹关键技术

（1）太赫兹发射子系统

目前有 3 种典型的太赫兹发射子系统结构[10]：基于电子器件的太赫兹发射子系统、基于光电子器件的太赫兹发射子系统和基于半导体激光器的太赫兹发射子系统，如图 3-7 所示。基于电子器件的太赫兹发射子系统由太赫兹电信号发生器、太赫兹电调制器和前置放大器组成。通常太赫兹信号为多倍放大耿氏振荡器信号，或由 30～100GHz 的微波/毫米波发生器合成得到。而集成电路振荡器作为一种新型太赫兹源是热点和发展趋势之一，如共振隧穿二极管（Resonant Tunneling Diode，RTD）。

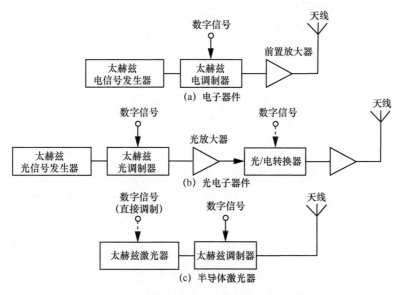

图 3-7 太赫兹发射子系统结构

（2）太赫兹接收子系统

如图 3-8 所示，太赫兹接收子系统有两种典型结构，均能利用电子器件或量子阱探测器等光电子器件搭建系统平台。直接探测系统结构（如图 3-8（a）所示）简单，能容易地通过 1～10THz 频率的载波，而高灵敏的相干探测系统结构（如图 3-8（b）所示）相对较复杂。

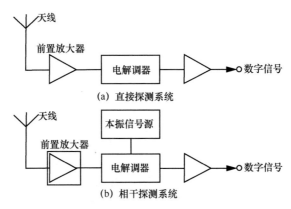

图 3-8　太赫兹接收子系统结构

直接探测方式需要较高的信噪比，只能近距离实现高速率通信。当距离较远时，接收信噪比达不到高速率通信的要求；与直接探测相比，相干探测精确度更高，对接收端信噪比的要求较低，可探测到非常微弱的信号，受背景噪声影响较小，本振功率和输入信号功率的比值与转换增益成比例。目前采用相干探测方式的太赫兹无线通信系统硬件受限于具有良好相干性和频率稳定性的信号源与本振源、高速率的太赫兹外调制器与混频器等。

（3）太赫兹信号发射源

太赫兹源作为太赫兹通信系统中产生信号的核心器件，可分为真空电子学太赫兹源、光子学太赫兹源、固态半导体电子学太赫兹源、太赫兹量子级联激光器，相关太赫兹源的频率和功率关系如图 3-9 所示。

真空电子学太赫兹源可以应用在毫米波和太赫兹领域。近几年，随着表面等离子波、光子晶体、特异材料特别是微纳结构的发展，将电子学和光子学相结合的新型真空电子器件得到了快速的发展，其优点是辐射功率、转化效率较高。

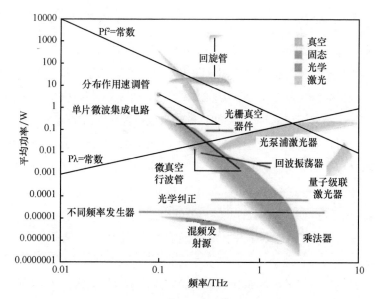

图 3-9　相关太赫兹源的频率和功率关系

光子学太赫兹源基于激光技术和非线性频率下转换技术实现太赫兹辐射，其优势在于能够产生宽谱太赫兹辐射，具有可调谐、常温工作等特点，但由于激光光子能量、太赫兹光子能量转换效率的限制，光子学太赫兹源具有效率低和不容易实现高平均功率、高峰值功率等不足。

固态半导体电子学太赫兹源具有工作效率高、稳定性强、噪声较低、频带宽、电源电压低、成本低等优点，这使其在太赫兹频段具有更大的应用潜力与价值。

基于半导体的全固态太赫兹量子级联激光器（THz-QCL）是一种基于半导体耦合量子阱子带间跃进的新型激光器，可以产生百毫瓦量级的太赫兹辐射。与传统激光器相比，THz-QCL 主要有两个特点：首先，它只利用了电子在不同子带间的跃迁来辐射光子，而不考虑空穴的输运；其次，它是一个级联的结构，提高了器件的输出功率。其能量转换效率高、体积小、轻便和易集成等优点，使其成为太赫兹源领域的热点之一。

（4）太赫兹高速通信方法

目前，太赫兹通信技术形成了基于微波光子学的光电结合方式、全固态混频电子学方式、直接调制方式这 3 类针对不同的应用场景并行发展的态势。

① 基于光电结合的太赫兹通信

采用光电结合方式的太赫兹通信技术是较早得到发展的太赫兹通信系统方案，该方案需要 2 个窄线宽的锁模激光器，利用光学外差法并通过单行载流子光电二极管（UTC-PD）生成太赫兹信号，其调制方式是基于光学的马赫-曾德尔调制器（MZM）的高速调制器，不仅可以实现 ASK 和二进制启闭键控（On-Off Keying，OOK）二元调制，而且可以实现多进制正交振幅调制（Multiple Quadrature Amplitude Modulation，MQAM）、多进制数字相位调制（Multiple Phase Shift Keying，MPSK）多元调制。

② 基于全固态混频电子学的太赫兹通信

采用全固态混频电子学方式的太赫兹通信系统利用混频器将基带或中频调制信号搬移到太赫兹频段。由于采用全电子学的混频器、倍频器等，射频前端易于集成和小型化。采用该方式的太赫兹通信系统具有体积小、易集成、功耗低的特点，不足之处在于本振源经过多次倍频后相噪恶化，且变频损耗大，载波信号的输出功率在微瓦级，因此需要进一步发展高增益宽频带功率放大器以提高发射功率。

③ 基于直接调制的太赫兹通信

采用直接调制方式的太赫兹通信系统是近年来随着太赫兹调制器速率突破衍生发展的新一类通信系统[11-14]。这种通信方案的核心关键技术是高速调制器，需要实现太赫兹波幅度或相位的直接调制，其优势在于易于集成、体积小、灵活性大，可随意选择载波频率、太赫兹源功率，是可搭配中高功率太赫兹源实现 10mW 以上功率输出的通信系统，可实现中远距离无线通信。不足之处在于目前太赫兹直接调制器还未能达到 10Gbit/s 以上。

（5）太赫兹探测技术

太赫兹波信号的探测是一个非常活跃且关键的领域，由于太赫兹源发射功率低，与相对较高的热背景耦合，需要高灵敏度的探测手段。按照探测的原理有太赫兹热探测器和太赫兹光子探测器两大类。

太赫兹热探测器的工作原理为：探测材料吸收太赫兹辐射，引起材料温度、电阻等参数的改变，再将其转换为电信号。常见的太赫兹热探测器主要包括氘化硫酸三甘肽焦热电探测器、微机械硅 bolometer 探测器、钽酸锂焦热电探测器、超导隧道结和热电子混频器等。

在太赫兹光子探测器中，电磁辐射被材料中的束缚电子或自由电子直接吸收，引起电子分布的变化，进而输出电信号。常见的太赫兹光子探测器有太赫兹量子阱探测器、肖特基二极管和高迁移率晶体管等离子体波太赫兹探测器等。热探测器的极限探测灵敏度与探测器工作温度成正比，因此高灵敏太赫兹热探测器需要低温工作。太赫兹光子探测器通常有高的损伤阈值和大的线性响应范围，探测灵敏度和响应速度间不存在相互制约问题，可以同时具备高探测灵敏度和快速响应能力。

现有太赫兹的探测技术主要分为主动式和被动式。

① 主动式探测技术

主动探测技术是基于太赫兹时域光谱（THz-TDS）发展起来的光电导天线探测技术及电光晶体探测技术，主要分为光电导天线和电光晶体探测两种[15]。

光电导天线由两根蒸镀在半导体基片上的平行电极组成，光电导天线探测器结构如图 3-10 所示，当波长为 800nm 的飞秒激光入射到半导体基片上的平行电极之间的区域时，会使天线基底产生大量的自由载流子。如果太赫兹源发出的脉冲太赫兹电场这时也入射到了天线表面，就会将自由载流子驱向天线的两极，使外接的电流指示器产生读数。当自由载流子的寿命远小于太赫兹脉冲周期时，近似认为由飞秒探测激光束激发的自由载流子受到一个恒定电场的作用，电流指示器所示的电流强度与太赫兹电场呈线性关系，从而记录下光电流的变化也就记录下了太赫兹脉冲电场的时域波形。最常用的光电导天线将低温生长的 LT-GaAs 和 Si，半绝缘的 InP 等作为工作介质，探测器的工作频率一般在 0.1～20THz，带宽约为 2THz。它的噪声等效功率（Noise Equivalent Power，NEP）可以达到 10^{-15}W。

电光晶体探测的过程与光电导天线相仿，使用的器件是具有电光效应的晶体。太赫兹电场改变了晶体的折射系数，从而使得晶体具有双折射性质，因此线偏振的探测激光束与太赫兹电场作用后变为椭圆偏振光，测量通过晶体探测激光束的椭圆度就能获得太赫兹电场辐射强度。常用的电光晶体主要有 ZnTe、ZnSe、CdTe、LiTaO$_2$、GaP 等，其中 ZnTe 电光晶体在灵敏度、测试带宽和稳定性等方面的性能优于其他晶体。电光晶体探测器有较宽的工作频率 0.1～100THz，带宽约为 10THz，它的噪声等效功率和光电导天线相当，达到 10^{-15}W。

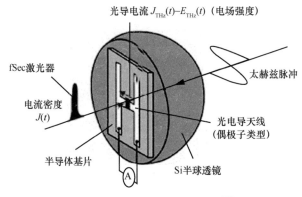

光导电流 $J_{THz}(t)$–$E_{THz}(t)$（电场强度）

fSec激光器

电流密度 $J(t)$

半导体基片

A

太赫兹脉冲

光电导天线（偶极子类型）

Si半球透镜

图 3-10　光电导天线探测器结构[15]

　　光电导天线和电光晶体探测都可用来测量太赫兹脉冲，对于低频太赫兹信号（小于 3THz）和低频波频率（千赫兹量级），光电导天线有较高的信噪比，然而对于高频斩波技术，电光晶体可以大大降低噪声，因此频率大于 3THz，光电导天线的可用性大大降低，而电光晶体仍有很高的灵敏度。电光晶体获得的波形明显比光电导天线的窄，同时电光晶体的探测频谱较宽，探测带宽较宽。

　　② 被动式探测技术

　　被动式探测技术主要分为直接探测技术和外差探测技术。直接探测如图 3-11所示，探测器同时探测到了信号辐射（W_S）和背景辐射（W_B），太赫兹波经光学透镜聚焦在探测器上，引起电信号的变化，经放大器后产生光电流信号（I_s）。直接探测技术探测太赫兹波的振幅，主要包括热辐射计（Bolometer）、热膨胀式探测盒（Golay）、肖特基二极管直接探测器等。外差探测技术将太赫兹信号频率下转换变为中频（Intermediate Frequency）信号，因此保留了探测信号的振幅和相位的信息。外差探测示意图如图 3-12 所示，通过双工器将信号辐射（W_S）和本地振荡信号（W_{L0}）非线性耦合，进入探测器的基本元件混频器进行差频，输出中频信号，该中频信号经过一个特定的滤波器滤波后再进行放大，就可实现待测信息的获取。外差探测技术主要包括外差式肖特基混频器、超导–绝缘–超导结混频器（SIS）和热电子辐射混频器（HEB）。

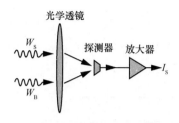

图 3-11　直接探测示意图[15]

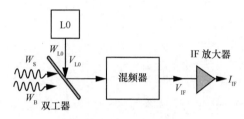

图 3-12　外差探测示意图[15]

　　将主动式探测方式的光电导天线和电光晶体探测器应用在脉冲太赫兹技术中可以摒除环境噪声的影响，从而获得较高信噪比的测量结果，而且可以进行相干测量，但是它们的工作范围较窄；热辐射计和高莱盒两种测热式的直接探测器，可以探测各种光源发射的太赫兹辐射，而且可以测量各种光谱范围的辐射，但是与外差探测技术相比，它们的探测灵敏度较低，而且容易受到环境辐射的影响；以电子学混频器为基础的外差探测技术，是一种非常灵敏的探测器，然而它们的结构较复杂，测量效果不但受到混频器的限制，而且受到本地振荡器的影响。

　　（6）低轨星间太赫兹通信

　　太赫兹卫星通信载荷包括用于星间接入的高速交换组网模块、满足基带高速处理需求的调制解调模块、高功率高灵敏度收发信机模块以及高增益太赫兹天线[16]。图 3-13 给出了一种太赫兹星间通信系统总体设计。

　　高速交换和组网模块实现本星其他应用载荷信息到交换网络的注入和接收，支持组网中为其他卫星提供信息的桥接和转发功能；高速调制解调和 MIMO 处理载荷模块利用高效多流传输技术、超可靠高速编译码技术、高速 FPGA 实时信号处理技术等基带高速调制解调技术，实现多流、并行高速传输，频谱利用率显著提升；220GHz 射频收发模块基于太赫兹频段集成电路芯片技术，在保证高功率输出和高灵敏度接收的前提下，满足太赫兹收发信机载荷的高度集成化，大幅降低系统的复杂度；220GHz 太赫兹天线采用大口径高增益太赫兹透镜阵列天线，支撑空口多流高速传输。

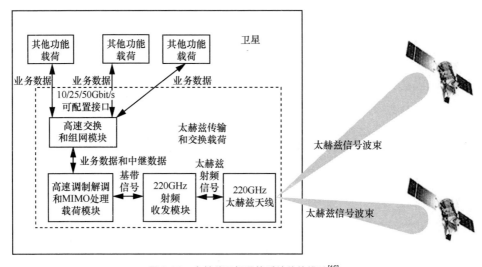

图 3-13　太赫兹星间通信系统总体设计[16]

低轨星间太赫兹通信主要包括如下几方面技术。

① 集成化、阵列化太赫兹射频前端技术

该技术用于星上的太赫兹射频前端，由于星上搭载的载荷重量和空间有限，主要考虑小型化的问题。小型化的星上太赫兹射频前端，主要分为集成化和阵列化两个方向。在太赫兹射频集成化技术方面，通过高精密的集成封装工艺将多种太赫兹射频器件一体化封装，实现模块封装集成。此外，太赫兹射频前端技术还需要突破新型半导体材料外延技术、异质半导体器件工艺技术以及先进微纳米 3D 打印和制造技术，实现射频前端的芯片一体化设计，将模块集成向芯片集成转化。

在太赫兹射频阵列化方面，由于频率的不断提升，芯片的尺寸不断缩小，在空间环境应用时，通信卫星载荷系统对输出功率、射频增益的要求不断提升，射频前端逐渐从单芯片单通道向多芯片阵列化发展。例如，太赫兹相控阵天线将采用射频与天线的一体化芯片加工方式，并通过低损耗的阵列连接方式实现太赫兹波的波束调控，这种方式将解决太赫兹射频前端多模块混合封装损耗大、单芯片输出功率不足的问题。目前，美国已研发出一款太赫兹相控阵天线芯片，其原理如图 3-14 所示。

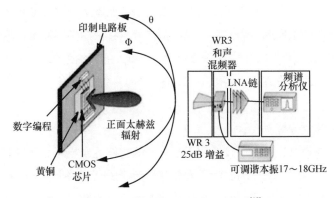

图 3-14　太赫兹相控阵天线芯片原理[16]

② 高增益太赫兹功放技术

相比地面传输，星间传输由于距离较远，需要更高的功率来保证接收端对发射信号的完好接收。高增益太赫兹功放按照其实现的技术路径可分为固态功放和行波管功放两大类。采用固态功率放大和固态功率合成技术，可以实现太赫兹频段 mW 到百 mW 量级的功率输出，固态功率放大器一般采用晶体管太赫兹单片集成电路（Teraherz Monolithic Integrated Circuit，TMIC）技术实现，例如工作频率 0.34THz 的 InP 基 HEMT 功放，目前输出功率可达 10mW，功率密度可达 62mW/mm。采用第三代宽禁带半导体 GaN 材料，目前已实现 0.1THz、1W 的输出功率，功率密度超过 2W/mm。在此基础上，采用空间辐射阵列功率合成将进一步提升功放模块整体的输出功率。在太赫兹频段，采用空间辐射阵列功率合成技术需要每个通道的幅相保持高度的一致性，同时减少多路合成带来的合成损耗，并解决合成过程中的散热问题，因此设计者和工艺加工精度将面临更高的要求。

③ 高增益太赫兹天线技术

用于空间环境的太赫兹天线，需要较高的天线增益来弥补接收端检测灵敏度的不足和较高的空间传输损耗。比较有代表性的太赫兹天线包括喇叭天线、透镜天线、相控阵天线等，这些不同类型的太赫兹天线在实际空间应用中有不同的特点。

④ 高速调制解调技术

太赫兹的高速调制分为模拟直接调制与基于数字调制的次谐波混频两种方式。模拟直接调制一般采用太赫兹调制器件，如石墨烯调制器和共振隧穿二极管等，当给器件施加合适的工作偏压后，将高速模拟信号直接加载到器件上，器件辐射的太赫兹波将携带模拟信号并完成调制。该方法结构简单、功耗低，便于实现小型化，但是受限于器件的工作方式，多以 OOK 等低阶调制方式为主，虽然太赫兹频段带宽很宽，但实现百 Gbit/s 到 Tbit/s 将会遇到技术瓶颈。

（7）太赫兹成像技术

由于太赫兹频段光子能量较低，不会对被测物体造成损坏，并且对某些非极性材料具有良好的穿透能力，因此利用太赫兹波的穿透性和安全性等优点进行成像技术开发，可对被测物体进行成像，从而实现无损检测和安全检查。

太赫兹成像所依据的基本原理是：透过成像样品（或从样品反射）的太赫兹波的强度和相位包含了样品复介电函数的空间分布。将透射太赫兹波的强度和相位的二维信息记录下来，并经过适当的处理和分析，就能得到样品的太赫兹图像。用作透射成像的太赫兹时域光谱仪结构示意图如图 3-15 所示。

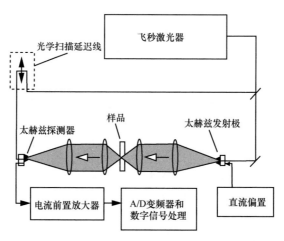

图 3-15　用作透射成像的太赫兹时域光谱仪结构示意图

太赫兹成像系统的构成和工作原理与时域光谱测试系统相似。太赫兹波被聚焦原件聚焦到样品的某一点上，收集元件则将透过样品（或从样品反射）的太赫兹波收集到太赫兹探测元件上。太赫兹探测元件将含有位置信息的太赫兹信号转化为相应的电信号，图像处理单元将此信号转换为图像。利用反射扫描或者透射扫描都可以成像，主要取决于成像样品及成像系统的性质。

根据成像原理，太赫兹成像分为被动式成像和主动式成像。

- 被动式成像是通过太赫兹探测器对被测物体自身的辐射能量进行探测，利用不同物质辐射强度的差异来实现成像和辨别。被动式成像是一种相对安全的成像方式，但是成像系统对信号本身的强度以及接收机的灵敏度要求较高。

- 主动式成像主要是通过太赫兹源发射一定强度的太赫兹信号并照射到被测物体上，利用太赫兹探测器接收被测物的反射波或者透射波，通过成像系统对探测器探测到的振幅和相位信息进行分析处理，得到被测物体的图像。主动式成像系统可以对塑料、生物组织等非金属材料进行检测，并且可以有效地进行三维成像。

（8）高速长距离太赫兹通信系统

按照太赫兹波的产生方式，高速长距离太赫兹通信系统主要分为全电子学太赫兹通信系统和光电子学太赫兹通信系统[17]。

全电子学太赫兹通信系统是传统无线通信系统的延伸，系统工作频段由微波搬移至太赫兹。全电子学太赫兹通信系统主要包括频率综合器、倍频器、混频器、功率放大器及天线等器件。太赫兹波通过倍频器或倍频器与谐波混频结合的方式产生，在基带信号调制到太赫兹频段后，由功率放大器通过天线辐射出去。图 3-16 是全电子学太赫兹通信系统发射前端结构。

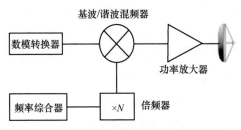

图 3-16　全电子学太赫兹通信系统发射前端结构[17]

　　光电子学太赫兹通信系统一般是指通过光学外差法生成太赫兹波的通信系统，这种方式融合了光纤通信和无线通信的优势，是目前流行的一类太赫兹通信系统。光电子学太赫兹通信系统主要包括窄线宽激光器、光调制器、光放大器、偏振控制器、光耦合器及单向载流子光电二极管（UTC-PD）等器件，其中 UTC-PD 实现光电转换功能，是光电子学太赫兹通信系统的核心器件之一。在光电了学太赫兹通信系统中，基带 I/Q 信号通过光调制器调制到光频上，偏振控制器的作用是调整光束的偏振态使信号达到较好的调制效果，然后将已调制光束和另一路未调制的光束耦合后输入光放大器中放大，最后两路光信号在具有平方律特性的 UTC－PD 中拍频生成太赫兹信号。图 3-17 是光电子学太赫兹通信系统发射前端结构。

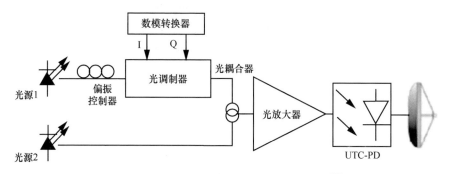

图 3-17　光电子学太赫兹通信系统发射前端结构[17]

（9）太赫兹检测技术

太赫兹检测技术主要包括如下几方面。

①　利用频谱的应用研究：每种分子都有特定的振动能级和转动能级，对太赫兹波产生特定的吸收谱线，研究生物组织和化学物质的特征谱，可以鉴别化学成分。

②　利用时域谱的应用研究：对于太赫兹波与物质的相互作用，通过振幅和相位变化的测量，可以表示固体、液体和气体材料的电子、晶格振动和化学成分等性质。可以研究材料的吸收系数、折射率、介电常数、频移等性质。许多对可见光不透明而对 X 光完全透明的材料，可以用太赫兹波进行测量。

③　利用太赫兹波可以检测多种非金属和非极性材料的特性。

3.2.3.2　可见光关键技术

可见光通信是一种将光作为传输媒介的无线通信技术，广泛应用于无线通信以及光纤通信中的物理层关键技术都可以用在可见光通信中。

（1）可见光调制技术

可见光通信调制技术分为单载波调制、多载波调制、无载波调幅/调相调制、颜色调制以及颜色强度调制等几大类。

① 单载波调制

脉冲幅度调制（Pulse Amplitude Modulation，PAM）和脉冲位置调制（Pulse Position Modulation，PPM）分别通过脉冲载波的幅度和位置变化携带信息。

PAM 是一种常见的调制方式，信息被调制到信号脉冲的幅度上。不同的幅度会驱动 LED 发出不同的光强，因此需要在调制系统中设置强度等级。由于 LED 发出的光色受输入电流的大小以及工作温度的影响，多级 PAM 调制需要考虑由不同驱动电流导致的色温漂移[11]。OOK 可以看作 PAM 的一种特殊形式，其可选幅度值有两种，单个符号携带 1bit 信息。OOK 调制方式简单，可以作为低速 VLC 系统的候选方案。

PPM 将一个符号周期分成若干个时隙，在不同的时隙传递脉冲来表达不同的信息。由于传递信号中没有直流偏置，PPM 的平均功率比 OOK 低[12]，而且避免了低频段的干扰[13]，但是带宽效率较低[14,18]。为了正确检测脉冲的位置，接收端需要进行严格的符号同步，这增加了系统的复杂度[19-20]。4B6B 编码常与 PPM 结合使用[21]。

② 多载波调制

OFDM 作为多载波调制的代表性技术可以有效应用于可见光通信，以实现宽带高速数据传输。其基本思想是将高速串行数据变换成多路相对低速的并行数据调制到每个子信道上进行传输。这种并行传输体制大大扩展了符号的脉冲宽度，提高了抗多径衰落的性能。可以通过在接收端采用相关技术的方式将正交信号分开，这样可以减少子信道间相互干扰。每个子信道上的信号带宽小于信道的相关带宽，因此每个子信道可以看成平坦性衰落，从而可以消除符号间干扰。传统的频分复用方法中各个子载波的频谱是互不重叠的，需要使用大量的发送滤波器和接收滤波器，这大大增加了系统的复杂度和成本。同时，为了减小各个子载波间的相互串扰，各子载波间需保持足够的频率间隔，这样会降低系统的频率利用率。而现代 OFDM 系统采用数字信号处理技术，各子载波的产生和接收都由数字信号处理算法完成，极大地简化了系统的结构。同时为了提高频谱利用率，使各子载波上的频谱相互重叠（如图 3-18 所示），同时这些频谱又在整个符号周期内满足正交性，从而保证接收端可以不失真地复原信号。

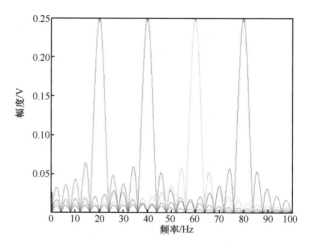

图 3-18　正交频分复用信号的频谱示意图

③ 无载波调幅/调相调制

无载波调幅/调相（Carrierless Amplitude Phase，CAP）调制应用于光纤通信和可见光通信中能够有效提升系统频谱效率和能量效率。具体而言，CAP 是一种二维通带传输方法，利用两个正交的滤波器调制两组不同的数据流，并将它们合并传输，其原理如图 3-19 所示。编码器将输入的比特序列映射成两条独立的符号序列。通过同相和正交滤波器使符号序列相互正交（希尔伯特变换）。对两条正交信号相加之和进行数模转换。与 DCO-OFDM 类似，DAC 输出的模拟信号需要加上一个直流偏置以获得非负信号。在接收端，信号先经过逆希尔伯特变换，然后在判决反馈均衡器中抽取符号序列，最后解码。

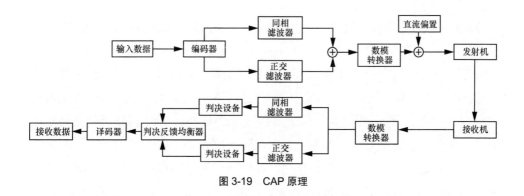

图 3-19　CAP 原理

④ 颜色调制

颜色调制主要利用多色光源不同波长的光同时携带多组数据流以提升系统数据率，包括色移键控（Color Shift Keying，CSK）和颜色强度调制（Color Intensity Modulation，CIM）等。表 3-2 给出了 CSK 调制方式各项参数。在 CSK 中，数据被调制到红绿蓝三色光的强度上，可使用波分复用技术在每一条光信道进行独立的信号传输。具体而言，借助 CIE1931 色度图定义的色度空间，数据比特首先被映射为色度值，然后根据色度值计算出对应三色光的强度，最后通过多色光源进行数据传输。

表 3-2　CSK 调制方式各项参数

波长范围/nm	光谱宽度/nm	编码	坐标
(380, 478]	98	000	（0.169, 0.007）
(478, 540]	62	001	（0.011, 0.733）
(540, 588]	48	010	（0.402, 0.597）
(588, 633]	45	011	（0.669, 0.331）
(633, 679]	46	100	（0.729,0.271）
(679, 726]	47	101	（0.734, 0.265）
(726, 780]	54	110	（0.734, 0.265）
保留的		111	—

⑤ 颜色强度调制

CIM 不同于前面 4 种调制方式，它适用于采用 LED 阵列光源或者屏幕发射、CMOS 传感器接收光信号的可见光通信系统，又称光学相机通信（Optical Camera Communication，OCC）或者图像传感器通信（Image Sensor Communication，ISC）。

由于采用阵列发送和阵列接收，CIM 的可见光通信系统实际上是多进多出的多维度信号并行通信系统。CIM 原理如图 3-20 所示。LED 屏幕上每个 LED 不仅可以选择红绿蓝 3 种颜色，而且可以控制光强度级数。因此，CIM 可以将数据调制到颜色和光强两个维度。假设红绿蓝 3 种颜色的光强度级数分别为 Lr、Lg、Lb，那么可用 CIM 符号数量为 $M=Lr×Lg×Lb$，对应的比特数为 $B=\log_2 M$。假设 LED 阵列上有 K 个 LED，且每个 LED 被 CIM 分别独立调制，那么 LED 阵列每一帧可以传输 BK 比特信息。当 LED 阵列的刷新率为 F Hz 时，其传输速率为 BKF bit/s。通常，OCC 系统的传输速率较低。而如果采用高分辨率的 CMOS 传感器，OCC 系统的传输距离可以达到千米级。由于收发端并非以通信为目标的器件，它们各自的电气特性及器件噪声将较大地影响通信系统性能。

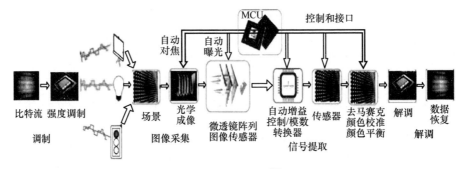

图 3-20　CIM 原理[21]

（2）复用技术

利用可见光波段的宽光谱特性和大规模接收阵列，可生成多域多维的光信号以实现复用增益。

① 波分复用

多色光源通过融合多种原色光 LED 发出的光以形成白光，如通过红绿蓝三原色合成白光。因此，通过不同原色光 LED 独立调制不同的数据，并在接收端通过滤波片分离不同波段的信号可以实现波分复用（Wavelength Division Multiplexing，WDM）增益。其原理示意图如图 3-21 所示。三路不同信号分别经过驱动器放大后通过 Bias-Tee 加载到不同颜色的 LED 芯片上，然后三束不同颜色的光束在空间耦合产生白光，经过透镜聚焦，滤光片选择波长之后，再由接收电路进行信号采集和后端处理。

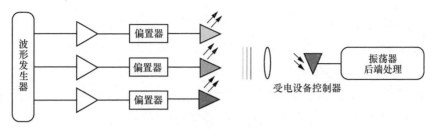

图 3-21　WDM 原理示意图

② 空间复用

为了提供良好的照明，LED 光源的分布通常较为密集，光 MIMO 系统可分为成像光 MIMO 系统和非成像光 MIMO 系统，分别利用像素阵列和光电二极管接收光信号。

可见光成像 MIMO 指通过空间成像棱镜，使发射机与接收机严格对准，每个接收机只能收到对应的发射机发来的信号，因而在接收端不会出现信号的混叠，也就不需要采用解复用算法。成像 MIMO 技术对系统接收机的成本与复杂度要求较低，但是在空间传输中，需要设计精确的成像系统来保证对准。基于可见光成像 MIMO 技术，一个 2×2 的可见光成像 MIMO 系统框图如图 3-22 所示。

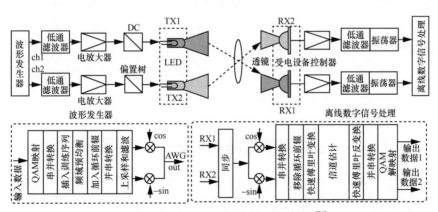

图 3-22　2×2 的可见光成像 MIMO 系统框图[21]

3.2.4　小结

太赫兹信道与低频信道具有不同的传播特性，如分子吸收特性，障碍物表面粗糙度对折射、反射系数的影响特性以及太赫兹波自身的物理特性等。目前，太赫兹通信信道模型的研究主要分为确定性方法和统计方法，太赫兹波的传播模型包括视距和非视距传播。6G 太赫兹信道研究需要考虑太赫兹信道的空间特性，探究由于高频率、大带宽和大规模 MIMO 天线阵列带来的非平稳太赫兹信道特性，开发新的建模方法来表征太赫兹信道模型。

可见光信道模型主要包括白光 LED 频率响应模型、单次直射模型等，但可见光信道的建模仍不完善，需要进一步的研究和发展。在可见光通信中，水下可见光信道有较为广泛的研究，复旦大学 2018 年将机器学习应用在水下可见光通信的信道建模中，利用高斯核辅助的深度神经网络建立信道损伤模型，并于 2019 年设计双支异构神经网络实现了水下可见光信道模拟器。这些模型均经过实验得到了验证，为水下可见光通信信道建模开辟了新的重要方向。

面向 6G 的太赫兹通信技术主要集中在太赫兹发射子系统、太赫兹接收子系统、太赫兹信号发射源以及太赫兹高速通信方法，其中太赫兹高速通信方法形成了基于微波光子学的光电结合方式、全固态混频电子学方式、直接调制方式这 3 类针对不同的应用场景并行发展的态势。6G 可见光通信在先进调制、均衡、水下可见光和异构组网等方面展开了研究，其中在调制技术方面，可以分为单载波调制、多载波调制、无载波调幅/调相调制、颜色调制等几大类。

为了优化和设计太赫兹通信系统和可见光系统，建立有效的信道模型至关重要，因此研究其信道特性具有重要的价值。

3.3 太赫兹与可见光通信组网

由于太赫兹波具有高宽带、高穿透性等特性，太赫兹通信技术为需要超高数据速率的各种应用打开了大门，并在传统网络场景以及新的纳米通信范例中开发了大量新颖应用。对于可见光通信技术来说，单个 LED 光源覆盖范围有限，因此为了满足多用户的通信需求，需要部署 LED 阵列完成室内通信环境的信号覆盖，这就形成了多个光源覆盖多个用户的可见光通信网络，需要相应的网络架构设计方法。VLC 组网架构主要分为广播式组网、类蜂窝式组网。

3.3.1　太赫兹组网及其应用

（1）太赫兹在异构组网中的应用

太赫兹通信技术可用作下一代小蜂窝通信，即作为分层蜂窝网络或异构网络的小基站[22]。太赫兹频段将为小蜂窝提供覆盖范围达 10m 的超高速数据通信。覆盖的小区中有静止和移动的用户，可以运用在室内和室外的场景中，提供超高清视频会议等。

在无法部署光纤链路的情况下，可以利用太赫兹无线网络实现超高速回传链路，如图 3-23、图 3-24 所示。在需要数十个 Gbit/s 的情况下，可将太赫兹视为具有吸引力的解决方案。

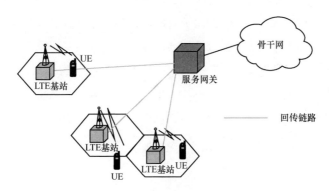

图 3-23　蜂窝网络中的无线回传链路[22]

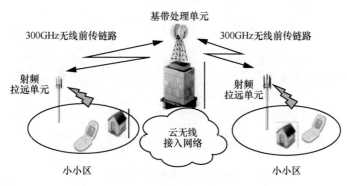

图 3-24　使用 300GHz 的无线前传链路[22]

（2）太赫兹在空天地海组网中的应用

太赫兹波在大气中的传输损耗较大，因此更适合短距离的通信。而在外层空间中，太赫兹波免于严重的吸收损耗，可以无损耗地传输，用很小的功率实现远距离的通信。与微波通信卫星相比，太赫兹通信可以具有更高的传输数据速率。太赫兹光束更窄，大气损耗更小，使得通信链路更加安全。

2013 年，DARPA 实行了 100Gbit/s 射频（太赫兹频段低端）骨干网计划，旨在实现光纤容量的空对空和空对地远距离通信。在 NASA 新千年计划中，随着侦察设备分辨率的不断提高，航天器对地传输速率的需求将达到 100Gbit/s 量级。按未来实时立体情报数据需求初步分析，未来十年内，空间各种侦察卫星、飞行器等总的数据传输速率需求将达到 100Gbit/s 量级，其中高分对地观测卫星的单通道传输需求将达到 10Gbit/s 以上。天基高辨率对地观测系统的空间分辨率目前已达到 0.3m，单载荷数据传输速率需求从几 Gbit/s 到十几 Gbit/s，甚至更高。卫星通信的下一步发展需要实现高码率的传输，而太赫兹高速通信技术以其没有空间损耗、带宽大、速率高等特点符合其进一步需求。目前的太赫兹技术虽然尚不够成熟，但未来有望在舱内或载荷间、卫星集群间、天地间和 1000km 以上的星间实现高速的太赫兹数据传输应用。图 3-25 介绍了太赫兹频段在空间通信中的可能应用[23]。

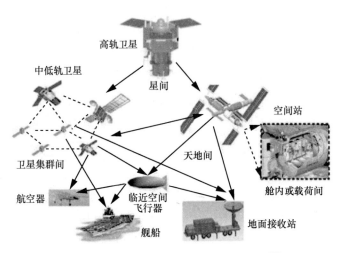

图 3-25　太赫兹频段在空间通信中的可能应用[23]

（3）太赫兹在微纳组网中的应用

除了宏观尺度的经典领域，太赫兹频段在新的纳米尺度的通信范例中也有大量应用。纳米器件之间主要有两种通信机制：分子通信和电磁（EM）通信。前者假设纳米器件可以编码或解码分子中的信息，而电磁通信则是基于电磁波的发送和接收。由于在纳米尺度上的生物相容性和适用性，分子通信被认为是最有希望的候选技术之一。另外，对电磁通信的研究逐渐兴起，由于纳米设备中碳纳米管和石墨烯等新兴材料的特性，太赫兹频段可以被用作未来电磁波纳米收发器的工作频率范围[24]，如图 3-26 所示。

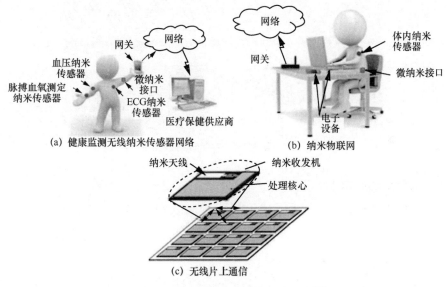

图 3-26 太赫兹通信在纳米网络中的应用[24]

3.3.2 可见光组网及演示平台

（1）广播式组网架构

为了解决单个 LED 光源覆盖范围有限的问题，最直接的解决方式是增加 LED 灯的数量，构成 LED 阵列，并让所有 LED 发送相同的信息，构成广播式组网架构，一个应用示例如图 3-27 所示。这种架构的优点在于简单易行，适用于室内家居环境等对整体网络吞吐量要求不高的场景。不同用户的信息通过时分复用的方式形成高速数据流，加载到所有 LED 灯上统一发送，用户在整个光照范围内移动时，由于接收平面的任意位置收到的信号都相同，因此无须进行业务切换。广播式组网架构的缺点在于没有充分利用不同 LED 灯的带宽和空间资源，因此网络整体吞吐量等于其中任意一盏 LED 灯的传输容量，不适用于对带宽要求高的应用场景。

图 3-27 可见光通信实际部署应用示例

（2）类蜂窝式组网架构

借鉴移动通信中的蜂窝思想，天花板上规则排布的 LED 阵列形成了天然的规则蜂窝小区架构。如果各蜂窝传送不同的信息，则构成了一种空分复用的蜂窝可见光通信组网架构。

常见的室内环境由多个房间构成，因此在蜂窝结构设计方面，最简单直观的方法是不同房间作为不同蜂窝，从而形成室分复用蜂窝网络架构。该方法根据用户所处房间不同划分出不同蜂窝，一个蜂窝内的 LED 灯只为该区域用户服务，不同房间之间的切换方式根据设计的切换信令流程完成。

当用户发生位置移动时，将启动不同蜂窝小区之间的切换管理。在室内微蜂窝可见光通信网络中，一个快速、准确、有效的切换机制是保证移动用户服务质量（QoS）的前提。

资源分配和优化是蜂窝网络中重要的技术。协调器对于各小区的正交频率分配可以采用静态资源配置，也可以在上行信息的协助下采用动态资源配置方法。

在 VLC 蜂窝网络中，需要特别破解蜂窝间的干扰管理，目前的解决方法主要分为 3 类。其一为分数频率复用（FFR）技术，可以作为小区边缘用户设备性能和系统吞吐量之间的折中，通过适当降低总吞吐量来提高边缘用户设备的数据速率。其二，针对 VLC 网络设计的基于位置的时频资源动态调度方案，可以通过集中方式获得最优或次优的网络效用，所设计算法的复杂性和可扩展性通常具有很强的实用性。其三，通过以用户为中心的调度框架来管理动态无线干扰。

类蜂窝式组网架构的优点如下：

- 不同的 LED 灯并行发送不同的信息，因此网络整体吞吐量比广播式组网架构有明显增加；
- 以用户为中心的设计提供了更高的频谱效率，更好的服务覆盖范围以及更高的业务提供灵活性；
- 通过引入室内可见光通信提高了安全性，从而提供更广泛的应用，例如电磁敏感场景；
- 可见光谱上的千兆比特每秒级别的可持续的数据速率，保障了良好的用户体验，同时实现了蜂窝流量的分流，减轻运维压力；
- 通过在不同层使用不同的工作频谱减少干扰。

类蜂窝式组网架构的缺点如下：

- 用户在整个光照范围内移动时，需要进行业务切换，由此带来干扰管理、资源控制、计算复杂度高等挑战；
- 设备需要集成多种通信收发器和射频天线；
- 为了实现多种网络之间的互联互通和灵活切换，需要定义该异构网络的混合协议栈。

（3）混合式组网架构

随着手机等移动终端的不断兴起，可以将终端直连（D2D）通信方式引入可见光通信网络，形成蜂窝 D2D 混合组网架构。在这种架构中，一方面终端通过上下行链路与蜂窝接入点联系完成与远端用户的通信，另一方面可以通过设备自带的全向通信或者环向可见光通信收发器件与视线范围或室内短距离范围内的其他用户终端直接进行通信交互信息，从而构成混合式组网架构，如图 3-28 所示。

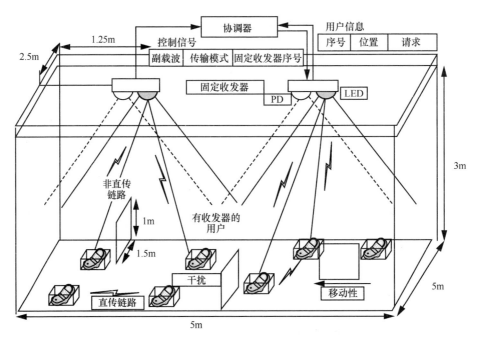

图 3-28 混合式组网架构

由于可见光通信本身固有的一些缺陷，例如信号易被遮挡、通信距离短等，实际应用时需要考虑和其他通信方式、技术共同完成整个通信网络的构建，因此急需破解 VLC 异构组网难题。

可见光室内通信网络也称为 LiFi 网络。由于 LiFi 和 Wi-Fi 使用的频谱不同，它们之间不存在干扰，因此，混合 LiFi/Wi-Fi 网络能够实现 LiFi 和 Wi-Fi 独立网络的总吞吐量。由于在使用现有照明基础设施时，室内环境中有大量 LiFi 接入点存在潜力，因此 LiFi 网络有很好的应用前景。

异构网络的混合协议栈如图 3-29 所示。系统根据用户当前所处的光信道和 Wi-Fi 信道的状态决定业务数据的流向，下行数据帧在网络层出现分支，Wi-Fi 链路和光链路数据帧添加不同的 IP 头，流向 Wi-Fi 链路数据帧通过 MAC 层和 PHY 层后经 Wi-Fi-AP 后发送到用户端，流向光链路数据帧则通过以太网卡发送到 Tx-PNC 端，在 Tx-PNC 端经过 IP 解析、数据分发等处理后，通过白光下行链路发送。Rx-DEV 接收到光链路物理帧后，解析物理帧，合帧后通过以太网口将数据帧发送到用户端，

经去 MAC 头、去 IP 头等处理后将数据送到上层应用。用户端无线网卡接收到经
Wi-Fi 链路传输的数据帧后通过 MAC 层，网络层后送到上层应用。上行数据帧同样
在网络层分支，数据帧流向与下行数据帧传输类似，但不同的是红外上行帧包括
CAP 帧。CAP 帧是在一定条件下由 Rx-DEV 端生成的，在 Tx-PNC 端进行 CAP 帧
的解析，根据 CAP 帧反馈的用户时隙信息和位置信息来决定用户数据帧的发送时间
及发送通道，这是实现光链路多用户接入的关键，CAP 帧的正确生成、发送、接收
及解析是多用户进行可靠通信的基础。

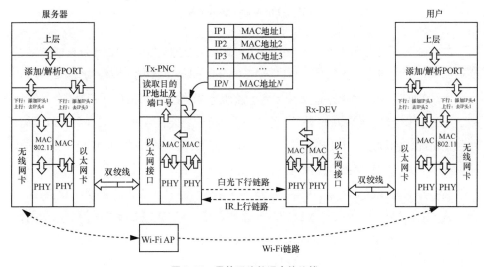

图 3-29　异构网络的混合协议栈

（4）D2D-VLC 组网演示平台

面向电磁敏感或保密通信场景，如巷道、医院等，北京邮电大学搭建了 D2D-VLC
组网实验平台。该平台综合了可见光通信和可见光定位功能，支持终端的 D2D 通信，
适用于电磁敏感环境中的多个智能终端的协同作业与远程监控。实验平台示意图如
图 3-30 所示，智能终端通过上下行白光通信模块与远程服务器相连，完成与后台网
管系统的双向通信，包含语音、视频实时通信以及完成文件传输。一方面，平台基
于多小区通信结构，可以完成小区定位以及终端在小区间移动时的业务切换。另一
方面，终端上部署了全向对等可见光通信模块，可以实现终端间的文件互传与视频
对话，从而达到智能终端之间的高效协同。

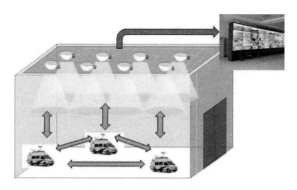

图 3-30　实验平台示意图

在室内天花板上部署了 4 个通信小区，每个小区包含由 4 盏 LED 灯构成的发送阵列和一个由雪崩光电二极管（Avalanche Photon Diode，APD）模块构成的接收端。小区通过 FPGA 和驱动电路连接到后台远端服务器监控端。系统中使用 3 个智能终端，为正方体结构，上表面放置了两个 LED 灯和一个接收 APD 以实现上下行通信，在 4 个侧面分别放了一个 LED 灯和一个 APD 器件，实现水平方向的对等全向通信。

（5）VLC+Wi-Fi 组网实验平台

面向室内无线覆盖场景，中国科学技术大学设计搭建了 VLC+Wi-Fi 组网实验平台。该实验网络包含 Wi-Fi、VLC 两类无线接入节点。Wi-Fi 节点采用商用产品，设计的 VLC 节点采用 VLC 下行/红外上行双工链路。VLC 节点与 Wi-Fi 节点同样通过 LAN 电缆直接连接至网络交换机设备上，可以快速构成 VLC+Wi-Fi 混合网络，完成室内部署。终端用户可以独立或同时获得两种类型网络的服务，也可以灵活使用 VLC 下行、红外上行、Wi-Fi 上行/下行这些传输链路进行不同的组合，构造完整的双工链路。该实验平台可进行密集覆盖下多用户通信、可见光通信小区间切换、多光源联合传输、VLC/Wi-Fi 垂直切换、异质链路聚合传输等功能和性能实验。

VLC+Wi-Fi 组网实验平台如图 3-31 所示，包括用户终端、中心协调器、Wi-Fi AP 以及 VLC AP，两类 AP 通过中心协调器接入外部网络。在实验平台中，用户终端可以通过多种链路组合接入网络，用户 1 通过 VLC 无线下行链路及 IR 无线上行链路接入 VLC AP1，用户 2 通过 VLC 无线下行链路和 Wi-Fi 无线上行链路同时接入 VLC AP1 和 Wi-Fi AP，用户 3 通过 Wi-Fi 无线上下行链路接入 Wi-Fi AP，用户 4 通过 VLC 无线下行链路、IR 和 Wi-Fi 无线上行链路同时接入 VLC AP2 和 Wi-Fi AP。

中心协调器的基本功能包括存储用户接入信息和链路状态信息、用户接入管理、时隙分配以及链路管理。链路管理模块获取用户接入信息和链路状态信息以调度和控制所有传输链路。

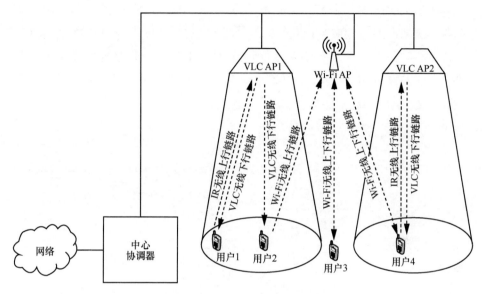

图 3-31 VLC+Wi-Fi 组网实验平台

　　用户被混合网络覆盖存在两种情形,其一是用户被 Wi-Fi 覆盖但不能被 VLC 覆盖,用户接收不到 VLC AP 广播的 Beacon 帧,此时用户端总是接入 Wi-Fi AP,完成用户 Wi-Fi 子网注册,同时中心协调器记录用户接入信息,混合系统通过 Wi-Fi 子网为用户提供通信服务。另外一种情形是用户同时被 Wi-Fi 和 VLC 覆盖,需要完成对两种子网的注册。用户对接收到的 VLC AP 广播的 Beacon 帧进行解析,获取当前 VLC 小区 ID,再生成包含 Beacon_ID、User_ID 和申请业务类型的上行 CAP 帧。CAP 帧经 IR 无线上行链路被 VLC AP 接收后送至中心协调器完成 VLC 子网注册。中心协调器根据 Wi-Fi 和当前 VLC 小区的资源使用情况处理用户业务请求:选择 Wi-Fi 和当前 VLC 小区中的一个为当前用户提供服务,或者使用 Wi-Fi 和当前 VLC 小区共同为当前用户提供服务。

　　用户在空间上的移动引起子网或小区切换。在混合系统中,VLC 小区主要实现对室内热点小区域的深度覆盖，并不追求室内全区域的完全覆盖；同时，混合系统采用 Wi-Fi、VLC 两种接入技术，通过多路径并传为服务终端用户提供服务，因此这样的网络结构简化了用户切换和移动性管理。混合系统的状态切换大致可以分为 3 种典型情形：用户从一个 VLC 小区移动到另一个 VLC 小区；用户从 VLC 小区内移动到 VLC 小区外，但被 Wi-Fi 覆盖；从 VLC 小区外，移动到 VLC 小区。其中，第一种情形是 VLC 小区水平切换，后两种情形是 VLC/Wi-Fi 网络垂直切换。图 3-32 给出了 VLC+Wi-Fi 组网实验平台的基本结构，该网络实现了流畅的视频流切换、网页浏览、文件传送和远程监控等功能。

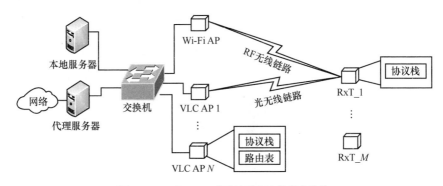

图 3-32　VLC+Wi-Fi 组网实验平台的基本结构

3.3.3　小结

太赫兹通信技术在异构组网中可用作 6G 的小蜂窝通信，即作为分层蜂窝网络或异构网络的小基站，在无法部署光纤链路的情况下，太赫兹无线通信能够实现超高速回传链路；在空天地组网中，太赫兹通信在外层空间能够实现无损传输，未来有望在舱内或载荷间、卫星集群间、天地间和 1000km 以上的星间实现高速数据传输应用；在微纳组网中，由于纳米设备中碳纳米管和石墨烯等新兴材料的特性，太赫兹频段可以用作未来电磁波纳米收发器的工作频率范围。传统的全向组网技术是节点利用全向天线进行全方向的邻居发现，但全向天线易受干扰，且全方向的邻居发现花费时间长，耗能高。因此在 6G 太赫兹网络中，考虑部署定向天线，以此提高网络吞吐量和降低能耗，实现更远的通信距离。在定向组网技术中如何实现高效的邻居位置发现，先进算法至关重要。同时，在太赫兹通信中部署定向天线时，媒体访问控制协议的设计也面临着新的挑战。

为了满足多用户通信需求，可见光通信网络需要部署 LED 阵列完成室内通信环境的信号覆盖，其组网架构主要分为广播式组网和类蜂窝式组网。可见光通信组网技术涉及的问题包含：①多址接入和全双工的实现问题，如何实现接入灵活、服务质量高、用户体验好的低复杂度系统；②网络架构的设计问题，如何设计基本网元结构和网络拓扑结构；③接入点的布设问题，如何在房间内分配接入点数量，同时不会大幅度增加系统的复杂度；④上行链路的设计问题，如何通过红外或其他无线方式实现上行链路，提高用户体验，减少干扰等。总之，6G 可见光通信的组网技术还需继续完善，以满足多用户以及混合架构等场景的性能及组网便捷等需求。

3.4 太赫兹与可见光通信发展趋势

近些年来，太赫兹源和探测器的迅速发展，以及太赫兹天线、调制器、滤波器等功能器件的不断突破，促进了太赫兹在通信领域的迅速发展。然而，对于太赫兹通信走向实用还面临着诸多挑战。此外，对于可见光通信技术来说，经过十余年的发展，它的基础理论已基本成熟。目前，该项技术正处于理论研究向技术应用转化的关键时期。然而，可见光通信是照明技术与通信技术的深度耦合，产业链长，技术问题纵横交错。未来可见光通信深入产业化过程依然存在众多亟待解决的问题。

3.4.1 太赫兹通信发展趋势

（1）太赫兹通信面临的挑战

对于太赫兹通信技术的研究，很多国家和机构都投入了大量的人力、物力和财力，并取得了很多阶段性成果。但要实现太赫兹通信的大力发展，并使其走向实用，仍面临着若干挑战，需要创新的解决方案。由于太赫兹信号对大气中分子吸收敏感，要经历极为严重的路径损耗，导致对通信距离的限制极大，需要探索多个天线的增益，以对抗和补偿这种损失。同时，太赫兹设备的复杂结构对系统造成额外的限制，传统数字方法（例如，对于每个天线在基带处的完全信号处理）不再适合，需要相对低成本的模拟或者数模混合的体系架构和处理方案。

① 器件功率和效率的突破。太赫兹通信技术是融合了不同学科和专业的复合型技术领域，不仅需要通信技术的发展和突破，还需要高性能器件做支撑。因此，发展太赫兹通信技术必须要突破高性能器件技术，在太赫兹器件的研发上加大力度。从信号传输的角度看，信号需要放大、去噪、滤波、解调等过程，因此需要适合太赫兹信道传输的技术和器件，包括大功率太赫兹固态电子放大器、高效率太赫兹倍频器、混频器、高速高效太赫兹调制器、高增益太赫兹天线、高灵敏太赫兹相干接收器等。研发太赫兹通信技术核心元器件，确保太赫兹高速无线通信系统元器件的自主可控，是我国太赫兹通信技术取得进一步突破的关键。

② 太赫兹通信的新体制和新的信号处理方法。太赫兹通信将会呈现两个发展趋势，一个是从电子领域，即从微波向毫米波、亚毫米波以至于太赫兹波方向进行发展；另一个是从光频向低频率的太赫兹方向靠拢。并且呈现出两头向中间靠拢的趋势。从技术实现途径来说，目前光子学和电子学两种途径均在不断发展，目前的光电结合只是在发射机和接收机的不同环节分别采用光子学和电子学实现，这是一种简单的结合，只在一些特殊场合有价值，但深度的光电结合是从物理机理出发，基于微纳技术实现基础层面内在的光电结合，使得太赫兹系统既具有高速性能，又具有室温工作、小巧和易于集成等优势，这将是太赫兹通信技术的重要发展方向。

（2）太赫兹通信发展趋势

就目前国内外的情况而言，太赫兹通信技术已被高度重视。通过对太赫兹通信的理论研究与关键器件研制以及整体结构方案的制定，太赫兹通信技术将越来越成熟。目前，太赫兹通信技术还处在关键器件的研究开发阶段、制定整体系统结构方案及可行性论证阶段、实验室的研究与仿真演示阶段，要应用到实际生产中，还有大量的工作要做。太赫兹通信技术领域的未来发展呈现如下趋势。

① 太赫兹通信技术逐步从元器件研制走向系统集成。世界各国逐步开始针对不同应用目的进行相应的太赫兹系统研究。要实现太赫兹通信系统的小型化、低功耗、低成本，就要推动太赫兹集成电路的发展。元器件将向着更高效率、更高功率等高

性能指标的思路逐步发展，以促进系统向更多领域扩展。

② 太赫兹通信速率越来越高。为满足不断增长的数据流量要求，太赫兹通信系统需要实现更高的数据速率，既需要分配更大的带宽，又需要提高频谱效率。使用有效的信源和信道编码算法以及改进的硬件可以提高通信数据速率，而要进一步提高频带效率，需要使用复杂的、信噪比高的调制方案和多径传播的 MIMO 等技术。

③ 太赫兹通信技术在军事和民用上的应用逐步明确。太赫兹通信朝着特定细分领域应用多样化发展，包括短距离保密无线通信、空间无线通信、数字家庭和高清电视图像传输等领域的高速大容量通信、星间通信、室内高速通信特定应用场景。太赫兹通信向着集成化、高速率、多样化等方向发展。太赫兹通信技术无论是在民用通信、军事通信还是空间通信领域都有着更实际的应用前景，为未来的高速无线通信技术提供了可能的发展方向。太赫兹通信看起来遥远，但实际上已经并不遥远，甚至有可能比 5G 的到来还要提前，比如，日本在 2021 年的东京奥运会上，通过太赫兹技术实现 100Gbit/s 的传输。对我国来说，太赫兹通信的发展也填补了 300GHz 以上带宽的空白，对无线网络的发展提供了技术和战略上的支持。太赫兹通信技术是 6G 的重要组成，太赫兹元器件和相关技术的日趋成熟，必然会使太赫兹通信技术的许多概念化设计在 6G 中成为现实。

3.4.2　可见光产业发展趋势

以下将从可见光通信技术、应用、标准化、芯片等方面简要阐述其产业化过程中的发展趋势。

技术方面，可见光频谱带宽大约为 400THz，而普通商用 LED 照明器件可调带宽从几兆到几百兆赫兹不等，因此需要继续拓展 LED 可调带宽及驱动电路，以提升信息传输能力；可见光通信系统的通信距离和覆盖范围主要由光学天线等器件决定，因此设计适用于通信系统的光学器件仍是一个重要领域；可见光通信组网目前参考各种成熟的射频通信组网技术，包括多址接入、上下行链路设计、网络融合等，然而光与电磁波的传播特性存在较大差异，如何改进或者设计一个适用于可见光的组网技术仍然是一大挑战。

应用方面，欧美发达国家已推出一些可见光通信的系统产品，包括通照一体平面灯、易携带的光信号接收器、提供多用户接入的台灯等一系列产品；国内在大型商业体内推广灯光定位、消息推送等使用可见光通信的商业模式。然而，国内外可见光通信都未形成规模化应用。未来，可见光通信可能在 6G 的绿色节能、高速传输、物联网等典型需求方面寻找应用点。

标准化方面，可见光通信的典型应用场景尚不清晰，可见光通信系统将使用不同的发射器件、接收器件、光学器件以及通信关键技术，而且不同的应用场景确实需要不同的器件来组成通信系统。因此，国际国内标准组织在 6G 中将联合企业、高校、研究机构、运营商等，制定系统的可见光通信标准。

芯片方面，芯片的研究处于整个产业链的核心部分。由于 6G 可见光通信国际标准化工作制定尚未完成，可见光专用芯片还未研发上市和量产，该技术本身所具有的成本优势将因为通用芯片的高昂价格而暂时无法体现。6G 芯片行业应综合考虑可见光通信典型应用场景以及提供的主要功能，研发可见光通信专用芯片。

可见光通信技术的应用将打破传统的通信运营商、电力运营商、通信系统集成商、各种销售商等的盈利模式，并催生新型行业，如与 LED 电视相关的隐式广告、超市导购，VR/AR 和混合现实。随着技术进一步成熟，可见光通信的应用范围也会继续扩展，出现更多更重要的新的应用领域。可见光通信产业的发展将极大促进通信、半导体照明、集成电路等诸多行业的变革。可见光通信专用芯片和模块是可见光技术产业链的基础，将来可见光通信芯片产业的发展与商用将拉动半导体行业上、下游整个产业链，预期将会带来千亿量级的新兴产业规模。未来成熟的可见光通信产业将涉及硬件生产、软件服务以及系统方案解决。

我国是世界 LED 封装与应用产品最重要的生产和出口基地，雄厚的产业基础为引领可见光通信产业发展提供了重要的保障。在 6G 时代，我国应抓住国内外可见光通信技术同步发展的重大机遇，充分发挥我国在通信、LED 照明等领域的综合竞争优势，围绕市场关注点，促进企业创新，通过政府统筹协调，积聚人才和物质资源，抢占可见光通信技术全球制高点。

3.4.3 小结

太赫兹通信是一个极具应用前景的技术，太赫兹波具有带宽大、速率高、方向性好、安全性高、散射小和穿透性好等许多特性。太赫兹通信在未来的发展趋势上呈现为逐步从元器件研制走向系统集成,6G 高速无线技术使用更高频率的太赫兹频段,迈向高速率时代,在国际安全和空间通信方面,太赫兹波也表现出很多优秀的性质,具有很大的发展潜力。

可见光通信作为一种新型的通信技术,吸引了全世界大量的研究人员,取得了可喜的进展。在 6G 时代可见光通信技术需要研究使用新材料和利用新机制的超高带宽光源器件,解决 LED 器件带宽受限的问题。此外,如何改进和设计适用于可见光的组网方案也是一个需要深入研究的问题。在应用方面,可见光通信技术还可以适用于从低速、高速到超高速的各种距离下的应用,如低速的室内定位、车联网、船联网等。但是 6G 可见光通信要实现规模化商用仍需经历漫长的阶段,要依赖于可见光通信的成熟与推广。为了能够适应 6G 系统中的复杂数据场景,可见光通信亦应引入机器学习与人工智能算法。

3.5 太赫兹与可见光通信标准化

太赫兹通信技术标准化工作主要由 IEEE 积极推进,而可见光技术通信的技术标准由 IEEE 与 ITU 等召集学术界、产业界的学者、专家共同制定。

3.5.1 太赫兹通信标准化

IEEE 802.15 于 2008 年成立太赫兹兴趣小组(THz Interest Group,IG THz),重点关注在 275～3000GHz 频段运行的太赫兹通信和相关网络应用。太赫兹通信将总体采用有限复杂度的无线调制方法、全向或定向天线系统,并提供几十 Gbit/s 甚至高至 100Gbit/s 的极高的数据传输速率。太赫兹无线系统可支持极短距离(几厘米或更短)至数百米的较长距离的传输。

太赫兹兴趣小组专注于开放频谱问题、信道建模等技术的发展。随着更成熟的收发信机技术的开发,IEEE 802.15 于 2013 年 7 月成立研究组 SG 100G,朝着制定新标准迈出了一步。该研究组于 2014 年 3 月完成其工作,研究组针对应用需求、技术需求、信道建模和评价标准发布了相应文件。

2017 年，研究组发布了 IEEE Std.802.15.3d-2017，该修订案以 IEEE Std. 802.15.3c 为基础，定义了符合 IEEE Std.802.15.3-2016 的无线点对点物理层，其频率范围为 252～325GHz。IEEE Std.802.15.3d-2017 是第一个工作在 300GHz 的无线通信标准。其中定义了 8 种不同信道带宽，高至 69.12GHz，所有信道的带宽是 2.16 的整数倍（如图 3-33 所示）；定义了两种物理层模式，包括单载波模式（BPSK、QPSK、8-PSK、8-APSK、16-QAM、64-QAM）和 OOK 模式；定义了 3 种信道编码方案，包括 14/15 码率 LDPC（1440、1344）、11/14 码率 LDPC（1440，1056）和 11/14 码率 RS（240，224）编码[25]。

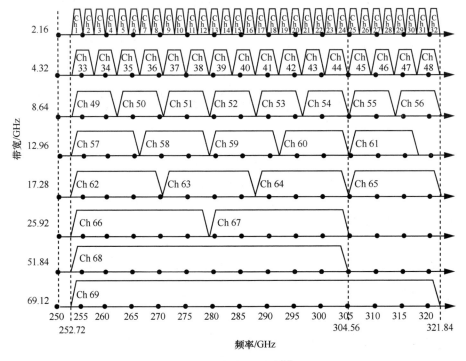

图 3-33　信道分配方案[25]

IEEE 802.15.3d 标准关注的交换点对点链路的太赫兹应用包括无线数据中心、信息亭下载、无线设备内部通信以及无线回传和前传，如图 3-34 所示。

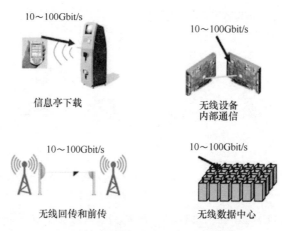

图 3-34　交换点对点链路的太赫兹应用

IEEE 802.15.3d 任务组于 2017 年 10 月完成任务。太赫兹技术咨询组（Technical Advisory Group THz，TAG THz）评估了太赫兹频率范围内的潜在机会，该咨询组于 2018 年取代了 IG THz，继续在太赫兹通信标准化和相关技术等方面展开研究，包括半导体技术（例如 CMOS）、物理层技术（例如 FEC）和组网（例如太赫兹和光纤链路结合）技术等[5]。

3.5.2　可见光通信标准化

IEEE 是国际上较早开始规范并制定可见光通信技术标准的组织。IEEE 于 2009 年成立可见光通信工作组 IEEE 802.15 TG7，并于 2011 年发布可见光通信标准第一版 IEEE 802.15.7-2011（Short-Range Wireless Optical Communication Using Visible Light）[21]，其中包括通信设备分类、链路拓扑、VPAN 设备分类结构、物理层分类等。其应用范围分为室内、室外场景。室内场景包括固定设备与照明设备（Fixed-to-Infra）、移动设备与照明设备（Mobile-to-Infra）、固定设备与移动设备（Fixed-to-Mobile）、移动设备与移动设备（Mobile-to-Mobile）。室外场景包括车辆与交通指示设备（Vehicle-to-Infra）、车辆与车辆（Vehicle-to-Vehicle）、LED 屏幕与移动设备，如图 3-35 所示。

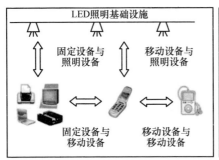

图 3-35　IEEE 802.15.7-2011 标准描述可见光通信应用场景示意图[21]

同时，该标准给出 3 种物理层对应不同的应用场景。第一种针对室外场景，器件带宽较小的情况，建议采用 OOK 和 VPPM（Variable Pulse Position Modulation）的调制方式，最高数据速率为 266kbit/s；第二种针对室内移动设备及显示设备，器件带宽较大，建议采用 OOK 和 VPPM 的调制方式，最高数据速率为 96Mbit/s；第三种针对多芯片 LED 器件，采用 CSK 的调制方式，最高数据速率为 96Mbit/s。3 种物理层方案对数据速率、调制方式、纠错编码的参数规定见表 3-3 至表 3-5。

表 3-3　物理层 1

前向纠错码 调制方式	游程长度受限码	光时钟频率	前向纠错码		数据速率
			外码	内码	
OOK	Manchester	200kHz	（15,7）	1/4	11.67kbit/s
			（15,11）	1/3	24.44kbit/s
			（15,11）	2/3	48.89kbit/s
			（15,11）	无	73.3kbit/s
			无	无	1004kbit/s
VPPM	4B6B	400kHz	（15,2）	无	35.56kbit/s
			（15,4）	无	71.11kbit/s
			（15,7）	无	124.4kbit/s
			无	无	266.6kbit/s

表 3-4　物理层 2

调制方式	游程长度受限码	光时钟频率	前向纠错码	数据速率
VPPM	4B6B	3.75MHz	（64,32）	1.25Mbit/s
			（160,128）	2Mbit/s
		7.5MHz	（64,32）	2.5Mbit/s
			（160,128）	4Mbit/s
			无	5Mbit/s
OOK	8B10B	15MHz	（64,32）	6Mbit/s
			（160,128）	9.6Mbit/s
		30MHz	（64,32）	12kbit/s
			（160,128）	19.2Mbit/s
		60MHz	（64,32）	24Mbit/s
			（160,128）	38.4Mbit/s
		120MHz	（64,32）	48Mbit/s
			（160,128）	76.8Mbit/s
			无	96Mbit/s

表 3-5　物理层 3

调制方式	光时钟频率	前向纠错码	数据速率
4-CSK	12MHz	（64,32）	12Mbit/s
8-CSK		（64,32）	18Mbit/s
4-CSK	24MHz	（64,32）	24Mbit/s
8-CSK		（64,32）	35Mbit/s
16-CSK		（64,32）	48Mbit/s
8-CSK		无	72Mbit/s
16-CSK		无	96Mbit/s

IEEE 于 2015 年着手编撰更新版本 IEEE 802.15.7r1，旨在增加新的 PHY 和 MAC 层，支持并扩大标准覆盖的范围。在新的标准工作组中，韩国、日本高校以及科研机构等会员单位主要负责制定面向中低速光学摄像头和 LED-ID 应用场景的技术标准，英国 PureLiFi 公司、德国 HHI 以及欧洲高校联合体等会员单位则制定针对高速

可见光应用场景（如 LiFi 等应用）所需的技术标准。工作组同时将可见光通信更新为光无线通信（Optical Wireless Communication，OWC）以使标准更具适用性。IEEE 802.15.7r1 考虑支持的可见光通信应用场景示意图如图 3-36 所示。

(a) 基于LED的标签应用　　　　(b) 基于标识的服务

LED闪光灯　　摄像头　　　LED闪光灯+射频　　摄像头+射频

· Tx：智能设备的LED闪光灯　　　· Tx：智能设备的射频LED闪光灯
· Rx：智能设备的摄像头单元　　　· Rx：智能设备的射频摄像头单元
　　　　　　　　　　　　　　　　　　（3G/LTE、Wi-Fi、蓝牙等）

(c) 物联网（M2M/D2D/光互联网（IoL））

图 3-36　IEEE 802.15.7r1 考虑支持的可见光通信应用场景示意图

针对高速无线光通信在室内环境中的应用，在 802.11 工作组下，以英国 PureLiFi 公司、中国华为和德国 HHI 为主体，于 2018 年 2 月成立了 IEEE 802.11 LC（Light Communication）工作组，其目的是在无线局域网标准下制定基于无线光通信的局域网技术标准，并为无线光技术融入无线局域网做努力。该工作组已经在光通信标准中的使用模式、信道模型、评价方法和功能需求等方面给出了详尽的定义。

在 2019 年 1 月的工作组会议中，确立了针对物理层和 MAC 层提案的评价标准。根据工作组的时间规划，后续将对物理层和 MAC 层的相关提案进行评估并征集意见，并在 2020 年年初形成协议草案的初始版本。

3.5.3 小结

太赫兹通信技术由于大带宽和高速率的特性,引起了国内外学术界和产业界的热烈关注。其技术标准化工作正在迅速推进,主要推进者是 IEEE。IEEE 802.15 于 2008 年成立了 IG THz,主要关注在 275～3000GHz 频段运行的太赫兹通信和相关网络应用。IEEE 802.15 于 2013 年 7 月成立研究组 SG 100G,该研究组于 2014 年 3 月完成其工作,并建立了 IEEE 802.15.3d 任务组。2017 年,IEEE 802.153d 任务组发布了第一个工作在 300GHz 的无线通信标准 IEEE Std.802.15.3d-2017,IEEE 802.15.3d 任务组于 2017 年 10 月完成任务。TAG THz 于 2018 年取代了 IG THz,继续在太赫兹通信标准化和相关技术等方面展开研究。相信随着太赫兹通信的标准化以及太赫兹通信核心器件与技术的发展,太赫兹通信将在 6G 应用中大放异彩。

可见光通信技术被广泛研究的同时,也引起了通信技术标准组织的密切关注,IEEE 是国际上较早开始规范并制定可见光通信技术标准的组织。IEEE 于 2009 年成立可见光通信工作组 IEEE 802.15.TG7,并于 2011 年发布可见光通信标准第一版 IEEE 802.15.7-2011,于 2015 年着手编撰更新版本 IEEE 802.15.7r1。针对高速无线光通信在室内环境中的应用,以英国 PureLiFi 公司、中国华为和德国 HHI 为主体在 IEEE 802.11 工作组下于 2018 年 2 月成立了 IEEE 802.11 LC 工作组,主要关注光通信标准中使用模式、信道模型、评价方法和功能需求等方面。工作组在 2019 年 1 月的会议中,确定了物理层和 MAC 层提案的评价标准,并在 2020 年年初形成标准草案。可见光通信技术标准化工作进展迅速,预示着其商用化进程也在逐步推进,可见光通信将成为 6G 中不可或缺的重要组成部分。

▎参考文献▎

[1] PANG G, KWAN T, CHAN C H, et al. LED traffic light as a communications device[C]// Proceedings of the 1999 IEEE/IEEJ/JSAI International Conference on Intelligent Transportation Systems. Piscataway: IEEE Press, 1999: 788-793.

[2] SONG H-J, NAGATSUMA T. Present and future of Terahertz communications[J]. IEEE

Transactions on Terahertz Science and Technology, 2011,1(1): 256-263.

[3] 陈智, 张雅鑫, 李少谦. 发展中国太赫兹高速通信技术与应用的思考[J]. 中兴通讯技术, 2018, 24(3): 43-47.

[4] HIRAT A, TOSHIHIKO K, TAKAHASHI H, et al. 120-GHz-band millimeter-wave photonic wireless link for 10-Gb/s data transmission[J]. IEEE Transactions on Microwave Theory and Techniques, 2006, 54(5):1937-1944.

[5] TANAKA Y, HARUYAMA S, NAKAGAWA M. Wireless optical transmissions with white colored led for wireless home links[C]//Proceedings of the 11th IEEE International Symposium on Personal Indoor and Mobile Radio Communications. Piscataway: IEEE Press, 2000: 1325-1329.

[6] KOMINE T, NAKAGAWA M. Fundamental analysis for visible-light communication system using LED lights[J]. IEEE Transactions on Consumer Electronics, 2004, 50(1):100-107.

[7] KOMINE T, HARUYAMA S, NAKAGAWA M. A study of shadowing on indoor visible-light wireless communication utilizing plural white LED lightings[J]. Wireless Personal Communications, 2005, 34(1-2): 211-225.

[8] HAN C, BICEN A O, AKYILDIZ I F. Multi-ray channel modeling and wideband characterization for wireless communications in the Terahertz band[J]. IEEE Transactions on Wireless Communications, 2015, 14(5): 2402-2412.

[9] LIN C, LI G Y L. Terahertz communications: an array-of-subarrays solution[J]. IEEE Communications Magazine, 2016, 54(12): 124-131.

[10] 顾立, 谭智勇, 曹俊诚. 太赫兹通信技术研究进展[J]. 物理, 2013(10): 695-707.

[11] LEE S H, AHN K-L, KWON J K. Multilevel transmission in dimmable visible light communication systems[J]. Journal of Lightwave Technology, 2013, 31(20): 3267-3276.

[12] JANG H-J, CHOI J-H, GHASSEMLOOY Z, et al. PWM-based ppm format for dimming control in visible light communication system[C]//Proceedings of the 8th International Symposium on Communication Systems, Networks & Digital Signal Processing. [S.l.:s.n.], 2012: 1-5.

[13] RUFO J, QUINTANA C, DELGADO F, et al. Considerations on modulations and protocols suitable for visible light communications (VLC) channels: low and medium baud rate indoor visible light communications links[C]//Proceedings of the 2011 IEEE Consumer Communications and Networking Conference. Piscataway: IEEE Press, 2011: 362-364.

[14] KAHN J M, BARRY J R. Wireless infrared communications[J]. Proceedings of the IEEE, 1997, 85(2): 265-298.

[15] 宋淑芳. 太赫兹波探测技术的研究进展[J]. 激光与红外, 2012, 42(12): 1367-1371.

[16] 宋瑞良, 李捷. 太赫兹技术在低轨星间通信中的应用与分析[J]. 无线电通信技术, 2020, 46(5): 571-576.

[17] 姜航, 姚远. 高速长距离太赫兹通信系统研究现状与难点综述[J]. 无线电通信技术, 2019,

45(6): 634-637.

[18] HE S Y, REN G H, ZHONG Z, et al. M-ary variable period modulation for indoor visible light communication system[J]. IEEE Communications Letters, 2013, 17(7): 1325-1328.

[19] ELGALA H, MESLEH R, HAAS H. Indoor optical wireless communication: potential and state-of-the-art[J]. IEEE Communications Magazine, 2011, 49(9): 56-62.

[20] ARNON S. The effect of clock jitter in visible light communication applications[J]. Journal of Lightwave Technology, 2012, 30(21): 3434-3439.

[21] IEEE Std 802.15.7-2018. 802.15.7-2011 - IEEE standard for local and metropolitan area networks--part 15.7: short-range wireless optical communication using visible light[S]. 2011.

[22] ELAYAN H, AMIN O, SHUBAIR R M, et al. Terahertz communication: the opportunities of wireless technology beyond 5G[C]//Proceedings of the 2018 International Conference on Advanced Communication Technologies and Networking. [S.l.:s.n.], 2018: 1-5.

[23] 雷红文, 王虎, 杨旭, 等. 太赫兹技术空间应用进展分析与展望[J]. 空间电子技术 2017,14(2): 1-7, 12.

[24] YANG K, PELLEGRINI A, MUNOZ M O, et al. Numerical analysis and characterization of THz propagation channel for body-centric nano-communications[J]. IEEE Transactions on Terahertz Science and Technology, 2015, 5(3): 419-426.

[25] IEEE. IEEE Standard for High Data Rate Wireless Multi-Media Networks-Amendment 2: 100 Gb/s Wireless Switched Point-to-Point Physical Layer: IEEE Std 802.15.3d-2017[S]. 2017.

第 4 章

6G 多址接入与编码技术

数量呈指数级增长的接入设备不断冲击着现有无线接入网的承载极限，如何利用有限的空、时、频等物理资源承载更多的接入终端数一直是无线通信领域的研究热点。传统的正交资源复用技术难以突破资源既有存量的限制，而非正交多址接入则以提高用户接入数量为目标，成为下一代移动通信极具竞争力的多址接入方案之一。本章将对非正交多址接入技术原理展开介绍。

多址接入技术是移动通信系统的核心技术之一，其通过使多个用户接入并共享相同的时频资源来提高频谱效率。当前，非正交多址接入（Non-Orthogonal Multiple Access，NOMA）技术被业界看作后 5G 和 6G 的潜在多址接入技术，该技术以正交多址接入技术为基础，通过功率复用或者特征码本设计，使多个用户占用相同的时间、空间及频谱等资源，从而显著提升频谱效率。6G 多址接入技术需要在 5G 无线接入技术的基础上提供更具竞争力的传输性能指标，以满足一些以用户为中心的新兴应用和场景需求，包括原生智能、数字孪生和空天地一体化等，这些都需要对 6G 的无线接入技术进行革新。

信道编码，也就是差错控制编码，通过在发射端增加与原数据相关的冗余信息，然后在接收端利用此相关性检测和纠正传输过程中产生的错误，从而对抗传输过程中的干扰，降低无线传输的误比特率。为了满足更高的可靠性、更低的时延和更高的吞吐量的需求，探索新型的信道编码技术对 6G 来说极其重要。目前业界已经对此展开了 LDPC 和极化码等大量研究。

本章以 6G 物理层的若干关键技术作为重点，介绍它们的基本原理并展望其演进趋势。一般而言，多址接入技术的演进是移动通信系统演进的关键标识，本章第 4.1 节侧重非正交多址接入技术，介绍目前备受关注的多址技术。第 4.2 节以极化码（Polar 码）为例，介绍其基本原理，并介绍基于串行消除方法的极化译码的主要思路。

| 4.1　非正交多址接入 |

多址接入技术的核心问题是如何将有限的无线资源分配给多个用户使用，这便催生了丰富多彩的多址接入技术。多址接入技术的演进在移动通信系统的发展史上扮演着重要的角色。从 2G 的 TDMA/频分多址（ Frequency Division Multiple Access，FDMA ）到 3G 的 CDMA，再到 4G 的 OFDMA，可以说整个空口都围绕多址接入技术进行设计。从 2G 到 4G，有限的时频资源可以被看成一个矩形块，通过使用不同频段的载波以及将时间划分为一个个时间片可以将整个矩形块资源划分为一个个小矩形。基站将根据用户的需求将小矩形划分给不同用户，小矩形之间是相互正交的，从而避免了不同用户在接收端的互相干扰。但由于频谱资源的有限性，基站能够同时支持的用户数以及总的信道容量均受到了一定限制。无论是 TDMA、FDMA、CDMA 还是 OFDMA都被称作正交多址（Orthogonal Multiple Access，OMA）技术。在对通信系统接入数量要求不高以及频谱尚宽裕的移动通信发展早期，OMA 技术尚可满足需求。但随着移动通信技术的不断发展，人们对于更高速率、更低时延、更大接入的需求日益增强，传统的 OMA 技术已经无法满足。图 4-1、图 4-2 给出了在 AWGN 信道下，上下行系统使用正交传输以及非正交传输时的容量区域和频谱效率。

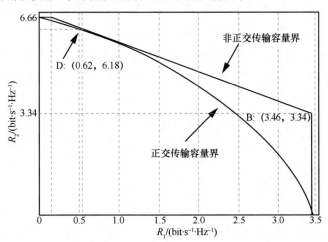

图 4-1　上行两用户使用正交传输和非正交传输时的容量区域[1]

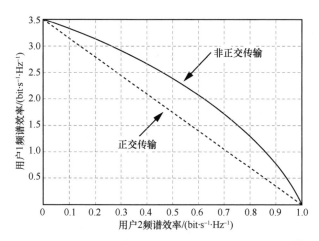

图 4-2　下行两用户使用正交传输和非正交传输时的频谱效率[1]

学术界普遍认为在 6G 中 NOMA 技术将大规模地取代 OMA 技术[2-3]。2016 年 4 月 3GPP 无线电接入网络（Radio Access Network，RAN）工作组 1（Working Group 1，WG1）系列会议中，多个公司基于不同的设计理念分别提出了相应的方案。截至目前已有十多种非正交多址方案，如基于功率域的非正交多址（Power Domain-NOMA，PD-NOMA）、基于稀疏特性的稀疏码分多址（Sparse Code Multiple Access，SCMA）、基于扩频序列的多用户共享多址（Multi-user Shared Access，MUSA）、基于图样矩阵的图样分割多址（Pattern Division Multiple Access，PDMA）、基于加扰序列的资源扩展多址（Resource Spread Multiple Access，RSMA）、基于交织序列的交织多址（Interleave Division Multiple Access，IDMA）以及栅格交织多址（Interleave-Grid Multiple Access，IGMA）等 [4]。按照多址作用域的不同，现今比较成熟的 NOMA 技术又可分为功率域 NOMA 和码域 NOMA。功率域 NOMA 主要为 PD-NOMA；码域 NOMA 主要包括 SCMA、PDMA 和 MUSA。下面将对上述几种 NOMA 技术做详细介绍。

4.1.1　功率域 NOMA

PD-NOMA 是一种在功率域进行多址的非正交多址接入方案[5-8]。当前通信系统中采用的传统 OMA 方案，如 TDMA 和 FDMA 等，通常为不同的用户分配正交的资源块以避免多址接入干扰。因此，系统可容纳的用户数量通常会被资源块数目限制。然而，PD-NOMA 允许多个用户共享同一个资源块，并通过为不同用户分配不同的发送功率进行多用户区分，故而可以利用有限的资源提供更多的接入数量，提高系统的频谱效率与可容纳用户数量。

（1）PD-NOMA 系统模型

以下行传输为例，PD-NOMA 系统模型如图 4-3 所示。假设 K 个用户共享同一个资源块且受到总发射功率的约束。特别地，基站将 K 个用户的信号叠加发送。与传统的基于注水原理的功率分配方案相反，PD-NOMA 为信道增益高的用户分配较少的发送功率，以确保公平性以及充分利用时域、频域和码域的分集增益[5]。在接收端，用户采用串行干扰消除（Successive Interference Cancellation，SIC）进行信号检测。此时，其他信道增益更高的用户的信号被当作噪声处理。一旦完成对信道增益低的用户的信号检测，则在接收信号中消除这些用户对应的信号分量，再对接下来的信道增益更高的用户信号进行检测。不失一般性，假设用户序号按照信道增益降序排列，即 $h_1 > h_2 > \cdots > h_K$，则当用户 k 检测用户 l 的信号时，对应的 SINR 为：

$$\gamma_{k \to l} = \frac{h_k P_l}{\sum\limits_{j=1}^{l-1} h_k P_j + \sigma^2} \tag{4-1}$$

其中，P_j 为分配给用户 j 的功率，σ^2 为噪声方差。

值得注意的是，由于基站发送的信号对于每个用户来说是相同的，因此若有 $h_k > h_l$，则可以得到：

$$\frac{h_k P_l}{\sum\limits_{j=1}^{l-1} h_k P_j + \sigma^2} > \frac{h_l P_l}{\sum\limits_{j=1}^{l-1} h_l P_j + \sigma^2} \tag{4-2}$$

亦即 $\gamma_{k \to l} > \gamma_{l \to l}$。这意味着一旦某个用户能够成功检测到自身信号，则其他信道增益更高的用户必然也可以成功检测到自身信号，并在对自身信号进行检测的时候消除掉干扰。因此，下行传输中 SIC 是从信道增益最低的用户开始的。

PD-NOMA 的上行传输与下行传输有较大区别。上行传输，信号的发送功率由每个用户自身决定，并且每个用户的发送信号不同。相应地，接收端只有基站这一个接收机。因此，不同于下行传输的功率分配方式，上行传输中通常确保基站对信

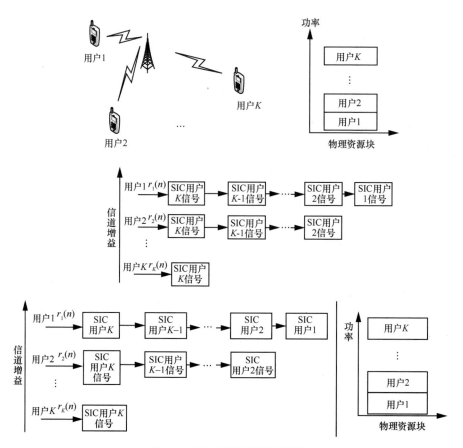

图 4-3　PD-NOMA 下行系统模型

道增益高的用户的接收功率高，避免对近处用户的发送功率进行抑制。而且，在接收端进行 SIC 检测时，也是从信道增益最高的用户开始，这一点与下行传输相反[6]。

（2）串行干扰消除算法

SIC 检测技术是专门用于多用户接收端检测的一种复杂度较低的非线性检测技术。其受启发于叠加码的多用户检测，理论上，使用 SIC 检测能够达到信道容量界。为此，首先介绍叠加码的相关知识。

在下行链路中，多用户数据往往被叠加在一起传输，这种叠加在一起的数据被称为叠加码。这种自然叠加的广播数据形式直接催生了这样一个问题：如何在数据叠加的情况下使数据传输尽量逼近信道容量界？特别地，对于两个用户的广播信道，信道增益更高的用户在收到自己数据的同时也会收到另外一个用户的数据。因此，既然公共数据必然会被传输至所有用户，则可以基于所有用户中最差的那一个 SNR 来对数据进行编码。若 SNR 更高的用户收到了数据也就意味着其他用户也会收到数据。在这种传输策略下，记 (R_1, R_2) 为两个用户的信道容量界。对于任意 $R_0 \leqslant R_2$ 可以构建速率"三角" $(R_0, R_1, R_2 - R_0)$，其中 R_0 为普通数据的速率，R_1 为用户 1 的独立数据速率，$R_2 - R_0$ 为用户 2 的独立数据速率。在数学上给出了三维容量界：

$$
C = \bigcup_{\{P_1, P_2 : P_1 + P_2 = P\}} \left(R_0 \leqslant B \log_2 \left(1 + \frac{P_2}{n_2 B + P_1} \right), R_1 \leqslant B \log_2 \left(1 + \frac{P_1}{n_1 B} \right), \right.
$$
$$
\left. R_2 = B \log_2 \left(1 + \frac{P_2}{n_2 B + P_1} \right) - R_0 \right)
\tag{4-3}
$$

其中，n_1、n_2 分别为用户 1、用户 2 受到的噪声功率谱密度，P_1、P_2 分别为用户 1、用户 2 发射功率，B 为系统带宽。

SIC 检测技术能够从多用户叠加信号中依次检测出各个用户的数据。在 SIC 检测过程中，每一级都会选择适当的时延、幅度和相位，利用对检测到的数据比特进行信号重建，然后将重建的信号从初始接收信号中减去（即干扰消除），将得到的差值输入下一级。多次重复这一步骤，直到将每个用户的数据都检测出来。如图 4-4 所示，SIC 接收机对接收到的信号做一个信号强度的判断。首先对信号强度最高的信号（这里假设用户 1 的信号强度最高，用户 2 次之，用户 3 再次，依次类推到用户 K）做检测，并在再生器中对检测出来的用户信号进行信号重建。然后从初始接收信号中减去重建的信号后进入下一级。依次进行，直到所有用户信号都被检测出来。SIC 接收机在做检测时，每次消除掉的都是该次检测中，检测出来的能量最强的用户信号。SIC 在下一次检测中能轻易检测出能量次强的用户信号（此时已经是能量最强的信号），以此类推，所以 SIC 接收机能够轻易地检测出每一个用户的信号。另外，再生器中的信号重建过程可以是符号级的，也可以是码字级的。对于符号级的 SIC（Symbol Level SIC，SL-SIC）来说，信号重建就是对检测出来的已调符号重新进行调制。而码字级的 SIC（Code Word Level SIC，CW-SIC）是在信号重建时，对检测出来的已经译码为比特的数据进行再次编码和调制，得到重建信号。由于信道编译码能纠错，所以 CW-SIC 的性能理论上优于 SL-SIC。

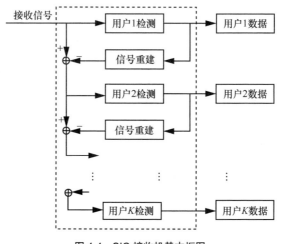

图 4-4　SIC 接收机基本框图

　　需要注意的是，对于 SIC 接收机来说，如果一个位置靠前的数据检测发现错误，导致后面的数据也有可能检测出错，这是 SIC 机制带来的误码传播问题。因为多用户是按照一个接一个的顺序检测出来的，而用户的检测顺序通常是根据信号强度来排序的。也就是说，第一个被检测的用户信号最强，第二个被检测的用户次之，依次类推。对于第一个用户来说，其可以从原始信号中直接恢复。然而对于接下来被检测的用户来说，它们分别被从相关消除接收信号中恢复出来，通过用户信号重建从原始信号中消除前面的被检测的用户的影响。如果有一个用户没有被正确检测，那么对它的信号重建就不可能是正确的。此外，重建信号的准确性也对接下来的用户检测性能产生很大的影响。例如，因为信道估计出现错误，信号重建也可能发生错误。即使前一个用户的数据检测是正确的，但重建信号出错，也会对下一个用户信号检测产生不利的影响。

4.1.2　稀疏码分多址 SCMA

（1）SCMA 发射端基本原理

　　稀疏码分多址（Sparse Code Multiple Access，SCMA）由 Nikopour 等[9]于 2013 年提出。SCMA 基于低密度扩频（Low-Density Signature，LDS）将正交幅度调制

（Quadrature Amplitude Modulation，QAM）映射和扩频结合到一起[10]。图 4-5 简单
说明了 SCMA 系统中单用户的 SCMA 调制映射过程。

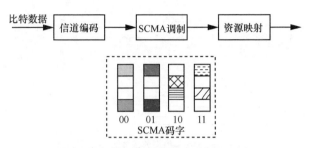

图 4-5　SCMA 单用户调制流程示意图

　　用户的比特数据首先经过信道编码模块，得到编码比特，然后输入 SCMA 调制
模块。在 SCMA 调制模块中，根据编码比特的不同，从该用户的码本中选择对应码
字（在上例中，码本大小为 4，则每接收到 2 个编码比特就进行一次码字挑选；接
收到 00 时，选择第一个码字；接收到 01 时选择第二个码字）。需要说明的是，码本
中的每个码字是稀疏的。如图 4-6 所示，空白处的值为 0，正是这种码字稀疏性，降
低了接收端使用消息传递算法（Message Passing Algorithm，MPA）时的复杂度。码
字中有值的部分为复数值。资源映射模块将上述码字直接映射到物理资源块上，这里
的物理资源块指的是时频资源块，可以是不同时隙也可以是 OFDM 子载波。

　　将上述表达进行数学抽象即为：单个用户的 SCMA 调制就是将编码后的比特数
据通过 SCMA 码字直接映射为多维资源上的复数序列。即将 $\log_2 M$ 个比特映射为
一个 K 维稀疏复数序列，该复数序列来自用户对应的大小为 $K \times M$ 的码字。其中 K
为扩展序列所占据的物理资源数，M 为调制阶数。每一个 K 维复数序列都具有稀
疏性，其中包含 $Z(Z < K)$ 个非零元素。经过 SCMA 调制后，多用户的复数序列在
相同的资源上进行叠加，从而实现系统过载。以 $M = 4$、$K = 4$ 为例的多用户数据
叠加传输如图 4-6 所示，其中 h_j 表示第 j 个用户的信道衰落。

　　令用户总数为 J，资源总数为 K，系统的过载率定义为 $\lambda = J / K$。由于用户码
本中的码字具有稀疏性，每个用户的 Z 个非零元素所占的资源各不相同，用户和资
源的映射关系可以用因子图或者因子矩阵来表示。以 $J = 6$、$K = 4$ 为例，SCMA 因
子图如图 4-7 所示，因子矩阵如式（4-4）所示。

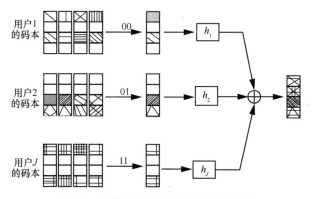

图 4-6　SCMA 多用户数据叠加传输示意图

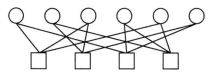

图 4-7　SCMA 因子图

$$F_{4\times6} = \begin{bmatrix} 1 & 0 & 1 & 0 & 1 & 0 \\ 0 & 1 & 1 & 0 & 0 & 1 \\ 1 & 0 & 0 & 1 & 0 & 1 \\ 0 & 1 & 0 & 1 & 1 & 0 \end{bmatrix} \tag{4-4}$$

在因子图中，若用户节点与资源节点间有连线则表示该用户在该资源上有非零元素。同样，在因子矩阵中若 $F_{k,j}=1$，则表示第 j 个用户在第 k 个资源上有非零元素。定义单个资源上叠加的用户为 d_f，用户占据的资源数为 d_v，在图 4-8 和式（4-4）中 $d_f=3$、$d_v=2$。

记第 j 个用户发送的 K 维序列为 $\boldsymbol{x}_j = [x_j(1),\cdots,x_j(K)]^{\mathrm{T}}$，接收端收到的 K 维信号序列为 $\boldsymbol{y} = [y(1),\cdots,y(K)]^{\mathrm{T}}$，SCMA 发射端传输过程的公式模型[11]如式（4-5）所示：

$$\boldsymbol{y} = \sum_{j=1}^{J} \operatorname{diag}(\boldsymbol{h}_j)\boldsymbol{x}_j + \boldsymbol{n} \tag{4-5}$$

其中，$\boldsymbol{h}_j = [h_j(1),\cdots,h_j(K)]^{\mathrm{T}}$ 表示第 j 个用户经历的信道衰落，$\operatorname{diag}(\boldsymbol{h}_j)$ 是一个对角矩阵，它对角线上的第 q 个元素是 $\boldsymbol{h}_j$ 中的第 q 个元素，$\boldsymbol{n} = [n(1),\cdots,n(K)]$ 是 K 维信道上的加性高斯白噪声。

需要指出的是，在 SCMA 系统中，如何根据各种需求设计最优码本以及如何降低接收端 MPA 复杂度是两个技术挑战。学术界的研究很多都围绕这两个方向展开。另一个挑战是如何降低 MPA 复杂度，在这里只给出原始的 MPA 供读者学习。

（2）MPA

MPA 算法作为 SCMA 系统一种经典的多用户检测方案，其计算复杂度随着用户数呈指数增长，其利用 SCMA 码本中码字的稀疏特征能够降低计算复杂度，并且译码性能接近最优的 MPA 算法，这也是 MPA 成为主流 SCMA 多用户检测算法的关键因素。MPA 是一种利用低密度因子图模型来求解概率推理问题的高效算法，该算法在用户节点和资源节点之间进行置信传播，然后不断更新迭代直至达到最大迭代次数，最后完成译码过程。MPA 的基本流程为：初始化条件概率、资源节点消息更新、用户节点消息更新和译码输出 4 个步骤。$I_{r_k \to u_j}^t(\boldsymbol{x}_j)$ 表示第 t 次迭代中第 k 个资源节点 r_k 到第 j 个用户节点 u_j 的消息传递。$I_{u_j \to r_k}^t(\boldsymbol{x}_j)$ 表示第 t 迭代中第 j 个用户节点到第 k 个资源节点的消息传递。所谓消息，实际上就是接收端对各个码字发送概率的一个判断。具体过程如下：

步骤 1：初始化码字先验概率。

$$I_{u_j \to r_k}^0(\boldsymbol{x}_j) = \frac{1}{M}, j \in \{1, 2, \cdots, J\}, k \in \xi_j \tag{4-6}$$

步骤 2：资源节点上的消息更新。

$$I_{r_k \to u_j}^t(\boldsymbol{x}_j) = \sum_{\sim x_j} \left\{ \frac{1}{\sqrt{2\pi\sigma^2}} \exp\left(-\frac{1}{2\sigma^2} \| y_k - \sum_{m \in \xi_k} h_{k,m} x_{k,m} \|^2 \right) \times \prod_{p \in \xi_{k \backslash j}} I_{u_p \to r_k}^{t-1}(\boldsymbol{x}_p) \right\} \tag{4-7}$$

其中，$\xi_{k \backslash j}$ 表示除了用户节点 j 之外所有与资源节点 k 相连的用户节点集合。

步骤 3：用户节点上的消息更新。

$$I_{u_j \to r_k}^t(\boldsymbol{x}_j) = \prod_{m \in \zeta_{j \backslash k}} I_{r_m \to u_j}^{t-1}(\boldsymbol{x}_j) \tag{4-8}$$

步骤 4：完成译码并输出。

$$O(\boldsymbol{x}_j) = \prod_{k \in \zeta_j} I_{r_k \to u_j}^{\mathrm{T}}(\boldsymbol{x}_j) \tag{4-9}$$

其中，T 是指 MPA 的最大迭代次数。

为了更加清晰地了解传统 MPA 步骤，接下来将举例描述 MPA 的消息迭代更新过程，本示例所用的 SCMA 因子图及因子矩阵如图 4-8 所示。

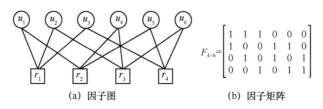

(a) 因子图   (b) 因子矩阵

图 4-8　规则 SCMA 系统的因子图和因子矩阵

用 $m_1, m_2, m_3, \cdots$ 分别表示 $u_1, u_2, u_3, \cdots$ 对应码本 $\chi_1, \chi_2, \chi_3, \cdots$ 中的码字序号，$m_1, m_2, m_3, \cdots$ 均属于 $\{1, 2, \cdots, M\}$ 。

首先，以初始化用户 1 发送各个码字的概率为例，用户节点 u_1 到资源节点 r_1 所发送不同码字的先验概率为：

$$I_{u_1 \to r_1}^0(m_1) = \frac{1}{M} \tag{4-10}$$

其次，以资源节点 r_1 的消息更新为例，r_1 关联的用户节点为 u_1、u_2、u_3，则资源节点 r_1 到其所关联的用户节点的消息更新表示为：

$$I_{r_1 \to u_1}^t(m_1) = \sum_{m_2=1}^M \sum_{m_3=1}^M \exp\left(-\frac{1}{\sqrt{2\pi\sigma^2}} \| y_1 - h_{1,1}x_{1,1}(m_1) - h_{1,2}x_{1,2}(m_2) - h_{1,3}x_{1,3}(m_3) \|^2\right) \times$$
$$\left(I_{u_2 \to r_1}^{t-1}(m_2) I_{u_3 \to r_1}^{t-1}(m_3)\right)$$

$$I_{r_1 \to u_2}^t(m_2) = \sum_{m_1=1}^M \sum_{m_3=1}^M \exp\left(-\frac{1}{\sqrt{2\pi\sigma^2}} \| y_1 - h_{1,1}x_{1,1}(m_1) - h_{1,2}x_{1,2}(m_2) - h_{1,3}x_{1,3}(m_3) \|^2\right) \times$$
$$\left(I_{u_1 \to r_1}^{t-1}(m_2) I_{u_3 \to r_1}^{t-1}(m_3)\right)$$

$$I_{r_1 \to u_3}^t(m_3) = \sum_{m_1=1}^M \sum_{m_2=1}^M \exp\left(-\frac{1}{\sqrt{2\pi\sigma^2}} \| y_1 - h_{1,1}x_{1,1}(m_1) - h_{1,2}x_{1,2}(m_2) - h_{1,3}x_{1,3}(m_3) \|^2\right) \times$$
$$\left(I_{u_1 \to r_1}^{t-1}(m_2) I_{u_2 \to r_1}^{t-1}(m_3)\right)$$

$$\tag{4-11}$$

然后，以用户节点 u_1 的消息更新为例，用户节点 u_1 到其所关联的资源节点 r_1 的消息更新可以表示为：

$$I_{u_1 \to r_1}^{t}(m_1) = \prod_{r_2 \in \zeta_{u1 \backslash r_1}} I_{r_2 \to u_1}^{t-1}(m_1) = I_{r_2 \to u_1}^{t-1}(m_1) \tag{4-12}$$

最后，以用户节点 u_1 的译码输出为例，u_1 关联的资源节点为 r_1 和 r_2，则用户 1 发送各个码字的概率估计值为：

$$O(m_1) = \prod_{k \in \zeta_1} I_{r_k \to u_1}^{T}(m_1) \tag{4-13}$$

4.1.3　图样分割多址 PDMA

PDMA 技术的基本原理是在发射端和接收端进行联合优化设计，发射端将多个用户的信号通过图样映射到相同的时域、频域或者空域资源上进行复用传输。在接收端采用广义的串行干扰消除（General Successive Interference Cancellation，GSIC）算法进行多用户检测，以实现上行和下行的非正交传输，逼近多用户信道的容量边界。PDMA 技术的收发端联合优化设计是从 MIMO 的解码性能分析中得到的启示。根据 MIMO 的分析结果[11-15]，对于 MIMO 传输中发送的多个并行数据流，接收端 SIC 检测第 i 个数据流能够获得等效分集度为 $N_{\mathrm{div}}(i) = N_R - N_T + i$。其中 N_R 表示接收天线数，N_T 表示发送的数据流数目。也就是说，SIC 检测各数据流的等效分集度具有递增关系。先检测的数据流的分集度较低，可靠性差。由于差错传播的影响，先检测的数据流出现差错会对后续的检测产生不利影响。

多用户信道可以看作虚拟的 MIMO 信道，上述 MIMO 系统的分析结论可以推广到多个用户间的非正交传输。多个用户在共享无线资源的情况下，当接收端采用 SIC 检测算法时，不同用户处于不同的检测层（对应于检测顺序），其等效分集度存在差异。根据接收端的检测顺序，最先检测用户的等效分集度最低，最后检测的用户等效分集度最高。为了保证所有用户在检测后能够取得尽可能一致的等效分集度，并提高先检测用户的等效分集度，PDMA 推荐的解决方案是在发射端为多个用户引入不一致的发送分集度。假设第 i 个检测用户的发送分集度为 $D_T(i)$，则该用户 SIC 检测后的等效分集度为：

$$N_{\mathrm{div}}(i) = N_R D_T(i) - K + i \tag{4-14}$$

其中，N_R 是接收天线数，K 是用户个数。PDMA 设计各个用户的发送分集度 $D_T(i)$，使得每个用户的等效分集度 N_{div} 尽量相等，实现了发射端和接收端的联合优化设计，降低了 SIC 接收机差错传播的影响，从而提高了检测性能。

不等分集度的编码构造机制，可以在包括时间、频率和空间在内的多个信号域内进行。PDMA 构造不等分集度的方式是把每个用户的待传输数据采用特定的 PDMA 图样映射到一组资源上。

（1）PDMA 上、下行传输模型

图 4-9 给出了 PDMA 上行发送框架。在发射端，每个用户的比特数据流 $b_k(1 \leqslant k \leqslant K)$ 分别进行信道编码，得到编码比特 $c_k(1 \leqslant k \leqslant K)$，然后对编码比特进行星座映射。针对星座映射后的数据调制符号 $x_k(1 \leqslant k \leqslant K)$ 进行 PDMA 编码，得到 PDMA 编码调制向量 $s_k(1 \leqslant k \leqslant K)$ 并进行 PDMA 资源映射，最后进行 OFDM 的多载波调制。本节以 OFDM 为例说明 PDMA 的发送过程，其中 OFDM 也可以换成其他的载波调制方式。

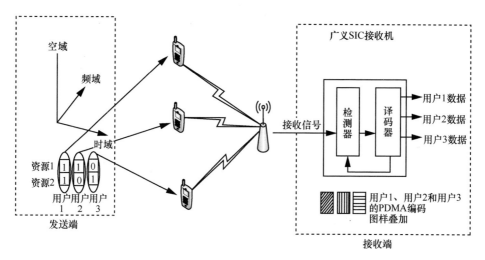

图 4-9　PDMA 上行发送框架

PDMA 编码是根据 PDMA 图样，对星座映射后的数据调制符号 $x_k(1 \leqslant k \leqslant K)$ 进行线性扩频操作。PDMA 编码器的输入是星座映射后的数据调制符号 x_k，输出是 PDMA 编码调制向量 s_k：

$$s_k = g_k x_k (1 \leqslant k \leqslant K) \tag{4-15}$$

其中，g_k 是用户 k 的 PDMA 图样，在 N 个资源上，K 个用户的 PDMA 图样构成了维度是 $N \times K$ 的 PDMA 图样矩阵 $G_{\mathrm{PDMA}}^{[N,K]}$：

$$G_{\mathrm{PDMA}}^{[N,K]} = [g_1, \cdots, g_k] \tag{4-16}$$

PDMA 资源映射的作用是将 PDMA 编码调制向量映射到时频资源上。

图 4-10 给出了 PDMA 下行发送框架，每个用户的数据经过信道编码、星座映射和 PDMA 编码之后，得到 PDMA 编码调制向量。K 个用户的 PDMA 编码调制向量在发射端完成叠加，如式（4-17）所示：

$$
\begin{aligned}
z &= s_1 + s_2 + \cdots + s_k \\
&= g_1 x_1 + g_2 x_2 + \cdots + g_K x_K \\
&= G_{\mathrm{PDMA}}^{[N,K]}
\begin{bmatrix} x_1 \\ \vdots \\ x_K \end{bmatrix}
\end{aligned}
\tag{4-17}
$$

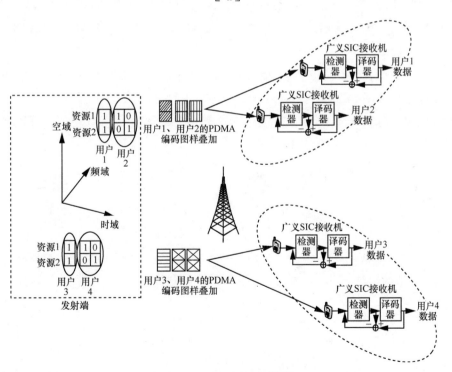

图 4-10　PDMA 下行发送框架

叠加的信号经过 PDMA 资源映射模块和 OFDM 调制模块处理之后发送出去。具体的操作与上行传输过程相同，不再赘述。

（2）PDMA 图样矩阵及其设计准则

PDMA 图样定义了数据到资源的映射规则，具体定义了数据映射到多少个资源、映射到哪些资源，其中，实际映射的资源个数决定了数据的发送分集度。不同的用户通过 PDMA 图样确定的映射资源获得不同的发送分集度，多个用户的数据分别通过不同的 PDMA 图样映射到同一组资源上，实现非正交传输，提升了系统速率。PDMA 多用户图样映射如图 4-11 所示，其中，6 个用户复用在一组 4 个资源上。6 个用户的映射图样各不相同，用户 1 映射到所有资源，用户 2 映射到前 3 个资源，用户 3 映射到第 1 和第 3 个资源，用户 4 映射到第 1 和第 2 个资源，用户 5 映射到第 3 个资源，用户 6 映射到第 4 个资源。6 个用户的发送分集度分别为 4、3、2、2、1、1。PDMA 图样设计除了影响用户的发送分集度外，还直接影响了检测性能和计算复杂度。为了降低接收端的计算复杂度，PDMA 图样的设计过程借鉴了 LDPC 的稀疏编码思想。低密度扩频码字中有一部分零元素，具有稀疏性。该稀疏特性使得接收端能够采用低复杂度的误差逆传播（Back Propagation，BP）算法实现近似 MPA 算法的性能。PDMA 图样可以通过一个二进制向量进行定义，向量的长度等于一个资源组内的资源个数。向量元素取值为 0 表示用户数据不映射到该资源，向量元素取值为 1 表示用户数据映射到该资源。

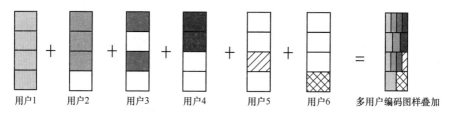

用户1　　用户2　　用户3　　用户4　　用户5　　用户6　　多用户编码图样叠加

图 4-11　PDMA 多用户图样映射

对应于图 4-11 的图样矩阵如式（4-18）所示：

$$G_{\mathrm{PDMA}}^{[4,6]} = \begin{bmatrix} 1 & 1 & 1 & 1 & 0 & 0 \\ 1 & 1 & 0 & 1 & 0 & 0 \\ 1 & 1 & 1 & 0 & 1 & 0 \\ 1 & 0 & 0 & 0 & 0 & 1 \end{bmatrix} \tag{4-18}$$

文献[16]给出了一种构造 PDMA 图样矩阵的设计准则。

第一，根据系统的业务需要和过载率 α 选择对应的 PDMA 图样矩阵维度，根据系统可以支持的计算能力选择合适的列重，如果系统能够支持复杂计算，选择高列重的图样；否则，选择轻列重的图样（高列重的图样具有更高的分集度，可以提供更可靠的数据传输，但会增加接收端检测复杂度）。

第二，PDMA 图样矩阵内具有不同分集度（图样矩阵中各列元素 1 的个数）的组数（分集度相同的 PDMA 图样为一组）尽量多，以减轻 SIC 接收机的差错传播问题或者加速 BP 检测器的收敛。

第三，对于给定的分集度，选择的图样应该最小化任意两个图样之间的最大内积值（只要过载率 α 大于 1，PDMA 图样矩阵内必定会有分集度相同的图样，对于分集度相同的图样，图样之间的内积越小，相互之间的干扰越小）。

基于上述设计准则，对于一个 PDMA 图样矩阵占用的正交资源数为 N 的系统，其最大支持用户数为：

$$M = \sum_{k=1}^{N} C_N^k = 2^N - 1, N > 0 \qquad (4\text{-}19)$$

其中，C_N^k 为最大正交资源个数（发送分集度）N 中选择有效的 k 个正交资源（发送分集度）的所有组合个数，N 为正整数。

对于给定的过载率 α，可以设计多种形式的 PDMA 图样矩阵来实现。假设系统复用的用户数为 K，则满足式（4-20）和式（4-21）的 PDMA 图样矩阵 $G_{\text{PDMA}}^{[N,K]} \sim G_{\text{PDMA}}^{[N,M]}$ 都能够实现多用户图样映射。其中，$G_{\text{PDMA}}^{[N,M]}$ 是理论 PDMA 图样矩阵，$G_{\text{PDMA}}^{[N,K]}$ 表示从理论 PDMA 图样矩阵中选取 K 列构成 PDMA 图样矩阵。

$$G_{\text{PDMA}}^{[N,M]} = \begin{bmatrix} 1 & 1 & \cdots & 0 & \cdots & 1 & \cdots & 0 \\ 1 & 1 & \cdots & 0 & \cdots & 0 & \cdots & 0 \\ \vdots & \vdots & \ddots & \vdots & \cdots & \vdots & \ddots & \vdots \\ 1 & 0 & \cdots & 1 & \cdots & 0 & \cdots & 1 \end{bmatrix} \qquad (4\text{-}20)$$

$$G_{\text{PDMA}}^{[N,K]} \in G_{\text{PDMA}}^{[N,M]}, M \geqslant K > 0 \qquad (4\text{-}21)$$

当 $N = 2$、$N = 3$、$N = 4$ 时，理论 PDMA 图样矩阵 $G_{\text{PDMA}}^{[N,M]}$ 分别为：

$$G_{\text{PDMA}}^{[2,3]} = \begin{bmatrix} 1 & 1 & 0 \\ 1 & 0 & 1 \end{bmatrix} \qquad (4\text{-}22)$$

$$G_{\text{PDMA}}^{[3,7]} = \begin{bmatrix} 1 & 1 & 0 & 1 & 1 & 0 & 0 \\ 1 & 1 & 1 & 0 & 0 & 1 & 0 \\ 1 & 0 & 1 & 1 & 0 & 0 & 1 \end{bmatrix} \qquad (4\text{-}23)$$

$$G_{\text{PDMA}}^{[4,15]} = \begin{bmatrix} 1 & 1 & 0 & 1 & 1 & 1 & 1 & 1 & 0 & 0 & 0 & 1 & 0 & 0 & 0 \\ 1 & 1 & 1 & 0 & 1 & 1 & 0 & 0 & 1 & 1 & 0 & 0 & 1 & 0 & 0 \\ 1 & 1 & 1 & 1 & 0 & 0 & 1 & 0 & 1 & 0 & 1 & 0 & 0 & 1 & 0 \\ 1 & 0 & 1 & 1 & 1 & 0 & 0 & 1 & 0 & 1 & 1 & 0 & 0 & 0 & 1 \end{bmatrix} \qquad (4\text{-}24)$$

综上所述，一个优化设计的 PDMA 图样矩阵需要在过载率、检测性能和计算复杂度之间取得良好折中。不同的应用场景对于多址技术的需求不同，因此，需要针对不同的应用场景分别进行 PDMA 图样矩阵优化设计。

4.1.4 多用户共享接入 MUSA

MUSA 是一种基于码域复用的 NOMA 技术，其系统模型如图 4-12 所示。在 MUSA 中，每个用户均会选取一个扩展序列，每个用户要发射的调制符号均要经过该序列进行扩展处理，之后不同用户数据便可以占据相同的信道进行传输。MUSA 接收机在得到混叠在一起的用户数据后，利用线性检测和干扰消除技术来得到各个用户的原始发送数据。在使用 MUSA 技术完成无线通信数据传输时，发射端各个用户经过信道编码后得到编码比特，再经由星座映射得到调制符号，经过 MUSA 扩展序列扩展之后进行发射。在接收端，线性处理模块采用 MMSE 检测模块得到用户初始的估计数据，采用 SIC 进行多用户检测。MUSA 技术与 CDMA 类似，都采用特定的码序列进行扩频，根据码的互相关性来区分不同用户。不同的是，CDMA 采用了很长的伪噪声码（Pseudo Noise Code）作为扩频码，而 MUSA 采用短的且不要求正交的复数多元码。短的非正交码提升了系统的过载率。

MUSA 定义用户过载率为 $\lambda = K/L$，其中 K 为系统承载用户数目，L 为 MUSA 所使用的复数序列的长度。MUSA 中复数多元码序列常用的复数域多元码有两种，如图 4-13 所示。图 4-13（a）为复数二元码星座图，复数二元码可选的码元集合为 $\{1+i, -1+i, -1-i, 1-i\}$，包含 4 个元素，因此可以构造的序列长度为 L 的扩展序列个数为 4^L。图 4-13（b）为复数三元码星座图，复数三元码的可选码元集合为

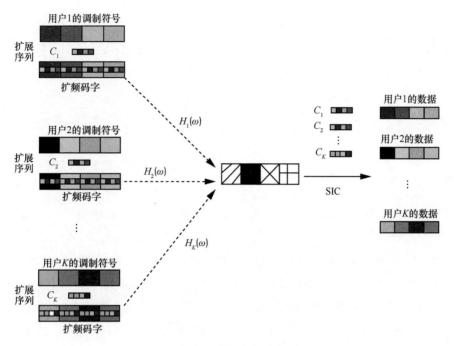

图 4-12　MUSA 系统模型

$\{0,1,1+i,i,-1+i,-1,-1-i,-i,1-i\}$，包含 9 个元素，因此可以构造的序列长度为 L 的扩展序列个数为 9^L。若序列长度 $L=4$，则可以构造出的复数二元扩展序列个数为 $4^4=256$，可以构造出的复数三元扩展序列个数为 $9^4=6561$，因此，当接入用户随机选择扩展序列时，后者可以提供更多的可选复数扩展序列。

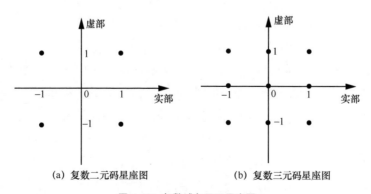

(a) 复数二元码星座图　　　(b) 复数三元码星座图

图 4-13　复数域多元码星座图

由于接入 MUSA 的用户所使用的扩展序列都是从码池中随机选取的，这种做法虽然减轻了基站对资源协调的需求，但是也给扩频序列的选择带来不少麻烦。该方法可以构造出数量众多的扩展序列，但是构造的这些序列中有部分序列并不适合作为扩展序列，并且为了获得更好的性能，必须对序列进行优选。常见的优选准则如下。

（1）0 元素准则

首先，由于复数三元码集合中包含元素 0，即 MUSA 使用的扩展序列的元素会有 0 的存在，这与之前 CDMA 中使用的扩展序列完全不同，传统的扩展序列一般不会包含 0。比如 m 序列以及 Gold 序列，虽然这些序列起初也由 0、1 构成，但在扩频之前都会将序列映射为-1 和 1 的组合。若扩展序列中元素 0 过多，会造成用户数据的丢失，因而有必要限制扩展序列中元素 0 的个数。

MUSA 使用的扩展序列一般都比较短，如长度为 8，甚至为 4，对于不同长度的扩展序列，对于元素 0 的个数限制也不同。元素 0 过多会导致用户数据丢失，但若扩展序列中不允许元素 0 的存在，也即扩展元素的实部和虚部还是从集合 $\{-1,0,1\}$ 中取值，但是不允许实部和虚部同时为 0。该方法所构造出的扩展序列的数量相对于原三元复序列要少得多。经过优化后真正适合作为扩展序列的数量是非常有限的。因此，元素 0 需要继续保留，只需要要对其个数进行限制即可。

（2）平衡性准则

对于由 0 和 1 构成的二进制扩展序列来说，所谓序列的平衡性是指元素 0 和元素 1 的个数几乎相等[17]。对于非二进制扩展序列来说，若该序列中各个元素的个数之差小于或等于 1，则称该序列为平衡序列[18]，否则就是不平衡的。序列平衡性的好坏可以用平衡度来衡量。假设二进制扩展序列中 0 和 1 个数分别为 n_1 和 n_2，则序列的平衡度可以表示为 $E_n = |n_1 - n_2| / N$，并且 E_n 越小，表明序列的平衡性越好。对于长度为 4 的扩展序列，同一个扩频元素在一个扩展序列中最多出现 2 次才能保证序列的平衡性。而对于长度为 8 的扩展序列，同一个扩频元素在一个扩展序列中最多出现 4 次才能保证序列的平衡性。例如，序列 $\{1+i,1+i,1,-i\}$ 和序列 $\{1,1,1,1-i,1+i,0,-1\}$ 是平衡的，而序列 $\{1+i,1+i,1+i,0\}$ 和序列 $\{1,1,1,1,1,1-i,i,0\}$ 是不平衡。文献[19]中指出，直流分量会随着平衡性的变差而增大，经过调制之后，基

带信号中的直流分量就会变成已调信号中的载波分量。载波泄露会使得扩频信号的隐蔽性变差，在导致扩频通信系统的保密性变差的同时浪费了发射功率，并且易于出现误码以及信息丢失的情况。由于 MUSA 使用的扩展序列往往比较短，因此，序列的不平衡性也会对序列间的相关性造成影响。对于较长的扩展序列来说，序列间的不平衡性一般不会对序列间的相关性造成太大影响，而对于短序列来说，则有影响，在 CDMA 中由于使用了长序列就不用担心这个问题。

（3）相关性准则

在扩展序列的这几个优化准则中，序列之间的相关性非常重要，扩展序列具有优良的相关性是扩频系统的关键，对系统性能影响很大[20-22]。而相关性又分为自相关特性和互相关特性。

序列自相关特性与序列的检测密切相关，具有良好的自相关性的序列便于序列的检测，这对于接收端的捕获和跟踪是非常重要的。对于 MUSA 系统而言，扩频序列是用户端产生并随机选取的，基站对此一无所知，而基站接收机在进行检测时，需要对信号进行解扩操作，这就需要基站准确地检测和捕获每个用户所使用的扩频序列[23-26]。序列自相关特性可以用自相关函数表示，自相关函数表示了信号及其相对时延的相似程度。若实信号可以表示为时间函数 $f(t)$ 的形式，则序列自相关函数可以表示为：

$$R(\tau) = \int_{-\infty}^{\infty} f(t)f(t-\tau)\mathrm{d}t \qquad (4\text{-}25)$$

序列互相关特性的好坏则直接影响到用户间的多址干扰大小，进而影响扩频系统的性能。记 f 和 g 为不同的信号，则互相关函数可以表示为：

$$R_{fg}(\tau) = \int_{-\infty}^{\infty} f^*(t)g(t-\tau)\mathrm{d}t \qquad (4\text{-}26)$$

其中，$f^*(t)$ 为 $f(t)$ 的复共轭。

综上所述，对扩展序列的优化应当遵循以上几个原则。一般来说，扩展序列的平衡性和自相关函数的计算相对简单、计算量较小，因此可以很容易地进行平衡性和自相关特性的优化。但序列互相关特性的优化往往比较麻烦，这是由于扩频系统一般要求扩展序列数目要足够多，这就导致优化前的扩展序列的数量过多，在求序列两两互相关的时候，运算量过大，因此序列的优选是一个核心技术。

4.1.5　小结

总体来说，NOMA 技术通过引入人为可控的非正交特性，以可控干扰来提升移动通系统的可接入用户数，是 mMTC 场景的有效解决方案[27]。NOMA 技术的研究包括很多分支，主要分为功率域 NOMA 和码域 NOMA。学术界对它们的研究还处于比较初级的阶段，尤其是 PDMA 和 MUSA。关于其码本设计，对低复杂度高性能译码算法的研究目前还比较欠缺。将 NOMA 技术与其他先进技术，如大规模 MIMO、CP-FREE-OFDM 以及认知无线电等相结合也是极其有意义的事情。总之，6G 系统 NOMA 技术方兴未艾，还有很多挑战，亟待研究和突破。

| 4.2　极化编译码 |

极化码（Polar 码）是一种具有优越性能的新型信道编码。土耳其毕尔肯大学（Bilkent University）的 Erdal Arikan 教授于 2008 年提出信道极化理论，并根据该理论发明了 Polar 码[28-30]。随后，以华为公司为首的通信产业界对 Polar 码进行了深入的研究，证明了 Polar 码的优越性能并加以改进，使其成为 5G 标准中信道编码方案的备选之一。

相比于 3G 和 4G 中信道编码所使用的 Turbo 码，Polar 码对信噪比的要求降低了 0.5～1.2dB，译码复杂度仅为 $\mathcal{O}(N\log N)$，并且已被证明不会发生误码平层效应。同时，Polar 码也是一种被证明理论上可以达到香农极限的信道编码[31]。由此可见，Polar 码对信道编码的发展演进起到了不可估量的作用。

在 3GPP 制订的 5G NR 标准中，Polar 码以其出色的性能，被选为控制信道短码的信道编码方案[32-33]，与其相对应的是数据信道长码所选用的低密度奇偶校验码（LDPC）。相比诞生于 1962 年的 LDPC，Polar 码的研究和应用处于起步阶段，尽管如此，在短码长、高码率的情况下，选用特定译码算法的 Polar 码性能相比于 LDPC 也具有优势；而在数据信道码长较长的情况下，相比于 LDPC 可并行的译码方式，Polar 码的串行译码方法会带来较大的时延。因此，5G NR 标准将 Polar 码选定为短码方案，有效地起到了扬长避短的作用，最大限度地发挥了 Polar 码优越的性能。

接下来对 Polar 码的基本原理和编译码方法进行讲解。

4.2.1　基础知识

极化编码的基本理论涉及信息论的相关知识，需要读者对信息论有所了解，才能有效理解极化编码的基本原理。本节将对涉及的信息论知识做基本讲解，并介绍所使用的数学工具。

（1）信息论基础知识[34-36]

信道是通信系统中重要的组成部分，信道的特性对通信系统性能有着很大的影响。信道按照其特征可以分为编码信道、调制信道等多个种类，并且有多种建模方式，在信道编码的研究中，一般考虑离散无记忆信道（Discrete Memoryless Channel，DMC）模型。

离散无记忆信道模型的输入是取值离散的符号，输出同样是取值离散的符号，离散无记忆信道模型反映信道输出与输入的概率关系，由某个输入值指向输出值的箭头表示该值输入信道后，经过信道传输，被接收系统判决为该输出值，这一事件发生的概率称为转移概率。

在离散无记忆信道模型中，二进制对称信道（Binary Symmetric Channel，BCC）和二进制删除信道（Binary Erasure Channel，BEC）这两种特殊形式的信道模型比较基本和常见，如图 4-14 所示。

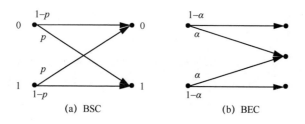

图 4-14　BSC 和 BEC 信道模型

图 4-14（a）中输入输出均为二进制符号，且输入符号经过信道后，被错误判决成另一值的概率是相同的，用转移概率表示，即 $P(1|0) = P(0|1) = p$ ，

$P(1|1) = P(0|0) = 1 - p$，这样的离散信道模型被称为 BSC。图 4-14（b）中输入为二进制符号，输出符号的取值除了这两个二进制值，还有一种无法进行判决的情况，并且输入符号经过信道后，被正确判决和无法判决的概率是一致的，用转移概率表示，即 $P(E|0) = P(E|1) = \alpha$，$P(0|0) = P(1|1) = 1 - \alpha$，这样的离散信道模型被称为 BEC。

对于一个随机变量 X，香农定义其概率分布的对数函数的期望为信息熵[34]，即 $H(X) \triangleq E[-\log(P(X))]$，对于取值离散的随机变量，其信息熵根据定义可以改写为 $H(X) \triangleq -\sum_{i=1}^{n} P(x_i) \log P(x_i)$。信息熵是描述随机变量 X 的不确定性的物理量。

对于两个离散取值的随机变量 X 和 Y，可以根据其联合概率和条件概率定义条件熵：

$$H(Y|X) \triangleq -\sum_{i=1}^{n} \sum_{j=1}^{m} P(x_i, y_j) \log P(y_j|x_i) \tag{4-27}$$

条件熵是在 X 确知时对 Y 的条件概率求期望得到的，它描述的是已知一个符号的情况下另一符号的不确定性。同时令两个随机变量中的一个为信源，另一个为信宿，定义互信息：

$$I(Y;X) \triangleq H(Y) - H(Y|X) \tag{4-28}$$

通信系统的一个指标是互信息，它描述了从信宿的不确定性中去除信源确知时的不确定性后所残存的不确定性。改写定义式为 $H(Y|X) = H(Y) - I(Y;X)$，可以直观地看出，互信息越大，代表信源已知时信宿的不确定性越小，越能够通过观察其中一个随机变量确定另一随机变量。

可以通过以下简单的计算说明互信息这一物理量的意义。假设两个随机变量 X 和 Y 在 0 和 1 之间等概率取值，且互相之间没有任何影响，即两个随机变量统计独立，那么可以计算得到 $H(X) = H(Y) = 1$，$H(Y|X) = 1$，则 $I(Y;X) = 0$。

同样假设两个随机变量 X 和 Y 在 0 和 1 之间等概率取值，但两个随机变量满足 $Y=X$，那么可以计算得到 $H(X) = H(Y) = 1$，$H(Y|X) = 0$，即 $I(Y;X) = 1$。

通过上述两个简单的例子可以看出，当互信息 $I(Y;X)$ 越接近 1，X 与 Y 的关系越接近 $Y=X$，那么在已知 Y 的情况下越有可能猜对 X 的值。相反地，当互信息 $I(Y;X)$ 越接近 0，X 与 Y 的关系越接近完全无关，那么在已知 Y 的情况下越不可能猜对 X 的值。如果对于一个离散无记忆信道 $W: X \to Y$，信道的互信息 $I(W) = I(Y;X)$ 越接近 1，越能根据信道输出判断出信道输入，这样的信道也就更好，更趋近于无噪声的完美信道。而当互信息趋近于 0，越不能根据信道输出判断信道输入，这样的信道就更差，更趋于完全噪声信道。对于离散二进制无记忆信道，互信息的最大值就是信道容量，代表了在信道中无差错地传输的最大速率，因此互信息是衡量通信系统有效性的物理量。

据此，可以在输入变量独立等概率的条件下计算出上文提到的两种二进制信道的互信息：

$$I(W_{\text{BSC}}) = 1 - H(p) \tag{4-29}$$

$$I(W_{\text{BSC}}) = 1 - \alpha \tag{4-30}$$

通信系统的另一指标是信道的可靠性，可以使用其他物理量衡量信道的可靠性。巴氏（Bhattacharyya）值定义为：

$$Z(W) \triangleq \sum_{y \in Y} \sqrt{P(y \mid 0) P(y \mid 1)} \tag{4-31}$$

在采用最大似然（Maximum Likelihood，ML）准则判决的二进制无记忆信道中，差错概率为：

$$P_e^{\text{ML}}(W) = (1/2) \sum_{y \in Y} \min\{P(y \mid 0), P(y \mid 1)\} \tag{4-32}$$

根据基本不等式 $\min\{a, b\} \leqslant \sqrt{ab}$（两个正数的几何平均值大于或等于最小值）可证：巴氏值是信道差错概率的上界，即 $P_e^{\text{ML}}(W) \leqslant Z(W)$。显然可以利用差错概率的上界衡量信道的可靠性，该值越大，说明信道的可靠性越差。当信道的巴氏值趋于 1 时，代表信道的可靠性差；同理当信道的巴氏值趋于 0 时，代表信道的可靠性趋于完美。

（2）数学工具

① 互信息链式法则

对于一组随机变量 $X_1, X_2, \cdots, X_N, Y$，其中 $X_1, X_2, \cdots, X_N$ 为信源，其与信宿 Y 的互信息 $I(Y; X_1, X_2, \cdots, X_N)$ 可以按照以下计算式进行拆解：

$$I(Y; X_1, X_2, \cdots, X_N) = \sum_{i=1}^{N} (Y; X_i \mid X_1, \cdots, X_{i-1}) \tag{4-33}$$

这就是互信息链式法则，可以参考信息论的相关书籍进行证明，此处不再赘述。

② 克罗内克积

克罗内克积又称张量积，是一种特殊的矩阵乘法，设两个矩阵 $A = \{a_{ij}\}_{m \times n}$，

$\boldsymbol{B} = \left\{ b_{ij} \right\}_{p \times q}$，克罗内克积定义如下：

$$\boldsymbol{A} \otimes \boldsymbol{B} = \begin{bmatrix} a_{11}\boldsymbol{B} \cdots a_{1n}\boldsymbol{B} \\ \vdots \quad \ddots \quad \vdots \\ a_{m1}\boldsymbol{B} \cdots a_{mn}\boldsymbol{B} \end{bmatrix}_{mp \times nq} \tag{4-34}$$

克罗内克积将矩阵 $\boldsymbol{A}$、$\boldsymbol{B}$ 进行组合，$\boldsymbol{A}$ 矩阵中的元素作为 $\boldsymbol{B}$ 矩阵的系数，组合生成了一个 $mp \times nq$ 维的新矩阵。克罗内克积可以进行矩阵的升维，经常用来描述递归操作。记 $\boldsymbol{A}^{\otimes n}$ 为矩阵 $\boldsymbol{A}$ 与其自身进行 n 次克罗内克积的结果。

③ 洗牌置换矩阵

洗牌置换矩阵 $\boldsymbol{R}_{2N}$ 定义为将 $2N$ 阶单位矩阵 $\boldsymbol{I}_{2N}$ 的列向量 $(e_1, e_2, \cdots, e_{2N})$ 按照索引序号先奇数后偶数的顺序重新组合，即 $(e_1, e_3, \cdots, e_{2N-1}, e_2, e_4, \cdots, e_{2N})$，并形成一个新的矩阵。任意 $2N$ 列矩阵右乘洗牌置换矩阵 $\boldsymbol{R}_{2N}$，相当于对该矩阵列向量进行奇偶洗牌置换。

④ 对数似然比

二进制离散信道的对数似然比（Log-Likelihood Ratio，LLR）定义为：

$$L(y) = \ln \frac{P(y \mid x = 0)}{P(y \mid x = 1)} \tag{4-35}$$

即对信道转移概率的比值取对数，如果 $L(y) > 0$ 意味着比值大于 1，即信道输入符号是 0 的概率更大，反之则意味着输入为 1 的概率更大。LLR 常被用在信道编码的软判决上，可以将算法中对转移概率的乘除法计算简化为 LLR 的加法计算，降低算法的运算复杂度，便于硬件实现。特别地，加性高斯白噪声信道下 BPSK 调制的 LLR 为 $L(y) = 2y / \sigma^2$。

4.2.2 信道极化

信道极化指真实信道的 N 个独立副本，可以近似将信道的 N 个独立副本看作 N 个传输时隙，通过特定的操作使这 N 个独立副本具有相关性，形成联合信道。联合信道可以分裂出 N 个数学推导中产生的虚拟的极化信道。之所以称为极化信道，是因为当信道副本数 N 趋于无穷时，这些虚拟的极化信道中一部分趋于完美，另一部分趋于极差，呈现出两极分化的态势。

如图 4-15 所示，信道极化分为信道合并和信道分裂两个步骤，本节将对这两个步骤进行详细讲解，并介绍信道极化定理。

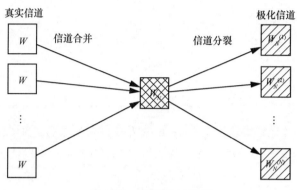

图 4-15　信道极化示意图

（1）信道合并

信道合并是将真实信道的 N 个独立副本联合起来，使其具有相关性的过程。首先将两个独立信道进行合并，如图 4-16 所示。

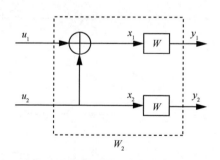

图 4-16　两个独立信道合并示意图

信道联合前的输入 (u_1, u_2) 是两个统计独立的二进制随机变量，在本节中，为了方便叙述，约定数学符号 $\boldsymbol{u}_1^N$ 表示向量 $(u_1, u_2, \cdots u_N)$，即从 u_1 到 u_N 的 N 个元素顺序组成的向量，约定 $\boldsymbol{u}_{1,o}^N$ 为从 u_1 到 u_N 的 N 个元素中索引序号为奇数的元素顺序组成的行向量，同理 $\boldsymbol{u}_{1,e}^N$ 为偶数序号元素顺序组成的行向量。那么信道联合前输入为 $\boldsymbol{u}_1^2$，进行组合后实际输入信道的符号为 x_1^2，信道输出为 y_1^2。

通过观察图 4-16 可知，信道实际输入 x_1^2 与联合前输入 u_1^2 满足以下关系：$x_1 = u_1 \oplus u_2$，$x_2 = u_2$，其中 "$\oplus$" 表示 GF(2) 域上的加法，即逻辑异或，用向量形式表示为：

$$x_1^2 = u_1^2 F \qquad (4\text{-}36)$$

$$F = \begin{bmatrix} 1 & 0 \\ 1 & 1 \end{bmatrix} \qquad (4\text{-}37)$$

由于矩阵 F 满秩，向量 x_1^2 与 u_1^2 等价，即信道实际输入符号 x_1、x_2 统计独立。

将联合的两个信道记为 W_2，根据图 4-16 中的运算关系，可以得到联合信道的转移概率 $W_2(y_1^2 \mid u_1^2)$ 与独立信道转移概率 $W(y \mid x)$ 的函数关系，推导如下：

$$W_2(y_1^2 \mid u_1^2) = W(y_1 \mid x_1)W(y_2 \mid x_2) = W(y_1 \mid u_1 \oplus u_2)W(y_2 \mid u_2)W^2(y_1^2 \mid u_1^2 F) \qquad (4\text{-}38)$$

记这种由 2 个独立信道生成联合信道的过程为 2 阶极化模块，$x_1 = u_1 \oplus u_2$，$x_2 = u_2$ 的操作称为一个蝶形单元。$N = 2^n$ 个独立信道合并生成联合信道的方法如图 4-17 所示。

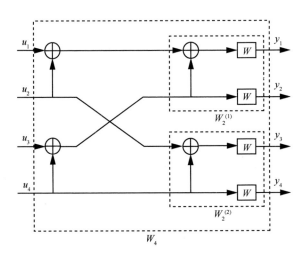

图 4-17　4 个独立信道合并示意图

如图 4-17 所示，这是将 4 个独立信道合并生成联合信道的过程，4 个独立的二进制符号输入系统后，按照奇偶两两一组通过第一组蝶形单元，随后进行奇偶洗牌，

再两两一组通过第二个蝶形单元。按照前文所述的推导方法，可以得到联合信道的
转移概率：

$$W_4(\boldsymbol{y}_1^4 \mid \boldsymbol{u}_1^4) = W^4(\boldsymbol{y}_1^4 \mid \boldsymbol{u}_1^4 \boldsymbol{G}) \tag{4-39}$$

$$\boldsymbol{G} = \begin{bmatrix} 1 & 0 & 0 & 0 \\ 1 & 0 & 1 & 0 \\ 1 & 1 & 0 & 0 \\ 1 & 1 & 1 & 1 \end{bmatrix} = \boldsymbol{R}_4(\boldsymbol{F}^{\otimes 2}) \tag{4-40}$$

其中，$\boldsymbol{F}^{\otimes 2}$ 表示矩阵 $\boldsymbol{F}$ 与其自身进行克罗内克积的结果。

记这种由 4 个独立信道合并生成联合信道的过程为 4 阶极化模块，可以看出，
4 阶极化模块是对输入的 4 个符号进行两组蝶形运算后奇偶洗牌，并输入两个 2 阶
极化模块实现的。

以此类推，可以递归得到由 $N = 2^n$ 个独立信道合并生成联合信道的方法，如
图 4-18 所示。将 2^n 个输入符号两两一组进行蝶形运算，随后奇偶洗牌，输入两个 2^{n-1}
阶极化模块。

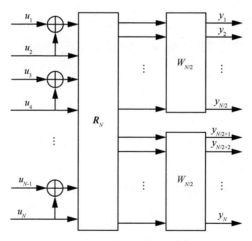

图 4-18　信道合并递归示意图

由此，可以写出 N 阶联合信道的转移概率：

$$W_N(\boldsymbol{y}_1^N \mid \boldsymbol{u}_1^N) = W^N(\boldsymbol{y}_1^N \mid \boldsymbol{u}_1^N \boldsymbol{G}) \tag{4-41}$$

其中 $\boldsymbol{G}$ 矩阵是 2^n 阶信道联合操作的矩阵描述，同时也是码长为 2^n 的 Polar 码的生成矩阵，可以通过递归的方式构造。

（2）信道分裂

信道分裂是信道极化的第二阶段，假设 $N = 2^n$ 个信道的独立副本经过上述的信道合并操作，形成的联合信道记为 $W_N(\boldsymbol{y}_1^N \mid \boldsymbol{u}_1^N)$，那么联合信道的互信息即 $I(W_N) - I(\boldsymbol{y}_1^N; \boldsymbol{u}_1^N) = I(\boldsymbol{y}_1^N; u_1, u_2, \cdots, u_N) = NI(W)$，利用互信息链式法则对该式进行拆解可得：

$$NI(W) = I(W_N) = I(\boldsymbol{y}_1^N; u_1, u_2, \cdots, u_N) = \sum_{i=1}^{N} I(u_i; \boldsymbol{y}_1^N \mid \boldsymbol{u}_1^{i-1}) \tag{4-42}$$

如果输入 $\boldsymbol{u}_1^N$ 互相独立，则可以将求和号中互信息内表示条件的符号删去，并交换分号两侧随机变量的位置，得到：

$$I(W_N) = \sum_{i=1}^{N} I(\boldsymbol{y}_1^N \mid \boldsymbol{u}_1^{i-1}; u_i) \tag{4-43}$$

定义一种虚拟的信道，$W_N^{(i)} : u_i \to \boldsymbol{y}_1^N, \boldsymbol{u}_1^{i-1}$，这种虚拟信道与上式求和号中每一项一一对应，称为极化信道。需要注意的是，极化信道是数学推导的产物，并非真实存在的信道；通过观察极化信道的定义可以发现，极化信道描述的是 u_i 与 $\boldsymbol{y}_1^N$ 和 $\boldsymbol{u}_1^{i-1}$ 的相关性，根据上述互信息的概念通俗地理解，$I(W_N^{(i)})$ 越大，越能够通过信道输出和前面 $i-1$ 的符号的译码结果去正确判决 u_i。而此时未免会产出疑问，编码器输入的 $\boldsymbol{u}_1^N$ 应当是独立的随机变量，不存在相关性。需要注意，在信道联合的过程中，多阶的奇偶洗牌和蝶形运算使得信道产生了相关性，一组独立的随机变量输入相关的信道之中，输出的 $\boldsymbol{y}_1^N$ 也一定与 u_i 和 $\boldsymbol{u}_1^{i-1}$ 相关。换言之，尽管 $\boldsymbol{u}_1^N$ 是相互独立的，但是以联合信道输出 $\boldsymbol{y}_1^N$ 为桥梁，可以将 u_i 与 $\boldsymbol{u}_1^{i-1}$ 联系起来。

首先考虑 2 阶极化模块，由两个独立信道联合而成，这样的联合信道可以分裂出两个极化信道，则极化信道 $W_2^{(i)}$ 的转移概率可以推导如下，式中的 P 表示随机变量的（联合）分布律：

$$W_2^{(1)}(y_1, y_2 \mid u_1) = \frac{P(y_1, y_2 \mid u_1)}{P(u_1)} = 2P(y_1, y_2 \mid u_1) = 2 \sum_{u_2 \in \{0,1\}} P(y_1, y_2, u_1, u_2)$$

$$= 2 \sum_{u_2 \in \{0,1\}} P(y_1, y_2 \mid u_1, u_2) P(u_1, u_2) = \frac{1}{2} \sum_{u_2 \in \{0,1\}} P(y_1, y_2 \mid u_1, u_2)$$

$$= \frac{1}{2} \sum_{u_2 \in \{0,1\}} W_2(\boldsymbol{y}_1^2 \mid \boldsymbol{u}_1^2) = \frac{1}{2} \sum_{u_2 \in \{0,1\}} W^2(\boldsymbol{y}_1^2 \mid \boldsymbol{u}_1^2 \boldsymbol{F}) \tag{4-44}$$

其中应用了条件概率和边缘分布的定义，并且由于 u_1、u_2 独立等概率服从 0、1 上的二项分布，故 $P(u_1) = P(u_2) = 0.5$，$P(u_1, u_2) = 0.25$。同理可以推导出极化信道 $W_2^{(2)}$ 的转移概率，$W_2^{(2)}(y_1^2, u_1 \mid u_2) = (1/2)W_2(y_1^2 \mid u_1^2) = (1/2)W^2(y_1^2 \mid u_1^2 \boldsymbol{F})$，观察可知 $W_2^{(2)}$ 相比 $W_2^{(1)}$ 缺少对 u_2 求和的过程，即 $W_2^{(1)}$ 是联合信道转移概率的边缘分布率。

接下来求解 N 阶联合信道的极化信道转移概率，类似 2 阶极化模块的推导过程，有如下推导过程：

$$
\begin{aligned}
W_N^{(i)}(y_1^N, u_1^{i-1} \mid u_i) &= \frac{P(y_i^N, u_1^i)}{P(u_i)} = 2P(y_1^N, u_1^i) = 2\sum_{u_{i+1}^N \in \{0,1\}} P(y_1^N, u_1^N) \\
&= 2\sum_{u_{i+1}^N \in \{0,1\}} P(y_1^N \mid u_1^N)P(u_1^N) = \frac{1}{2^{N-1}}\sum_{u_{i+1}^N \in \{0,1\}} P(y_1^N \mid u_1^N) \\
&= \frac{1}{2^{N-1}}\sum_{u_{i+1}^N \in \{0,1\}} W_N(y_1^N \mid u_1^N) = \frac{1}{2^{N-1}}\sum_{u_{i+1}^N \in \{0,1\}} W^N(y_1^N \mid u_1^N \boldsymbol{G})
\end{aligned}
\tag{4-45}
$$

此为 N 阶联合信道的极化信道转移概率的定义式，根据前文所述 N 阶联合信道与 $N/2$ 阶的递归关系，可以进一步引出极化信道转移概率递推公式：

$$
W_N^{(2i-1)}(y_1^N, u_1^{2i-2} \mid u_{2i-1}) = \frac{1}{2}\sum_{u_{2i} \in \{0,1\}} W_{N/2}^{(i)}(y_1^{N/2}, u_{1,o}^{2i-2} \oplus u_{1,e}^{2i-2} \mid u_{2i-1} \oplus u_{2i})W_{N/2}^{(i)}(y_{N/2+1}^N, u_{1,e}^{2i-2} \mid u_{2i})
$$

$$
W_N^{(2i-2)}(y_1^N, u_1^{2i-1} \mid u_{2i}) = \frac{1}{2}W_{N/2}^{(i)}(y_1^{N/2}, u_{1,o}^{2i-2} \oplus u_{1,e}^{2i-2} \mid u_{2i-1} \oplus u_{2i})W_{N/2}^{(i)}(y_{N/2}^N, u_{1,e}^{2i-2} \mid u_{2i})
$$

$$
\tag{4-46}
$$

要理解这两个公式，必须理解其中每个符号代表的物理意义。根据上文讲解，极化信道转移概率递推公式物理意义示意图如图 4-19 所示，一个 N 阶极化模块包括两个 $N/2$ 阶极化模块，N 阶极化模块的第 $2i-1$ 和第 $2i$ 个输入对应的是两个 $N/2$ 阶极化模块第 i 个极化信道。对于第一个 $N/2$ 阶极化模块，其输入是 u_1^N 通过第一组蝶形单元后的奇数项，即 $u_{1,o}^N \oplus u_{1,e}^N$，其第 i 个极化信道输入为 $u_{2i-1} \oplus u_{2i}$，输出为 $y_1^{N/2}$ 和 $u_{1,o}^{2i-2} \oplus u_{1,e}^{2i-2}$，即式（4-46）中 $W_{N/2}^{(i)}(y_1^{N/2}, u_{1,o}^{2i-2} \oplus u_{1,e}^{2i-2} \mid u_{2i-1} \oplus u_{2i})$ 这一项；对于第二个 $N/2$ 阶极化模块，其输入是 u_1^N 通过第一组蝶形单元后的偶数项，即 $u_{1,e}^N$，其第 i 个极化信道输入为 u_{2i}，输出为 $y_{N/2+1}^N$ 和 $u_{1,e}^{2i-2}$，即式（4-46）中 $W_{N/2+1}^{(i)}(y_{N/2}^N, u_{1,e}^{2i-2} \mid u_{2i})$ 这一项。

随后可以类比 2 阶极化模块两个极化信道的推导过程，理解奇数极化信道是边缘概率，同时可以类比进行递推公式的推导，此公式的推导与 2 阶极化模块两个极化信道的推导过程相似。

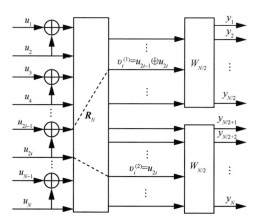

图 4-19　极化信道转移概率递推公式物理意义示意图

综上所述，N 阶联合信道可以分裂为 N 个虚拟的极化信道，而根据 2 阶极化模块的极化信道概率转移表达式，和极化信道转移概率逐级递推公式，建立了极化信道和真实信道转移概率的桥梁，那么一旦信道的特性确定了，极化信道的转移概率也可以进行求解，同时可以求出极化信道的互信息和巴氏参数，衡量极化信道的优劣。

（3）信道极化定理

首先考虑 2 阶极化模块的两个极化信道，根据上文描述，两个极化信道的互信息满足 $I(W_2^{(1)}) + I(W_2^{(2)}) = I(W_2) = 2I(W)$ ，而 $W_2^{(1)}(y_1, y_2 \mid u_1) = (1/2)\sum_{u_2 \in \{0,1\}} W_2(y_1^2 \mid \boldsymbol{u}_1^2)$ ，$W_2^{(2)}(y_1^2, u_1 \mid u_2) = (1/2)W_2(y_1^2 \mid \boldsymbol{u}_1^2)$ ，根据以下推导：

$$I(W_2^{(2)}) = I(y_1^2, u_1; u_2) = I(u_2; y_2) = I(u_2; y_1, u_1 \mid y_2) = I(W) + I(u_2; y_1, u_1 \mid y_2) \quad (4\text{-}47)$$

由于互信息非负，故有 $I(W_2^{(2)}) \geqslant I(W)$ ，又知 $I(W_2^{(1)}) + I(W_2^{(2)}) = 2I(W)$ ，所以 $I(W_2^{(1)}) \leqslant I(W)$ ，那么 $I(W_2^{(1)}) \leqslant I(W_2^{(2)})$ ，即 2 号极化信道比 1 号极化信道更好。

若计算巴氏参数衡量极化信道的可靠性，也可以得出 2 号极化信道比 1 号极化信道更好的结论，$Z(W_2^{(1)}) \leqslant 2Z(W) - [Z(W)]^2$ ，$Z(W_2^{(2)}) = [Z(W)]^2$ ，$Z(W_2^{(1)}) \geqslant Z(W_2^{(2)})$ 。

观察可知，2 阶极化模块中的两个极化信道特性表现出差异性。在极化阶数趋于无穷，即编码码长趋于无穷时，极化信道又会表现出怎样的差异性，在此处引出著名的信道极化定理。

信道极化定理：对任意二进制无记忆信道与任意 $\delta \in (0,1)$ ，当极化阶数 N 以 2 的幂次趋向于正无穷时，极化信道 $W_N^{(i)}$ 中，满足 $I\left(W_N^{(i)}\right) \in (1-\delta, 1]$ 的极化信道数占总

数 N 的比例趋于 $I(W)$，满足 $I\left(W_N^{(i)}\right) \in [0,\delta)$ 的极化信道数占总数 N 的比例趋于 $1-I(W)$[28]。

信道极化定理描述了当极化阶数趋于无穷时，极化信道会发生两极分化，部分极化信道会趋于完美信道，而另一部分会趋于完全噪声信道。在码长趋于无穷时，如果能够仅在完美信道上传输信息，那么 Polar 码可以在不超过 $I(W)$ 的速率下实现任意小差错率的传输，即 Polar 码理论上可达香农极限。

有关信道极化定理和香农极限可达的数学证明，具有一定难度，有兴趣的读者可以参阅文献[28]进行学习。

4.2.3　极化信道可靠性排序

根据信道极化定理，在极化阶数（码长）趋于无穷时，有一部分极化信道趋于完美信道，另一部分极化信道趋于完全噪声信道，如果能够利用其中的完美信道传输信息，那么就可以获得极佳的性能。但是在实践中，首先，不可能以无穷大的码长进行信道编码，3GPP 规定极化阶数 $N=2^{10}=1024$[37]；其次，在 N 有限的条件下极化信道不可能分化为完美信道和完全噪声信道，只能分化为较好的和较差的信道，并且"好"信道和"差"信道的差距并不明显。因此在实践中有必要结合实际情况对各个极化信道的可靠性进行评估，找出较好信道传输数据。

对于 BEC 信道，可以根据极化信道概率转移公式，逐个计算极化信道的巴氏值，即计算：

$$Z\left(W_N^{(i)}\right) = \sum_{\boldsymbol{y}_1^N} \sum_{\boldsymbol{u}_1^{i-1}} \sqrt{W_N^{(i)}\left(\boldsymbol{y}_1^N, \boldsymbol{u}_1^{i-1} \mid 0\right) W_N^{(i)}\left(\boldsymbol{y}_1^N, \boldsymbol{u}_1^{i-1} \mid 1\right)} \tag{4-48}$$

并对极化信道的巴氏值进行排序，这种方法仅适用于 BEC 信道[28]，而对于其他二进制信道模型，则必须采用其他的方法，例如密度进化法[38]，而对于二进制加性高斯白噪声信道则可以使用高斯近似法简化计算[39-40]，对于瑞利衰落信道亦有相关研究工作[41]。

在 3GPP 制订的 5G NR 标准[37]中，给出了极化阶数 $N=1024$ 时的 1024 个极化信道的可靠性排序表，在进行 Polar 码仿真实现等工作时，可以参考该表进行信道可靠性排序，1024 个极化信道的索引序号（1～1024）按照可靠性高低升序排列如下：

1 2 3 5 9 17 33 4 6 65 10 7 18 11 19 129 13 34 66 21 257 35 25 37 8 130 67 513 12 41 69
131 20 14 49 15 73 258 22 133 36 259 27 514 81 38 26 23 137 261 265 39 515 97 68 42
145 29 70 43 517 50 75 273 161 521 289 529 193 545 71 45 132 82 51 74 16 321 134 53
24 135 385 77 138 83 57 28 98 40 260 85 139 146 262 30 44 99 516 89 141 31 147 72
263 266 162 577 46 101 641 52 149 47 76 267 274 518 105 163 54 194 153 78 165 769
269 275 519 55 84 58 522 113 136 79 290 195 86 277 523 59 169 140 100 87 61 281 90
291 530 525 197 142 102 148 177 143 531 322 32 201 91 546 293 323 533 264 150 103
106 305 297 164 93 48 268 386 547 325 209 387 151 154 166 107 56 329 537 578 549
114 155 80 270 109 579 225 167 520 553 196 271 642 524 276 581 292 60 170 561 115
278 157 88 198 117 171 62 532 526 643 282 279 527 178 294 389 92 585 770 199 173
121 202 337 63 283 144 104 179 295 94 645 203 593 324 393 298 771 108 181 152 210
285 649 95 205 299 401 609 353 326 534 156 211 306 548 301 110 185 535 538 116 168
226 327 307 773 158 657 330 111 118 213 172 777 331 227 550 539 388 309 217 417
272 280 159 338 551 673 119 333 580 541 390 174 122 554 200 785 180 229 339 313
705 391 175 555 582 394 284 123 449 354 562 204 64 341 395 528 583 557 182 296 286
233 125 206 183 644 563 287 586 300 355 212 402 186 397 345 587 646 594 536 241
207 96 328 565 801 403 357 308 302 418 214 569 833 589 187 647 405 228 897 595 419
303 650 772 361 540 112 332 215 310 189 450 218 409 610 597 552 651 230 160 421
311 542 774 611 658 334 120 601 340 219 369 653 231 392 314 451 543 335 234 556
775 176 124 659 613 342 778 221 315 425 396 674 584 356 288 184 235 126 558 661
617 343 317 242 779 564 346 453 398 404 208 675 559 786 433 358 188 237 665 625
588 781 706 127 243 566 399 347 457 359 406 304 570 245 596 190 567 677 362 707
590 216 787 648 349 420 407 465 681 802 363 591 410 571 789 598 573 220 312 709
599 602 652 422 793 803 612 603 411 232 689 654 249 370 191 365 655 660 336 481
316 222 371 614 423 426 452 615 544 236 413 344 373 776 318 223 427 454 238 560
834 805 713 835 662 809 780 618 605 434 721 817 837 348 898 244 663 455 319 676
619 899 782 377 429 666 737 568 841 626 239 360 458 400 788 592 679 435 678 350
246 459 667 621 364 128 192 783 408 437 627 572 466 682 247 708 351 600 669 791

461 250 683 574 412 804 790 710 366 441 629 690 375 424 467 794 251 372 482 575
414 604 367 469 656 901 806 616 685 711 430 795 253 374 606 849 691 714 633 483
807 428 905 415 224 664 693 836 620 473 456 797 810 715 722 838 717 865 811 607
913 723 697 378 436 818 320 622 813 485 431 839 668 489 240 379 460 623 628 438
381 819 462 497 670 680 725 842 630 352 468 439 738 252 463 443 442 470 248 684
843 739 900 671 784 850 821 729 929 792 368 902 631 686 845 634 712 254 692 825
903 687 741 851 376 445 471 484 416 486 906 796 474 635 745 853 961 866 694 798
907 716 808 475 637 695 255 718 576 914 799 812 380 698 432 608 490 867 724 487
909 719 814 477 857 840 726 699 915 753 869 820 815 440 930 491 624 672 740 917
464 844 382 498 931 822 727 962 873 493 632 730 701 444 742 846 921 383 823 852
731 499 881 743 446 472 636 933 688 904 826 501 847 746 827 733 447 963 937 476
854 868 638 908 488 696 747 829 754 855 858 505 800 256 965 910 720 478 916 639
749 945 870 492 700 755 859 479 969 384 911 816 977 871 918 728 494 874 702 932
757 861 500 732 824 923 875 919 503 934 744 761 882 495 703 922 502 877 848 993
448 734 828 935 883 938 964 748 506 856 925 735 830 966 939 885 507 750 946 967
756 860 941 831 912 872 640 889 480 947 751 970 509 862 758 971 920 876 863 759
949 978 924 973 762 878 953 496 704 936 979 884 763 504 926 879 736 994 886 940
995 981 927 765 942 968 887 832 948 508 890 985 752 943 997 972 891 510 950 974
1001 893 951 864 760 1009 511 980 954 764 975 955 880 982 983 928 996 766 957 888
986 998 987 944 892 999 767 512 989 1002 952 1003 894 976 895 1010 956 1005 1011
958 984 959 988 1013 1000 1017 768 990 1004 991 1006 960 1012 1014 896 1007 1015
1018 1019 992 1021 1008 1016 1020 1022 1023 1024

4.2.4　极化码编码

极化码属于线性分组码的一种，所谓分组码，即编码结果和信息码字一一对应，将相同的信息码字输入分组编码器，分组编码器输出的结果是相同的[42]。与分组码对应的概念是卷积码，将相同的码字输入卷积码编码器，得到的结果与卷积编码器内部寄存器的值有所不同。而所谓线性分组码，就是编码结果（又称许用码字）对

GF(2)域的加法封闭。

线性分组码的编码过程可以概括为 $c = uG$ ，其中 c 为编码结果，u 为待编码的信息码字，G 为线性分组码的生成矩阵。极化码的编码与经典的线性分组码略有不同。极化码编码器如图 4-20 所示。

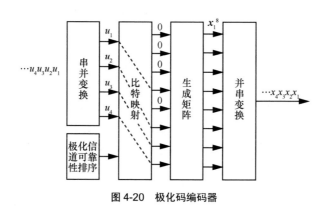

图 4-20 极化码编码器

接下来将以码长为 8、有效信息位为 4 的(8,4)Polar 码为例进行介绍。

（1）比特映射

比特映射指的是根据极化信道的可靠性排序，将信息位加载在可靠性相对较高的极化信道上，而其他位置置入冻结比特，冻结比特一般约定为逻辑 0。以(8,4)Polar 码为例，首先查询极化信道可靠性排序表，得到 8 个极化信道的可靠性排序为 (1,2,3,5,4,6,7,8)，那么极化信道(4,6,7,8)用来传输信息位，(1,2,3,5)则用来传输冻结比特。随后将待编码的 4 位二进制符号分别置入行向量 u 的第 4、6、7、8 个元素上，而令向量 u 的第 1、2、3、5 个元素为 0。得到的向量 $u = [0,0,0,u_1,0,u_2,u_3,u_4]$。Polar 码与经典的线性分组码的区别在于，经典的线性分组码的 u 向量为待编码信息，而 Polar 码的 u 向量则是待编码信息经过比特映射的结果；经典的线性分组码的 u 向量长度与信息位个数相同，而 Polar 码的 u 向量长度与码长相同。

（2）生成矩阵

由于 Polar 码编码方程中 u 向量是待编码信息经过比特映射的结果，长度与码长相等，因此生成矩阵 G 是 $N \times N$ 的方阵，而不是经典线性分组码中 $k \times N$ 的矩阵。

在第 4.2.3 节中，也提到了生成矩阵的概念，Polar 码的生成矩阵是将信道合并过程中的奇偶洗牌和蝶形运算抽象成矩阵得到的，运用相关数学工具，生成矩阵 $\boldsymbol{G}$ 的构造过程如下：

$$\boldsymbol{G}_N = \boldsymbol{B}_N \boldsymbol{F}^{\otimes n} \tag{4-49}$$

其中，N 代表码长，$n = \log_2 N$，$\boldsymbol{B}_N$ 是比特置换矩阵，可以通过递归的方法构造：

$$\boldsymbol{B}_N = \boldsymbol{R}_N (\boldsymbol{I}_2 \otimes \boldsymbol{B}_{N/2}) \tag{4-50}$$

$$\boldsymbol{B}_2 = \boldsymbol{I}_2 = \begin{bmatrix} 1 & 0 \\ 0 & 1 \end{bmatrix} \tag{4-51}$$

其中，$\boldsymbol{R}_N$ 是 N 阶奇偶洗牌矩阵，上文已给出其定义。(8,4)Polar 码的生成矩阵所代表的编码器逻辑电路如图 4-21 所示。

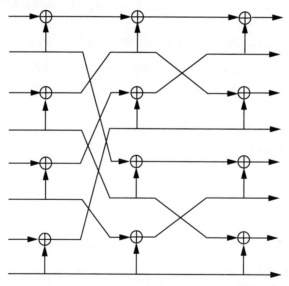

图 4-21　(8,4)Polar 码的生成矩阵所代表的编码器逻辑电路

3GPP 制订的 5G NR 标准中规定，$\boldsymbol{G}_N = \boldsymbol{F}^{\otimes n}$，即编码过程中不进行奇偶洗牌置换（比特置换）的操作，如图 4-22 所示，这种编码方法已经被证明与前面所述的编码方法等价[28]，但是在译码时需要改变运算顺序。这种情况下，(8,4)Polar 码的生成矩阵所代表的编码器逻辑电路如图 4-22 所示：

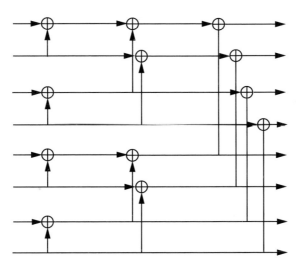

图 4-22　无比特置换的(8,4)Polar 码的生成矩阵所代表的编码器逻辑电路

无论有无比特置换操作，将比特映射的操作用矩阵表示，并左乘生成矩阵 $\boldsymbol{G}_N$，可以得到经典的线性分组码的生成矩阵[43]，显然该矩阵不是系统码形式的。文献[44]中给出了 Polar 码系统码形式的生成矩阵构造方法，有兴趣的读者可自行参考学习，此处不再赘述。

4.2.5　极化码译码

极化码的编码基于信道极化原理，而极化信道 $W_N^{(i)} : u_i \to y_1^N, u_1^{i-1}$ 描述的是 i 位输入与信道输出及其之前的输入之间的关系，这就决定了 Polar 码的译码必须串行进行，逐个比特译出，根据已经译出的前 $i-1$ 位比特 $\hat{\boldsymbol{u}}_1^{i-1}$ 和信道输出 $\boldsymbol{y}_1^N$ 得到 $\hat{u}_i$，这种译码方法叫做串行抵消（Successive Cancellation，SC）译码[28]。接下来将对 SC 译码的思路和基本原理进行讲解，并简单介绍改良的译码方法。

（1）SC 译码的基本思路

首先考虑由编码结果 $\boldsymbol{x}_1^N$ 反推输入 $\boldsymbol{u}_1^N$ 的方法，根据 $\boldsymbol{x}_1^N = \boldsymbol{u}_1^N \boldsymbol{G}$，而生成矩阵 $\boldsymbol{G}$ 是一个满秩方阵，那么必定存在 GF(2)域上的逆矩阵，将 $\boldsymbol{x}_1^N = \boldsymbol{u}_1^N \boldsymbol{G}$ 等号两边同时右乘 $\boldsymbol{G}$ 的逆矩阵，可得 $\boldsymbol{x}_1^N \boldsymbol{G}^{-1} = \boldsymbol{u}_1^N$，只要能够构造生成矩阵的逆矩阵，即可通过 $\boldsymbol{x}_1^N$ 反推 $\boldsymbol{u}_1^N$。考虑到 GF(2)域上的减法与加法等价，GF(2)域上加法与自身互为反运算，

而编码过程只引入了加法器，那么将编码器逻辑电路图中从左向右的箭头反向，将最右端的 $\boldsymbol{x}_1^N$ 视为输入，在左端输出的就是 $\boldsymbol{u}_1^N$。

但是该方法并不能起到纠错的作用，纠正冻结比特也会出现误码传递的现象。根据极化信道的定义 $W_N^{(i)}:u_i \rightarrow \boldsymbol{y}_1^N, \boldsymbol{u}_1^{i-1}$，必须根据导出 $\hat{u}_i$、$\boldsymbol{y}_1^N$ 和 $\hat{\boldsymbol{u}}_1^{i-1}$ 的函数表达式，并依此判决。令 $\boldsymbol{y}_1^N$ 为 $\boldsymbol{x}_1^N$ 经过信道传输后的接收的硬判决结果。接下来首先推导 2 阶极化模块中 $\hat{u}_i$ 的表达式。

在一个 2 阶极化模块中，由于 u_i 是极化信道 $W_2^{(1)}:u_1 \rightarrow \boldsymbol{y}_1^N$ 的输入，与其他输入比特无关，那么根据反向流程图，$\hat{u}_1 = y_1 \oplus y_2$ 可以直接译出，译出后需要观察是否为冻结比特，并据此纠正 $\hat{u}_1$ 的值；而 u_2 是极化信道 $W_2^{(2)}:u_2 \rightarrow \boldsymbol{y}_1^N, u_1$ 的输入，极化信道的输出包括 u_1，因此必须将 $\hat{u}_1$ 作为译出 $\hat{u}_2$ 的条件之一，根据信道合并的流程图可知，$x_1 = u_1 \oplus u_2$，有 $u_2 = x_1 \oplus u_1$，令 $\hat{u}_2 = y_1 \oplus \hat{u}_1$，如果 $\hat{u}_1$ 是冻结比特并出现了错误，那么 y_1 和 y_2 中一定有一个与 x_1、x_2 不相等，此时如果按照反向流程图令 $\hat{u}_2 = y_2$，则必然会导致误码传递，如果令 $\hat{u}_2 = y_1 \oplus \hat{u}_1$，由于 $\hat{u}_1$ 已经被纠正，很大程度上能够避免 $\hat{u}_2$ 的译码错误。

将这种译码方法推广到多阶的极化模块中，$\boldsymbol{y}_1^N$ 沿着反向流程图进行计算，并在反向流程图上各层生成临时的译码节点，与一个蝶形模块的奇数端相连的节点直接译出，偶数节点等待奇数节点的反馈，经过多次运算最终可以先将 $\hat{u}_1$ 译出，随后返回上一层根据 $\hat{u}_1$ 译出 $\hat{u}_2$，并更新临时节点的值，再返回上一层根据 $\hat{u}_1$ 和 $\hat{u}_2$ 译出该层下一个临时节点的值，并继续进行运算译出 $\hat{u}_3$，以此类推，以(8,4)Polar 码的译码为例，SC 译码流程示意图如图 4-23 所示。

如果将每一层临时节点用二叉树表示，那么这个译码算法可以看作沿二叉树左下方向做深度优先遍历，如图 4-24 所示，这就是 SC 译码的基本思路。

（2）SC 译码的基本原理

根据软判决的相关理论，使用 LLR 作为输入进行软判决，其误码性能要优于硬判决算法，目前几种主流的信道编码都利用 LLR 设计软判决算法。Polar 码的 SC 译码也有其软判决译码算法，并且更为常用，其基本思路与第 4.2.6.1 节所述基本一致。

在一个 2 阶极化模块中，假设 LLR 分别为：

$$L_1 = \ln \frac{W(y_1 \mid x_1 = 0)}{W(y_1 \mid x_1 = 1)} \qquad (4\text{-}52)$$

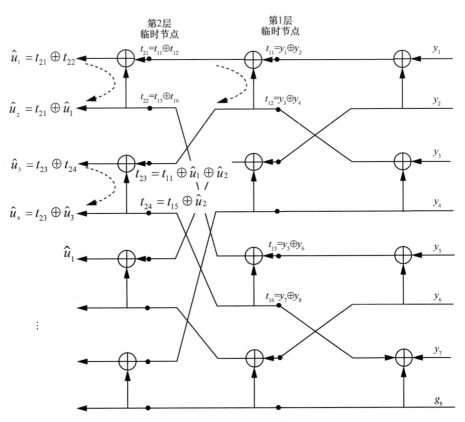

图 4-23　SC 译码流程示意图

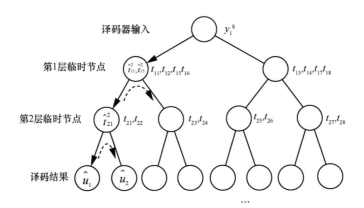

图 4-24　SC 译码二叉树示意图

$$L_2 = \ln \frac{W(y_2 \mid x_2 = 0)}{W(y_2 \mid x_2 = 1)} \tag{4-53}$$

根据极化信道转移概率公式，即 $W_2^{(1)}(y_1, y_2 \mid u_1) = (1/2)\sum_{u_2 \in \{0,1\}} W_2(y_1^2 \mid u_1^2)$，$W_2^{(2)}(\boldsymbol{y}_1^2, u_1 \mid u_2) = (1/2)W_2(\boldsymbol{y}_1^2 \mid \boldsymbol{u}_1^2)$，可以得出两个极化信道的 LLR 如下：

$$L_{(1)} = \ln \frac{W_2^{(1)}(y_1, y_2 \mid u_1 = 0)}{W_2^{(1)}(y_1, y_2 \mid u_1 = 1)} = \ln \frac{\dfrac{1}{2}\sum_{u_2} W(y_1 \mid 0 \oplus u_2)W(y_2 \mid u_2)}{\dfrac{1}{2}\sum_{u_2} W(y_1 \mid 1 \oplus u_2)W(y_2 \mid u_2)}$$

$$= \ln \frac{W(y_1 \mid 0)W(y_2 \mid 0) + W(y_1 \mid 1)W(y_2 \mid 1)}{W(y_1 \mid 1)W(y_2 \mid 0) + W(y_1 \mid 0)W(y_2 \mid 1)} = \ln \frac{\dfrac{W(y_1 \mid 0)W(y_2 \mid 0)}{W(y_1 \mid 1)W(y_2 \mid 1)} + 1}{\dfrac{W(y_2 \mid 0)}{W(y_2 \mid 1)} + \dfrac{W(y_1 \mid 0)}{W(y_1 \mid 1)}} \tag{4-54}$$

$$= \ln \frac{\mathrm{e}^{L_1 + L_2} + 1}{\mathrm{e}^{L_1} + \mathrm{e}^{L_2}}$$

$$L_{(2)} = \ln \frac{W_2^{(2)}(y_1, y_2, u_1 \mid u_2 = 0)}{W_2^{(2)}(y_1, y_2, u_1 \mid u_2 = 1)} = \ln \frac{\dfrac{1}{2}W(y_1 \mid u_1 \oplus 0)W(y_2 \mid 0)}{\dfrac{1}{2}W(y_1 \mid u_1 \oplus 1)W(y_2 \mid 1)}$$

$$= \ln \frac{W(y_1 \mid u_1)W(y_2 \mid 0)}{W(y_1 \mid \bar{u}_1)W(y_2 \mid 1)} = \ln \frac{W(y_1 \mid u_1)}{W(y_1 \mid \bar{u}_1)} + L_2 \tag{4-55}$$

$$= (1 - 2u_1)L_1 + L_2$$

记两个极化信道 LLR，其真实信道 LLR 的函数表示为：

$$L_{(1)} = f(L_1, L_2) = \ln \frac{\mathrm{e}^{L_1 + L_2} + 1}{\mathrm{e}^{L_1} + \mathrm{e}^{L_2}} \tag{4-56}$$

$$L_{(2)} = g(L_1, L_2, u_1) = (1 - 2u_1)L_1 + L_2 \tag{4-57}$$

同时由于指数函数运算量过大，使用以下函数近似：

$$L_{(2)} = f(L_1, L_2) \approx \mathrm{sign}(L_1)\mathrm{sign}(L_2)\min\{|L_1|, |L_2|\} \tag{4-58}$$

就得到了极化信道的 LLR 与真实信道 LLR 的函数关系[45-46]，译码时就可以根据接收 LLR 和两个函数算出极化信道的 LLR，根据极化信道的 LLR 判决得到 $\hat{u}_1$ 和 $\hat{u}_2$。

在极化阶数较高的场景下，可以根据极化信道转移概率递推公式推导出每一个极化信道的 LLR，但其运算量过大在实际系统中难以应用。与前文所述的硬判决方法类似，借助反向流程图，在其中的每个蝶形单元运行 f 和 g 函数，计算每层中继节点的 LLR，最终也可以按顺序得到所有极化信道的 LLR，对所有输入符号进行判决。如果用二叉树表示每层的中继节点，可以发现软判决和硬判决在反向流程图和二叉树上的路径完全相同，两种判决算法区别只在于软判决输入的是 LLR 软信息，向二叉树左下方运行的过程从两个硬判决符号的模二加变成了 f 函数，根据前面比特的译码结果返回上一层并向二叉树右下方运行的过程变成了 g 函数，如图 4-25 所示。

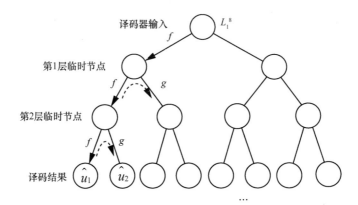

图 4-25　SC 软判决译码二叉树示意图

（3）5G NR 中的 Polar 码译码方法

① 无比特置换的 Polar 码译码方法

上文编码部分提到，5G NR 中 Polar 码采用的是无奇偶洗牌的生成矩阵构造，因此在译码算法上也必须改变元素的运算顺序与其相对应。如第 4.2.5（1）和第 4.2.5（2）节所述，有奇偶洗牌置换操作的 Polar 码，译码时每一层执行 f 和 g 函数时输入变量都是奇偶一组，如 $N=8$ 的 Polar 码 SC 译码第一步是执行 $f(L_1,L_2)$、$f(L_3,L_4)$、$f(L_5,L_6)$ 和 $f(L_7,L_8)$，在无奇偶洗牌的 Polar 码译码中，需要将输入变量前后一组，即第一步执行 $f(L_1,L_5)$、$f(L_2,L_6)$、$f(L_3,L_7)$ 和 $f(L_4,L_8)$，读者可以对比两种流程图自行理解，由于篇幅有限，不再赘述。

② 串行抵消列表译码

串行抵消列表（Successive Cancellation Listing，SCL）译码[47]是目前比较通用的 Polar 码译码算法，是 SC 译码的改良算法，其基本原理与 SC 译码相同。由于 SC 译码每一步计算得到极化信道 $W_N^{(i)}$ 的 LLR 后，根据 LLR 译出 $\hat{u}_i$，并将 $\hat{u}_i$ 直接用于后续比特的译码，很明显这是一种贪婪算法，局部最优解并不一定能够得出全局最优解，在低信噪比条件下 SC 译码会产生误码传递问题，错误译出的比特作为反馈条件影响了后续比特的译码。

SCL 译码器内部设有 L 个并行的 SC 译码器，一旦译码过程到达非冻结比特，那么译码器运用两个 SC 译码器派生出两条路径，其一是该比特为 0，另一是该比特为 1，并沿着这两条路径并行地继续执行译码操作，最终选取一条理论上最接近的路径作为译码结果。由于篇幅有限，有关 SCL 译码的路径派生和选择等问题难度较大，故不在此处进行探讨，如果读者有兴趣对 Polar 码进行深入研究，请参考文献[47-48]等，对 SCL 译码算法做重点学习。

③ CA-SCL

CA-SCL（CRC-Aided SCL）[49]在 SCL 译码基础上加入循环冗余校验（Cyclic Redundancy Check，CRC）作为 SCL 译码器的反馈，CA-SCL 译码器框图如图 4-26 所示。

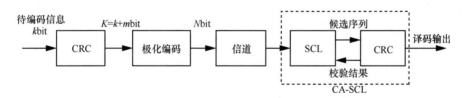

图 4-26　CA-SCL 译码器框图[49]

综上所述，在无奇偶洗牌的 Polar 码构造中，更换译码函数输入元素顺序，并引入多个并行的译码器寻求全局最优解，再加入 CRC 为译码器提供反馈，这就是 3GPP 制订的 5G NR 标准中完整的 Polar 码译码方法[37]。

业界对 Polar 码译码方法的研究非常多，各种方法各有利弊，如快速列表译码、串行抵消堆栈译码和置信传播算法等，如文献[50-53]等。

4.2.6　小结

Polar 码作为目前唯一被证明理论上可以达到香农极限的信道编码，其应用和性能优势明显，并且已在 5GNR 标准中作为短码方案使用。得益于 5G NR 标准的制定，学术界对 Polar 码编译码的算法研究也相对完整。目前研究主要集中在对 Polar 码的译码算法上，研究如何实现低复杂度且高准确性的译码算法，如何在 6G 中应用和标准化，都需进一步研究。同时，对于 Polar 码的改良与在其他领域的应用还有待研究人员的进一步探索[54-57]。

┃ 参考文献 ┃

[1]　任斌. 面向 5G 的图样分割非正交多址接入（PDMA）关键技术研究[D]. 北京: 北京邮电大学, 2017

[2]　KALDEN R, MEIRICK I, MEYER M. Wireless Internet access based on GPRS[J]. IEEE Personal Communications, 2000, 7(2): 8-18.

[3]　3GPP. Study on Scenarios and Requirements for Next Generation Access Technology: TR 38.913[S]. 2017.

[4]　DAI L L, WNAG B C, DING Z G, et al. A survey of non-orthogonal multiple access for 5G[J]. IEEE Communications Surveys and Tutorials, 2018, 20(3): 2294-2323.

[5]　SAITO Y, KISHIYAMA Y, BENJEBBOUR A, et al. Non-orthogonal multiple access (NOMA) for cellular future radio access[C]//Proceedings of the 2013 IEEE 77th Vehicular Technology Conference. Piscataway: IEEE Press, 2013: 1-5.

[6]　LIU Y W, QIN Z J, ELKASHLAN M, et al. Nonorthogonal multiple access for 5G and beyond[J]. Proceedings of the IEEE, 2017, 105(12): 2347-2381.

[7]　ISLAM S M R, AVAZOV N, DOBRE O A, et al. Power-domain non-orthogonal multiple access (noma) in 5G systems: potentials and challenges[J]. IEEE Communications Surveys and Tutorials, 2017, 19(2): 721-724.

[8]　FANG F, ZHANG H J, CHENG J L, et al. Energy-efficient resource allocation for downlink non-orthogonal multiple access network[J]. IEEE Transactions on Communications, 2016. 64(9): 3722-3732.

[9]　NIKOPOUR H, BALIGH H. Sparse code multiple access[C]//Proceedings of the 2013 IEEE 24th Annual International Symposium on Personal, Indoor, and Mobile Radio Communica-

tions. Piscataway: IEEE Press, 2013: 332-336.

[10] WU Y Q, WANG C, CHEN Y, et al. Sparse code multiple access for 5G radio transmission[C]//Proceedings of the 2017 IEEE 86th Vehicular Technology Conference. Piscataway: IEEE Press, 2017.

[11] TSE D, VISWANATH P. Fundamentals of wireless communicaton[M]. Cambridge: Cambridge University Press, 2005.

[12] 王映民, 孙韶辉, 高秋彬, 等. 5G 传输关键技术[M]. 北京: 电子工业出版社,2017.

[13] LOYKA S, GAGNON F. Performance analysis of the V-BLAST algorithm: an analytical approach[J]. IEEE Transactions on Wireless Communications, 2004, 3(4): 1326-1337.

[14] HOSHYAR R, WATHAN P F, TAFAZOLLI R. Novel low-density signature for synchronous CDMA systems over AWGN channel[J]. IEEE Transactions on Signal Processing, 2008, 56(4): 1616-1626.

[15] HOSHYAR R, WATHAN F P, TAFAZOLLI R. Novel low-density signature structure for synchronous DS-CDMA systems[C]//Proceedings of the 2006 IEEE Global Telecommunications Conference. Piscataway: IEEE Press, 2016: 1-5.

[16] DAI X M, CHEN S Z, SUN S H, et al. Successive interference cancellation amenable multiple access (SAMA) for future wireless communications[C]//Proceedings of the 2014 IEEE International Conference on Communication Systems. Piscataway: IEEE Press, 2014: 222-226.

[17] YU N Y, GONG G. New binary sequences with optimal autocorrelation magnitude[J]. IEEE Transactions on Information Theory, 2008, 54(10): 4771-4779.

[18] 张琪, 郑君里, 孙守军. 四相混沌扩频序列的优选与仿真[J]. 电波科学学报, 2002, 17(6): 614-619.

[19] GU J R, HWANG J H, HAN N, et al. Analysis of an interleaved chaotic spread spectrum sequence[C]//Proceedings of the 4th International Conference on Wireless Communications Networking and Mobile Computing. Piscataway: IEEE Press, 2008: 1-6.

[20] LIU X R, BJORNSON E, LARSON E G, et al. A multi-cell MMSE precoder for massive MIMO systems and new large system analysis[C]//Proceedings of the 2015 IEEE Global Communications Conference. Piscataway: IEEE Press, 2015: 1-6.

[21] GAO X Y, DAI L L, MA Y K, et al. Low-complexity near-optimal signal detection for uplink large-scale MIMO systems[J]. Electronics Letters, 2014, 50(18): 1326-1328.

[22] REN B, WANG Y M, SUN S H, et al. Low-complexity MMSE-IRC algorithm for uplink massive MIMO systems[J]. Electronic Letters, 2017, 53(4): 972-974.

[23] Moon S H, Lee K J, Kim J, et al. Link performance estimation techniques for MIMO-OFDM systems with maximum likelihood receiver[J]. IEEE Transactions on Wireless Communications, 2012, 11(5): 1808-1816.

[24] MEHANA A H, NOSRATINIA A. Diversity of MMSE MIMO receivers[J]. IEEE Transactions on Information Theory, 2012, 58(11): 6788-6805.

[25] KWAN R, LEUNG C, ZHANG J. Proportional fair multiuser scheduling in LTE[J]. IEEE Signal Processing Letters, 2009, 16(6): 461-464.

[26] LI A X, LAN Y., CHEN X H, et al. Non-orthogonal multiple access (NOMA) for future downlink radio access of 5G[J]. China Communications, 2015,12: 28-37.

[27] NIKOPOUR H, YI E, BAYESTEH A, et al. SCMA for downlink multiple access of 5G wireless networks [C]//Proceedings of the IEEE Global Communications Conference. Piscataway: IEEE Press, 2014: 3940-3945.

[28] ARIKAN E. Channel polarization: a method for constructing capacity-achieving codes for symmetric binary-input memoryless channels[J]. IEEE Transactions on Information Theory, 2009, 55(7): 3051-3073.

[29] ARIKAN E. Channel combining and splitting for cutoff rate improvement", IEEE Transactions on Information Theory, 2006, 52(2): 628-639.

[30] ARIKAN E, TELATAR E. On the rate of channel polarization[C]//Proceedings of the 2009 IEEE International Symposium on Information Theory. Piscataway: IEEE Press, 2009: 1493-1495.

[31] 牛凯. "太极混一"——极化码原理及 5G 应用[J]. 中兴通讯技术, 2019, 25(1): 19-28, 62.

[32] 张平, 陶运铮, 张治. 5G 若干关键技术评述[J]. 通信学报, 2016, 37(7): 15-29.

[33] 谢德胜, 柴蓉, 黄蕾蕾, 等. 面向 5G 新空口技术的 Polar 码标准化研究进展[J]. 电信科学, 2018, 34(8): 62-75.

[34] SHANNON C E. A mathematical theory of communication[J]. The Bell System Technical Journal,1978, 27(3): 379-423.

[35] 周炯磐, 庞沁华, 续大我, 等. 通信原理(第 4 版)[M]. 北京: 北京邮电大学出版社, 2015.

[36] 田宝玉, 杨洁, 贺志强, 等. 信息论基础(第 2 版) [M]. 北京: 人民邮电出版社, 2008.

[37] 3GPP. Multiplexing and channel coding: 3GPP TS 38.212[S]. 2019.

[38] MORI R, TANAKA T. Performance of polar codes with the construction using density evolution[J]. IEEE Communications Letters, 2009, 13(7): 519-521.

[39] WU D L, LI Y, SUN Y. Construction and block error rate analysis of polar codes over AWGN channel based on gaussian approximation[J]. IEEE Communications Letters, 2014, 18(7): 1099-1102.

[40] LI H J, YUAN J H. A practical construction method for polar codes in AWGN channels[C]//Proceedings of the IEEE 2013 Tencon-Spring. Piscataway: IEEE Press, 2013: 223-226.

[41] BRAVO-SANTOS A. Polar codes for the rayleigh fading channel[J]. IEEE Communications Letters, 2013, 17(12): 2352-2355.

[42] 王新梅, 肖国振. 纠错码原理与方法(第 2 版)[M].西安: 西安电子科技大学出版社, 2002.

[43] TAL I, VARDY A. How to construct polar codes[J]. IEEE Transactions on Information Theory, 2013, 59(10): 6562-6582.

[44] ARIKAN E. Systematic polar coding[J]. IEEE Communications Letters, 2011, 15(8): 860-862.

[45] LEROUX C, TAL I, VARDY A, et al. Hardware architectures for successive cancellation decoding of polar codes[C]//Proceedings of the 2011 IEEE International Conference on Acoustics, Speech and Signal Processing. Piscataway: IEEE Press, 2011: 1665-1668.

[46] TRIFONOV P. Efficient design and decoding of polar codes[J]. IEEE Transactions on Communications, 2012, 60(11): 3221-3227.

[47] TAL I, VARDY A. List decoding of polar codes[J]. IEEE Transactions on Information Theory, 2015, 61(5): 2213-2226.

[48] BALATSOUKAS-STIMMING A, PARIZI M B, BURG A. LLR-based successive cancellation list decoding of Polar codes[J].IEEE Transactions on Signal Processing, 2015, 63(19): 5165-5179.

[49] NIU K, CHEN K. CRC-aided decoding of Polar codes[J]. IEEE Communications Letters, 2012, 16(10):1668-1671.

[50] NIU K, CHEN K. Stack decoding of polar codes[J]. Electronics Letters, 2012, 48(12): 695 -697.

[51] ALAMDAR-YAZDI A, KSCHISCHANG F R. A simplified successive-cancellation decoder for Polar codes[J]. IEEE Communications Letters, 2011, 15(12): 1378-1380.

[52] YUAN B, PARHI K K. Architecture optimizations for BP polar decoders[C]//Proceedings of the 2013 IEEE International Conference on Acoustics, Speech and Signal Processing. Piscataway: IEEE Press, 2013: 2654-2658.

[53] SARKIS G, GIARD P, VARDY A, et al. Fast list decoders for Polar codes[J]. IEEE Journal on Selected Areas in Communications, 2016, 34(2): 318-328.

[54] ARIKAN E. Source polarization[C]//Proceedings of the 2010 IEEE International Symposium on Information Theory. Piscataway: IEEE Press, 2010: 899-903.

[55] HUSSAMI N, KORADA S B, URBANKE R. Performance of polar codes for channel and source coding[C]//Proceedings of the 2009 IEEE International Symposium on Information Theory. Piscataway: IEEE Press, 2009: 1488-1492.

[56] SEIDL M, SCHENK A, STIERSTORFER C, et al. Polar-coded modulation[J]. IEEE Transactions on Communications, 2013, 61(10): 4108-4119.

[57] 牛凯, 许文俊, 张平. 面向 6G 的极化编码非正交多址接入[J]. 西安电子科技大学学报, 2020, 47(6): 5-12, 29.

第 5 章

6G 随机接入与大规模天线

移动互联网和物联网技术的发展推动了移动通信技术的变革，5G 技术不仅支持人与人之间的连接，还支持人与物、物与物间的通信，使得车联网、智能工厂、智慧电力、远程医疗等垂直应用蓬勃发展。多样化的业务场景和日益增长的终端数量给移动通信技术带来了新的挑战。为满足低时延和多连接的通信需求，随机接入技术也在不断演进。本章介绍随机接入技术方案的特征和演进过程，并提出面向下一代无线通信的免调度随机接入技术及其关键技术。

MIMO 技术已在 4G、5G 中广泛应用，通过部署多根天线，极大提升了无线链路传输的有效性和可靠性，但是随着运营商和用户需求的急剧增加，频谱资源显得尤为匮乏。理论结果表明，当天线数目增大到无穷时，大规模 MIMO 具有信道硬化效应，能够大幅度提升系统的频率效率、能量效率和可靠性，成为 6G 物理层关键技术之一。

为面对 6G 无线通信系统和环境日趋复杂的挑战，要求具有无线电可配置的超灵活网络，而人工智能和机器学习将与无线感知和定位配合使用，以学习静态和动态无线电环境，同时适应全场景全应用全频谱需求。为适应给定的无线电环境，人工智能将在 6G 的物理层信号处理和关键技术设计中发挥重要作用。

6G 时代将进一步革新无线接入技术，无线通信物理层的若干关键技术可以为其提供支撑，除了第 4 章介绍的多址接入和极化编码技术外，本章将进一步介绍面向大规模接入的随机接入技术、面向巨容量的大规模 MIMO 技术，以及人工智能赋能的信道估计检测技术等。第 5.1 节介绍了基于免调度随机接入技术，可以解决更高复杂度和更多用户数量的网络接入问题；第 5.2 节介绍了超大规模 MIMO 技术，可以更加节能、安全、有效且高效地使用频谱；第 5.3 节介绍了人工智能算法辅助的信道估计，可以实现低复杂度的信道估计与检测，以上技术会对 6G 以用户为中心的新兴应用和场景有极大助力作用，但 6G 物理层技术尚处于研究和探讨阶段。5G 标准确定的物理层技术与 6G 需要的先进技术有一定的差距，因此本章内容仍然主要是为 6G 物理层技术演进和标准化工作提供相关的理论技术支撑。

| 5.1　免授权随机接入 |

随机接入是用户和网络之间建立无线链路的必经过程[1]，只有在随机接入完成后，基站和用户之间才能正常进行数据互操作；否则，用户只能在随机接入信道中传输少量数据。在 4G 系统中，除了物理随机接入信道（Physical Random Access Channel，PRACH）外，任何数据的上行传输都要基站提前调度分配上行传输资源，而此过程亦是通过随机接入完成的。因此，随机接入的主要目标就是让用户与基站建立通信同步和请求基站为终端分配传输资源[2]。

5.1.1　随机接入原理

根据业务的触发方式不同[3]，LTE 随机接入过程分为基于"竞争"和"非竞争"两种接入方式[4]。竞争接入是用户侧在接入开始前随机选取一个前导序列进行接入请求发送，隐含着接入冲突的风险；非竞争接入是由基站向用户分配专门的前导序列，用户根据基站的调度在指定的随机接入信道资源上，采用专有导频码进行传输。触发随机接入过程主要包含以下场景[5]：上行初始接入网络、无线资源控制（Radio Resource Control，RRC）单元中断后重新连接、小区间切换等。终端设备通过小区搜索与基站建立下行同步，随后解码主信息块获得下行带宽、系统帧号等信息。然后在物理下行共享信道 PDSCH 上解码随机接入信息，包含随机接入时隙、前导序列格式、前导序列配置等[6]。最后，终端设备就可以进行随机接入。随着信息时代的不断进步，人们对接入等待时延、通信稳定性等有更高的要求，而随机接入技术也在不断演进，本节主要对随机接入技术进行介绍，分析各接入方案的特征和演进过程，并提出面向下一代无线通信的免调度随机接入技术及其解决方案[7]。

（1）ALOHA

在 20 世纪 70 年代，美国夏威夷大学首次试验成功 ALOHA 随机接入技术[8]，创造了世界上第一个用无线信道连接的计算机网络，并且首先在无线信道中引入了数据包这一结构，使得这种技术网络中的每一个用户可以随时发送数据。

ALOHA 信道的主要优点在于允许大量间断性工作的发射机共享同一信道，由于不需要路由选择与交换，组建由大量的这类用户组成的网络比较简单。利用信道进行数据通信时，中心台或服务器只需要一个高速接口，而不必为网络中的每个用户提供一个单独的接口。

ALHOA 基本思想[9]是提供一种即时可发的接入模式，若接入时发生冲突，则经过一个随机时延后重新发送数据包。因此，ALOHA 的优点是系统中的站点可以各自独立地发送数据包。为了简单起见，帧的长度不用比特数而是用发送这个帧所需的时间来表示。ALOHA 系统的工作原理如图 5-1 所示，对于用户 1 与用户 4 来说，发送帧由于没有和其他用户的帧发生冲突，所以发送成功。对于用户 2 来说，在其发送帧发送时恰巧与用户 3 的帧在时间域上存在重叠，即发生冲突，所以必须等候一个随机时间重发，而随后重发的帧又与用户 1 发生冲突，所以重发的该帧再次失败，继续等候发送。同样，其他站点发送数据包的原理也如此。总而言之，ALOHA 系统就是用户想发送便发送，如有冲突便重发。

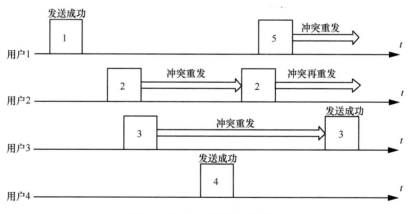

图 5-1 ALOHA 系统的工作原理

从图 5-1 可以看出，要想数据帧成功发送，那么需要保证该帧与其前后的两个帧的到达时间间隔均大于该帧的发送时间。如果发生冲突且重发时的随机时延足够长，则可粗略地认为数据帧的到达满足泊松过程。根据以上假设，系统的吞吐量 S 与网络负载 G 在稳定状态下的关系可表示为：

$$S = G \cdot P \tag{5-1}$$

其中，P 指的是一帧发送成功的概率，即发送成功的帧占所发送帧的总数的比例。假定帧的到达时间间隔服从泊松分布，根据其概率密度函数为：

$$a(t) = \lambda \cdot e^{-t\lambda} \tag{5-2}$$

其中，$\lambda = G / T$，因此系统的吞吐量可表示为：

$$S = G \left[\int_T^\infty a(t) dt \right]^2 = Ge^{-2G} \tag{5-3}$$

当 $G = 0.5$ 时，$S = 0.5e^{-1} \approx 0.184$。这是吞吐量 S 可能达到的极大值，从图 5-3 的吞吐量曲线可以发现，假设系统工作在 $G>0.5$ 的某一个点上 (G',S')，随着网络负载 G 增大，吞吐量明显下降，这表明成功发送的帧数减少而发生碰撞的帧数增加。这种情况会引起更多的重传，因而使网络负载 G 进一步增大。这样恶性循环的结果，使工作点迅速沿曲线下降，直到吞吐量下降到零为止。这时，数据帧不断地发送、碰撞、重传，但是并无有用的输出，网络负载很大，整个系统难以正常运行。可见，在 ALOHA 系统中，网络负载 G 一定不能超过 0.5。

理想随机接入系统的吞吐量 S 的极限值是 1，但纯 ALOHA 系统的吞吐量的极大值只能达到理论极限值的 18.4%。实际上为安全起见，纯 ALOHA 系统的吞吐量 S 不应超过理论极限值的 10%。为了提高 ALOHA 系统的吞吐量，在 ALOHA 基础上发展了时隙（Slotted）ALOHA 系统。

（2）时隙 ALOHA

4G 随机接入使用的基于时隙 ALOHA 的随机接入协议[8-13]，时隙 ALOHA 随机接入示意图如图 5-2 所示。每个数据帧到达时，并不是立即发送，而是放在缓存器中等到下一个时隙开始时再发送。当在一个时隙里有两个或两个以上的数据帧到来，那么在下一个时隙发送时便会产生"冲突"。如果发生"冲突"，那么等待一个随机时延后重新发送。时隙的重发机理与纯 ALOHA 系统的重发机理是相同的。要实现数据帧成功发送，在同一个时隙内不能有两个或两个以上的帧到达。为了分析方便，假定数据在某一时隙之前 t 时刻到来，$t \leqslant T$，在一个时隙内不能到达两个或两个以上的数据帧，即与前一数据帧到来时刻间隔应大于 $T - t$，同时与后一数据帧到达时间间隔应大于 t。则一帧发送成功的概率为：

$$P = \left[\int_{T-t}^{\infty} a(t)\mathrm{d}t \int_{t}^{\infty} a(t)\mathrm{d}t \right] = \mathrm{e}^{-G} \tag{5-4}$$

因此，时隙 ALOHA 系统吞吐量为：

$$S = G\mathrm{e}^{-G} \tag{5-5}$$

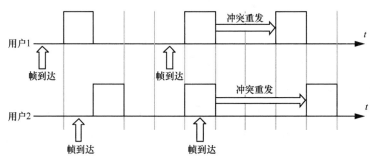

图 5-2 时隙 ALOHA 随机接入示意图

时隙 ALOHA 系统与纯 ALHOH 系统的吞吐量曲线如图 5-3 所示，其中网络负载表示在单位时间共发送的平均帧数，吞叶量表示在单位时间成功发送的平均帧数。对于时隙 ALOHA 系统，当网络负载 $G \geqslant 1$ 时，系统吞吐量才随用户接入数目的增加而下降，而此时 $S = S_{\max} = \mathrm{e}^{-1} \approx 0.368$。因此，相比于传统纯 ALOHA 系统，时隙 ALOHA 系统显著提高了系统的吞吐量，提高了接入效率。

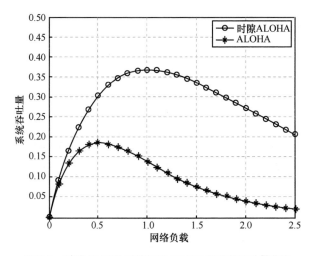

图 5-3 时隙 ALOHA 系统与纯 ALOHA 系统的吞吐量曲线

（3）CSMA

CSMA/CD 是一种"竞争型"的介质访问控制协议。它起源于美国夏威夷大学开发的 ALOHA 网所采用的争用型协议，并进行了改进，使之具有比 ALOHA 协议更高的介质利用率。它的工作原理是[14-17]发送数据前先侦听信道是否空闲。若空闲，则立即发送数据；若信道忙碌，则等待一段时间至信道中的信息传输结束后再发送数据。若在上一段信息发送结束后，同时有两个或两个以上的节点都请求发送，则判定为冲突。若侦听到冲突，则立即停止发送数据，等待一段随机时间，再重新尝试。对于冲突处理，当确认发生冲突后，进入冲突处理程序。有以下两种冲突情况。

① 若在侦听中发现线路忙，则等待一个时延后再次侦听，若仍然忙，则继续等待，一直到可以发送为止。每次时延的时间不一致，由退避算法确定时延值。

② 若发送过程中发现数据碰撞，先发送阻塞信息，强化冲突，再进行侦听工作，以待下次重新发送（方法同①）。

CSMA/CD 是指载波侦听多路访问/冲突检测或带有冲突检测的载波侦听多路访问。所谓载波侦听（Carrier Sense），意思是网络上各个工作站在发送数据前都要侦听总线上有没有数据传输。若有数据传输（称总线为忙），则不发送数据；若无数据传输（称总线为空），立即发送准备好的数据。所谓多路访问（Multiple Access），意思是网络上所有工作站收发数据共同使用同一条总线，且发送数据是广播式的。所谓冲突（Collision），意思是若网上有两个或两个以上工作站同时发送数据，在总线上就会产生信号的混合，两个工作站都辨别不出真正的数据是什么。这种情况被称为数据冲突，又称碰撞。为了减少冲突发生后的影响，工作站在发送数据过程中还要不停地检测自己发送的数据，有没有在传输过程中与其他工作站的数据发生冲突，这就是冲突检测。

（4）LTE 随机接入

根据业务的触发方式不同，LTE 随机接入过程分为基于"竞争"和"非竞争"的两种接入方式。基于竞争的随机接入隐含内在的冲突风险。非竞争接入是由基站向用户分配专门的前导序列，用户根据基站的调度在指定的随机接入信道资源上使用指定的前导码进行传输。竞争接入则是用户侧在接入开始前随机选取一个前导序列进行接入请求发送，若多个用户终端在同一个子帧使用了同样的 PRACH 时频资源，向基站发送同样的前导序列请求获得上行资源授权，则会导致竞争和碰撞。此时，需要额外的竞争解决步骤。使用随机接入的相关场景如下。

① 初始接入时（Initial Access）。此种情况多为用户终端初始入网，处于无线资源控制层（Radio Resource Control，RRC）-Idle 状态，基站无法知道用户什么时候需要发送上行数据，因此需要用户转换到 RRC-Connected 状态，多由用户的 MAC 发起。

② RRC 连接重建场景。即用户信号掉线、用户的无线链路控制层（Radio Link Control，RLC）协议上行重传达到最大次数以及跟踪区域更新需要重接进行建立连接，让用户从 RRC-Idle 状态切换到 RRC-Connected 状态。

③ RRC-Connected 状态下的用户上行失步。有上行数据发送给基站，例如需要上报测量报告但用户上行失步。

④ RRC-Connected 状态下的移动用户，从正在服务的小区转移到下一个目标小区的切换状态。在资源允许的情况下，UE 可在随机接入过程中传输缓存状态报告（Buffer State Report，BSR）。

⑤ RRC-Connected 状态下的 UE，基站有下行数据发送，UE 需要回复 ACK/NACK，但上行处于"不同步"状态。

⑥ RRC-Connected 状态下的 UE 定位，基站需要 UE 再次汇报其位置和状态，需要 TA 测量。

⑦ 从无线链路建立失败状态下恢复。即用户离开 LTE 覆盖薄弱区域移动到覆盖良好的区域，多发生在城市环境中，例如用户终端在楼宇间进行拐弯时。

针对上述所说的第 5 种场景，还有一个特例是：当用户完成上行同步后没有可用的调度请求（Scheduling Request，SR）资源或者系统中没有配置时，用户会将随机接入过程作为资源请求来使用。这种特例的实现主要取决于运营厂商的安排。在上述的场景中，场景④中的切换、场景⑤中新的下行数据发送和场景⑥中的定位，主要由基站调度发起非竞争接入；其余场景使用竞争接入。值得注意的是，当基站没有可用的前导序列给非竞争接入或非竞争接入失败时，用户也会发起竞争随机接入。总体来说，竞争接入虽然存在碰撞的隐藏风险，但更为灵活和普适，在移动通信系统中运用更为广泛。

基于竞争的随机接入过程如图 5-4 所示。当用户站发起基于竞争随机接入的接入请求时，过程如下。

第一步，用户开始监听信道，主要是接收经由基站发出的下行广播消息，并从获取到的众多消息中解调出随机接入过程所需要的各个参数。用户站根据所收集到的接入参数，经计算后确定发射功率，任意选择前导码集合中的一个，与其他随机接入信息一起组装成随机接入请求包，再经由随机选择的随机接入上行信道发送数据包，重新进入监听模式。

第二步，上行数据包经由 PRACH 时频资源到达基站，在基站对各路消息汇总，然后，对该用户是否与其他用户站发生碰撞进行判断，并将相关信息反馈回用户，以此实现反馈和协助用户站完成上行同步的目的。

第三步，用户在正确接收到由基站发出的随机接入响应消息后，在其被分配的上行资源中传输竞争解决请求消息。

第四步，当基站接收到用户站发送的竞争解决请求后对消息进行竞争解决处理，并将反馈数据发送至用户。

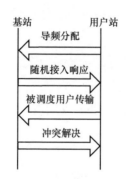

图 5-4　基于竞争的随机接入过程

基于非竞争机制的随机接入过程如图 5-5 所示。当用户发起基于非竞争随机接入的接入请求时，首先，用户站会一直监听下行信道，从下行物理信道中获取接入参数并确定发射功率，将基站提前分配的前导码以及其他发送信息一起打包，再向基站发送随机接入请求，并进入监听模式，检测基站发送回来的信息。当基站接收到随机接入请求数据包后，基站经过解调，将各种消息以及分配的连接标识符等信息打包再发回给用户，并进行时频资源分配。用户收到反馈数据包后利用得到的连接标识符进行其他网络中业务流程的操作。如果用户在规定时间内未收到反馈相应消息，则判定本次随机接入请求被拒绝，重新发起随机接入请求。

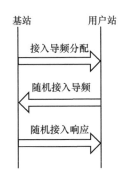

图 5-5 基于非竞争机制的随机接入过程

但是，复杂的握手过程造成了严重的接入时延问题。LTE 网络空口上下行时延如图 5-6 所示。上行时延（从手机到基站），当终端用户有一个数据包需要发送到网络时，需要向网络发起无线资源请求的申请。基站接收到请求后，需要 3ms 的时间解码终端用户发送的调度请求，然后准备给终端用户调度的资源，为终端用户分配接入资源。终端用户接收到调度信息之后，需要 3ms 的时间解码调度的信息，并将数据发送给基站。基站接收到终端用户发送的信息之后需要 3ms 的时间解码数据信息，完成数据的传送工作，整个时间计算下来约 12.5ms。

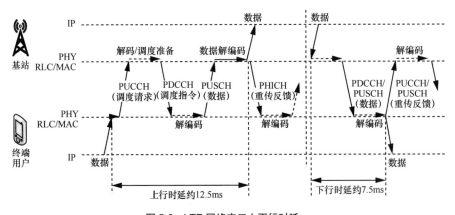

图 5-6 LTE 网络空口上下行时延

下行时延（从基站到手机），当基站有一个数据包需要发送到终端用户，需要 3ms 的时间解码终端用户发送的调度请求，准备给终端用户调度的资源。终端用户接收到了调度信息之后，需要 3ms 的时间解码调度的信息并接收解码数据信息，完成数据传送工作。整个时间长度约 7.5ms。面向 6G 大规模机器接入场景，受限于信道相干时间，导频数量无法满足海量用户同时接入，接入过程中存在多个用户在相同时频资源上使用相同导频序列而导致接入冲突。接入冲突将导致巨大的信令开销、接入时延、限制接入用户数目等。

针对改善接入时延问题，在 LTE Rel-14 以前，设备厂商普遍采用预调度（Pre-scheduling）的方式来改善时延，其示意图如图 5-7 所示。其主要思想在于：基站周期性地给终端用户分配好相应的无线资源，终端用户在有数据要发送的时候直接在预先分配好的无线资源上发送，无须再向网络侧请求资源，所以减少了整个资源请求流程的时间。

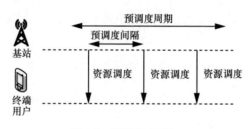

图 5-7　预调度示意图

但是，终端用户在接收到无线资源调度后，如果没有数据发送，始终会使用已经分配的无线资源上传填充数据（Padding Data），这样造成宝贵无线资源浪费的同时，也提高了对网络的干扰水平，影响了网络的整体性能。

针对此问题，2016 年 3 月，在瑞典哥德堡的 3GPP RAN 第 71 次会议给出了半静态调度的解决方案[18]。与传统预调度类似，基站提前为终端周期性地分配好相关的无线资源，用户在需要传送上行数据的时候直接使用已经预先分配好的资源，无须再进行资源请求流程。

半静态调度与传统调度方案对比如图 5-8 所示。半静态调度周期更短，低至 1ms，从而能进一步降低时延。同时针对预调度中分配了无线资源终端就得发送数据的问题（造成网络干扰和电量消耗），通过 Rel-14 标准的改善[19]，用户即使分配了无线资源，也可以不发送填充数据。相比于传统的预调度方法，上行的网络传输时延大大减少。空中接口双向传输时延降至约 8ms，上行不用发送填充数据，这使得手机的能耗也下降了约 10%；网络时延[20]的改善也从侧面使终端的速率提升了 30%～40%。

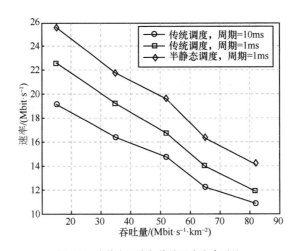

图 5-8　半静态调度与传统调度方案对比

5.1.2　免调度随机接入

和 4G LTE 类似，5G 可以周期性地给用户分配上行资源（半静态调度）来减少上行的传输时延。在 4G 的半静态调度中，基站给每个终端单独分配的资源，当网络中用户较多时，造成的浪费非常大，预留的无线资源终端不一定会被使用。

针对这一问题，3GPP Rel-16 给出免调度随机接入方式，如图 5-9 所示。不同于传统的随机接入过程需要经历前导的发送、随机接入响应、L2/L3 控制信息的发送以及消息的发送 4 个步骤，基于免调度随机接入[21-25]过程不需要烦琐的接入交互以及传输资源的授权申请，从而降低了系统信令开销、终端功耗、控制面的时延。因此，免调度随机接入方案非常适合海量物联网和增强移动宽带的小包业务。这类通信具有小包间歇性的特征。在空闲连接态下，数据的免调度传输能实现简易的上行传输，但同时由于没有基站的协调控制，所有传统相关的资源，包括参考信号、扩展序列等签名都是由用户自主选择决定的，本质上是"竞争式"接入方式，因此，不可避免地会存在传输资源碰撞问题。

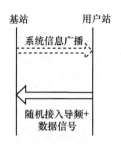

图 5-9　免调度随机接入

　　由此可见，上行免调度大致可分为两种模式。第一种是处于连接态，与基于调度的传输非常相似，如需要保证上行同步、严格的功率控制并且需要预配置保证小区内的不同用户的前导、参考信号及签名不发生碰撞。这种模式本质上仅是"免动态调度"，是非竞争式的，因此，适合于用户数比较少的场景，如 URLLC。而第二种免调度模式与传统随机接入有着本质区别，具体如下。

　　（1）由于终端始终处于空闲态或者非激活态，无法对上行发送进行定时调整，所以基站接收侧不同用户的信号在时间上不一定能保证同步，从而造成多址干扰。

　　（2）终端只能做开环的功率控制，即需要基于下行信道的长期带宽信噪比的测量及目标接收功率的设定。因为无法做闭环功率控制，基站接收侧的各用户的信噪比随着信道的小尺度衰落而变化，难以保持恒定。再考虑到小区边缘用户可能受限于最大发射功率，接收端不同用户的平均信噪比也不一定相同。总体来说，无论是大尺度还是小尺度衰落，用户之间在每个时刻都存在显著的"远近效应"。

　　（3）当一个终端处于空闲态或者非激活态时，系统端一般不会为它预配置物理资源或者签名，否则会造成资源浪费。如果终端需要发送数据，则只能随机挑选一个资源或者签名。当多个终端在同一时刻都要发送数据时，就会产生资源、签名碰撞问题，对性能造成很大的影响。

　　基于免调度与调度的两种传输方案见表 5-1。在基于免调度方案中，当上行缓冲区数据量低于某个阈值时，用户不启动随机接入过程，即一直保持空闲态或非激活态，并直接进行数据传输，注意，此时有可能有多个用户互相竞争，造成冲突；

当上行缓冲区数据量高于某个阈值时，用户则启动两步随机接入过程，其中，发送第一个消息时采用"竞争式"的非正交多址方式。免调度方案只在空闲态或者非激活态进行数据传输。在基于调度的方案中，不管上行缓冲区的数据量有多大，均采取传统的 4 步随机接入过程。建立连接后，用户接入连接态，如果此时缓冲区仍然有数据，则通过动态的上行调度来传输，直到缓冲区的数据被清空，然后用户从连接态退回到空闲态，等待下一个新的数据包的到来。

表 5-1　基于免调度与调度的两种传输方案

方案/条件	免调度传输	调度传输
上行缓冲区数据量低于某个阈值	不启动随机接入过程，直接传输	不设阈值，采用 4 步随机接入过程，数据可以在消息中携带
上行缓冲区数据量高于某个阈值	启动两步随机接入过程，发送第一个消息时采用"竞争式"的非正交多址	
连接态的数据传输	无	动态的上行调度

基于免调度与调度的两种传输方案仿真结果见表 5-2，可以看出，对于任务量"轻"的背景业务，基于免调度相比于基于调度的方案，在平均时延、信令开销和终端功耗等方面都有显著的优势。然而，随着业务更加繁重，系统负载加大，基于调度的方案的劣势逐渐显露。对于任务量"重"的背景业务，其信令开销反而低于基于免调度的方案，但是平均时延和终端功耗方面，仍然逊于基于免调度的方案。

表 5-2　基于免调度与调度的两种传输方案仿真结果

方案/结果	"轻"背景业务		"重"背景业务	
	免调度	调度	免调度	调度
平均时延/ms	4.4	9.1	5.2	5.9
信令开销	15%	53%	11%	7%
终端功耗/（J·s^{-1}）	47	677	321	2142

5.1.3　关键技术

免调度随机接入的关键技术之一就是活跃用户检测技术，活跃用户分布如图 5-10 所示。

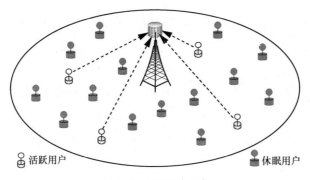

图 5-10　活跃用户分布

基于两步随机接入的免调度接入的数据传输应用场景广泛，具体步骤如下。

第一步，考虑到免调度随机接入场景，用户可能缺乏有效的定时信息，如初始接入或者上行失步触发的随机接入。因此，用于传输用户信息的物理层承载模块需要包含相应的前导序列，以便基站能够完成用户检测/识别和时间估计。具体来讲，当分给用户的前导序列作为专有时，则用户检测与识别过程均可通过前导检测一体化实现；反之，基站还需要解调后续数据完成用户识别。

在实际资源配置中，系统一般可以定义多套数据资源，以便能够更好地适配需求。而前导与数据部分的资源选择和配置一般可分为以下两种：方案一，前导和数据部分的资源以配对的方式定义，用户将直接选取可供传输的组合；方案二，前导和数据部分的映射关系由基站定义，用户在选取前导之后按照相应的映射关系索引到用于数据传输的资源块。数据与前导之间的对应关系可以按照需求从一一对应、多对一和一对多中进行选择。其中，当数据与前导之间一对多映射时，即该资源块被多个用户共享，此时，用户数据在传输时除了采用传统的正交参考信号端口配置方式，还可以采用 NOMA 技术。

第二步，基站在完成上行数据接收后，会依照相应的用户检测、识别和数据解调等结果，如图 5-9 所示，发送相应的反馈信息给终端。具体来看，包括以下几种情况。

第一种情况是前导检测失败。这种情况基站无法确定当前是否有用户进行数据传输，将不会发送任何响应，用户在特定响应接收窗无法获取反馈时，会进行下一次传输。

第二种情况是数据检测失败。在这种情况下，基站虽然无法确定当前数据来自哪个用户，但是可以采取广播的方式，将相应的前导对应的 NACK 消息或者回退指示发送给所有用户。当用户检测到该信息后，参考指定前导，那么，该用户可以直接进行下一次传输；或者当接收到回退指示时，传输机制回退到传统的 4 步随机接入。

第三种情况是前导和数据均接收成功。基站可采用广播或者单波方式发送反馈信息。

因此，免调度方案下活跃用户检测作为接收端的第一步起到至关重要的作用。活跃用户检测就是检测活跃的导频。虚警率是指在多用户检测时，将本处于休眠状态的用户检测为活跃用户。漏检率，即原本活跃的用户未被检测出来，而一旦发生漏检，无论是信道估计还是用户数据检测都不会对用户信息做任何操作，因此，漏检用户的数据被认为是丢包。对于活跃用户的虚检或漏检都会对系统造成严重的影响。针对免调度的活跃用户检测，可采取压缩感知、稀疏贝叶斯、机器学习等方法，下面介绍一种近似消息传递算法来进行活跃用户检测[25-28]。

在一个包含 B 个小区的小区网络中，每个小区中心有 M 个天线，每个小区中有 N 个单天线用户。由于 mMTC 场景下用户业务的稀疏性，在总用户数为 BN 的蜂窝网络中，实际每个交互时间段内活跃的用户只占一小部分[29]，用 $a_{bn} \in \{0,1\}$ 来表示第 b 个小区内第 n 个用户是否活跃，将 a_{bn} 建模为统计独立的伯努利分布随机变量。其中 $p(a_{bn}=1)=\lambda$，λ 为取值很小的常数。为了满足随机接入过程中的用户区分以及信道估计的需要，每个用户分配一个长度为 L 的各不相同的符号序列 $\boldsymbol{S}_{bn}=[s_{bn1}, s_{bn2}, \cdots, s_{bnL}] \in \mathbb{C}^{1 \times L}$。假设信道状况在一个交互时间段内固定，所有用户以相同功率发送符号序列，则第 b 个基站的接收信号表示为：

$$\boldsymbol{Y}_b = \boldsymbol{S}_b \boldsymbol{X}_{bb} + \sum_{j \neq b} \boldsymbol{S}_j \boldsymbol{X}_{bj} + \boldsymbol{W}_b \tag{5-6}$$

其中，$\boldsymbol{S}_j = \left[\boldsymbol{s}_{j1}^{\mathrm{T}}, \boldsymbol{s}_{j2}^{\mathrm{T}}, \cdots, \boldsymbol{s}_{jN}^{\mathrm{T}}\right] \in \mathbb{C}^{L \times N}$ 表示小区 j 内所有用户的扩频序列。$\boldsymbol{X}_{bj} = \left[\boldsymbol{x}_{bj1}^{\mathrm{T}}, \boldsymbol{x}_{bj2}^{\mathrm{T}}, \cdots, \boldsymbol{x}_{bjN}^{\mathrm{T}}\right]^{\mathrm{T}} \in \mathbb{C}^{N \times M}$ 的行向量为 $\boldsymbol{x}_{bjn} = a_{jn} \boldsymbol{h}_{bjn} \in \mathbb{C}^{1 \times M}$，$\boldsymbol{h}_{bjn}$ 表示第 j 个小区内第 n 个用户与第 b 个基站之间的信道增益，$\boldsymbol{W}_b$ 表示高斯噪声。

在 MIMO 系统中，每个小区独立进行本小区内的活跃用户检测，在该模式下小区间干扰被当作噪声。式（5-6）重写为：

$$Y_b = S_b X_{bb} + \tilde{W}_b \tag{5-7}$$

其中，$\tilde{W}_b = \sum_{j \neq b} S_j X_{bj} + W_b$ 近似为高斯噪声，因为小区间干扰是由大量相互独立的多用户干扰叠加构成，通过 Y_b 对 X_{bb} 中的非零行进行标记可以进行活跃用户检测。近似消息传递（Approximate Message Passing，AMP）算法是一种迭代式算法，常用于解决各种稀疏恢复问题，也可以应用于 MIMO 系统。算法步骤如下。

初始化：$X^0 = 0$，$Z^0 = Y_b$

迭代过程：

$$X^{t+1} = \eta_t (S_b^* Z^t + X^t) \tag{5-8}$$

$$Z^{t+1} = Y_b - S_b X^{t+1} + \frac{N}{L} Z^t \left\langle \eta_t' (S_b^* Z^t + X^t) \right\rangle \tag{5-9}$$

其中，t 代表迭代次数，X^t 为第 t 次迭代中对 X_{bb} 的估计，Z^t 为余量。$\eta_t (\cdot) \triangleq [\eta_t (\cdot, g_{bb1}), \cdots, \eta_t (\cdot, g_{bbN})]^T$，其中 $\eta_t (\cdot, g_{bbn})$ 为经过适当设计的非线性函数，参数为 g_{bbn}，$\eta_t' (\cdot) \triangleq [\eta_t' (\cdot, g_{bb1}), \cdots, \eta_t' (\cdot, g_{bbN})]^T$ 为 $\eta_t (\cdot, g_{bbn})$ 的一阶导数。$[\cdot]$ 为所有 N 个导数的采样均值。

在 AMP 算法中，匹配滤波输出在统计上可以被线性建模为信号本身以及噪声和其他用户干扰之和。引入随机变量 $R \in \mathbb{C}^{1 \times M}$，$U^t \in \mathbb{C}^{1 \times M}$，$G_b \in \mathbb{R}$。假设用户独立且均匀地分布于小区 b 中。状态更新可以表述为：

$$\sum\nolimits_{t+1} = \tilde{\sigma}_\omega^2 I + \frac{N}{L} \mathrm{E} \left[D^t (D^t)^* \right] \tag{5-10}$$

其中，$D^t \triangleq \left(\eta^t \left(R + U^t, G_b \right) - R \right)^T \in \mathbb{C}^{M \times 1}$。$\sum\nolimits_{t+1}$ 中包含了噪声及其他用户干扰项 V^{t+1} 的统计信息。因此可以用 V^{t+1} 来评估 AMP 算法的性能。通过利用 X_{bb} 的统计特性以及 V^t 的高斯分布特性可以设计适当的 $\eta_t (\cdot g_{bbn})$。匹配滤波输出 $\tilde{X}^t \triangleq S_b^* Z^t + X^t$ 可以被建模为 $\tilde{x}_{bbn} = x_{bbn} + v_n^t$。其中，$v_n^t$ 为高斯分布随机变量，基于 $\tilde{x}_{bbn}$ 的 $\eta_t (\cdot g_{bbn})$ 被设计为如下计算式：

$$\eta_t (\tilde{x}_{bbn}^t \cdot g_{bbn}) = \frac{\theta_{bbn} (1 + \theta_{bbn})^{-1} \tilde{x}_{bbn}^t}{1 + \frac{1 - \lambda}{\lambda} (1 + \theta_{bbn})^M \exp(-\triangle_{bbn} \| \tilde{x}_{bbn}^t \|_2^2)} \tag{5-11}$$

其中，$\theta_{bbn} \triangleq g_{bbn}^2 \tau_t^{-2}$，$\triangle_{bbn} \triangleq \tau_t^{-2} - (g_{bbn}^2 + \tau_t^2)^{-1}$。在不相关信道模型以及其他复杂信道模型中，AMP 算法有很好的适用性。

将变量作替换便可将 AMP 算法应用于 MIMO 场景。MIMO 场景下的状态更新写作：

$$\sum\nolimits_{t+1} = \tilde{\sigma}_\omega^2 \boldsymbol{I} + \frac{NB}{L} E\left[\boldsymbol{D}^t (\boldsymbol{D}^t)^* \right] \qquad (5\text{-}12)$$

其中，$\boldsymbol{D}^t \triangleq \left(\eta^t (\boldsymbol{R} + \boldsymbol{U}^t, \boldsymbol{G}) - \boldsymbol{R} \right)^{\mathrm{T}}$，$\boldsymbol{G}$ 为参数为 $g_{bjn}, \forall_{j,n}$ 的大尺度衰落下的随机变量。假设所有用户在所有小区内都独立均匀分布。这与使用 G_b 来对 b 小区内用户的统计特性建模不一样，另一个不同之处在于这里的 σ_ω^2 只代表背景噪声不包括用户间干扰。

上面叙述了将 AMP 算法应用于 MIMO 场景中的活跃用户检测问题。在 AMP 算法收敛后，使用 LLR 对每一个用户的活跃性进行判定。每个基站只检测自己小区内的活跃用户，基站 b 通过对用户 n 的匹配滤波输出 $\tilde{\boldsymbol{x}}_{bbn}^t$ 进行 LLR 计算。若来自小区 b 的用户 n 处于不活跃状态，即 $a_{bn} = 0$，则其似然概率记作：

$$p(\tilde{\boldsymbol{x}}_{bbn}^t \mid a_{bn} = 0) = \frac{\exp(- \| \tilde{\boldsymbol{x}}_{bbn}^t \|_2^2 \ \tau_t^{-2})}{\pi^M \tau_t^{2M}} \qquad (5\text{-}13)$$

其中，$\tilde{\boldsymbol{x}}_{bbn} = \boldsymbol{x}_{bbn} + \boldsymbol{v}_n^t$，$\boldsymbol{x}_{bbn}$ 为伯努利-高斯分布随机变量，$\boldsymbol{v}_n^t$ 为高斯分布随机变量。若 $a_{bn} = 1$，那么其似然概率记作：

$$p(\tilde{\boldsymbol{x}}_{bbn}^t \mid a_{bn} = 1) = \frac{\exp(- \| \tilde{\boldsymbol{x}}_{bbn}^t \|_2^2 \ (\tau_t^2 + g_{bbn}^2)^{-1})}{\pi^M (\tau_t^2 + g_{bbn}^2)^{-1}} \qquad (5\text{-}14)$$

用户 n 在基站 b 处的 LLR 等于：

$$\mathrm{LLR}_{bbn} = \log\left(\frac{p(\boldsymbol{x}_{bbn}^t \mid a_{bn} = 1)}{p(\boldsymbol{x}_{bbn}^t \mid a_{bn} = 0)} \right) = \| \boldsymbol{x}_{bbn}^t \|_2^2 \Delta_{bbn} - M \log(1 + \theta_{bbn}) \qquad (5\text{-}15)$$

其中，$\theta_{bbn} = g_{bbn}^2 \tau_t^{-2}$，$\Delta_{bbn} = \tau_t^{-2} - (g_{bbn}^2 + \tau_t^2)^{-1}$，可以看到 LLR 计算表达式只是 $\| \tilde{\boldsymbol{x}}_{bbn}^t \|_2^2$ 的函数。因此可以通过设置关于 $\| \tilde{\boldsymbol{x}}_{bbn}^t \|_2^2$ 的门限 l_{bn}，对用户活跃性进行硬判决。当 $\| \tilde{\boldsymbol{x}}_{bbn}^t \|_2^2 \geqslant l_{bn}$ 时判定该用户活跃，反之不活跃。

5.1.4 小结

综上所述，随着随机接入技术的发展和用户数量的增加，传统随机接入需要的 4 个步骤已经越来越难以满足目前的通信需求。6G 相比于传统系统具有更高的复杂度和用户数量，所以基于免调度随机接入技术的产生为解决这些问题提供了新的思路，针对上行免调度 NOMA 系统，目前已经实现了提高用户数量的同时将活跃用户和用户信息进行联合检测，从而进一步优化通信资源的利用率。

| 5.2　超大规模 MIMO |

提高通信速率是通信的主要目标，根据香农公式：

$$C = B\log_2\left(1 + \frac{|h|^2 P}{N_0 B}\right) \tag{5-16}$$

提高通信速率可以从以下几个方面入手。

（1）提高带宽 B。带宽增加确实会提高系统的传输速率，但是噪声功率 $N_0 B$ 与带宽成正比，当 $B \to \infty$ 时，式（5-16）的极限存在，约为 $1.44 P / N_0$，其中 N_0 是噪声的功率谱密度。而且高频段的大衰落等问题也会影响通信系统的性能。所以，无限提高带宽并不能无限地提升通信速率。

（2）提高功率。提高功率是提升通信速率的有效方法，但是就现实条件来说，过高的功率显然是不现实的。

（3）提高 $|h|^2$。当通信模型为 SISO 时，信道条件是客观存在的，很难做出有效的改善。当信道为 MIMO 信道时，可以形成并行的信道，提高系统通信速率，也可以通过波束赋形设计，改善信道，提高系统通信速率。这也是现在 MIMO 被广泛使用的原因。

MIMO 技术是挖掘无线空间维度资源、提高频谱效率和功率效率的基本途径[30-31]，也是近 20 年来移动通信领域研究开发的主流技术之一。MIMO 技术可以提供分集增益、复用增益和功率增益[32]。分集增益可以提高系统的可靠性，复用增益可以支持单用户的空间复用和多用户的空分复用，而功率增益可以通过波束赋形提高系统的功率效率。目前，MIMO 技术已经被 LTE、IEEE 802.11ac 等无线通信标准所采纳。但是，现有 4G 系统基站配置天线的数目较少，空间分辨率低，性能增益仍然有限[33]，并且在现有系统配置下，逼近多用户 MIMO 容量的传输方法复杂度仍然较高。

分布式天线系统是挖掘空间维度资源的另外一种途径。在分布式天线系统中，处于不同地理位置的配备多天线的节点，通过高速回传链路连接到基带处理单元，进而在同一时频资源上协作完成与单个或多个移动通信终端的通信。在分布式天线系统中，多个节点与用户之间形成分布式 MIMO 信道，通过节点间的协作，形成协作 MIMO。协作 MIMO 不仅可以获得 MIMO 的 3 种增益，并且可以额外获得宏分集以及由路径损耗降低带来的功率增益。同样，受限于现有标准中节点天线的配置个数，协作 MIMO 的性能增益受到限制。

为了适应移动数据业务量密集化趋势，突破现有蜂窝系统的局限，建议在热点覆盖区域显著增加协作节点或小区的个数，或在各节点以大规模阵列天线代替目前采用的多天线，由此形成大规模协作无线通信环境，从而深度挖掘利用无线空间维度资源，解决未来移动通信的频谱效率问题及功率效率问题。

大规模天线系统的基本特征是：在基站覆盖区域内配置数十根甚至数百根天线，较传统 4G 系统中的 4（或 8）根天线数目增加一个量级以上。这些天线可分散在小区内（称为大规模分布式 MIMO），或以大规模天线阵列方式集中放置（称为大规模 MIMO）。理论分析及初步性能评估结果表明[34]，随着基站天线个数（或分布式节点总天线数目）趋于无穷大，多用户信道间将趋于正交。在这种情况下，高斯噪声以及互不相关的小区间干扰将趋于消失，而用户发送功率可以任意低。此时，单个用户的容量仅受限于其他小区中采用相同导频序列的用户的干扰。

大规模 MIMO 和大规模分布式 MIMO 的出发点是一致的，即通过显著增加基站侧配置的天线数目，以深度挖掘无线空间维度资源，显著提升频谱效率和功率效率，因而它们所涉及的基本通信问题也是一致的。节点个数、节点配备的天线数目以及空分用户数的大规模增加，使得从传统 MIMO 及协作 MIMO 到大规模天线系统的演变，是一个从量变到质变的过程。因此，大规模天线系统的无线通信理论与方法与传统 MIMO 系统也存在较大的差异，这也引发了新的更具挑战性的基础理论和关键技术问题，包括大规模天线系统的容量分析、信道信息获取、无线传输技术、资源分配技术等。

5.2.1　技术原理

（1）基本定义

MIMO 技术通过在发射端和接收端分别使用多个发射天线和接收天线，让信号可以通过发射端和接收端的多根天线发送和接收，充分利用空间资源，在不增加频谱资源和天线发射功率的情况下，提升系统信道容量和扩大信号覆盖范围。

无线信道中的通信主要受多径衰落的影响。多径是指由于电磁波在环境中的散射，信号到达预定接收端的角度、时延和频率等发生了移位。而碰撞的多径分量随机叠加，造成接收信号功率在空间上（由于角度扩展）或频率上（由于时延扩展）或时间上（由于多普勒扩展）发生波动。这种信号电平的随机波动被称为衰落，会严重影响无线通信的质量和可靠性。

MIMO 技术是无线通信系统设计的一大突破，它有助于应对无线信道的缺陷和资源限制带来的挑战。除了利用传统单天线的时间和频率维度外（SISO），MIMO 系统可以通过收发端的多天线，充分利用空间维度。

复杂等效基带 MIMO 通信系统原理如图 5-11 所示。首先将要传输的信息的比特流进行编码（例如使用卷积编码器）和交织，之后码字被符号映射器映射到数据符号（如正交振幅调制或 QAM 符号）。这些数据符号被输入一个空时编码器进行空时编码，该编码器输出一个或多个空时编码数据流。空时编码数据流通过空时预编码模块映射到发射天线。发射天线发射的信号通过信道传播，到达接收天线阵列。接收端收到信号后做与发射端相反的操作：首先进行空时处理，然后进行空时解码、解调、去交织和解码。

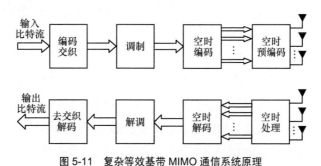

图 5-11　复杂等效基带 MIMO 通信系统原理

（2）MIMO 技术在雷达中的应用

相控阵雷达是近年来发展较为成熟的一种雷达体制，其收发阵列的阵元间距较小，且各阵元的发射信号高度相干，可以获得较大的相干处理增益，从而提高了对目标的检测性能。并且，相控阵雷达通过控制各收发阵元的相移，可以灵活控制波束指向，无须机械扫描，这与早期机械扫描的雷达相比，具有极大的优势。但是，与所有传统雷达一样，相控阵雷达无法克服目标雷达截面积（Radar Cross Section，RCS）的角闪烁带来的性能损失。

受综合脉冲与孔径雷达（Syntheic Impulse and Aperture Radar，SIAR）的启发，Eran Fishier 利用了成熟的 MIMO 技术给出了 MIMO 雷达的概念[35]。与传统雷达恰恰相反，MIMO 雷达的基本思想就是利用目标的起伏[36]来改善雷达的性能。

MIMO 雷达作为一种新体制雷达，一经提出，便受到国内外学者们的广泛关注。传统雷达发射相干信号，在空间形成高增益波束，并通过控制波束指向在空域进行扫描。MIMO 雷达发射正交信号，在空间相干叠加不会形成高增益的窄波束，其功率在空间均匀分布。因此，MIMO 雷达能够同时完成空间各个方向的探测，而不像相控阵雷达那样需要进行扫描来完成对整个空域的探测。

MIMO 雷达一般可以分为两类：相干 MIMO 雷达和非相干 MIMO 雷达。相干 MIMO 雷达阵元间距较小，多个收发阵元到目标的信号近似平行，假设发射信号为窄带信号时，目标到各阵元间的包络时延可以忽略。各个阵元发射相互正交的信号，是相干 MIMO 雷达与传统的相控阵雷达最大的区别。非相干 MIMO 雷达采用空间稀疏阵列，每一对收发阵元相当于一组双基地雷达。通过增大阵元间距，发射互不相关信号，使得各个通道接收信号相互独立，达到空间分集增益的目的。此种情况下，假设目标为点源目标已经不再合适，因为对于各阵元来说，目标的 RCS 并不相同。

MIMO 雷达各子阵全向发射正交的波形集，接收端通过匹配滤波处理来恢复各发射信号分量[37]，因而高性能的正交波形设计是 MIMO 雷达实现的关键[38]。为了达到较好的检测精度和可靠性，MIMO 雷达正交波形需要精心设计。为了避免通道之间的相干影响，要求各发射信号之间应该具有较小的互相关值，近似为零；同时，MIMO 雷达为了获得较高的距离分辨率，要求发射信号自相关函数应具有较低的旁瓣，近似为冲激函数。

与传统雷达相比，MIMO 雷达具有诸多优势[39]。

① RCS 平均近似恒定。由于目标由许多小的散射体组成，所以目标到雷达的

距离、方位的轻微变动都会引起目标 RCS 的变化，从而引起反射波能量的变化。MIMO 雷达利用了目标 RCS 的统计特性，可使目标对 MIMO 雷达的 RCS 近似恒定，提高了雷达的检测性能。

② 由于增加了空域和波形的资源，对于强的电磁干扰可以通过空、时、波形域的信号处理加以抑制。

③ MIMO 雷达的多个发射天线照射到目标的不同侧面，检测到了更多的目标特征信息，可以提高雷达的目标识别能力。

④ 理论上来说，MIMO 雷达无须扫描，可进行长时间的相干积累，提高信噪比。

⑤ 反隐身效果好。MIMO 雷达利用了不同角度的散射特性，而隐身飞行器不可能做到任何角度都具有隐身效果，所以总有大的 RCS 被侦测到。

⑥ 抗摧毁能力强。非相干 MIMO 雷达发射天线间距很大，不容易同时被摧毁，即使失去若干个发射天线对系统的性能影响也不大。

（3）MIMO 技术在通信中的应用

无线网络可大致分为蜂窝网络和无线自组织网络。蜂窝网络的特点是集中通信，一个蜂窝网络中的多个用户与一个基站通信，基站控制所有的传输和接收，并将数据转发给用户。而在一个自组织网络中，所有的终端都是平等的——任何终端都可以作为数据的发送者或接收者，或作为其他传输的中继。

① 蜂窝网络中的 MIMO

在蜂窝网络中，多个用户可以在同一时间或频率通信。在能够可靠地检测到传输信号的前提下，时间和频率资源的复用程度越高，网络容量也就越高。多个用户可能会在时间（时分）、频率（频分）或地址码（码分）上进行分割。MIMO 信道中的空间维度为分割多个用户提供了额外的维度，提高了时间和频率等资源的复用程度，从而增加了网络容量。

如图 5-12 所示的 MIMO 蜂窝系统，一个基站装置了 L 根天线，与装备有 M 根天线的 P 个用户进行通信。从基站到用户（下行链路）的信道是广播信道，而从用户到基站（上行链路）的信道是一个多址信道。

为了阐明在多用户环境中 MIMO 技术可能带来的好处，考虑一个蜂窝 MIMO 系统的上行链路。在该系统中，所有用户同时传输来自各自发射天线的独立数据流，即每个用户信号与空间复用。对基站来说，用户组合起来，就像一个装备有 PM 根天线的发射机。因此，上行信道的维度为 $L \times PM$。由于各个用户之间的路径损耗和衰落不同，所以这个信道与单个用户的信道是不同的。由于在纬度上 $L > PM$，所以可以对用户在空间纬度上进行分离，并能有效地进行信号检测。基站端可以使用一个多用户迫零接收器完美地分离所有的数据流，从而产生 PM 倍复用增益。在下行链路中，基站利用空间维度，使用波束赋形的方式，将发给特定用户的信息发送给该用户，而在其他用户的空间纬度上该信息"置空"，这样就完全消除了干扰。

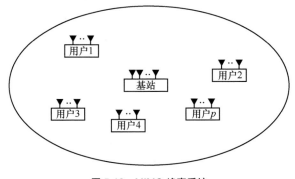

图 5-12　MIMO 蜂窝系统

② 无线自组织网络中的 MIMO

图 5-13 是一个自组织网络示例，在一个给定的时刻，部分终端是数据源，而部分终端则是这些数据源的目标用户，网络中既不是源也不是目标用户的终端可以作为中继来帮助网络中的数据传输。因此，自组织网络的工作模式数量非常多，通常由多址、广播、中继和干扰信道的组合组成。虽然无线自组织网络的最终性能限制是未知的，但通过在每个模块（例如多址、广播、中继和干扰信道等）中使用 MIMO 技术来利用空间维度，将增加整个网络的容量。虽然 MIMO 技术提供了很高的性能增益，但一个网络在终端部署多根天线的高成本也是不容忽视的。分布式 MIMO 是在网络中利用单天线终端实现 MIMO 增益的一种方式，其允许向真正的 MIMO 网络逐步转换。这种方法需要网络终端之间的某种程度的协作。协作终端形成一个虚拟天线阵列（如图 5-14 所示），该阵列利用了分布式 MIMO。通过这种方法可以实现可观的性能增益，这一概念不仅适用于蜂窝网络，也适用于自组织网络。

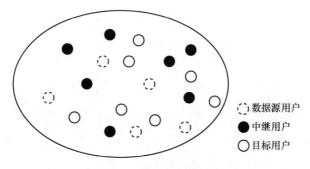

图 5-13　无线自组织网络示例

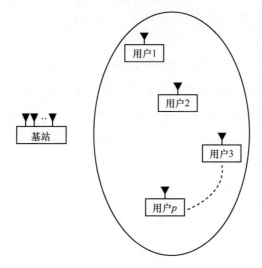

图 5-14　虚拟天线阵列

5.2.2　小规模 MIMO

（1）MIMO 信道模型

为了设计有效的 MIMO 算法并了解其性能限制，了解 MIMO 信道的性质是很重要的。对于有 M_T 根发送天线和 M_R 根接收天线的系统，假定在频带内信道符合平坦衰落，则在一个给定时刻，MIMO 的信道可以用一个 $M_T \times M_R$ 的矩阵表示为：

$$
\boldsymbol{H} = \begin{bmatrix} H_{1,1} & H_{1,2} & \cdots & H_{1,M_T} \\ H_{2,1} & H_{2,2} & \cdots & H_{2,M_T} \\ \vdots & \vdots & \ddots & \vdots \\ H_{M_R,1} & H_{M_R,2} & \cdots & H_{M_R,M_T} \end{bmatrix} \tag{5-17}
$$

其中，$H_{m,n}$ 是第 m 根接收天线和第 n 根发送天线之间的信道增益。$\boldsymbol{H}$ 的第 n 列是第 n 发送天线对应接收天线阵列的空间特征。M_T 个空间特征之间的相对几何形状决定了从发射天线发射到接收器的信号的可分辨性。

对于单输入单输出信道来说，组成 MIMO 信道的单个信道增益通常被建模为零均值圆对称复高斯随机变量。因此，振幅 $|H_{m,n}|$ 服从瑞利分布，而相对应功率 $|H_{m,n}|^2$ 服从指数分布。

① 经典的独立同分布瑞利衰落信道模型

构成 MIMO 信道的独立的 $M_T \times M_R$ 个信道之间的相关度是一个与环境中的散射以及发射机和接收机的天线间距等因素有关的复杂函数。信道之间的去相关性可以通过增加天线间距而增加。但是仅靠天线间距不足以保证去相关，在适当的天线间距条件下，环境中丰富的散射特性才可以保证 MIMO 信道单元之间的去相关性。由于具有丰富的散射特性，去相关所需的典型天线间距近似为 $\lambda/2$，λ 信号载频对应的波长。在理想情况下，当信道单元完全去相关时，可得 $H_{m,n} \sim \text{i.i.d } CN(0,1)$。

② 频率选择性衰落和时间选择性衰落信道模型

上面的信道模型假设带宽和时延扩展的乘积很小。当带宽或时延扩展增加时，这个乘积就不再是可以忽略的了（0.1 通常被认为是语音通信的阈值），也就会产生与频率相关的信道，即 $\boldsymbol{H}(f)$。给定频率上的衰落在空域可能是去相关的，但是信道单元可能在频域上存在相关性。频域内的相关特性是功率时延分布的函数。相干带宽 B_c 是可以实现去相关的最小带宽间隔。对于两个频率 f_1 和 f_2，如果 $|f_1 - f_2| > B_c$，可得 $E\left[\text{vec}(\boldsymbol{H}(f_1))\text{vec}^{\text{H}}(\boldsymbol{H}(f_2)) \right] = 0$。其中，$\text{vec}(\cdot)$ 表示向量化，$\text{vec}^{\text{H}}(\cdot)$ 是 $\text{vec}(\cdot)$ 的共轭转置，相干带宽和信道的时延拓展成反比。

此外，由于散射体在环境中的运动，如发射机或接收机的运动，信道将随时间而变化。与频率选择性衰落的情况一样，定义相干时间 T_c，也就是时变信道去相关所需的最小的时间间隔。对于 t_1 和 t_2，如果 $|t_1 - t_2| > T_c$，可知 $E\left[\text{vec}(\boldsymbol{H}(t_1))\text{vec}^{\text{H}}(\boldsymbol{H}(t_2)) \right] = 0$，

相干时间和信道的多普勒拓展成反比。

③ 实际场景的信道模型

在实际应用中，由于天线间距不足或散射不足导致的空间衰落相关性，H 可能与 H_w 偏离比较大。此外，在信道中存在的一个固定（可能是视线或视距）分量将导致莱斯衰落。

在发射机和接收机之间存在视距的情况下，MIMO 信道可以被建模为一个固定分量（视距分量）和一个衰落分量的和：

$$H = \sqrt{\frac{K}{K+1}}\,\overline{H} + \sqrt{\frac{K}{K+1}}\,H_w \tag{5-18}$$

其中，$\sqrt{\dfrac{K}{K+1}}\,\overline{H} = E[H]$ 是信道的视距分量，$\sqrt{\dfrac{K}{K+1}}\,H_w$ 是信道中的不相关的衰落分量。$K \geqslant 0$ 是信道的莱斯 K 因子，被定义为信道视距分量的功率与衰落分量的功率之比。当 $K=0$ 时，为瑞利衰落。当 $K \to \infty$ 时，信道为非衰落信道。

一般情况下，真实的 MIMO 信道会表现出一些莱斯衰落和空间衰落相关性的组合。极化天线的使用需要对信道模型进行额外的修改。这些因素将共同影响（可能是不利的）给定 MIMO 信号方案的性能。

（2）MIMO 信道容量

下面对独立衰落下 MIMO 系统模型进行介绍。M_T 发 M_R 收的平坦 MIMO 系统模型可以表示为：

$$y = H_x + n \tag{5-19}$$

其中，$x \in \mathbb{C}^{M_T \times 1}$ 是发送向量，$y \in \mathbb{C}^{M_R \times 1}$ 是接收向量，$H \in \mathbb{C}^{M_R \times M_T}$ 是信道矩阵，$n \in \mathbb{C}^{M_R \times 1}$ 是噪声向量。

假设信道矩阵在发射端为未知。由奇异值分解理论，任何一个 $M_R \times M_T$ 矩阵 H 都可以写成：

$$H = HDV^{\mathrm{H}} \tag{5-20}$$

其中，$D \in \mathbb{C}^{M_R \times M_T}$ 是非负对角矩阵，$U \in \mathbb{C}^{M_R \times M_R}$ 和 $V \in \mathbb{C}^{M_T \times M_T}$ 是酉矩阵，所以有 $UU^{\mathrm{H}} = I_{M_R}$ 和 $VV^{\mathrm{H}} = I_{M_T}$，其中 I_{M_R} 和 I_{M_T} 分别是 $M_R \times M_R$ 和 $M_T \times M_T$ 的单位矩阵。D 的对角元素是矩阵 HH^{H} 的特征值的非负平方根。HH^{H} 的特征值（用 λ 表示）定义为：

$$HH^{\mathrm{H}} y = \lambda y, y \neq 0 \tag{5-21}$$

其中，y 是与 λ 相对应的 $M_R \times 1$ 维矢量，称为特征矢量。

特征值的非负平方根也称为 H 的奇异值，而且 U 的列矢量是 HH^{H} 的特征矢量，V 的列矢量是 HH^{H} 的特征矢量。所以代入：

$$y = UDV^{\mathrm{H}} x + n \tag{5-22}$$

引入变换如下：

$$\begin{cases} y' = U^{\mathrm{H}} y \\ x' = V^{\mathrm{H}} x \\ n' = U^{\mathrm{H}} n \end{cases} \tag{5-23}$$

因为 U 和 V 是可逆的，显然，式（5-23）中定义的矩阵 y、x 和 n 与相应矩阵的乘积仅有一个缩放比例的效果。这样前面讨论的信道与式（5-23）所描述的信道是等价的：

$$y' = Dx' + n' \tag{5-24}$$

矩阵 HH^{H} 的非零特征值的数量等于矩阵 H 的秩，用 r 表示。对 $M_R \times M_T$ 矩阵 H，秩的最大值为 $m = \min(M_R, M_T)$，也就是说，至多有 m 个奇异值是非零的。用 $\sqrt{\lambda_i}$ 表示 H 的奇异值，将 $\sqrt{\lambda_i}$ 代入式（5-24），得到接收信号元素为：

$$\begin{cases} y_i = \sqrt{\lambda_i x_i} + n_i, & i = 1, 2 \cdots, r \\ y_i = n_i, & i = r+1, \cdots, M_R \end{cases} \tag{5-25}$$

其中，x_i、y_i 分别表示 x 和 y 中第 i 个元素。

通过式（5-25），可以认为等效的 MIMO 信道是由 r 个去耦平行子信道组成的。为每个子信道分配的矩阵 H 的奇异值，相当于信道幅度增益。因此，信道功率增益等效于矩阵 HH^{H} 的特征值。

考虑到上述等价 MIMO 信道模型中，子信道是去耦的，因此其容量可以直接相加。假设在等效的 MIMO 信道中，每根天线的发射功率是 P / M_T，其中 P 是发射总功率，运用香农容量公式，可以估算出总的信道容量为：

$$C = \sum_{i=1}^{r} \log_2 \left(1 + \frac{P_{y_i}}{\sigma^2} \right) \tag{5-26}$$

其中，P_{y_i} 是第 i 个子信道中接收的信号功率，可得：

$$P_{y_i} = \frac{\lambda_i P}{M_T} \tag{5-27}$$

因此信道容量可以写成：

$$C = \sum_{i=1}^{r} \log_2 \left(1 + \frac{\lambda_i P}{M_T \sigma^2} \right) \log_2 \prod_{i=1}^{r} \left(1 + \frac{\lambda_i P}{M_T \sigma^2} \right) \tag{5-28}$$

（3）MIMO 分集技术与空时编码

① MIMO 分集技术

实现分集的方法有多种，包括时间分集、频率分集、空间分集和信道编码（可以看作时间分集）。

时间分集就是通过不同时间间隔多次传送相同的信号来实现分集。当然，要使分集有效，这样的时间间隔必须足够长，通常要大于信道的相干时间，才能使衰落信道系数变化是独立不相关的。在快衰落的情况下，在移动通信的环境中，通常采用交织器来实现时间分集。但是，在准静态衰落中，衰落很慢，导致不管多久发射信号，其信道衰落依然保持不变。所以，在这种情况下，无法获取时间分量。

L 阶时间分集可以看作码率为 $1/L$ 的重复编码，采用信道编码技术也可以在衰落信道下获得分集，这可以看作一种更复杂形式的时间分集。

空间也可以被当作一种能有效提供分集的资源。假设接收机具有多个天线，发射信号通过不同的路径到达接收机，如图 5-15 所示，如果接收机的天线间隔足够大（通常大于半个波长即可），那么接收信号将会经历不同的信道衰落，即每个接收的信号可以看作独立的，从而提供空间分集。空间分集可以通过在接收端使用多根不同极化的天线来实现，这种方式也称为极化分集，也可以将天线方向图的不同多径信号合并，对应每个方向图产生一个不同的信道，这种分集也被称为方向图分集。

空间分集是通过不同的空间路径而获得的，同样，可以用不同的频率来实现分集支路，频率间隔必须足够的大，以使不同的频段衰落是不相关的，通常称之为频率分集。通常用相干带宽来描述不同频率的相关度，当频率间隔小于相关带宽时，可以认为信道是平坦的，当频率间隔大于几倍带宽时，可以认为信号衰落是不相关的。与空间分集相比，频率分集只用一副天线，但是占用了更多的频谱资源，频率分集多用于扩频技术和 OFDM 技术中。

图 5-15 空间分集方案

② 空时编码

基带空时编码通信系统模型如图 5-16 所示。其中，发射天线数为 M_T，接收天线数为 M_R。发射数据被送入空时编码器进行编码。在每个时刻 t，将由 m 个二进制信息符号组成的块 c_t 进入空时编码器，这个块可以表示为：

$$c_t = \left(c_t^1, c_t^2, \cdots, c_t^m \right) \tag{5-29}$$

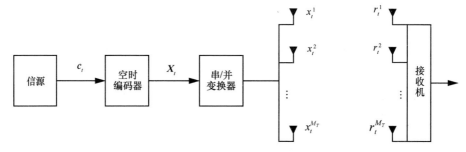

图 5-16 基带空间编码通信系统模型

空时编码器将 $M = 2^m$ 个点的信号集中的 m 个二进制输入数据映射成 M_T 个调制符号。将这个编码数据送到串/并（S/P）变换器，得到一个包含 M_T 个并行符号的序列，表示为 $M_T \times 1$ 的列矢量：

$$x_t = \left(x_t^1, x_t^2, \cdots, x_t^{M_T} \right)^T \tag{5-30}$$

其中，$(\cdot)^T$ 表示矩阵的转置，M_T 个并行输出信号由 M_T 根不同天线同时发送出去，符号 $x_t^i, (1 \leqslant i \leqslant M_T)$ 是由第 i 根天线发射的，并且所有发射符号都有相同的时间宽

度 T_{sec}。来自不同天线的编码调制符号的矢量被称为空时符号。

对于无线移动通信来说，假定信道是无记忆的，那么从一根发送天线到另一根接收天线的每一个链路都可以用平坦衰落模型来表示。发射天线数为 M_T 和接收天线数为 M_R 的 MIMO 信道可以用一个 $(M_T \times M_R)$ 的信道矩阵 $\boldsymbol{H}$ 来表示。

在接收机端，M_R 根接收天线上的每个信号都是 M_T 根发射信号经衰落信道衰落后的信号与噪声信号加。在 t 时刻，第 $j\left(j=1,2,\cdots,M_R\right)$ 根天线上的接收信号（用 r_t^j 表示）可以表示为：

$$r_t^j = \sum_{i=1}^{M_T} h_{j,i}^t \cdot x_t^i + n_t^j \tag{5-31}$$

其中，n_t^j 是第 j 根接收天线在 t 时刻的噪声分量，它是单边功率密度为 N_0 的零均值复高斯随机变量。

用 $M_R \times 1$ 列矢量表示 t 时刻上 $M_R \times 1$ 根接受天线上的接收信号：

$$\boldsymbol{r}_t = \left(r_t^1, r_t^2, \cdots, r_t^{M_R}\right)^{\mathrm{H}} \tag{5-32}$$

接收端的噪声可以用 $M_R \times 1$ 的列矢量 $\boldsymbol{n}_t$ 表示为：

$$\boldsymbol{n}_t = \left(n_t^1, n_t^2, \cdots, n_t^{M_R}\right)^{\mathrm{H}} \tag{5-33}$$

每个分量表示一根接收天线上的噪声取样，因此，接收信号矢量可以表示为：

$$\boldsymbol{r}_t = \boldsymbol{H}_t \boldsymbol{x}_t + \boldsymbol{n}_t \tag{5-34}$$

假设接收机的译码器使用最大似然算法估计发射信号序列，并且接收机能够获得 MIMO 信道上理想的信道状态信息（CSI），此外，发射机没有关于信道的任何信息。在接收端，依据假定的接收序列和经过信道的序列之间的平方欧几里得距离计算判决度量，如式（5-35）所示：

$$\sum_t \sum_{j=1}^{M_R} \left| r_t^j - \sum_{i=1}^{M_T} h_{j,i}^t \cdot x_t^i \right|^2 \tag{5-35}$$

译码器选择具有最小判决度量的码字作为输出。

空时编码的性能指标如下所示。

（1）分集增益：分集增益是相同差错概率时的空间分集系统相对于无分集系统的功率增益的近似量度。

（2）编码增益：编码增益则是相同分集增益和相同差错概率时编码对于无编码系统的功率增益的度量。

（3）空时编码的传输速率。

（4）译码复杂度。

在进行空时编码时，不仅要考虑分集增益、编码增益、传输速率，同时还要使译码更加简单，译码复杂度是进行空时编码设计的一个重要性能指标。

5.2.3 超大规模 MIMO

大规模 MIMO 是一种新兴的技术，与目前的技术水平相比，它可以将 MIMO 的规模扩大几个数量级。对于大规模 MIMO 来说，一般认为系统使用几百个天线阵列，同时在同一时间–频率资源中为几十个终端服务[40]。大规模 MIMO 尽管规模要大得多，但也继承了传统 MIMO 的所有优势。总体来说，大规模 MIMO 是未来宽带（固定和移动）网络发展的推动者，它将是节能的、安全的、有效的，并将更高效地使用频谱。因此，大规模 MIMO 是将互联网和物联网与云和其他网络基础设施连接起来的技术基础，也是未来数字社会基础设施的一个推动者。

随机矩阵理论中的 Marchenko-Pasture 定理表明：当信道矩阵 H 的每个元素都独立同分布于零均值、方差为 δ^2 的任意分布时，随着其行数 N 和列数 M 趋于无穷，即 $M,N \to \infty$，且两者比值趋近于常数（ $N/M \to \beta$ ），则矩阵 $H^H H$ 特征值趋近于确定分布。将 Marchenko-Pasture 定理运用到 MIMO 信道中，随着发射天线数和接收天线数变大，矩阵 $H^H H$ 的特征值趋近于确定分布，即所谓的信道硬化。该矩阵对角元收敛到 1，非对角元收敛到 0，如图 5-17 所示。利用上述信道硬化特性，当天线数趋于无穷时，接收端利用简单的匹配滤波便可以完全消除干扰：

$$\frac{1}{N}H^H y = \frac{1}{N}H^H Hs + \frac{1}{N}H^H n \overset{N \to \infty}{\to} s + \frac{1}{N}H^H n \qquad (5\text{-}36)$$

其中，y 为接收信号，s 为发送信号，n 为噪声干扰。另外，信道硬化条件也能降低其他检测算法的复杂度。

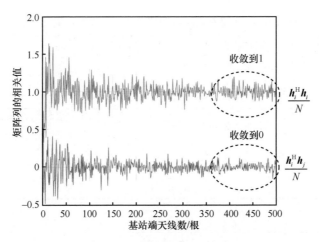

图 5-17　信道自相关和互相关状态

图 5-17 中，$\boldsymbol{h}_i$ 和 $\boldsymbol{h}_j$ 表示信道矩阵 $\boldsymbol{H}$ 的第 i 行与第 j 行向量。

大规模 MIMO 依赖于空间多路复用，而空间多路复用又依赖于基站具有足够好的信道信息，包括上行链路和下行链路。在上行链路上，这很容易实现，方法是让终端发送导频，基站根据导频估计每个终端的信道响应。但是这在下行链路比较困难。在 LTE 标准所述的 MIMO 系统中，基站发送导频波形，终端根据导频波形估计信道响应，将得到的估计进行量化，然后反馈给基站。这在大规模 MIMO 系统中是不可行的，至少在高机动性的环境中是不可行的，原因有二。首先，最优下行导频应该是天线之间是相互正交的。这意味着下行链路导频所需的时间–频率资源的数量与天线的数量成比例，因此一个大型 MIMO 系统需要的时间–频率资源是传统系统的 100 倍。其次，每个终端必须估计的信道响应数量也与基站天线的数量成正比。因此，向基站报告信道响应所需的上行资源将比传统系统大 100 倍。一般来说，解决方案是在 TDD 模式下运行的，并依赖于上行和下行通道之间的互易性，尽管系统在某些情况下可以进行分频双工（FDD）操作[41]。大规模 MIMO 与传统的 MU-MIMO 对比见表 5-3。

（1）大规模 MIMO 通信特性

为了评价不同的天线配置（从 SISO 到大规模 MIMO）在蜂窝网中的性能，考虑一个单小区下行的系统模型在如下场景的容量：SISO、单用户 MIMO（SU-MIMO）、

表 5-3　大规模 MIMO 与传统的 MU-MIMO 对比

	传统的 MU-MIMO	大规模 MIMO
用户数（K）和基站天线数（M）的关系	$M \approx K$，两个值都很小（两个都不到 10）	$M \gg K$，两个值都很大（$M=128$，$K=20$）
双工模式	设计支持 TDD 和 FDD	设计支持 TDD，为了信道互易性
信道获取方式	导频码本	上行依靠发送导频 下行依靠信道互易性
预编码/组合后的链接质量	由于频率选择性和小范围衰落，随时间和频率变化	由于信道硬化，几乎不随时间和频率变化
资源分配	信道变化快，所示分配也变得快	信道变化慢，所示分配方式变化的也慢
小区边缘用户	只有在基站协作的情况下才能有较好的性能	导频干扰严重

多用户 MIMO（MU-MIMO）和大规模 MIMO。发射端有 N 根发射天线，接收端有 K 个用户，每个用户装备有 M 根天线。

① SISO [$N = 1, M = 1, K = 1$]

在 SISO 场景中，基站和唯一的用户都只有一根天线。所以接收信号 y 可以建模为：

$$y = hx + n \tag{5-37}$$

因此，单链路的可达容量（bit/(s·Hz)）可以表示为：

$$C_{\text{SISO}} = \log_2(1+\gamma) = \log_2\left(1 + h^2 \frac{P_t}{\sigma_n^2}\right) \tag{5-38}$$

其中，γ 是接收信噪比，P_t 是发送信号功率，σ_n^2 是噪声功率，h 是信道系数。

② SU-MIMO [$N > 1, M > 1, K = 1$]

在 SU-MIMO 系统中，发射机和接收机都配备有多根天线。所以接收信号向量 $y_m \in \mathbb{C}^{M \times 1}$ 可以建模为：

$$y_m = \sqrt{\rho} H_{m,n} x_n + n_m \tag{5-39}$$

其中，$n = \{1, 2, \cdots, N\}$ 代表发送天线标号，$m = \{1, 2, \cdots, M\}$ 代表接收天线标号。$x_n \in \mathbb{C}^{N \times 1}$ 为传输信号向量，$n_m \in \mathbb{C}^{M \times 1}$ 为噪声和干扰向量，$H_{m,n} \in \mathbb{C}^{M \times N}$ 为信道矩阵，ρ 表示归一化发射功率的标量。

假设独立同分布高斯传输信号，具有单位协方差矩阵的零均值圆对称复高斯噪

声 I，接收机已知完美信道信息，瞬时可达速率（bit/(s·Hz)）为：

$$C_{\text{SU-MIMO}} = \log_2 \left| \left(I + \frac{\rho}{N} HH^* \right) \right| \tag{5-40}$$

式（5-40）有如下边界：

$$\log_2(1 + \rho M) \leqslant C_{\text{SU-MIMO}} \leqslant \min(m, n) \log_2 \left(1 + \rho \frac{\max(m, n)}{N} \right) \tag{5-41}$$

③ MU-MIMO[$N > 1, M > 1, M_k = 1, K > 1$]

在 MU-MIMO 场景中，基站同时服务多个单天线用户。所以接收信号向量可以表示为 $y_k \in \mathbb{C}^{K \times 1}$：

$$y_k = \sqrt{\rho} H_{k,n} x_n + n_k \tag{5-42}$$

其中，$x_n \in \mathbb{C}^{N \times 1}$ 为传输信号向量，$n_k \in \mathbb{C}^{K \times 1}$ 为噪声和干扰向量，$H_{k,n} \in \mathbb{C}^{K \times N}$ 为信道矩阵。瞬时可达速率（bit/(s·Hz)）为：

$$C_{\text{MU-MIMO}} = \max_P \log_2 \left| \left(I + \rho HPH^* \right) \right| \tag{5-43}$$

其中，$P = \{ p_1, p_2, \cdots, p_K \}$ 是一个正对角矩阵，对角线元素为功率分配。

④ 大规模 MIMO[$N \gg M, N \to \infty$ 或 $M \gg N, M \to \infty$]

当 $N \gg M, N \to \infty$ 时有：

$$C_{\text{Massive MIMO}} \approx N \log_2 \left(1 + \rho \frac{M}{N} \right) \tag{5-44}$$

式（5-43）和式（5-44）是假定信道 H 的行向量或者列向量是渐进正交的，这也证明了大规模 MIMO 容量是随着基站天线数或者用户天线数线性增长的这一优点。

（2）大规模 MIMO 应用举例

① 毫米波

毫米波是指波长为 1～10mm 的电磁波，通常对应于 30～300GHz 的无线电频谱[42]。一般包括 28GHz、37GHz、39GHz 和 64～71GHz 4 个频段，如图 5-18 所示。

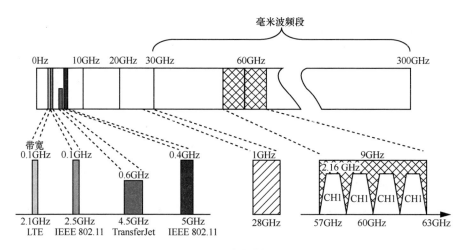

图 5-18　毫米波频段

相较于低频波段，毫米波有如下优势[43]：一是频谱宽，配合各种多址复用技术的使用可以极大提升信道容量，适用于高速多媒体传输业务；二是可靠性高，较高的频率使其受到的干扰很少，可以提供稳定的传输信道；三是方向性好，毫米波受空气中各种悬浮颗粒物的吸收较大，使得传输波束较窄，增大了窃听难度，适合短距离点对点通信；四是波长极短，所需的天线尺寸很小，易于在较小的空间内集成大规模天线阵。因此，毫米波频段可满足下一代通信高速率、广接入和低时延等关键指标的要求。但是毫米波也有如下缺点[44]：一是不容易穿过建筑物或者障碍物，并且可以被叶子和雨水吸收；二是时间选择性衰落比较严重。所以如何克服毫米波这些缺点是使用毫米波进行通信的重要一环，而大规模 MIMO 与毫米波相结合就是有效方案之一。

毫米波频率的波长很短，天线阵的物理尺寸可以大大减小，这给大规模 MIMO 技术提供了很大的应用空间，同时大规模 MIMO 技术也是对毫米波高路径损耗的补偿。毫米波的传输距离比较短，更加适合短距离通信，主要用于室内、点到点回传链路或者用于支持室内高速无线应用如高分辨多媒体流等。在 5G 和 6G 网络中，诸如微微小区和毫微微小区将呈现短程通信的场景，而且毫米波频段也被认为是满足5G 和 6G 要求的频谱资源之一，所以毫米波通信技术意义重大。毫米波场景下的大规模 MIMO 技术因具有足够的可用带宽、小型化的天线和设备、较高的天线复用增益等优势，可以有效地满足 5G 和 6G 中高传输速率和大带宽的需求，在基站侧配置大规模的天线阵列能够显著地提高系统频谱效率和容量[45]。因此毫米波大规模 MIMO 系统吸引了学术界的广泛关注。

② 3D 模式赋形

大规模 MIMO 信道从传统的二维平面传输扩展到了三维立体模型，也就是三维多天线技术[46]。利用三维多天线技术可以更好地发挥大规模天线系统的优势，实现三维大规模天线系统（3D Massive MIMO）。如图 5-19 所示，3D 大规模 MIMO 中的关键技术 3D 波束赋形在传统水平维度波束赋形的基础上，引入了垂直维度的波束赋形技术，可以有效地增加基站服务的用户数，减少部署成本。因此，在大规模 MIMO 系统中引入 3D 波束赋形技术，可以在立体空间内对基站水平和垂直方向的下倾角进行多角度转换。传统的波束赋形技术控制波束在水平维度的指向，属于二维波束赋形，而 3D 波束赋形技术可以同时调整水平和垂直维度的波束指向，随时跟踪用户位置。因此，3D 波束赋形技术可以显著地减少系统辐射功率并且降低用户间的干扰，解决二维波束赋形中处于相同水平维度同一角度的用户干扰问题。随着有源天线系统（Active Antenna System，AAS）的日益成熟和进步，3D 波束赋形技术应用到大规模天线阵列成为可能。大规模天线阵列中的 3D 波束赋形采用空间信号隔离技术[47]，使天线阵列根据用户位置调整波束权重，有效地增加用户接收信号功率和系统吞吐量。

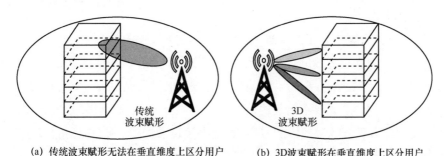

(a) 传统波束赋形无法在垂直维度上区分用户　　(b) 3D波束赋形在垂直维度上区分用户

图 5-19　传统波束赋形和 3D 波束赋形对比

不仅如此，在理想条件下，大规模 MIMO 系统中的快衰落和热噪声基本可以完全消除，系统中服务的用户数目和系统容量也将不再受限于小区规模，邻小区的导频污染将成为影响系统性能的主要因素。为了消除小区间干扰，业界提出了很多方法，主要包括可变频率复用、小区间干扰随机化、小区间干扰检测、功率控制技术等，这些技术已经在实际中得到了大量的应用。除此之外，3D 波束赋形技术通过灵活地控制波束下倾角，可以有效地减少小区间干扰。

（3）大规模 MIMO 的挑战

尽管大规模 MIMO 有明显的优势，但要应用和部署仍面临一些挑战[40,48-51]，具体如下。

① 信道建模。在理论研究中，大规模 MIMO 技术需要在站点安装大量的天线，但在实际应用中，由于场地限制以及居民环保意识的提高，不可能安装太多的物理天线，只能考虑将天线集成起来形成天线阵列，由于频率与波长成反比关系，频率越高，波长越短，所以天线的尺寸也可以随着频率的变高而缩小，在毫米波频段，将 64 根以及更多的天线阵列集成在一个物理天线从理论上来说是可行的，但由于大规模 MIMO 技术需要很高的空间分辨率，需要让波束的覆盖方向精准地指向用户端，这就要利用空间信道的相关性以及波的干涉技术，通过调整天线阵列的输出，提高信道的接收信噪比，达到提升系统性能的目的。在实际中，信号在传播过程中会受到建筑物、雨、雾等的阻挡，不同频段、不同场景、不同天线布局情况下的传播特性各异，相应的传播模型也各异，因此，在使用大规模 MIMO 技术时，实际建模的算法比较复杂，并且理论研究与实际应用中会因为天线工艺等影响，往往达不到理论上的效果[51]。

② 低复杂度算法。在大规模 MIMO 中，需要在基站侧配置大规模的天线阵列，在硬件上面需要大量的功放单元，这些功放单元集中在一个物理天线里，每个端口都间距比较近，在进行射频信号和电磁波信号转换时有可能互相影响，造成系统性能下降，这就要求调制的信号有较低的均峰比，需要用到比较优化的调制算法，而随着天线数量的增加，算法的复杂度也增加了。前面提到的信道估计、预编码技术、信道检测技术等都依赖于算法，而在实际应用中，将会有大量不同类型、不同速率、不同频率的数据需求出现在同一小区中，这些需求将会对射频以及基带处理等有更高的要求，情况越复杂，算法越难以实现，而简单的算法意味着实现的复杂度较低，所以研究大规模 MIMO 中比较适合信道估计、预编码、信道检测、资源分配等的低复杂度算法[52-55]也成为大规模 MIMO 需要突破的问题。

③ 导频污染。在理论研究中，TDD 中的上下行导频符号是相互正交的，这种正交性可以让不同用户之间的信号不会互相干扰，但在实际大规模 MIMO 中，由于区域内用户的增加，相互正交的导频序列不能完全满足区域内所有用户的需求，所以不同小区用户间可能采用非正交的导频序列，而基站在获取本小区终端信道信息的同时也有可能获取其他小区终端的信道信息，从而导致基站对本小区信道的估计叠加了其他终端的信息，使导频信息受到污染，得到的下行 CSI 不准确[56]，并且进一步影响上行导频数据，这些导频污染会使基站对信号的处理出现偏差，使小区间产生干扰，严重限制了系统性能的提升，所以如何减少导频污染问题，也是需要重点突破的课题。

减少导频污染问题，可以从污染产生的源头分析，导频污染的主要原因是使用非正交或者重复使用相同导频序列，在导频设计时要尽量避免此类情况的出现，可以从以下 3 个方面[33,57]思考：

- 通过合理的导频设计减少导频污染，在相邻小区边缘之间通过算法分配不同的导频，减轻导频的相干程度；
- 采用导频移位的方式，在相邻小区间共用同一组导频序列时采用不同的时隙来发送导频信息；
- 在特定干扰区域分配足够多的导频序列，使区域内的导频信息是正交的，从而减轻干扰。同时可以通过选择合适的信道估计以及预编码技术来减轻干扰，提升系统性能。

5.2.4　小结

随着 6G 时代的到来，天线朝着智能化、小型化、定制化方向发展，这对于大规模 MIMO 技术起了极大的助力作用，天线成本的降低和集成化也有利于大规模天线阵列的实现。大规模 MIMO 技术在未来应用会更加广泛，相应地，越来越多的天线带来的信道建模问题、高复杂度问题以及导频污染问题也需要被解决。目前，已有学者针对毫米波大规模 MIMO 的相关问题进行探索，也有利用深度学习方法获取大规模 MIMO 信道状态信息的相关工作等，在这里就不展开说明，读者可以自行查找学习。

|5.3 信道估计与检测|

5.3.1 无线信道概述

无线信道是具有各种传播特性的自由空间，是电磁波的空间传播渠道，有地波传播、短波电离层反射（短波信道）、超短波或微波视距中继、光波信道、人造卫星中继以及各种散射信道等。

（1）衰落信道

在无线通信领域，衰落是一个针对功率的概念，或者说是信号强度。衰落就是说信号功率减小的问题。"衰落"按功率下降的快慢可以分为大尺度衰落和小尺度衰落[58]，如图 5-20 所示。

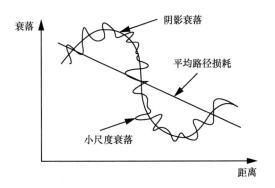

图 5-20 大尺度衰落与小尺度衰落

大尺度衰落反映了电磁波信号经过了几百或数千米（几十甚至上百波长量级上）的长距离传播后而引起的接收信号平均接收功率的变化。这种变化一般比较缓慢，是长期统计平均的结果。大尺度衰落包括平均路径损耗和阴影衰落。

平均路径损耗是由信号的部分能量在反射时被反射体吸收（如地面、树木等）导致的。而阴影衰落是由移动通信信道路径上的固定障碍物（建筑物、山丘、树林等）的阴影引起的。

小尺度衰落是由多径传播引起的衰落，描述的是在微观小范围内短时间或者短距离（数十个波长量级）的传播后，电磁波信号在幅度、相位和时延上发生波动，从而带来接收信号电平均值的剧烈变化。影响小尺度衰落的因素包括多径传播、移动台的移动速度、信道的传输带宽等。小尺度衰落信道是信道估计的重点。

小尺度衰落又可以分为由多径时延和多普勒扩展（多普勒频移）等引起的频率选择性衰落和时间选择性衰落[59]。

由于多径效应，接收端收到的是一个合成信号，该合成信号是由存在时间差异的不同路径信号叠加而成的，这些信号会在时域上相对原始信号产生一个时延，导致最终的信号在时域上出现展宽，这种现象就叫做时延扩展，它是频率选择性衰落的根本原因，最大时延扩展定义为最大传输时延和最小传输时延的差值，即最后一个可分辨的时延信号与第一个时延信号到达时间的差值，实际上就是脉冲展宽的时间。时延扩展是衡量多径传播信道质量的一个重要指标。相干带宽是描述时延扩展的指标，是表示多径信道特性的一个重要参数。通常，最大时延扩展 $\tau_{\max}$ 和相干带宽 B_c 可以近似看成倒数关系，即：

$$B_c \approx \frac{1}{\tau_{\max}} \tag{5-45}$$

在相干带宽范围内，任意两个频率分量都具有很强的幅度相关性，在该带宽内的信道可以看作恒定的。因此，可根据信号带宽与信道相关带宽之间的关系，进一步对由多径效应引起的衰落进行分类，即平坦衰落和频率选择性衰落。

平坦衰落，顾名思义，其频率响应在所用的频段内是平坦的。一方面，对于平坦衰落信道，虽然多路信号到达接收机的时间有先有后，但是这些相对时延远小于一个符号的时间，可以认为多路信号几乎是同时到达接收机的，这种情况下多径不会造成符号间的干扰。对于平坦衰落而言，其信道相干带宽 B_c 远大于信号带宽 B_s，信道时延扩展 τ 远小于符号周期 T_s，即：

$$B_c \gg B_s, \tau \ll T_s \tag{5-46}$$

另一方面，如果多路信号的相对时延与一个符号的时间相比不可忽略，那么当多路信号叠加时，不同时间的符号就会重叠在一起，造成符号间的干扰，这种衰落被称为频率选择性衰落，因为这种信道的频率响应在所用的频段内是不平坦的。对于频率选择性衰落而言，其信道相干带宽 B_c 小于信号带宽 B_s，信道时延扩展 τ 大于符号周期 T_s，即：

$$B_c < B_s, \tau > T_s \tag{5-47}$$

多普勒频移指的是当收发两端相对运动时，运动造成传播距离的变化，使得相位发生变化，信号频率产生偏移，造成接收信号的频谱展宽。这也是造成时间选择性衰落的根本原因。多普勒频移在时域上可以通过相干时间来表示，指的是信道保持恒定不变的最大时间差范围，也就是说，在相干时间范围内，可认为信道基本保持不变。与相干带宽类似，信道相干时间 T_c 与最大多普勒频移 f_m 可近似看成倒数关系，即：

$$T_c \approx \frac{1}{f_m} \tag{5-48}$$

根据信号符号周期与信道相关时间之间的关系，进一步对由多普勒频移引起的衰落进行分类，即快衰落和慢衰落。

多普勒频移越大，相干时间就越小，那么信号在信道中传播时就越容易发生时间选择性衰落，即快衰落，导致接收信号产生失真。多普勒频移越小，相干时间就越大，信号在信道中传播时就越不容易发生时间选择性衰落，即慢衰落，接收信号也就不会产生失真。

对于快衰落而言，信道的脉冲响应在信号的符号周期内变化，由多普勒扩展引起的频率分散将导致信号的畸变。其信道相干时间 T_c 小于符号周期 T_s，多普勒展宽 f_d 大于信号带宽 B，即：

$$T_c < T_s, f_d > B \tag{5-49}$$

对于慢衰落而言，信道脉冲响应以低于传输的基带信号的变化而变化。其信道相干时间 T_c 大于符号周期 T_s，多普勒展宽 f_d 小于信号带宽 B，即：

$$T_c > T_s, f_d < B \tag{5-50}$$

图 5-21 是对上述描述的总结。可以看出，无线信道的衰落情况根据不同的原因有不同的分类，而由于大尺度衰落在时间尺度上相较于无线通信的传输时间间隔（Transport Time Interval, TTI）来说可近似看作不变，因此，对于信道估计而言，一般只关心小尺度衰落。

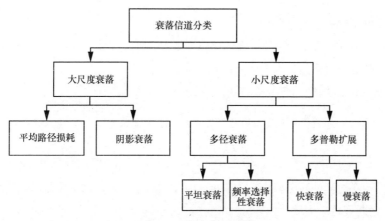

图 5-21　衰落信道分类[60]

（2）衰落信道的统计特征

① 瑞利衰落模型

瑞利衰落模型在通信系统中起着举足轻重的作用，是非常基础的信道模型。它是比较常见的用于描述平坦衰落信号接收包络或独立多径分量接收包络统计时变特性的一种分布模型。

瑞利分布包络的概率密度函数可以表示为：

$$p(r) = \begin{cases} \dfrac{r}{\sigma^2}\exp\left(-\dfrac{r^2}{2\sigma^2}\right), & 0 \leqslant r \leqslant \infty \\ 0, & r < 0 \end{cases} \tag{5-51}$$

其中，r 是信号的包络，σ 是电压信号的均方根值，σ^2 是平均功率。

经典的瑞利衰落模型有 Clarke 模型[61]和 Jakes 模型[62]等。

② 莱斯衰落模型

当存在视距路径时，接收信号在瑞利衰落多径上叠加了一个直流分量，总的接收信号包络服从莱斯分布。莱斯分布包络的概率密度函数可以表示为：

$$p(r) = \begin{cases} \dfrac{r}{\sigma^2} I_0\left(\dfrac{Ar}{\sigma^2}\right)\exp\left(-\dfrac{r^2 + A^2}{2\sigma^2}\right), & A \geqslant 0, r \geqslant 0 \\ 0, & r < 0 \end{cases} \tag{5-52}$$

其中，A 是主信号幅度的峰值，$I_0(\cdot)$ 是修正的第 0 阶贝塞尔函数。

③ Nakagami-m 衰落模型

瑞利和莱斯分布有时与实验数据不太拟合，因此，科研人员给出了更加拟合实验数据的信道衰落模型，即 Nakagami-m 模型[63]。

Nakagami-m 模型包络的概率密度函数可以表示为：

$$p(r) = \frac{2m^m r^{2m-1}}{\Gamma(m)P_r^m} \exp\left(-\frac{mr^2}{P_r}\right) \tag{5-53}$$

其中，P_r 为平均功率，$\Gamma(m)$ 为伽马函数，m 为衰落参数。改变 m 的值，Nakagami-m 衰落可以转变为其他衰落模型。例如 $m=1$ 时，Nakagami-m 衰落就退化成瑞利衰落。

④ 高斯衰落

高斯信道是最简单的信道，常常指的是加权高斯白噪声信道。这种噪声假设在整个信道带宽下功率谱密度为常数。

高斯信道的包络分布为：

$$p(r) = \frac{1}{\sqrt{2\pi}\sigma} \exp\left(\frac{(r-u)^2}{2\sigma^2}\right) \tag{5-54}$$

其中，μ 为噪声均值，σ^2 为噪声方差，包络分布符合正态分布。

5.3.2　OFDM 原理

正交频分复用（OFDM）是一种通过频分复用将高速率串行数据流转变为低速率并行数据流的多载波传输技术[64]，其思想早在 20 世纪 60 年代就已经出现了，但由于当时采用传统模拟方法实现并行传输系统是相当复杂且昂贵的，因而，这种技术在早期并没有得到实际应用。

20 世纪 70 年代，Weistein S 和 Ebert P 等人应用离散傅里叶变换（Discrete Fourier Transform，DFT）来实现多载波调制[65]，通过应用 DFT 和其逆变换 IDFT 解决了产生多个互相正交的子载波和从子载波中恢复原信号的问题，并采用快速傅里叶变换（Fast Fourier Transform，FFT）大大简化了多载波技术的实现，为 OFDM 从技术走向实用奠定了坚实的基础。但由于当时数字信号处理技术的限制，OFDM 技术并没有得到广泛的应用。

到了 20 世纪 80 年代，随着大规模集成电路的快速发展，FFT 技术的实现不再是难以逾越的障碍，一些其他难以实现的困难也都得到了解决，自此，OFDM 走上了通信的舞台，逐步迈向高速数字移动通信的领域。

（1）OFDM 系统简介

OFDM 的基本思想是将高速的数据流通过串/并变换转换成一组低速的子数据流，再将频域内给定信道划分成和子数据流相等的子信道，子信道之间相互正交，然后在每个子信道上传输一路子数据流，最终形成一个由若干子数据流叠加而成的信号。由于子信道之间相互正交，因此，各个子数据流之间不会存在干扰，且在接收端可以通过相干检测的方法还原出各个子数据流。这就是 OFDM 相对于一般多载波系统的不同之处，即它允许子载波频谱部分重叠，且只要满足子载波间相互正交，则可以从混叠的子载波上分离出数据信号[66]。

OFDM 系统基带模型如图 5-22 所示。在发射端，为了实现射频调制，应首先根据射频调制方式的不同，把二进制数字码元转换成对应的多进制码元，一般地，通过把 m 个比特序列映射到包含 $M = 2^M$ 个星座点当中的一个星座点，就可以得到复数符号序列，由此可以增加每个符号所携带的信息量，提高整个系统的信息传输速率，这在基带处理中叫做符号映射，或星座图映射或调制。之后经过串并变换及 IDFT 就可以完成 OFDM 调制，在接收端采用相反的过程恢复出原始数据流。另外，需要说明的是，OFDM 中还引入了保护间隔（Guard Interval，GI）。当保护间隔长度大于最大多径时延扩展时，可以完全消除由于多径带来的符号间干扰（Inter-Symbol Interference，ISI）的影响。如果采用循环前缀（Cyclic Prefix，CP）作为保护间隔，还可以避免由于多径传播带来的载波间干扰（Inter-Carrier Interference，ICI）[67]。实际的 OFDM 系统一般都采用循环前缀作为系统的保护间隔。

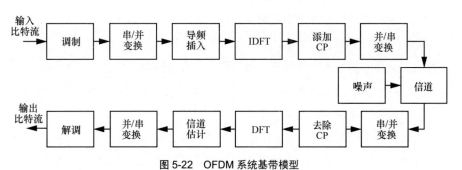

图 5-22　OFDM 系统基带模型

假设系统总子载波数为 N ，则第 k 个子载波上的基带模型表达式可以写成[68]：

$$Y(k) = H(k)X(k) + W(k) \tag{5-55}$$

其中，$Y(k)$ 表示第 k 个子载波上的接收到的信号，$X(k)$ 表示第 k 个子载波上的发送信号，$H(k)$ 表示第 k 个子载波上的信道频域响应，$W(k)$ 表示第 k 个子载波上的高斯白噪声。

多径衰落信道的冲激响应可以表示为抽头延迟线模型，如式（5-56）所示：

$$h(nT_s) = \sum_{l=0}^{L-1} h_l \delta(nT_s - \tau_l), n = 0,1,\cdots,N-1 \tag{5-56}$$

其中，T_s 表示采样间隔，L 表示信道的多径数，h_l 表示第 l 条路径的信道增益，τ_l 表示第 l 条路径的时延，对多径时延 τ_l 作归一化处理，则式（5-56）可以简化为：

$$h(n) = \sum_{l=0}^{L-1} h_l \delta(n - \gamma_l), n = 0,1,\cdots,N-1 \tag{5-57}$$

其中，$\gamma_l = \tau_l / T_s$ 为归一化时延。

由于 OFDM 系统中设置的循环间隔长度会大于最大多径时延，则信道的频域响应 $H(k)$ 可由信道冲激响应 $h(n)$ 表示为：

$$H(k) = \sum_{n=0}^{N-1} h(n)\mathrm{e}^{-\mathrm{j}\frac{2\pi}{N}kn} = \sum_{l=0}^{L-1} h_l \mathrm{e}^{-\mathrm{j}\frac{2\pi}{N}k\gamma_l} \tag{5-58}$$

（2）基于 OFDM 的信道估计

为了在接收端进行相干检测，系统需要知道信道状态信息以进行信道均衡，因此，信道估计在 OFDM 系统中十分重要[69]。由于 OFDM 系统子载波间互不干扰，每个子载波上的信道估计都可以单独进行。

常见的信道估计可分为以下几类。

① 基于导频的信道估计[70]。顾名思义，该类算法是在发送的数据流中插入收发端都已知的参考信号（即导频或训练序列），在接收端，就可以根据已知的导频估计出导频位置上的信道状态信息，再根据导频位置上的信道状态信息，通过插值得到数据位置上的信道状态信息。

② 盲估计和半盲估计[71]。盲估计不需要传输已知数据进行估计就可以提高数据传输效率，但它有一个比较大的缺点，就是收敛速度很慢，计算复杂度也较大，

且可能出现相位模糊的问题，因而阻碍了它在实际系统中的应用。半盲估计是盲估计和基于导频的信道估计的折中，它使用少数的已知数据并结合盲估计算法，可以在比较快的收敛速度下保证比较好的性能。

在实际的 OFDM 系统中，一般采用基于导频的信道估计，主要分为 3 步[72]：

第 1 步，发射端在设计好的位置插入导频序列；

第 2 步，接收端根据已知导频估计导频位置上的信道状态信息；

第 3 步，通过导频位置上估计得到的信道状态信息，插值得到数据位置上的信道状态信息，从而完成整个系统的信道估计步骤。

由此引出了 3 个主要问题：导频图样设计；基于导频的信道估计方法；插值方法，下面将对这 3 个问题进行着重介绍。

5.3.3　导频图样设计

参考信号（Reference Signal，RS）就是"导频"信号，是由发射端提供给接收端用于信道估计或信道探测的一种已知信号[73]。对于基于导频的信道估计方法来说，导频图样设计是关键，不同的导频图样对于信道估计的性能有着不同的影响。

导频图样设计一般要考虑两个因素，即导频密度以及导频位置。一方面，直观上来说，导频密度越大，OFDM 系统中越多的资源被用来进行信道估计，通过插值得到数据位置上的信道状态信息的准确性就越高，但同时，系统用户信道估计的时频资源开销也越大，用于数据传输的资源越少，反而有可能导致实际传输的频谱效率越低。另一方面，在给定导频密度的前提下，如何将这些有限的导频放置在给定的时频资源中，使得信道估计的性能较好，这就需要根据不同的应用场合有针对性地设计。

（1）导频密度设计

想要通过导频位置的信道状态信息来估计其他数据位置上的信道状态信息，必须使导频之间的间隔能够跟上信道响应的变化，这要求导频间隔在时域和频域上满足奈奎斯特（Nyquist）采样定理，即设计导频的间隔应该满足下列条件[73]：

$$N_t \leqslant \frac{1}{2f_{D\max}T_s} \tag{5-59a}$$

$$N_f \leqslant \frac{1}{2\tau_{\max}\Delta f} \tag{5-59b}$$

其中，N_t 和 N_f 代表导频在时间和频率上的索引间隔，$f_{D\max}$ 为最大多普勒频移，T_s 为 OFDM 符号周期，$\tau_{\max}$ 为信道最大时延扩展，Δf 表示子载波间隔。

（2）常见导频图样

常见的导频图样一般分为以下几种，即块状（Block Type）导频结构、梳状（Comb Type）导频结构和二维离散导频图样[74]。

① 块状导频结构

块状导频结构如图 5-23 所示，这种导频信号的特点是：在频域上全部插满，在时域上则是等间隔地均匀插入。这种导频结构由于在频域上全部插满了导频，频域方向的信道状态信息可直接根据已知导频获取，因此，在频域上的信道估计结果比较好。而在时域上，由于导频是等间隔插入的，在导频之间的时频单元上的信道状态信息还需要通过插值获得，因此，这类导频分布对时间比较敏感，特别是当信道在时域上变化十分迅速时，其信道估计性能就会相应地下降，不适合在时间选择性衰落信道中传输此类导频。

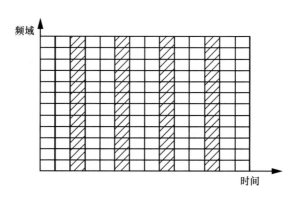

图 5-23　块状导频结构

② 梳状导频结构

梳状导频结构如图 5-24 所示，与块状导频结构相反，这种导频信号的特点是：在时域上全部插满导频，在频域上则是等间隔地均匀插入。这种导频结构由于在时域上全部插满了导频，时域方向的信道状态信息可直接根据已知导频获取，因此，在时域上的信道估计结果比较好。而在频域上还需要进行插值，以便获得其他子载波上的信道估计结果。可以看出，这种类型的导频分布对频率比较敏感，不适合在频率选择性衰落信道中传输。

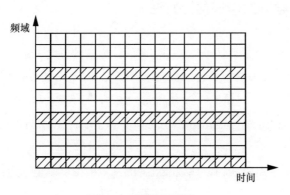

图 5-24　梳状导频结构

③ 二维离散导频图样

二维离散导频图样如图 5-25 所示，它比前两种要更复杂。这种二维导频的特点是，在时域和频域两个方向上都等间隔地均匀插入导频，但是在时域上的导频密度要小于梳状分布，在频域上的导频密度要小于块状分布，因此在任何一个方向上其性能都不是最优的，但是开销也不是最大的，从而在一定程度上，其性能也是前两种导频分布的折中，在非极端环境下，这种二维离散导频图样综合性能最好，应用比较广泛。

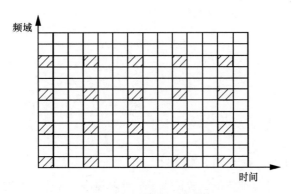

图 5-25　二维离散导频图样

实际系统中的参考信号往往以二维离散导频图样的形式居多，具体可参考 3GPP 的相关协议[75-76]。

5.3.4　基于导频的信道估计方法

第 5.3.3 节已经介绍了基于导频的信道估计方法的主要步骤，其中，最重要的一步就是根据已知导频来获得导频位置上的信道状态信息。在 OFDM 系统中，常用的信道估计方法包括最小二乘（Least Square，LS）估计、最小均方差（MMSE）估计、线性最小均方差（Linear Minimum Mean-Square Error，LMMSE）估计和基于 DFT 的信道估计等[77]。

根据第 4.2.1 节所描述的，导频位置上的基带模型可以表示为：

$$y_p = X_p h_p + w_p \tag{5-60}$$

其中，X_p 是以发射端导频信号 $\left[X_p(0), X_p(1), \cdots, X_p(N_p - 1) \right]$ 为主对角线的对角矩阵，N_p 为所用的导频个数，h_p 为导频位置上的信道频域响应向量，w_p 表示叠加在导频位置上的高斯噪声向量。

（1）最小二乘估计

最小二乘估计是最简单的一种信道估计方法，假设 $\hat{h}_p$ 为 h_p 的估计，则最小二乘算法的原理就是使平方代价函数最小，即找到最佳的 $\hat{h}_p$，使得式（5-60）最小：

$$\min_{\hat{h}_p} J = \left\| y_p - X_p \hat{h}_p \right\|_2^2 \tag{5-61}$$

令 J 对 $\hat{h}_p$ 求偏导，并令其等于零向量，即：

$$\frac{\partial J}{\partial \hat{h}_p} = 2 X_p^{\mathrm{H}} X_p \hat{h}_p - 2 X_p^{\mathrm{H}} y_p = \mathbf{0} \tag{5-62}$$

可得：

$$\hat{h}_{\mathrm{LS}} = \left(X_p^{\mathrm{H}} X_p \right)^{-1} X_p^{\mathrm{H}} y_p = \left[\frac{Y_p(0)}{X_p(0)}, \frac{Y_p(1)}{X_p(1)}, \cdots\cdots, \frac{Y_p(N_p - 1)}{X_p(N_p - 1)} \right]^{\mathrm{T}} \tag{5-63}$$

从式（5-63）可以看出，LS 算法只需要进行一次除法运算即可获得导频位置的信道估计结果，复杂度非常低，算法简单，计算量小，而且运算过程中的所有参数都是可以准确获得的，极利于工程实现。但是，LS 算法也存在着很大的问题，那就是没有考虑噪声的干扰，所以信道估计性能受噪声影响较大。

（2）最小均方差估计

最小均方差估计可以有效抑制噪声的影响，定义信道估计误差为 $e = h_p - \hat{h}_p$，则均方差可以表示为：

$$\text{MSE} = E\left\{\| e \|_2^2\right\} = E\left\{e^{\text{H}} e\right\} \tag{5-64}$$

其中，$E\{\cdot\}$ 表示数学期望。假设 $\hat{h}_p = C^{\text{H}} y_p$，$C$ 为滤波矩阵，则均方差可以表示为：

$$\text{MSE} = E\left\{ \text{tr}\left[h_p h_p^{\text{H}} - C^{\text{H}} y_p h_p^{\text{H}} - h_p y_p^{\text{H}} C + C^{\text{H}} y_p y_p^{\text{H}} C \right]\right\} \tag{5-65}$$

交换求迹和数学期望顺序，可得：

$$\text{MSE} = \text{tr}\left[E\left\{h_p h_p^{\text{H}}\right\} - C^{\text{H}} E\left\{y_p h_p^{\text{H}}\right\} - E\left\{h_p y_p^{\text{H}}\right\} C + C^{\text{H}} E\left\{y_p y_p^{\text{H}}\right\} C \right] \tag{5-66}$$

最小均方差的原理就是找出最佳滤波矩阵 C，使得均方差最小。令 MSE 对滤波矩阵求偏导，并且令结果等于零矩阵，即：

$$\frac{\partial \text{MSE}}{\partial C} = -2E\left\{y_p h_p^{\text{H}}\right\} + 2E\left\{y_p y_p^{\text{H}}\right\} C = \mathbf{0} \tag{5-67}$$

可得：

$$C = \left(E\left\{y_p y_p^{\text{H}}\right\}\right)^{-1} E\left\{y_p h_p^{\text{H}}\right\} \tag{5-68}$$

则最小均方差的表达式可以写成：

$$\hat{h}_{\text{MMSE}} = C^{\text{H}} y_p = R_{HY} R_{YY}^{-1} y_p \tag{5-69}$$

其中：

$$R_{HY} = E\left\{h_p y_p^{\text{H}}\right\} = E\left\{h_p h_p^{\text{H}}\right\} X_p^{\text{H}} = R_{HH} X_p^{\text{H}}$$

$$R_{YY} = E\left\{y_p y_p^{\text{H}}\right\} = X_p E\left\{h_p h_p^{\text{H}}\right\} X_p^{\text{H}} + E\left\{w_p w_p^{\text{H}}\right\} = X_p R_{HH} X_p^{\text{H}} + \sigma_n^2 I_{Np} \tag{5-70}$$

R_{HH} 表示信道频域自相关矩阵，将式（5-70）代入式（5-69），则 MMSE 的表达式可写为：

$$\begin{aligned}
\hat{h}_{\text{MMSE}} &= R_{HH} X_p^{\text{H}} \left(X_p R_{HH} X_p^{\text{H}} + \sigma_n^2 I_{N_p} \right)^{-1} y_p \\
&= R_{HH} \left(R_{HH} + \sigma_n^2 \left(X_p^{\text{H}} X_p \right)^{-1} \right)^{-1} \hat{h}_{\text{LS}}
\end{aligned} \tag{5-71}$$

从上述的 MMSE 算法的推导过程可以看出，MMSE 估计相当于对 LS 估计做了一次滤波操作。MMSE 算法的运算十分复杂，需要进行二次求逆操作，实际中很难快速有效地完成这些运算，而且还需要知道信道的自相关矩阵和噪声方差等参数，但是这些参数在实际中同样是很难获得的，这也导致了 MMSE 算法在工程上很难实现。因此，为了降低 MMSE 算法的复杂度，提高它的实用性，需要对当前的 MMSE 算法做简化。

（3）线性最小均方差估计

线性最小均方差是一种 MMSE 的简化方案，其思想是将 $\left(\boldsymbol{X}_p^{\mathrm{H}}\boldsymbol{X}_p\right)^{-1}$ 用它的期望值 $E\left\{\left(\boldsymbol{X}_p^{\mathrm{H}}\boldsymbol{X}_p\right)^{-1}\right\}$ 来代替，即用各个子信道的平均功率来代替瞬时功率，这样就可以大大减少矩阵的求逆操作，从而降低 MMSE 算法的复杂度。

假设发送的信号统计独立且在星座点上是等概率出现的，则 $E\left\{\left(\boldsymbol{X}_p^{\mathrm{H}}\boldsymbol{X}_p\right)^{-1}\right\}$ 可用 $E\left\{\left|\boldsymbol{X}_p\right|^{-2}\right\}$ 来代替，则 LMMSE 的表达式可以写成：

$$\hat{\boldsymbol{h}}_{\mathrm{LMMSE}} = \boldsymbol{R}_{HH}\left(\boldsymbol{R}_{HH} + \frac{\beta}{\mathrm{SNR}}\boldsymbol{I}_{N_p}\right)^{-1}\hat{\boldsymbol{h}}_{\mathrm{LS}} \tag{5-72}$$

其中，$\mathrm{SNR} = E\left\{\left|\boldsymbol{X}_p\right|^2\right\}/\sigma_n^2$ 表示平均信噪比，$\beta = E\left\{\left|\boldsymbol{X}_p\right|^2\right\}E\left\{\left|\boldsymbol{X}_p\right|^{-2}\right\}$ 是一个常数，其数值跟调制方式有关，例如，在 QPSK 下，$\beta = 1$。

从式（5-72）可知，LMMSE 相较于 MMSE，只需要进行一次求逆运算，因此，大大降低了运算复杂度。

（4）基于 DFT 的信道估计

基于 DFT 的信道估计的原理在于多径信道的时域冲激响应时间是有限的，通常是在最大时延扩展范围内，因此，通过将频域信道响应转变为时域信道响应，将最大时延扩展外的信道置零，再将置零之后的时域信道响应转变回频域信道响应，就可以降低噪声的干扰，提高信道估计的精度。具体地，基于 DFT 的信道估计可以分为以下 3 步[78]。

第 1 步，将 LS 估计的频域信道响应做 IDFT，即：

$$\hat{h}(n) = \mathrm{IDFT}\left\{\hat{H}_{\mathrm{LS}}[k]\right\} = h(n) + w(n) \tag{5-73}$$

第 2 步，将最大时延扩展外的信道置零，即：

$$\hat{h}_{\mathrm{DFT}}(n) = \begin{cases} h(n) + w(n), & n = 0, 1, \cdots, L-1 \\ 0, & \text{其他} \end{cases} \tag{5-74}$$

第 3 步，对置零后的时域信道响应做 DFT，得到频域信道响应，即：

$$\hat{H}_{\mathrm{DFT}}(k) = \mathrm{DFT}\left\{\hat{h}_{\mathrm{DFT}}(n)\right\} \tag{5-75}$$

5.3.5　插值方法

在获得导频位置上的信道状态信息之后，需要通过插值来得到数据位置上的信道状态信息。常见的插值方法有常数插值、一阶线性插值和二维维纳滤波插值等。

（1）常数插值

常数插值一般是用已知导频位置上的信道状态信息来代替和该导频位置相邻的数据位置上的信道状态信息。其表达式为：

$$\hat{H}(k) = \hat{H}_p(n) \tag{5-76}$$

其中，$\hat{H}(k)$ 表示待估计的第 k 个子载波上的信道状态信息，$\hat{H}_p(n)$ 表示第 n 个导频位置上的信道状态信息。

从式（5-76）可以看出，常数插值的操作十分简单，但是这种插值方法只适用于信道变化十分缓慢的场景，当信道在时域或者频域上变化较快时，常数插值的性能就会大大降低。

（2）一阶线性插值

线性插值利用了相邻子载波之间信道的相关性，利用导频位置上的信道状态信息来恢复相邻数据位置上的信道状态信息[79]。

一阶线性插值就是根据相邻的 2 个已知的导频位置的信道状态信息，再通过一阶线性关系估计出这 2 个导频之间的数据位置上的信道状态信息。具体来说，对第 k 个子载波，采用一阶线性插值，其表达式为：

$$\hat{H}(k) = \hat{H}_p(n) + \frac{k}{L}\left[\hat{H}_p(n+L) - \hat{H}_p(n)\right] \tag{5-77}$$

其中，L 表示相邻的两个子载波之间的间隔，k 表示相邻两个子载波之间的某一数据位置，且满足 $n \leqslant k \leqslant n+L$。一维插值的实现也非常简单，且其性能也往往优于常数插值。

（3）二维维纳滤波插值

二维维纳滤波是最小均方差准则下的最佳线性滤波器[80]。假设维纳滤波系数为 $\omega(n,k,n_p,k_p)$，则利用导频位置处的信道估计值 $\hat{H}_p(n_p,k_p)$ 进行二维维纳滤波插值得到的信道状态信息可以表示为：

$$\hat{H}(n,k) = \sum_{(n_p,k_p) \in \Omega} \omega(n,k,n_p,k_p) \hat{H}_p(n_p,k_p) = \omega(n,k)^{\mathrm{T}} \widehat{\boldsymbol{H}}_p \qquad (5\text{-}78)$$

其中，$\boldsymbol{\Omega}$ 表示估计 $\hat{H}_p(n_p,k_p)$ 时实际用到的导频集合，$\omega(n,k)$ 表示滤波向量，$\widehat{\boldsymbol{H}}_p$ 为导频集合 $\boldsymbol{\Omega}$ 上对应估计的信道状态信息向量。

由于二维维纳滤波是最小均方差准则下的最佳滤波器，为了求出滤波向量，首先定义均方差：

$$\mathrm{MSE} = E\left\{(H(n,k) - \hat{H}(n,k))^2\right\} \qquad (5\text{-}79)$$

对于列向量 $\boldsymbol{a}$ 和 $\boldsymbol{b}$，有 $\boldsymbol{a}^{\mathrm{T}}\boldsymbol{b} = \boldsymbol{b}^{\mathrm{T}}\boldsymbol{a}$，则 MSE 可以写为：

$$\begin{aligned}
\mathrm{MSE} &= E\left\{\left(H(n,k) - \omega(n,k)^{\mathrm{T}} \widehat{\boldsymbol{H}}_p\right)^2\right\} \\
&= E\left\{\left(H(n,k) - \widehat{\boldsymbol{H}}_p^{\mathrm{T}} \omega(n,k)\right)^2\right\} \\
&= E\left\{H(n,k)H(n,k)^*\right\} - \omega(n,k)^{\mathrm{H}} E\left\{\widehat{\boldsymbol{H}}_p^* H(n,k)\right\} \\
&\quad - E\left\{H(n,k)^* \widehat{\boldsymbol{H}}_p^{\mathrm{T}}\right\} \omega(n,k) + \omega(n,k)^{\mathrm{H}} E\left\{\widehat{\boldsymbol{H}}_p^* \widehat{\boldsymbol{H}}_p^{\mathrm{T}}\right\} \omega(n,k)
\end{aligned} \qquad (5\text{-}80)$$

令 MSE 对滤波向量 $\omega(n,k)$ 求导，并且令结果等于零向量，即：

$$\frac{\partial \mathrm{MSE}}{\partial \omega(n,k)} = -2E\left\{\widehat{\boldsymbol{H}}_p^* H(n,k)\right\} + 2E\left\{\widehat{\boldsymbol{H}}_p^* \widehat{\boldsymbol{H}}_p^{\mathrm{T}}\right\} \omega(n,k) = \boldsymbol{0} \qquad (5\text{-}81)$$

式（5-81）可进一步化简为：

$$E\left\{\widehat{\boldsymbol{H}}_p^*\left[H(n,k) - \widehat{\boldsymbol{H}}_p^{\mathrm{T}} \omega(n,k)\right]\right\} = E\left\{\widehat{\boldsymbol{H}}_p^*[H(n,k) - \hat{H}(n,k)]\right\} = \boldsymbol{0} \qquad (5\text{-}82)$$

即：

$$E\left\{\hat{H}_p^*(n_p',k_p')H(n,k)\right\} = E\left\{\hat{H}_p^*(n_p',k_p')\hat{H}(n,k)\right\}, \forall (n_p',k_p') \in \boldsymbol{\Omega} \qquad (5\text{-}83)$$

将 $\hat{H}(n,k)$ 的表达式代入式（5-83）展开可得：

$$E\left\{\hat{H}_p^*\left(n_p',k_p'\right)\hat{H}(n,k)\right\}=\sum_{(n_p,k_p)\in\Omega}\omega\left(n,k,n_p,k_p\right)E\left\{\hat{H}_p^*\left(n_p',k_p'\right)\hat{H}_p\left(n_p,k_p\right)\right\} \quad （5-84）$$

假设噪声为零均值，且与导频符号统计独立，式（5-84）左边的 $E\left\{\hat{H}_p^*\left(n_p',k_p'\right)\hat{H}(n,k)\right\}$ 可表示为：

$$\begin{aligned}&E\left\{\hat{H}_p^*\left(n_p',k_p'\right)\hat{H}(n,k)\right\}\\&=E\left\{\left[H_p^*\left(n_p',k_p'\right)+\left(\frac{W_p\left(n_p',k_p'\right)}{X_p\left(n_p',k_p'\right)}\right)^*\right]\hat{H}(n,k)\right\}\\&=E\left\{H_p^*\left(n_p',k_p'\right)\hat{H}(n,k)\right\}\end{aligned} \quad （5-85）$$

$E\left\{\hat{H}_p^*\left(n_p',k_p'\right)\hat{H}_p\left(n_p,k_p\right)\right\}$ 可以进一步表示为：

$$\begin{aligned}&E\left\{\hat{H}_p^*\left(n_p',k_p'\right)\hat{H}_p\left(n_p,k_p\right)\right\}\\&=E\left\{\left[H_p\left(n_p',k_p'\right)+\frac{W_p\left(n_p',k_p'\right)}{X_p\left(n_p',k_p'\right)}\right]^*\left[H_p\left(n_p,k_p\right)+\frac{W_p\left(n_p,k_p\right)}{X_p\left(n_p,k_p\right)}\right]\right\}\\&=E\left\{H_p^*\left(n_p',k_p'\right)H_p\left(n_p,k_p\right)\right\}+\frac{\sigma_n^2}{E\left\{\left|X_p\right|^2\right\}}\delta_{n_p'-n_p,k_p'-k_p}\end{aligned} \quad （5-86）$$

定义自相关矩阵 $\varphi_{n_p'-n_p,k_p'-k_p}=E\left\{\hat{H}_p^*\left(n_p',k_p'\right)\hat{H}_p\left(n_p,k_p\right)\right\}$，互相关矩阵 $\theta_{n_p'-n_p,k_p'-k_p}=E\left\{\hat{H}_p^*\left(n_p',k_p'\right)\hat{H}(n,k)\right\}$，平均信噪比 $\mathrm{SNR}=E\left\{\left|X_p\right|^2\right\}/\sigma_n^2$，则式（5-86）可以写成：

$$\theta_{n_p'-n_p,k_p'-k_p}=\sum_{(n_p,k_p)\in\Omega}\omega\left(n,k,n_p,k_p\right)\left[\varphi_{n_p'-n_p,k_p'-k_p}+\frac{1}{\mathrm{SNR}}\delta_{n_p'-n_p,k_p'-k_p}\right] \quad （5-87）$$

将式（5-87）转变为向量形式，则可以写成：

$$\theta_{n_p'-n_p,k_p'-k_p}=\omega(n,k)^{\mathrm{T}}\psi\left(n_p',k_p'\right) \quad （5-88）$$

其中：

$$\psi_{n_p'-n_p,k_p'-k_p}=\varphi_{n_p'-n_p,k_p'-k_p}+\frac{1}{\mathrm{SNR}}\delta_{n_p'-n_p,k_p'-k_p}$$

$$\boldsymbol{\omega}(n,k) = \left[\omega\left(n,k,n_{p,1},k_{p,1}\right), \omega\left(n,k,n_{p,2},k_{p,2}\right), \cdots, \omega\left(n,k,n_{p,N_p},k_{p,N_p}\right)\right]^{\mathrm{T}}$$

$$\boldsymbol{\psi}(n_p',k_p') = \left[\psi_{n_p'-n_{p,1},k_p'-k_{p,1}}, \psi_{n_p'-n_{p,2},k_p'-k_{p,2}}, \cdots, \psi_{n_p'-n_{p,N_p},k_p'-k_{p,N_p}}\right]^{\mathrm{T}} \qquad (5\text{-}89)$$

进一步地，写成向量形式，可得：

$$\boldsymbol{\theta}_{n,k}^{\mathrm{T}} = \boldsymbol{\omega}(n,k)^{\mathrm{T}}\boldsymbol{\Psi} \qquad (5\text{-}90)$$

其中，$\boldsymbol{\theta}_{n,k} = \left[\theta_{n_{p,1}'-n,k_{p,1}'-k}, \theta_{n_{p,2}'-n,k_{p,2}'-k}, \cdots, \theta_{n_{p,N_p}'-n,n_{p,N_p}'-k}\right]^{\mathrm{T}}$，$\boldsymbol{\Psi} = \left[\boldsymbol{\psi}\left(n_{p,1}',k_{p,1}'\right),\right.$
$\boldsymbol{\psi}\left(n_{p,2}',k_{p,2}'\right), \cdots, \boldsymbol{\psi}\left(n_{p,N_p}',k_{p,N_p}'\right)\left.\right]$。

则滤波向量 $\boldsymbol{\omega}(n,k)^{\mathrm{T}}$ 可以表示为：

$$\boldsymbol{\omega}(n,k)^{\mathrm{T}} = \boldsymbol{\theta}_{n,k}^{\mathrm{T}}\boldsymbol{\Psi}^{-1} \qquad (5\text{-}91)$$

基于二维维纳滤波估计的估计值最终可以表示为：

$$\hat{H}(n,k) = \boldsymbol{\theta}_{n,k}^{\mathrm{T}}\boldsymbol{\Psi}^{-1}\widehat{\boldsymbol{H}}_p \qquad (5\text{-}92)$$

5.3.6　基于机器学习算法的信道估计

随着机器学习算法在其他领域（如图像识别、自然语言处理等领域）的成功应用，它在无线通信领域的应用也越来越受到广大学者的关注[81-86]。本节就机器学习算法在信道估计方面的内容做简单的介绍。

在信道估计中采用机器学习算法最直接的方法就是将传统通信中的信道估计模块用机器学习算法模块替换掉[82]。不同于传统的基于导频的信道估计方法，基于机器学习算法的信道估计可以在不知道信道先验信息的情况下，例如信道协方差矩阵等，只需要少量的参考信号甚至不需要参考信号，就能够较准确地估计当前信道。也有别于传统的 LS 算法或者 LMMSE 算法，基于机器学习算法的信道估计完全是数据驱动的。只需要利用神经网络来自主分析采集到的数据本身的特性，从而实现信道估计的目的。

考虑到信道估计的目的之一是在接收端能够正确地解调信号，因此，可以考虑将信道估计和信号检测两个模块用神经网络来替换。基于机器学习算法的信道估计示意图如图 5-26 所示，传统信道估计和信号检测在这里用前馈神经网络来替代。

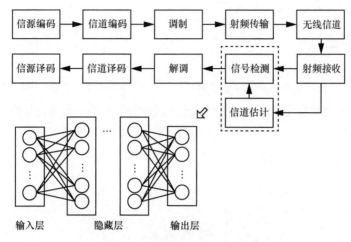

图 5-26　基于机器学习的信道估计示意图

基于机器学习算法的信道估计方法分为两个阶段，第一阶段为训练阶段，其主要流程如下。

① 收集数据：将通过解调 OFDM 系统之后的信号作为输入，同时，将原始的未经过 OFDM 系统的数据作为输入相应的标签，得到相应的数据，并将这些数据分为 3 部分，分别用于训练神经网络，验证神经网络和测试神经网络。

② 训练网络：使用训练数据训练神经网络，采用反向传播算法更新网络权值和偏差，并通过验证数据验证当前网络训练是否可靠，在训练中，将损失函数设为均方损失函数，即：

$$L = \frac{1}{N}\sum_{k}\left[\hat{X}(k) - X(k)\right]^2 \tag{5-93}$$

当均方损失函数不再随着训练次数的增加而减小时，认为训练达到一个稳定状态，即网络已经训练完成。

第二阶段为使用阶段，当网络训练完成之后，就可以将信道估计和信号检测模块用神经网络替换，当有新的接收信号输入时，直接将接收信号输入神经网络中，得到的输出即最终的结果。通过现有的文献调研发现，上述方法相比较于传统的 MMSE 估计，其在导频长度较短时具有更强的鲁棒性，而且对系统的鲁棒性也更强[82]。

5.3.7 小结

随着移动通信的进一步发展，大规模天线阵列的使用、海量的接入用户使得无线通信信道变得更复杂，能针对复杂信道实现低复杂度的信道估计与检测是一大热点话题。目前，通过导频图案的设计联合信道检测与估计以及利用人工智能技术的优势降低信道估计与检测的复杂度等技术已有研究人员进行了相应的探索，读者可以自行查找学习。

┃ 参考文献 ┃

[1] 3GPP. Study on NR-Based Access to Unlicensed Spectrum: TR 38.889[S]. 2018.

[2] 3GPP. User Equipment (UE) Radio transmission and reception; Part 4. Performance Requirements: TS 38.101-4[S]. 2021.

[3] 3GPP. Radio resource control (RRC) protocol specification (release 15): TS 38. 331 V15.3.0[S]. 2018.

[4] 3GPP. Requirements for further advancements for evolved universal terrestrial radio access (E-UTRA) (LTE-Advanced): TR 36. 913 V15.0.0[S]. 2018.

[5] DAHLMAN E, PARKVALL S, SKÖLD J. 4G LTE-Advanced Pro and the Road to 5G[M]. [S.l.]: Elsevier, 2016.

[6] AL-FUQAHA A, GUIZANI M, MOHAMMADI M, et al. Internet of things: a survey on enabling technologies, protocols, and applications[J]. IEEE Communications Surveys and Tutorials, 2015, 17(4): 2347-2376.

[7] HERSENT O, BOSWARTHICK D, ELLOUMI O. The internet of things: key applications and protocols [M]. [S.l.]: John Wiley & Sons, 2012.

[8] LIVA G. Graph-based analysis and optimization of contention resolution diversity slotted ALOHA[J]. IEEE Transactions on Communications, 2011, 59(2): 477-487.

[9] CHOI J. Layered non-orthogonal random access with SIC and transmit diversity for reliable transmissions[J]. IEEE Transactions on Communications, 2018, 66(3): 1262-1272.

[10] JASPER G, MICHAEL G, JOS H W. Random access with physical-layer network coding[J]. IEEE Transactions on Information Theory, 2015, 61(7): 3670-3681.

[11] BAEK H, LIM J, S O. Beacon-based slotted Aloha for wireless networks with large propagation delay[J]. IEEE Communications Letters, 2013: 17(11): 2196-2199.

[12] CHOWDHURY M S, ASHRAFUZZAMAN K, KWAK K S. Saturation throughput analysis of IEEE 802.15.6 slotted Aloha in heterogeneous conditions[J]. IEEE Wireless Communications Letters, 2014, 3(3): 257-260.

[13] TO T, CHOI J. On exploiting idle channels in opportunistic multichannel Aloha[J]. IEEE Communications Letters, 2010, 14(1): 51-53.

[14] NI J, TAN B, SRIKANT R. Q-CSMA: queue-length-based CSMA/CA algorithms for achieving maximum throughput and low delay in wireless networks[J]. IEEE/ACM Transactions on Networking, 2012, 20(3): 825-836.

[15] ASHRAFUZZAMAN K. Energy and throughput optimal operating region in slotted CSMA/CA based WSN[J]. IEEE Communications Letters, 2012, 16(9): 1524-1527.

[16] LIU Q, LU Y, HU G, et al. Cooperative control feedback: on backoff misbehavior of CSMA/CA MAC in channel-hopping cognitive radio networks[J]. Journal of Communications and Networks, 2018, 20(6): 523-535.

[17] YUN S-Y, SHIN J, YI Y. CSMA using the Bethe approximation: scheduling and utility maximization[J]. IEEE Transactions on Information Theory, 2015, 61(9): 4776-4787.

[18] KARADAG G, GUL R, SADI Y, et al. QOS-constrained semi-persistent scheduling of machine-type communications in cellular networks[J]. IEEE Transactions on Wireless Communications, 2019, 18(5): 2737-2750.

[19] YUAN B, PARHI K K. Architecture optimizations for BP polar decoders[C]//Proceedings of the 2013 IEEE International Conference on Acoustics, Speech and Signal Processing. Piscataway: IEEE Press, 2013: 2654-2658.

[20] SEO J-B, LEUNG V C M. Performance modeling and stability of semi-persistent scheduling with initial random access in LTE[J]. IEEE Transactions on Wireless Communications, 2012, 11(12): 4446-4456.

[21] DING Z G, SCHOBER R, FAN P Z, et al. Simple semi-grant-free transmission strategies assisted by non-orthogonal multiple access[J]. IEEE Transactions on Communications, 2019, 67(6): 4464-4478.

[22] JIANG H, QU D M, DING J, et al. Multiple preambles for high success rate of grant-free random access with massive MIMO[J]. IEEE Transactions on Wireless Communications, 2019, 18(10): 4779-4789.

[23] DING J, QU D M, JIANG H D, et al. Success probability of grant-free random access with massive MIMO[J]. IEEE Internet of Things Journal, 2019, 6(1): 506-516.

[24] SENEL K, LARSSON E G. Grant-free massive MTC-enabled massive MIMO: a Compressive sensing approach[J]. IEEE Transactions on Communications, 2018, 66(1): 6164-6175.

[25] DU Y, DONG B H, ZHU W Y, et al. Joint channel estimation and multiuser detection for uplink grant-free NOMA[J]. IEEE Wireless Communications Letters, 2018, 7(4): 682-685.

[26] KIM W J, AHN Y J, SHIM B. Deep neural network-based active user detection for grant-free NOMA systems[J]. IEEE Transactions on Communications, 2020, 68(4): 2143-2155.

[27] WANG B C, DAI L L, ZHANG Y, et al. Dynamic compressive sensing-based multi-user detection for uplink grant-free NOMA[J]. IEEE Communications Letters, 2016, 20(11): 2320-2323.

[28] SUN S Y, HU Y L, CHEN H H, et al. Joint pre-equalization and adaptive combining for CC-CDMA systems over asynchronous frequency-selective fading channels[J]. IEEE Transactions on Vehicular Technology, 2016, 65(7): 5175-5184.

[29] CHEN H H, ZHANG H M, HUANG Z K. Code-hopping multiple access based on orthogonal complementary codes[J]. IEEE Transactions on Vehicular Technology, 2012, 61(10): 1074-1083.

[30] 尤肖虎, 潘志文, 高西奇, 等. 5G 移动通信发展趋势与若干关键技术[J]. 中国科学(信息科学), 2014, 44(5): 551-563.

[31] MA Z, ZHANG Z Q, DING Z G, et al. Key techniques for 5G wireless communications: network architecture, physical layer, and MAC layer perspectives[J]. Science China Information Sciences, 2015(58): 041301.

[32] PAULRAJ A J, GORE D A, NABAR R U, et al. An overview of MIMO communications-a key to gigabit wireless[J]. Proceedings of the IEEE, 2004, 92(2): 198-218.

[33] MARZETTA T L. Noncooperative cellular wireless with unlimited numbers of base station antennas[J]. IEEE Transactions on Wireless Communications, 2010, 9(11): 3590-3600.

[34] WANG D M, ZHAO Z L, HUANG Y Q, et al. Large-scale multi-user distributed antenna system for 5G wireless communications[C]//Proceedings of the IEEE 81st Vehicular Technology Conference. Piscataway: IEEE Press, 2015: 1-5.

[35] FISHIER E, HAIMOVICH A, BLUM R, et al. MIMO radar: an idea whose time has come[C]//Proceedings of the IEEE 2004 Radar Conference. Piscataway: IEEE Press, 2004: 71-78.

[36] FISHIER E, HAIMOVICH A, BLUM R, et al. Performance of MLMO radar systems: advantages of angular diversity[C]//Proceedings of the 38th Asilomar Conference on Signals Systems and Computers. Piscataway: IEEE Press, 2004: 305-309.

[37] 何子述, 韩春林, 刘波. MIMO 雷达概念及其技术特点分析[J]. 电子学报, 2005(12): 2441-2445.

[38] RABIDEAU D J, PARKER P. Ubiquitous MIMO multifunction digital array radar [C]// Proceedings of the 37th Asilomar Conference on Signals, Systems and Computers. Piscataway: IEEE Press, 2003.

[39] 明文华, 刘志学. 一种新体制雷达—MIMO 雷达[J]. 火控雷达技术, 2008, 37(1): 10-13.

[40] RUSEK F, PERSSON D, LAU B K, et al. Scaling up MIMO: opportunities and challenges

with very large arrays[J]. IEEE Signal Processing Magazine, 2013, 30(1): 40-60.

[41] NAM J, AHN J Y, ADHIKARY A, et al. Joint spatial division and multiplexing: realizing massive MIMO gains with limited channel state information[C]//Proceedings of the 2012 46th Annual Conference on Information Sciences and Systems. Piscataway: IEEE Press, 2012.

[42] RAPPAPORT T S, SUN S, MAYZUS R, et al. Millimeter wave mobile communications for 5G cellular: it will work![J]. IEEE Access,2013(1): 335-349.

[43] AKDENIZ M R, LIU Y P, SAMIMI M K, et al. Millimeter wave channel modeling and cellular capacity evaluation[J]. IEEE Journal on Selected Areas in Communications, 2014, 32(6): 1164-1179.

[44] RANGAN S, RAPPAPORT T S, ERKIP E. Millimeter-wave cellular wireless networks: potentials and challenges[J]. Proceedings of the IEEE, 2014, 102 (3): 366-385.

[45] GHOSH A, THOMAS T A, CUDAK M C, et al. Millimeter wave enhanced local area systems: a high data rate approach for future wireless networks[J]. IEEE Journal on Selected Areas in Communications, 2014, 32(6): 1152-1163.

[46] LI Y, JI X D, PENG M G, et al. An enhanced beamforming algorithm for three dimensional MIMO in LTE-advanced networks[C]//Proceedings of the 2013 International Conference on Wireless Communications Signal Processing. Piscataway: IEEE Press, 2013: 1-5.

[47] LI X, JIN S, SURAWEERA H A, et al. Statistical 3-D beamforming for large-scale MIMO downlink systems over Rican fading channels[J]. IEEE Transactions on Communications, 2016, 64(4): 1529-1543.

[48] GUPTA A, JHA R K. A survey of 5G network: architecture and emerging technologies[J]. IEEE Access, 2015(3): 1206-1232.

[49] CHIN W H, FAN Z, HAINES R. Emerging technologies and research challenges for 5G wireless networks[J]. IEEE Wireless Communications, 2014, 21(2): 106-112.

[50] NAQVI S A R, HASSAN S A, MULK Z. Encoding and decoding in mmWave massive MIMO[M]//mmWave Massive MIMO: A Paradigm for 5G. London: Academic Press, 2017.

[51] 曾挚. 面向 5G 的 Massive MIMO 系统关键技术研究[J]. 中国新通信, 2018, 20(14): 142-144.

[52] PRABHU H, RODRIGUES J, EDFORS O, et al. Approximative matrix inverse computations for very-large MIMO and applications to linear pre-coding systems[C]//Proceedings of the 2013 IEEE Wireless Communications and Networking. Piscataway: IEEE Press, 2013: 2710-2715.

[53] NOH H, KIM Y, LEE J, et al. Codebook design of generalized space shift keying for FDD massive MIMO systems in spatially correlated channels[J]. IEEE Transactions on Vehicular Technology, 2015, 64(2): 513-523.

[54] SHIRANI-MEHR H, SAJADIEH M, LI Q. Practical downlink transmission schemes for fu-

ture LTE systems with many base-station antennas[C]//Proceedings of the IEEE Global Communications Conference. Piscataway: IEEE Press, 2013: 4141-4145.

[55] 武龙. 随机波束赋形在 MIMO 中的应用研究[D]. 成都: 电子科技大学, 2015.

[56] SU X, ZENG J, RONG L P. Investigation on key technologies in large-scale MIMO[J]. Journal of Computer Science and Technology, 2013, 28(3): 412-419.

[57] BOGALE T E, LE L B, WANG X B, et al. Pilot contamination mitigation for wideband massive MMO: number of cells vs multipath[C]//Proceedings of the 2015 IEEE Global Communications Conference. Piscataway: IEEE Press, 2015.

[58] RAPPAPORT T S. 无线通信原理与应用(第 2 版)[M]. 周文安, 付秀花, 王志辉, 等译. 北京: 电子工业出版社, 2007.

[59] GOLDSMITH A. Wireless Communications[M]. [S.l.]: Cambridge University Press, 2005.

[60] CHO Y S, KIM J, YANG W Y, et al. MIMO-OFDM wireless communications with MATLAB [M]. [S.l.]: Wiley, 2010.

[61] CLARK R H. A statistical theory of mobile radio reception[J]. The Bell System Technical Journal, 1968, 47(6): 957-1000.

[62] ZHENG Y R, XIAO C S. Improved models for the generation of multiple uncorrelated Rayleigh fading waveforms[J]. IEEE Communications Letters, 2002, 6(6): 256-258.

[63] BRAUN W R, DERSCH U. A physical mobile radio channel model[J]. IEEE Transactions on Vehicular Technology, 1991, 40(2): 472-482.

[64] CHANG R W. Orthogonal frequency multiplex data transmission system[P]. 1970.

[65] WEINSTEIN S, EBERT P. Data transmission by frequency-division multiplexing using the discrete Fourier transform[J]. IEEE Transactions on Communication Technology, 1971, 19(5): 628-634.

[66] CIMINI L. Analysis and simulation of a digital mobile channel using orthogonal frequency division multiplexing[J]. IEEE Transactions on Communications, 1985, 33(7): 665-675.

[67] PELED A, RUIZ A. Frequency domain data transmission using reduced computational complexity algorithms [C]//Proceedings of the IEEE International Conference on Acoustics, Speech, and Signal Processing. Piscataway: IEEE Press,1980.

[68] 吴伟陵, 牛凯. 移动通信原理[M]. 北京: 电子工业出版社, 2009.

[69] BEEK J-J V. D, EDFORS O, SANDELL M, et al. On channel estimation in OFDM systems[C]//Proceedings of the 1995 IEEE 45th Vehicular Technology Conference. Piscataway: IEEE Press, 2002.

[70] TUFVESSON F, MASENG T. Pilot assisted channel estimation for OFDM in mobile cellular systems[C]//Proceedings of the 1997 IEEE 47th Vehicular Technology Conference. Piscataway: IEEE Press, 1997.

[71] CARVALHO E D, SLOCK D T M. Blind and semi-blind fir multichannel estimation: (global)

identifiability conditions[J]. IEEE Transactions on Signal Processing, 2004, 54(4): 1053-1064.

[72] MUHAMMAD A. Pilot-based channel estimation in OFDM systems[J]. Master's thesis, 2011.

[73] 沈嘉, 索士强, 全海洋, 等. 3GPP 长期演进(LTE)技术原理与系统设计[M]. 北京: 人民邮电出版社, 2008.

[74] HSIEH M H, WEI C H. Channel estimation for OFDM Systems based on comb-type pilot arrangement in frequency selective fading channels[J]. IEEE Transactions on Consumer Electronics, 1998, 44(1): 217-225.

[75] 3GPP. Physical channels and modulation (release 14): TS 36. 211 V14.4.0[S]. 2017

[76] 3GPP. Physical channels and modulation (release 15): TS 38. 211 V15.2.0[S]. 2018.

[77] BIGUESH M, GERSHMAN A B. Training-based MIMO channel estimation: a study of estimator tradeoffs and optimal training signals[J]. IEEE Transactions on Signal Processing, 2006, 54(3): 884-893.

[78] FERNANDEZ-GETINO GARCIA M J, PAEZ-BORRALLO J M, ZAZO S. DFT-based channel estimation in 2D-pilot-symbol-aided OFDM wireless systems[C]//Proceedings of the IEEE VTS 53rd Vehicular Technology Conference. Piscataway: IEEE Press, 2002.

[79] COLERI S, ERGEN M, PURI A, et al. Channel estimation techniques based on pilot arrangement in OFDM systems[J]. IEEE Transactions on Broadcasting, 2002, 48(3): 223-229.

[80] HOEHER P, KAISER S, ROBERTSON P. Two-dimensional pilot-symbol-aided channel estimation by wiener filtering[C]//Proceedings of the 1997 IEEE International Conference on Acoustics, Speech, and Signal Processing. Piscataway: IEEE Press, 1997.

[81] SUN Y H, PENG M G, ZHOU Y C, et al. Application of machine learning in wireless networks: key techniques and open issues[J]. IEEE Communications Surveys and Tutorials, 2019, 2(4): 3072-3108.

[82] YE H, LI G. Y, JUANG B-H. Power of deep learning for channel estimation and signal detection in OFDM systems [J]. IEEE Wireless Communications Letters, 2018, 7(1): 114-117.

[83] SOLTANI M, POURAHMADI V, MIRZAEI A, et al. Deep learning-based channel estimation [J]. IEEE Communications Letters, 2019, 23(4): 652-655.

[84] NEUMANN D, WIESE T, UTSCHICK W. Learning the MMSE channel estimator[J]. IEEE Transactions on Signal Processing, 2018, 66(11): 2905-2917.

[85] HE H T, WEN C-K, JIN S, et al. Deep learning-based channel estimation for beamspace mmWave massive MIMO systems[J]. IEEE Wireless Communications Letters, 2018, 7(5): 852-855.

[86] OSHEA T, HOYDIS J. An introduction to deep learning for the physical layer[J]. IEEE Transactions on Cognitive Communications and Networking, 2017, 3(4): 563-575.

6G 无线网络体系架构

空间信息网络、无人机通信、浮空平台区域无线网络和海上无线网络将被纳入 6G 网络体系中,以实现经济、无缝和泛在的空天地海一体化的全球覆盖。此外,为支撑不同应用场景下差异化多业务流并发的需求,6G 网络需借助人工智能技术对网络切片进行动态编排以精准适配各类型的服务需求。本章将介绍空天地海一体化网络架构,包括空间信息网络、空中无人机组网、浮空平台区域无线网络和海洋无线组网等内容,并在此基础上详细阐述 6G 无线网络切片技术。

　　与 5G 相比，6G 需要提供更高的时间和相位同步精度。为满足应用场景需求，6G 须提供接近 100%的地理覆盖率、亚厘米级的地理位置准确性和毫秒级的地理位置更新率。而 5G 网络仍受限于全覆盖，在乡村和高速公路等偏远地区的覆盖范围不广，或者无法提供宽带无线服务，这限制了诸如无人驾驶车辆等应用。此外，5G 的主要特征之一是低等待时间或更有保证性（确定性）等待时间，这需要确定性网络来保证未来应用场景所需的端到端等待时间具有守时性和准确性。因此，需要非地面和专用卫星通信网络来补充地面网络，以实现经济、无缝且普遍存在的服务可用性。无人机通信网络对于在恶劣和困难的环境中进行快速响应非常重要，而海上通信网络则需要为船舶提供高质量的通信服务。

　　尽管毫米波可以在 5G 中提供 Gbit/s 级别的传输数据速率，但是对于诸如高质量三维视频，VR 以及 VR 和 AR 混合的应用，需要 Tbit/s 级别的传输数据速率，其中太赫兹频段和光学频段可以是候选频段。面对使用极其异构的网络、多样化的通信场景、大量的天线、更宽的带宽以及新的服务要求而生成的大型数据集，6G 网络将借助人工智能和机器学习技术来支持新的智能应用范围。最终可以实现一种网络自动化升级，即网络可以在多方面实现自我性能提升，如服务质量、体验质量（QoE）、安全性、故障管理以及能源效率。

　　为了满足以上需求，6G 需要有新的制式转变，如图 6-1 所示。首先，6G 将是空、天、地、海一体化的网络，以提供完整的全球覆盖。卫星通信、无人机通信和海上通信将扩展无线通信网络的覆盖范围。为了提供更高的数据速率，6G 将充分探索所有频谱范围，包括 6GHz 以下、毫米波、太赫兹和光学频段。为了支持完整的应用程序，将人工智能（AI）和大数据技术与 6G 深度融合，以实现更好的网络管理和自动化。此外，将 AI 技术和 6G 结合，还可以实现网络、缓存和计算资源的动态编排，以提高网络的性能。最后，物理层和网络层在开发时都应当具有强大的内在网络安全性。垂直行业，例如云、VR、物联网（IoT）行业自动化、蜂窝车联网（Cellular Vehicle-to-Everything，C-V2X）、数字孪生局域网、能源高效的无线网络控制，将极大地推动 6G 的发展。

本章在前面 6G 物理层技术的基础上，将介绍面向全覆盖、全业务、全场景的智能 6G 无线网络体系架构，主要特征是实现空天地海一体化深度融合，以及基于 AI 的内生智慧和内生安全等。为此，本章将分别介绍空天地海一体化架构、空间信息网络、空中无人机组网、浮空平台区域无线网络、海洋无线组网等内容，力求全面系统地介绍 6G 融合一体化无线网络。

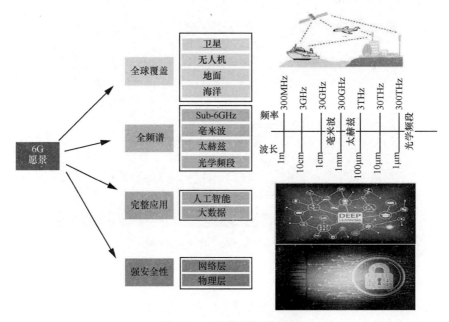

图 6-1　6G 无线通信网络愿景

｜6.1 6G 空天地海一体化组网 ｜

6G 应用场景将比 5G 更广泛，包含传统的 eMBB、mMTC、URLLC 场景，还将额外涵盖如下场景：极高吞吐和极低时延需求的全息通信及扩展现实（Extended Reality，XR）体验；超高实时性及可靠性需求的人体数字孪生；超高移动性及全覆盖需求的空中高速上网；智能超连通性、内生智慧及安全需求的新型智慧城市；基于 AI 自主运行需求的联网无人驾驶；超高带宽、超低时延和超可靠等需求的高精度智能工业；全覆盖需求的全域应急通信抢险等。

基于 6G 愿景、需求、应用场景及性能，预计 6G 将在全球范围内实现无缝的无线连接，融合通信、计算、导航、感测，并具有智能自主运营维护的空天地海一体化网络，可提供超高容量、近乎即时、可靠且无限的智能超连通性，一个重要的应用场景示例如图 6-2 所示。

图 6-2　6G 空天地海一体化应用示例

当前地面网络无法扩大通信范围的广度和深度，同时在全球范围内提供连接的成本非常高昂，为了支持系统全覆盖和用户高速移动，6G 将优化空天地海网络基础设施，如图 6-3 所示，集成地面和非地面网络（Non-Terrestrial Network，NTN），以提供完整的无限覆盖范围的空天地海一体化网络[1]。空天地海一体化网络的覆盖，能够在任何地点、任何时间、以任何方式提供信息服务，满足天基、空基、陆基、海基等各类用户接入与应用。系统不仅可以在全球范围内实现宽带和大范围的物联网通信，还可以集成精确定位、导航、实时地球观测等各种新功能。

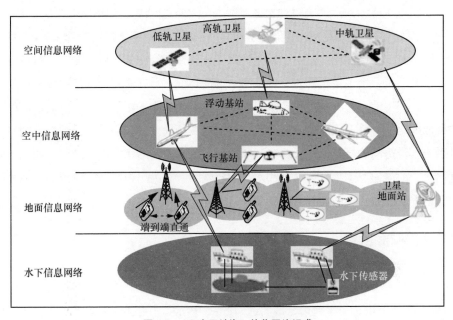

图 6-3　6G 空天地海一体化网络组成

空天地海一体化网络可以在内陆地区用地面基站覆盖，发挥容量优势，满足海量接入需求；在偏远地区用卫星覆盖，发挥覆盖优势，节省基站建设成本。卫星覆盖可以为偏远地区的人口、飞机、无人机、汽车等提供宽带接入，实现全地域全时的宽带接入能力；在全球没有蜂窝网络的地区提供广域物联网接入，实现农作物监控、珍稀动物无人区监控、海上浮标信息收集、远洋集装箱信息收集等服务；北斗导般系统、全球导航卫星系统（Global Navigation Satellite System，GNSS）与低轨星座的融合，可以提供 10cm 级的高精度定位，相对于 GNSS 自身的 10m 级定位，精度提高 100 倍；高精度的地球表面成像，实现可持续发展检测、动物迁徙观察、救灾、交通调度等服务。空天地海一体化将能够满足如下技术需求[2]：

- 实现近乎全球 100% 覆盖；
- 支持 1000km/h 以上的终端运动速度；

- 支持差异化空中接口传输时延，从微秒级到数百毫秒级；
- 小区通过天地协作传输，边缘频谱效率明显提升；
- 具有很好的抗毁应灾能力。

如图 6-3 所示，空天地海一体化网络由空间信息网络、空中信息网络、地面信息网络、海洋信息网络组成。基于卫星通信的空间信息网络通过密集部署轨道卫星，为无服务和未被地面网络覆盖的地区提供无线覆盖。空中信息网络低空平台可以更快地部署、更灵活地重新配置，以最适合通信环境，并在短距离通信中表现出更好的性能。空中信息网络高空平台可以作为长距离通信中的中继节点，以促进地面和非地面网络的融合。地面信息网络将支持太赫兹频段，其极小的网络覆盖范围将达到系统容量提高的极限，"去蜂窝"和以用户为中心的超密集网络的网络架构将应运而生。海洋信息网络分为海上和水下信息网络，将为军事或商业应用的广海和深海活动提供覆盖和互联网服务。

6.1.1　标准进展

业界有多个组织在开展空天地海一体化的标准化工作。例如，国际电信联盟早在 2016 年便提出了卫星通信与地面通信融合的构想，并设立重点研究课题"将卫星系统整合到下一代接入技术中的关键因素"（简称 NGAT-SAT）。该课题输出了标准研究报告 ITU-RM.2460，介绍了远程中继宽带传输、数据回传及分发、宽带移动通信、混合多媒体等卫星应用场景，并探讨了卫星组网、相控阵天线、频谱共享等关键技术方向[3]。

3GPP 在系统架构（System Architecture，SA）以及无线电接入网（Radio Access Network，RAN）工作组中先后设立了多个与非地面网络相关的研究项目和技术标准，已明确将卫星接入列为 5G 和 6G 的多个接入技术之一，并对卫星网络部署方案和应用场景进行了具体研究和分析。其中，3GPP TR 38.913、TS 22.261 探讨了卫星在 5G 系统和应用中的重要作用，TR 38.811、TR 22.822、TR 38.821 开展了具体的技术可行性分析和技术方案研究。目前 3GPP Rel-17 尚有 3 个新的 NTN 项目在进行标准化制定，包括 NR over NTN、IoT over NTN、5G ARCH SAT，预计在 Rel-17 完成透明转发架构卫星通信标准的制定。

此外，欧洲航天局（European Space Agency，ESA）牵头成立了 SaT5G 组织，探索卫星采用 5G 的可行性方案，研究和验证网络功能虚拟化、软件定义网络、多连接、星地网络一体化管控等关键技术。

为了实现空天地海一体化网络的组网，6G 将经历 3 个阶段：第一阶段是业务互通，卫星与地面网络各自独立，两者通过中间网关进行业务的互联互通，实现初步的融合；第二阶段是体制融合，卫星通信系统采用与地面相同或相似的通信体制，频谱资源与地面系统协同复用[4]；第三阶段是系统融合，实现卫星与地面网络在网络架构、网络功能和空中接口传输，以及无线资源管理和调度等方面的融合，通过单一用户管理和安全机制实现全网统一网络管理。通过天地通信融合形成天地无缝覆盖的三维立体通信，实现全球的随时随地宽带无线接入能力。

6.1.2　结构组成

空间信息网络主要是由卫星组成的天基网络，随着卫星技术的不断进步，星上处理能力将大大增强，实现星上信号再生处理、路由交换等功能，不同的卫星之间可以通过星间链路建立广泛的、全面的连接；同时，6G 将面向多样化的应用场景为用户提供按需的服务能力。因此空天地海一体化网络应该能够灵活适配业务场景和需求，根据业务场景和需求智能地提供弹性可重构的网络服务能力，实现 6G 网络按需服务的目标。

由于卫星的轨道和形态类型丰富，与地面网络运行环境存在较大差异，空天地海一体化网络架构需要考虑网络部署的灵活性和扩展性[5]，兼容透明转发和星上处理模式，考虑不同的传输条件、不同的传输时延以及链路动态切换等因素，通过网络的柔性适配能力实现空天地海一体化网络的灵活部署、优化和扩展。面向 6G 的空天地海一体化网络应具备简洁、敏捷、开放、集约和资源随选等特点，尽量减少网络层级和接口数量，降低运营和维护的复杂性。空天地海一体化网络可以通过自身的弹性可伸缩能力，实现网络和业务的快速部署，通过对网络资源的统一规划和按需、自动化部署，实现端到端运营。

软件定义网络（SDN）技术能够在异构多域网络环境下对全网资源进行统一管理和动态配置，实现灵活高效的资源分配和协同。因此空天地海一体化网络可通过

SDN 技术实现网络的弹性可重构，通过 SDN 提供的网络功能增强网络活力，降低运营成本，促进网络开放与业务创新[6]。通过采用模块化功能设计模式，并通过"功能组件"的组合，构建满足不同应用场景需求的网络。

如图 6-4 所示，空天地海一体化网络根据卫星的处理能力构建分层分域的协同管理架构，通过高轨、低轨、地面 3 级控制器进行协同工作，完成端到端的网络和业务的管理。在地面部署能力强大的主控制器，负责构建全局网络视图，根据网络状况和业务需求进行全网资源编排。地面控制器可根据卫星及地面网络状况计算符合需求的路由、分片情况，通过高轨控制器、低轨控制器下发资源编排策略到数据转发面[7,8]。

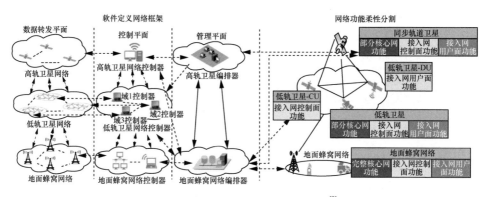

图 6-4　基于 SDN 的 6G 空间网络组成[2]

高轨卫星作为天基网络的骨干节点，不仅承载着宽带业务传输，还负责管控区域内的星间网络拓扑并构成卫星网络中的单个自治域。高轨卫星的控制器主要负责从地面主控制器处获取业务需求、路由策略等，并将这些策略下发到低轨控制器；同时，高轨控制器从低轨控制器处收集卫星网络实时状况，并将网络状况发送给地面主控制器，用于路由调优和负载均衡。低轨控制器执行网络性能监测上报，以及本地快照路由和备份路由切换任务。

空天地海一体化网络采用服务化的网络架构，网络功能可以根据业务和组网需求按需部署，根据不同的部署场景以及网络传输能力，将不同网络功能在天基和地基网络间进行柔性分割，如在控制面和数据转发面之间进行分割，或在集中单元（Centralized Unit，CU）和分布单元（Distributed Unit，DU）间组网。在地面部署完整的蜂窝移动通信核心网和接入网，在卫星上根据组网部署场景、需求和卫星能力进行网络功能定制化设计，支持灵活的路由与业务传输。

由于空天地海一体化网络全域覆盖、随遇接入和动态变化的特性，需要对异构网络的资源进行统一和智能的管理。为了实现空天地海一体化网络资源的统一管理和智能编排，将在高轨卫星和地面部署网络编排系统。由于高轨卫星资源受限，因此高轨卫星编排器将采用轻量级的网络编排技术，负责接收其管辖域内卫星节点或链路的异常状态通知，根据业务特性、网络拓扑、网络负载等动态调整网络结构。在紧急情况发生时，可以根据地面智能网络编排系统的指令以及域内卫星网络节点的可用性、安全性、负载等进行网络重构。在地面将部署智能网络编排系统，负责空天地海一体化网络资源的统一管理，实现网络功能和性能的自动化编排与管理。

同时，为了满足空天地海一体化网络架构弹性可重构的需求，智能网络编排系统引入了网络人工智能技术，实现以用户需求数据、网络运行数据、网络拓扑数据、星历数据等为数据源，通过人工智能算法分析匹配业务需求的网络能力。根据业务需求，按需、自动化地对网络资源进行管理和编排；同时结合空天地海一体化网络中增强的网络控制、分析和采集能力，形成动态跨域资源的实时自治闭环系统，实现对网络的智能分析、编排，避免网络资源的浪费；快速调整网络服务能力，保障重点用户的业务需求。同时智能网络编排系统还具备端到端的网络策略管理能力，可结合用户的业务需求、网络状态和资源现状，进行智能决策与策略下发。

6.1.3　移动性关键技术

空天地海一体化网络面临复杂的信道环境，信道时延、多普勒频率偏移值（简称多普勒频移）等特性差异极大，需高效利用时、空、频、功率等多维资源来提升传输性能面临巨大挑战[9]。面向空天地海一体化的通信体制设计需要充分利用地面通信的研究成果，同时考虑卫星通信的特殊条件和需求。对卫星通信的传播环境、移动性、卫星轨位变化和多重覆盖等方面进行针对性优化设计，保证通信的可靠性和传输效率。对于不同的应用场境，采用空天地海一体化统一的无线空中接口协议设计，能简化系统和终端的产品设计，扩大产业生态链。通过空中接口参数和协议机制的软件可配置和适应性修改，实现统一空中接口体制，保持技术体系的一致性，使得地面通信和卫星通信保持部署和业务提供的协同性。

在空天地海一体化网络中，由于非同步轨道卫星的移动速度很快，导致终端和卫星的连接不断发生变化，不仅用户链路发生变化，馈电链路也会发生变化，从而造成业务中断，降低用户的体验。对于具备星上处理能力的卫星，其移动还会带来星间拓扑结构的变化和星间路径的重选，导致路由的移动性变化，因此终端与卫星连接的移动性管理始终是空天地海一体化网络的重要技术[10]。相对于地面移动通信系统，卫星通信移动性管理面临以下挑战。

（1）基于无线资源管理测量的切换准则不准确

地面基站小区中心点和边缘点链路损耗差异大，容易基于信号强度变化判断切换时机，而卫星系统波束边缘和波束中心点信号强度差异相对较小，完全依赖无线资源管理（Radio Resource Management，RRM）测量进行波束切换判决会带来较大的不确定性。

（2）切换的频率高，小区驻留时间短

由于低轨卫星的移动速度快，波束和星间切换时间通常在秒级或分钟级，使得终端需要进行频繁切换，这对切换性能和可靠性提出了更高要求。

（3）馈电群切换

当卫星采用透明模式进行数据传输时，馈电链路发生切换时该卫星内所有服务用户必须同时从原信关站切换到新信关站，否则会失去连接。通常，一颗大容量卫星服务用户数有数千或数万个，所有用户要求在较短的时间内进行切换，这对随机接入资源和信关站协调存在很高要求。

根据终端用户所处的不同的无线资源控制状态，可以将空天地海一体化网络的移动性管理分为空闲态的移动性管理和连接态的移动性管理。

（1）空闲态的移动性管理

当用户处于空闲态时，终端将对卫星波束进行波束选择和重选。卫星波束的选择和重选是终端自主的行为，但网络可以通过广播消息对终端小区的选择或重选进行干预。终端对卫星波束的选择或重选判决依赖卫星的星历信息、信号强度和终端位置信息。相比地面通信系统，可以基于星历信息和卫星波束配置信息判断终端是否处于卫星的波束覆盖范围之内。

（2）连接态的移动性管理

对于连接态的终端，其移动性管理可以分为星内切换、星间切换和馈电切换。对于星内切换和星间切换，需要解决的主要是切换判决的准确性和切换信令开销问题；对于馈电切换，需要解决的是切换的可靠性和大规模用户切换的有序性问题。

① 星内切换和星间切换

终端在同一卫星内不同小区切换时，如果源小区和目标小区属于同一个基站，切换过程和目前地面移动通信的小区间切换一致。对于星间切换，终端将在两颗卫星之间的波束进行切换。当卫星移动时，终端从一颗卫星切换到另一颗卫星，除了空中接口的信令交互，此时还需要卫星间的信息交互。

一是基于星历、位置和 RRM 测量的联合判决。当卫星在移动时，终端上报位置和 RRM 测量信息给网络，网络基于星历信息确定波束覆盖情况，然后判断终端是否处于波束或者小区边界，最后进行切换判决。相比现有技术，该技术充分利用了终端的位置信息和 RRM 测量信息，保证了切换的准确性和有效性。

二是基于星历和位置的条件切换。为了减少频繁切换带来的时延和信令的影响，终端可以基于网络的信息通知进行条件切换，即终端自主判断是否进行切换，而且基于网络的信令通知自动连接到新的波束（小区），切换成功后通知网络。对于条件切换，其最大的优势就是不需要每次切换都向用户通知终端的切换命令，切换的参数和小区信息提前一次性告知用户，以减少切换信令开销和中间的信令交互。

② 馈电切换

对于馈电切换，主要用于卫星仅和单信关站连接的场景。如果发生馈电链路切换，需要先切断卫星与地面原信关站的连接，然后再与新信关站进行连接。这种切换过程会带来较大的业务中断。由于每颗卫星包含多个波束（小区），每个波束又有几百个甚至几千个接入用户，在进行馈电链路切换过程中，需要最多数万个用户进行群切换，将带来随机接入资源需求、切换时延以及切换成功率等极大挑战。

对于馈电切换的需求和挑战，需要提前通知所有连接用户统一连接到新的卫星，并且分配合适的 PRACH 资源，支持大量用户在一个时间窗口内和新的信关站重新建立 RRC 连接。因此，需要根据用户优先级与业务需求进行分类接入管理，安排用户在一个特定的时间点发送 PRACH 信号，以保证用户有序地接入，不至于发生冲突和资源拥塞。

6.1.4 协同覆盖关键技术

（1）空天地海一体化网络的智能接入

当存在高轨、低轨、地面系统多层网络时，终端的智能按需接入变得非常重要。从网络的角度看，应当尽可能提供统一兼容的接入方式，并且提供必要的广播消息辅助终端进行网络的选择；从终端的角度看，需要能动态按需选择网络。

针对终端的智能接入，主要的潜在技术包括：空中接口接入协议的统一；终端基于网络的负载和业务时延需求进行按需动态接入；网络具备多层网络的协调能力和管控能力，比如选择一个子网络作为接入锚点，然后在数据传输时进行切换，或者对网络资源和接入能力进行多层网络的协同，维持对每一层接入用户的最佳体验。

（2）空天地海一体化网络的频率动态分配

在空天地海一体化网络中，高低轨卫星、临空平台、地面基站之间形成了多层立体网络，随着用户业务需求的增长，频谱资源变得越发匮乏，传统的频率硬性分割使得传输效率大大下降。为提高频率资源的利用效率，需要研究空间多层网络的信号传输特点，利用波束和覆盖的差异性，探索星地通信的软频率复用方法；通过干扰预测和资源协调，采用频率动态共享复用的技术和方法，同时提升小区边缘传输效率，降低小区边缘干扰。

基于空天地海一体化网络特点，频谱协调主要可利用的技术特性包括：波束的方向性、业务的动态性、频率资源的空间重用性。对于空天地海一体化网络，一个重要的基础条件是在不同层网络之间信息是可以交互协调的，协调时间的颗粒度可以是小时、分钟、秒或者毫秒级，频率协调技术的前提是信息交互的颗粒度一致。因此，频谱共享技术以干扰共存分析评估为基础，以认知协调技术解决干扰抑制问题，以动态频谱共享技术应对频谱资源配置问题。首先，通过对系统间的干扰共存进行分析，明确频谱共用中的干扰关系，对潜在干扰程度进行量化评估。针对已分配频谱资源的在用业务系统，结合数字信号处理的抗干扰技术，根据干扰信号在不同维度上表现出的特性，如时间维度、频率维度、空间维度等，通过时域干扰抑制技术、变换域干扰抑制技术、空域干扰抑制技术等，规避或抑制潜在干扰，从而提升通信系统的频谱利用效率。针对请求获取频谱资源的业务系统，可采用动态频谱管理技术，通过频分频谱共享、时分频谱共享以及半动态频谱共享 3 种方式实现。通过这 3 种动态频谱管理技术的综合运用，实现全局频谱资源的统筹协调和分配，最大化频谱利用效率。

（3）空天地海一体化网络的无缝切换

对于存在卫星网络和地面网络多重覆盖的场景，网络间的切换至少包括星地网络的切换和高低轨多层卫星网络之间的切换。切换的需求主要考虑的是数据传输的连续性和网络负载的均衡性。对于终端来说，通常存在软切换和硬切换两种方式，如果终端具备双连接能力或多连接能力，则零时延的切换是可能的，这要求终端在断开原有网络的时候已经和新的网络建立了连接；如果不具备双连接能力或多连接能力，则需要提前对切换进行预测，并且通过数据前转的技术优化来减少对用户数据传输的影响。面向未来的星地融合覆盖部署，终端需要充分利用卫星的广覆盖优势和地面覆盖的低时延优势来进行工作，因此在卫星小区和地面小区之间进行切换时，需要考虑的关键技术手段有：通过卫星的星历信息提取进行切换预测，减少切换时延，提高星地融合覆盖的质量；通过提前在目标节点进行数据前传，降低切换带来的数据传输时延；通过终端建立多连接，消除切换带来的数据中断。

| 6.2　6G 空间信息网络 |

空间信息网络是以空间平台（如同步卫星或中、低轨道卫星/星座、平流层浮空器或无人机等）为载体，实时获取、传输和处理空间信息的网络系统。作为国家重要基础设施，空间信息网络在服务远洋航行、应急救援、导航定位、航空运输、航天测控等重大应用的同时，还可以支持对地观测高动态、宽带实时传输，以及深空探测的超远程、大时延可靠传输，从而将人类科学、文化、生产活动拓展至空间、远洋乃至深空，这是全球范围的技术热点。空间信息网络的发展，受到频谱和轨道等资源的限制，难以简单地通过增加空间节点数量或提高节点能力来扩大时空覆盖范围。为解决现有信息网络全域覆盖能力有限、网络扩展和协同应用能力弱的问题，亟须开展空间信息网络基础理论和关键技术研究。

在卫星通信方面，目前我国在轨的 10 颗通信卫星的频率多集中于 C、Ku 频段，覆盖集中于中国国土及亚太地区，主要满足民商用通信、广播电视、数据传输等业务需求。已经发射的中星 16 及即将发射的中星 18 搭载 Ka 频段通信载荷，满足"一带一路"沿线国家和地区覆盖；S 频段的移动通信卫星将满足更广泛的需求。在数据中继卫星方面，我国现已建成一代数据中继卫星系统，实现了对地球表面 78% 的覆盖率，对 300km 以上高度的空间飞行器覆盖率则达到 100%[11]。在卫星遥感方面，智能遥感卫星系统已经受到国内包括清华大学、武汉大学、上海航天控制技术研究所等诸多科研机构越来越多的关注。

国家重点研发计划"地球观测与导航"中的重点专项"基于分布式可重构航天遥感技术"项目已在上海启动。该项目计划在未来 4 年内研制出 7 颗可联网、可编队的微小卫星试验样机。这种卫星具有低成本、高效能、可重构等特点，能构建遥感星群网络，可自适应协同执行突发灾害应急测绘、全球热点地区持续观测等任务。在卫星导航方面，北斗全球卫星导航系统已于 2009 年启动，2018 年 2 月，北斗全球卫星导航系统的第五颗和第六颗卫星已被送入预定轨道。另外，从 2014 年开始，中科院软件所牵头组织上海微小卫星工程中心、中科院西光所、中科院光电院、航天科技集团 771 所等单位，开展了软件定义卫星技术的研究工作，以天基超算平台和星载操作环境为基础，实现有效载荷动态重组、应用软件动态重配、卫星功能动态重构等能力。其中，中科院软件所承担并完成了卫星开发系统架构设计、"天智一号"试验卫星总体方案论证等工作，并在天基超算平台、软件定义有效载荷等方面取得了一定的技术进展。

在空间信息网络构建方面，我国已于 2014 年启动"天地一体化信息网络工程"。在应用体系结构方面，重点突出"网络一体、安全一体、管控一体"理念，通过优化网络体系结构，统一传输和路由，实现多层次联合组网和跨域按需信息共享；在系统体系结构方面，采用"天网地网"架构，以地面网络为依托，以天基网络为拓展，天地一体化信息网络主要由天基骨干网、天基接入网以及地基节点网组成；在技术体系结构方面，按照"网络一体化、功能服务化、应用定制化"思路，采用资源虚拟化、软件定义网络技术，从逻辑上将天地一体化信息网络划分为网络传输、网络服务、应用系统 3 个层次[12]。

6.2.1　卫星网络发展

如图 6-5 所示，自从 20 世纪 60 年代第一颗含地球同步轨道（GEO）商用卫星晨鸟号升空以来，GEO 卫星通信系统的技术已经非常成熟。GEO 卫星节点在赤道上空距地面 35800km 的轨道上运行，从理论上讲，用 3 颗 GEO 卫星节点即可实现全球覆盖，因此，基于 GEO 卫星节点构建天地一体化信息网络是一种最简单的模式[13]。

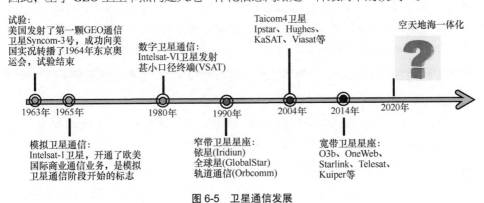

图 6-5　卫星通信发展

（1）国际移动卫星系统 Inmarsat

Inmarsat　是国际上最早提供覆盖全球的商用卫星移动通信业务的运营商。Inmarsat 始建于 1979 年，早期主要从事全球海事卫星通信服务，后来其运营范围逐渐扩展到航空通信和陆地移动通信，1994 年"国际海事卫星组织"改名为"国际移动卫星组织"，但其英文缩写不变，仍为"Inmarsat"。Inmarsat 是典型的"天星地网"形态，由空间段、地面段和用户段组成。Inmarsat 的空间段由其在空间中运行的各种卫星节点组成。

目前，Inmarsat 已经发展到第五代系统，在轨运行的共 13 个 GEO 卫星节点，分别是 5 个使用 L 频段的 Inmarsat 第四代（I4）卫星节点，5 个使用 Ka 频段的第五代（GX）卫星节点（GX5 卫星于 2019 年 11 月 26 日发射升空），以及其他一些用于局部区域增强的卫星节点（例如，服务于欧洲航空网络（European Aviation Network，EAN）的 S 频段卫星 I-S 节点，覆盖欧洲、中东和非洲的 L 频段卫星 Alphasat

节点）。Inmarsat 空间段的这些卫星节点之间没有星间链路。

Inmarsat 的地面段由网络运行中心（Network Operation Center，NOC）、汇接点（MMP）中心和分布在世界各地的卫星信关站组成，网络运行中心设在英国伦敦 Inmarsat 的总部，用于完成对 Inmarsat 卫星节点和地面网络的管理与控制；Inmarsat 有 3 个地面信息汇接中心，分别位于美国的纽约、荷兰的阿姆斯特丹和中国的香港，用于汇接附近区域地面信关站的信息并接入地面光缆网，实现 Inmarsat 业务与地面互联网和移动通信网业务的互联互通；Inmarsat 在全球设有 11 个信关站，分别部署于美洲的美国和加拿大（2 个），欧洲的意大利、荷兰和希腊，大洋洲的澳大利亚（2 个）和新西兰（2 个），以及太平洋上的夏威夷（美）。Inmarsat 的用户段由各类船载站、机载站、低地球轨道（Low Earth Orbit，LEO）星载站，以及陆地岸站和用户手持终端站等组成，为世界各地的用户提供卫星电话和数据服务。

（2）先进极高频卫星通信系统

随着美军"军事星（Milstar）"系统的退役，先进极高频（Advanced Extremely High Frequency，AEHF）卫星系统成为美军新一代的受保护卫星通信系统，可以为美军及其盟军提供安全、受保护和抗干扰的全球军事卫星通信服务。AEHF 系统比 Milstar 系统具有更大的传输容量和更高的数据速率，每颗 AEHF 卫星的总通信容量比由 5 颗卫星构成的整个 Milstar 星座还要大，同时响应时间也更短，能够更好地支持美军的带宽需求和快速反映服务需求。AEHF 卫星通信系统是典型的"天基网络"形态，由空间段、任务控制段和用户终端段组成。空间段由 6 个 GEO 上的 AEHF 卫星节点构成，2020 年 3 月 27 日 AEHF-6 卫星发射升空，完成全系统组网。

AEHF 卫星节点具有星上处理和星间链路能力，其上行链路采用 EHF 频段（44GHz），下行链路采用 SHF 频段（20GHz），数据速率范围为 75bit/s～8.192Mbit/s。这些卫星节点通过 V 频段（60GHz）双向的 60Mbit/s 星间链路互联构成 AEHF 卫星星座，提供的通信服务覆盖范围从地球北纬 65°到南纬 65°，使得 AEHF 星座具有覆盖全球（除了南北极）的端到端全程信息处理与传送能力，而无须地面固定信关站和网络的参与。这就减少了卫星通信系统对地面支持系统的依赖程度，使 AEHF 卫星通信系统在地面控制站被毁坏后至少还能自主工作 6 个月。任务控制段（MCS）提供 AEHF 卫星星座的控制和维护，由任务规划单元、测试和训练仿真单元、任务操作单元、作战支持和支援单元组成。MCS 分布在多个地面固定和移动站点上。

固定站包括位于美国施里弗空军基地的 AEHF 卫星操作中心以及位于范登堡空军基地的卫星操作中心。3 个移动单元包括 1 个指挥移动备用司令部和 2 个 AEHF 移动星座控制站。AEHF 系统支持的用户终端段主要包括：单信道抗干扰便携式（SCAMP）终端、保密移动抗干扰可靠战术终端（SMART-T）、先进超视距终端系列（FAB-T）和海军多波段终端（NMT）。这些可快速部署的机载、舰载、车载和便携式 AEHF 终端将连通全球范围的作战部队，为其带来任何时间和任何地点的通信能力。

（3）"铱星"（Iridium）二代低轨卫星通信系统

LEO 星座采用运行在低地球轨道的卫星群提供宽带互联网接入等通信服务，具有低时延、信号强、可批量生产和成本低等特点，能够进一步满足人们对全球无缝覆盖的宽带网络服务需求。截至 2020 年 4 月，全球在轨卫星数量约为 2600 颗，其中约 1900 颗是低轨卫星，占比超过 70%，为国防、军事以及商业领域提供通信、导航、遥感、气象等服务。

早期的低轨通信星座主要有铱星、全球星（Global Star）和轨道通信（Orbcomm）卫星系统等，现在都已升级换代，其中铱星二代系统开始提供宽带数据服务。如图 6-6 所示，国外多家企业提出了低轨互联网星座计划，以 SpaceX 公司为代表的企业开始主导低轨互联网星座建设，其"星链（starlink）"星座已发射 11 批共 653 颗卫星（节点），进入密集部署阶段；"一网（OneWeb）"星座已发射 3 批共 74 个卫星节点；电信卫星（Telesat）和柯伊伯（Kuiper）星座有待实施；国内"虹云""鸿雁""天象""银河"相继发射了验证卫星[7]。

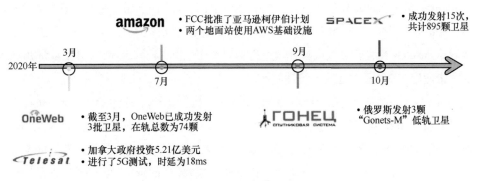

图 6-6　低轨卫星通信发展

美国摩托罗拉公司于 1987 年提出了第一代"铱星"全球移动通信系统，"铱星"一代系统于 1996 年开始试验发射，1998 年投入业务运营，其空间段由 66 个重量较轻的小型卫星节点和数个备用卫星节点组成，运行在距离地球表面 780km 的太空轨道上，使用 Ka 频段与信关站进行通信，使用 L 频段和终端用户进行通信。经历了 2001 年的破产重组后，为取代逐渐进入寿命终期的"铱星"一代星座，铱星公司于 2005 年启动了"铱星"二代系统的部署。从 2017 年 1 月 14 日到 2019 年 1 月 11 日，75 个"铱星"二代卫星节点（66 个在轨工作卫星节点和 9 个在轨备份卫星节点）分 8 次成功部署，单个卫星节点的质量为 860kg，设计在轨使用寿命为 15 年，运行在高度 780km、倾角 86.4°的低轨道上，卫星节点提供 L 频段速度高达 1.5Mbit/s 和 Ka 频段 8Mbit/s 的高速数据服务[9]。2019 年 1 月 16 日，铱星公司推出了 Iridium Certus 350 宽带服务，可为用户提供 352Kbit/s 的数据通信速度。2020 年 2 月 27 日，Iridium Certus 700 正式上线，最高下载数据速度较上一代翻一番，已达 702Kbit/s。Iridium Certus 可为申请购买该服务的企业和团队提供移动办公功能，并为自动驾驶汽车、火车、飞机等提供双向远程通信，还可以满足在蜂窝网络覆盖范围之外用户的关键信息搜索服务需求，其用户主要包括急救人员和搜救组织。

（4）"一网"（OneWeb）低轨卫星通信系统

英国通信公司 OneWeb 的"一网"星座是一个由 882 个（648 个在轨，234 个备份）卫星节点组成的，为全球个人消费者提供互联网宽带服务的低轨卫星星座。其计划于 2022 年初步建成低轨卫星互联网系统，到 2027 年建立健全的、覆盖全球的低轨卫星通信系统。648 个通信卫星节点的工作频谱为 Ku 波段，在距地面大约 1200km 的环形低地球轨道上运行。2019 年 2 月，首批 6 个互联网卫星节点成功升空；2020 年 2 月 7 日、2020 年 3 月 21 日第二批及第三批各 34 个卫星节点发射升空。至此，OneWeb 互联网卫星项目在轨运行卫星节点已有 74 个，展示了超过 400Mbit/s 的宽带速度和 32ms 时延的系统性能。

OneWeb 公司原计划在 2020 年完成 10 次卫星发射任务，快速部署第一阶段 648 个卫星节点，2021 年实现全球服务，最终实现 1980 多个卫星节点在轨运行，从而构建覆盖全球的宽带通信网络。然而，2020 年 3 月 27 日，受新冠肺炎疫情影响，OneWeb 与其最大投资者日本软银的 20 亿美元投资谈判破裂，OneWeb 向美国破产法院申请破产保护。但 2020 年 5 月，OneWeb 仍向美国联邦通信委员会递交了卫星宽带服务申请书，将计划建设的星座提升到 47844 个卫星节点的量级，并对系统的轨道平面和部署特性进行调整，以完成全球网络的覆盖。2020 年 7 月 3 日，英国政府宣布，其主导的财团和印度移动网络运营商 BhartiGlobal 成功联合竞购了 OneWeb 公司，以帮助重组其星座业务。

（5）SpaceX "星链" 低轨卫星通信系统

美国 SpaceX 公司的卫星互联网项目 "星链" 于 2018 年 3 月得到 FCC 批准进入美国市场运营。根据 SpaceX 向 FCC 提交的文件，"星链" 星座计划总计部署 12000 个卫星节点，其中包括 4425 个轨道高度 1100～1300km 的中轨道卫星节点，7518 个高度不超过 346 km 的近地轨道卫星节点。SpaceX 预计 2025 年最终完成 12000 个卫星节点发射时，能够为地球用户提供至少 1Gbit/s 的宽带服务，最高可达 23Gbit/s 的超高速宽带网络。此外，2019 年 10 月 SpaceX 又向 FCC 提交了额外发射 30000 个卫星节点的申请，轨道高度在 328～580km。在组网第一阶段，约 1600 个卫星节点将在 550km 高度处环绕地球运行。之后，2700 多个卫星节点会进入 1100～1325km 的较高轨道，完成全球组网。第二阶段的 7000 多个卫星节点将进入更低的 300km 高度，以增加整个网络的带宽。每个 Starlink 卫星节点重约 227kg，装有多个高通量相控阵天线和一个太阳能电池组，使用以氙为工质的霍尔推进器提供动力，配备和 "龙飞船" 相似的星敏感器高精度导航系统，能够自动跟踪轨道附近的太空碎片并避免碰撞，卫星节点的在轨寿命为 1～5 年。每个卫星节点的生产和发射成本已经远远低于 50 万美元，60 个卫星节点可提供 1Tbit/s 的带宽，即每个卫星节点的带宽接近 17Gbit/s。SpaceX 于 2018 年 3 月发射了两个互联网测试卫星节点，启动星座计划的实施。2019 年 5 月 23 日至 2020 年 8 月 18 日，先后发射 11 批卫星节点，前 8 批每批为 60 个 "星链" 卫星节点，第 9 批为 58 个 "星链" 卫星节点和 3 颗地球观测卫星，第 10 批为 57 个 "星链" 卫星节点和两颗地球观测卫星，第 11 批为 58 个 "星链" 卫星节点和 3 颗地球观测卫星。SpaceX 公司正在稳步推进 "星链" 星座计划实施，进入大规模部署阶段，累计发射 "星链" 卫星节点 653 个。根据其计划，2020 年将进行 24 次发射任务，至 2020 年年底完成共计 1500 个卫星节点发射，同时准备 2020 年在美国北部和加拿大提供服务，至 2021 年服务扩展到全球人口覆盖范围。

（6）电信卫星（Telesat）低轨卫星通信系统

加拿大卫星运营商 Telesat 公司是世界五大商业卫星运营商之一。2016 年，Telesat 披露其低轨星座计划，该系统将包括在两个轨道上的至少 117 个卫星节点，之后 Telesat 方案更改为 300 个卫星节点或更多。公司打算于 2022 年开始提供包括加拿大在内的区域性服务，2023 年开通全球服务。卫星将分布在两组轨道面上：第一组轨道面为极轨道，由 6 个轨道面组成，轨道倾角 99.5°，高度 1000km，每个平面至少 12 个卫星节点；第二组轨道面为倾斜轨道，由不少于 5 个轨道面组成，轨道倾角 37.4°，高度 1200km，每个平面至少有 10 个卫星节点。就功能而言，第一组极轨道提供了全球覆盖，第二组倾斜轨道更关注全球大部分人口集中区域的覆盖。

Telesat 的星座将在 Ka 频段（17.8～20.2GHz）的较低频谱中将 1.8GHz 的带宽用于下行链路，而在上 Ka 频段（27.5～30.0GHz）的带宽为 2.1GHz 用于上行链路。单个卫星节点重约 800kg，设计寿命 10 年，并携带两个冗余的氙燃料电力推进系统，整个星座的总容量将达到 16～24Tbit/s，其中约 8Tbit/s 用于销售，剩余的容量将覆盖海洋和无人居住的陆地。2018 年 1 月 12 日，Telesat 的低轨高通量试验卫星 LEOVantage1 搭载印度极地卫星运载火箭（PSLV）发射入轨，用于验证低地球轨道星座的低时延宽带通信。2020 年 4 月 30 日，Telesat 公司表示由 298 个卫星节点组成的互联网星座的使能技术已足够成熟，将选择一家主要承包商研制低地球轨道卫星。Telesat 公司计划于 2022 年开始 78 个卫星节点发射到极地轨道。到 2023 年年底，将剩余的 220 个卫星节点发射到倾斜轨道。其中极地卫星节点将于 2022 年在北纬高纬度地区投入使用，并在 2023 年发射倾斜轨道卫星节点后开始全球服务。

（7）亚马逊柯伊伯（Kuiper）低轨卫星通信系统

2019 年，亚马逊推出柯伊伯计划，拟投入数十亿美元发射 3236 个 Ka 波段卫星节点，其中 784 个卫星节点位于 590km 的轨道，1296 个卫星节点位于 610km 的轨道，1156 个卫星节点位于 630km 的轨道，以提供高速、低时延的互联网宽带服务。柯伊伯星座是目前所有低轨互联网星座中最低、最密集的一种，它在高度上与其他星座区分开，一方面避免了同轨道的拥挤和碰撞，另一方面占据最低的轨道可使通信性能达到最优、发射运输成本最低、发射可用的火箭也最广泛。但缺点是，对于同样的地表范围，需要的卫星数量会相对最多，以便覆盖到所有的目标区域（南北纬 56°之间）。亚马逊计划分 5 个阶段发射柯伊伯项目卫星节点，卫星节点设计工作寿命为 7 年，2026 年前将完成一半数量的卫星节点发射任务。

（8）我国"鸿雁"低轨卫星通信系统

"鸿雁"是中国航天科技集团有限公司规划并发布的 LEO 星座。"鸿雁"是由 300 个低轨道小卫星节点组成的，具有全天候、全时段且在复杂条件下的实时双向通信能力的全球系统，能实现对海域航行船舶的监控和管理、对全球航空目标的跟踪和调控，以保证飞行安全，还能增强北斗导航卫星系统，提高北斗导航卫星定位精度。2018 年 12 月 29 日，"鸿雁"星座发射首个试验星节点"重庆号"，配置有 L/Ka 频段的通信载荷、导航增强载荷、航空监视载荷，可实现"鸿雁"星座关键技术在轨试验。

（9）我国"虹云"低轨卫星通信系统

"虹云"是由中国航天科工集团第二研究院规划发布的 LEO 星座，设计由 156 个卫星节点组成，在距离地面 1000km 的轨道上组网运行，"虹云"项目计划构建一个卫星宽带全球移动互联网络，从而实现全球互联网接入服务。2018 年 12 月 22 日，"虹云"星座技术验证卫星在酒泉卫星发射中心成功发射入轨后，先后完成了不同天气条件、不同业务场景等多种工况下的全部功能与性能测试。

（10）我国"天象"低轨卫星通信系统

"天象"星座是中国电子科技集团公司按照"天地一体化信息网络"实施方案设计的 LEO 星座，由 120～240 个卫星节点组成，采用星间链路和星间处理交换技术，能够实现在国内极少数地面信关站支持下的全球无缝窄带和宽带通信与信息服务。2019 年 6 月 5 日，"天象"试验 1 星、2 星通过搭载发射成功进入预定轨道，卫星节点搭载了基于软件重构功能的开放式验证平台，实现了 SDN 天基路由器、星间链路、导航增强和 ADS-B 等设备功能，首次开展了基于低轨星间链路的天基组网信息传输、星间测量、导航增强、天基航空航海监视等技术试验。

（11）我国"银河 Galaxy"低轨卫星通信系统

成立于 2018 年的银河航天公司，规划建设了由上千个卫星节点组成的"银河 Galaxy"星座，轨道高度 1200km，系统建成后用户可以高速灵活地接入卫星网络。

2018 年 10 月 25 日，银河航天试验载荷"玉泉一号"搭载长征四号乙运载火箭（CZ-4B）发射升空，进行星载高性能计算、空间成像、通信链路等试验验证。2020 年 1 月 16 日，银河航天首发星发射升空，卫星重量 200kg，采用 Q/V 和 Ka 等通信频段，具备 10Gbit/s 的透明转发通信能力，可通过卫星终端为用户提供宽带通信服务。

6.2.2　空间信息网络功能与特征

通过天基、空基和地基网络的互联互通，空间信息网络具有信息获取、处理、分发的一体化服务能力，可实现信息的高效智能服务[14]。主要功能如下。

（1）遥感与导航数据快速获取与处理服务。通过多平台协同观测、星地协同处理和星地快速传输，实现全天时、全天候、近实时获取、处理遥感、导航等多种数据，将信息及时推送给用户。

（2）地面移动宽带通信服务。空间信息网络能够克服地面网络覆盖范围不足的局限，可为全球任意位置的用户提供安全、可靠、高速的通信和数据传输服务。

（3）航天器测控、通信与导航。利用空间信息网络能够为各类航天器实时传输数据、图像和语音信息，部分取代地面测控设施转发航天器测控数据，并为深空探测航天器提供导航、数据中继等服务。

空间信息网络是一个立体多层、异构动态的复杂网络，网络节点的种类和功能多样，不同的组网应用方式会形成不同的拓扑结构。以下从空间分布、功能协同、任务组网和时变拓扑 4 个方面分析其多层特征。

（1）空间分布

空间信息网络在组成平台上包括多种类型的空间，如临近空间、低空、地面和海上系统或平台，这些系统或平台通过多类型链路实现互联互通，形成由高空到低空再到地面的混合网络。临近空间是指离地球表面 20～100km 的空间区域，飞行器分为高速和低速飞行器。由于临近空间的位置优势，临近空间飞行器不仅可以弥补空间段卫星星座盲区，而且具有局部区域探测持续工作时间长、探测精度高、生存能力强等特点，可有效增强全球覆盖、全天候接入和快速响应能力，是空间信息网络建设中通信、传感和打击功能子网的重要补充。

低空、地面和海上系统除了用于各类航天器和临近空间飞行器测控的地面站，还包括各类终端用户，各类用户之间通过宽带、广播等方式实现互联互通。因此空间信息网络是一个有多种链路类型、将多层次物理空间内的节点组网互联形成的混合网络，不能用具有单一连接形式的传统网络模型描述。

（2）功能协同

空间信息网络综合了多种功能子网，从军事领域来说，如图 6-7 所示，空间信息网络包括侦察、监视、导航、预警、指控和攻击等功能子网。按照子网功能将空间信息网络划分为一系列具有相似功能类型的节点组成的功能域。各功能域内部自主运行，多个域之间协同服务，构成具有信息收集、传输、处理功能的智能化空间信息网络，从而实现信息的多元立体共享和空间资源的有效利用。

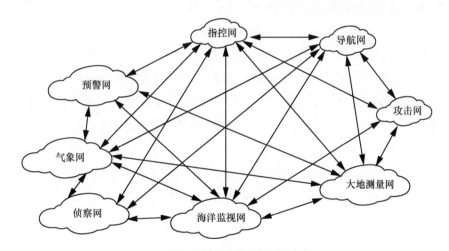

图 6-7　军事领域中的空间信息网络功能子网

空间信息网络作为一个由多功能子网一体化集成与协同的综合性系统，其结构比单一功能的卫星导航系统、卫星遥感系统等复杂得多，不能简单地用某种类型的星座模型描述。

（3）任务组网

通过一体化组网，空间信息网络的网络节点可以互联互通、相互协作，针对用户的不同任务需求，可通过网络结构设计、拓扑控制和接入控制等方式对空间信息网络节点进行面向任务的组网，实现定制化空间信息服务。随着任务的变化，空间信息网络的组成节点和连接模式不断变化，节点功能也会存在差异。

（4）时变拓扑

空间平台的运行（包括卫星的周期性运动及临近空间飞行器等平台的高速运动）、恶劣的空间环境、用户接入与断开等因素造成网络链路随时间不断地连通和断开，从而影响信息流在空间信息网络中的传播路径，导致空间信息网络拓扑结构和网络特征的变化。在时效网模型中，通过时间点划分，构建一系列离散时间点的静态网络模型，可以反映目标在一定时间段内的稳态结构和拓扑变化。空间信息网络的动态拓扑结构描述能够支持网络应用的分析，并且对物理层形成反馈，在网络设计中形成指导。

6.2.3 空间信息网络关键技术

空间信息网络是涉及多轨道的天基星座网、信关站节点网、地面互联网和移动通信网的异构网络，同时也是面向多个应用方向和多类服务对象互联的复杂系统。网络内部存在激光、毫米波、微波等多种传输链路，以及全光电路、射频电路、分组等多种交换技术体制，其网络拓扑、规模和连接关系等均动态可变，需要适应近地空间（36000km 以下）、临近空间（20～100km）、近地（20km 以下）、海面和陆地等多种用户接入环境。要想按需实现网络结构自组织、网络状态自调节、网络传输自适应，提升网络多级安全和服务能力，需要结合技术发展现状，创新开展天地一体化信息网络体系结构设计与优化技术研究，以满足全球覆盖、按需服务、安全可信、灵活接入和天地一体等能力需求。

（1）星座设计与优化技术

星座设计是天基网络的一项专有的技术，是对天基星座网的构型、卫星节点轨道/频率、星间/星地互联链路等的总体设计，其目标是用最少的卫星节点和最佳的性能实现对指定区域的覆盖。在设计中，既要面向各类应用系统的服务范围和服务对象做"设计"，又需要结合空间卫星节点的轨位和频率等实际情况反复做"安置性"的优化。从网络中卫星节点所处轨道位置来看，由于 GEO 卫星节点对地相对静止，卫星节点间的网络拓扑相对固定，往往会成为构建天基星座骨干网络的首要选择；而在非 GEO 卫星节点网络方面，由于不同轨道的卫星节点可提供不同的覆盖范围、传输速率、业务支持能力，因此其星座构型、轨道和频率等都需要进行优化设计[15]。

（2）网络协议设计与优化技术

天地一体化信息网络由天基星座网、信关站节点网、地面互联网和移动通信网互联构成，面向不同业务需求的应用系统和用户提供服务，而且具有网络传输链路距离长、时延及其变化范围大、连接通断频繁及通联关系动态可变、网络用户广域接入和突发业务量大等特点。一方面，需要在综合网络实现、成本与风险等约束条件下，开展与天地一体化信息网络特点相适应的信息传输、路由交换、接入控制等网络协议研究，解决"大时间带宽积"条件下的端到端可靠信息传送控制问题，以提升网络资源利用率及业务支持能力；另一方面，也要充分考虑地面网络技术（如软件定义网络、网络功能虚拟化、网络切片、边缘计算等技术）的最新进展和发展趋势，以及天基网络与地面网络互联互通要求，开展新型天基网络协议的设计，并通过仿真和样机验证等手段，设计出适合我国天地一体化信息网络发展的网络协议体系，满足各类用户的使用需求[16]。

（3）网络资源虚拟化及按需组网技术

在应用层面，天地一体化信息网络将面向陆、海、空、天各类用户提供服务，由于不同类别用户对网络服务质量和安全性等的要求不同，如何实现天地一体化信息网络资源的灵活调度以及与任务的高度匹配，满足应用需求，可围绕天基网络节点资源受限、GEO 卫星节点与非 GEO 卫星节点能力差异大、在轨硬件升级难度大等问题，开展 GEO、中地球轨道（Medium Earth Orbit，MEO）和 LEO 等不同轨道卫星节点、链路和地面信关站资源（如计算、存储、带宽、频率和功率等）的虚拟化研究。在信息传送层与网络服务层之间增加网络资源虚拟管理与调度子层，在网络服务层与应用系统层之间增加服务编排与封装子层，使得网络能够根据不同应用系统的不同任务构建虚拟逻辑网络（网络切片），并提供按需服务，提高网络资源的利用率，实现网络资源可重组和网络功能可重构，提升网络的按需服务能力。

（4）网络可靠信息传输技术

天地一体化信息网络中的卫星节点和链路动态变化且稀疏分布，导致多点到多点间的信息传输容量随网络拓扑的时变空变而发生变化，高动态时变网络给传统信息传输理论和技术带来巨大的挑战，需要重点开展星间/星地高速激光与微波通信技术研究工作。在高速激光通信技术方面，核心技术主要包括相干激光调制、多制式数字解调、兼容有/无信标光的快速捕获与高精度跟踪、基于光学相控阵的光多址接入技术等；在高速微波/毫米波通信技术方面，为实现数吉比特每秒的高速传输，核心技术主要包括超高速高频谱效率传输技术体制、多载波超高速调制解调和天基网络协作信息传输技术等。另外，考虑到天基网络卫星节点暴露、链路开放和复杂干扰等因素，有必要开展高频谱效率可靠信息传输与抗干扰技术研究工作。

（5）网络安全防护技术

天地一体化信息网络中的卫星节点和星间/星地链路暴露在空间中，更加容易受到人为干扰、窃听、网络入侵、病毒植入和拒绝服务等网络攻击。此外，还面临多用户类别、资源异构、复杂服务和多级安全等需求，需要解决天地一体化信息网络安全防护架构设计、网络安全功能内嵌、密码按需服务和分级安全防护等问题，确保天地一体化信息网络安全可靠运行。针对网络安全防护架构设计和网络安全功能内嵌问题，可基于"拟态防御"的思想，采用"动态异构冗余—多模裁决—异常清洗"的网络防御模式，实现安全功能内嵌，能够对"已知的未知"风险或"未知的未知"威胁实施可度量的安全防护。针对密码按需服务和分级安全防护等问题，开展跨用户域/网络域/应用服务域的密码资源统一管理与调度、星载资源受限设备轻量级可重构密码算法、多级安全加密和密码业务处理等关键技术研究，为天地一体化信息网络实体安全认证、信息保密传输和应用服务系统安全防护提供密码技术支撑。

（6）网络运维管理技术

天地一体化信息网络面临多尺度、多资源、异构性的复杂服务需求，要想获取有效而充分的网络资源，需要解决网络管理体系架构设计、网络资源优化利用和服务资源协调管理等问题，从而实现网络效能最大化和应用满意度最大化。针对网络管理体系架构和服务资源优化问题，可基于面向服务的框架体系（Service-Oriented Architecture，SOA），采用基于企业服务总线（Enterprise Service Bus，ESB）的服务资源发现、挖掘、注册和管理方法，通过信息传输、格式转换、服务资源接口标准化、资源协同调度等技术方法，实现异构服务的重复高效运用，并采用模式匹配、事件序列分解、复杂语义检测、关键序列标定等方法，实现实时事件流分析和服务资源匹配优化。针对网络多维资源优化问题，可面向分布式资源管理，采用凸优化、稳健性优化和多目标优化理论，在多尺度下优化带宽、功率、波束、路由和转发器等网络资源，有效提高网络资源使用效率，提高网络服务效能。

（7）高并发差异化用户接入控制技术

天地一体化信息网络具有时空跨度大、网络拓扑高动态变化、用户广域分布和突发接入需求量大等特点，同时需要面向陆、海、空、天各类用户提供差异化服务。仅以用户接入速率为例，不同用户接入的信息速率差异很大（地面传感器用户接入速率只有几十 bit/s，甚至更少；而航天传感器用户接入速率可达几十 Mbit/s，甚至上百 Mbit/s），要想解决高并发、有差异化服务需求的用户接入控制问题，需要研究面向差异化服务需求的用户接入时变信道的速率自适应传输、时变网络结构的接入切换控制、时变网络资源的按需自适应灵活分配等关键技术，以提高天基信息网络用户接入的可靠性，提升用户信息端到端传送服务的能力。

（8）仿真验证及评估技术

天地一体化信息网络组成单元及相互通联关系动态复杂，涉及的关键技术和服务对象众多，需要依托 OPNET、NS2 及 STK 等仿真工具，构建完善的天地一体化信息网络仿真系统，建立不同轨道卫星节点的通信体制模型和不同轨道网系的网络模型库，开展信息传送层、网络服务层、应用系统层面的仿真研究。对关键算法和网络的整体性能指标、互联互通能力、资源利用率、运行状态等进行能力和运行情况仿真，对组网拓扑架构、路由与交换、网络安全防护、网络运维管理等技术体制进行仿真与验证，为不同任务类型网络的通信技术体制选取、性能指标设计提供支撑。针对不同任务类型，合理选取效能评估方法和评价指标，构建面向多任务的网络总体效能评价体系，并与网络体系结构设计形成反馈迭代优化。

6.2.4　空间信息网络技术挑战

围绕空间智能信息网络的协议体系，从数据获取、数据传输和数据处理 3 个方面对其中可能发展的关键技术进行梳理与总结。在数据获取层面，可着重发展弹性分散空间系统的群智能技术，通过在轨的"认知—交互—决策—行动"闭环，提高系统的"专注度"和"协同能力"，从而提高系统的智能化水平和感知能力；通过无中心的自组织和分布式决策，实现智能化管控，以提高任务重构能力和抗毁能力。

在数据传输层面，需要主动突破如下技术。

（1）基于机器学习的智能频谱感知技术

频谱空间感知为提升空间信息系统用频资源提供基础。频谱空间感知主要包括频谱感知与特征识别两个方面。机器学习技术在语音和图像分析领域中发挥了很好的效果，尤其是近年来发展起来的深度学习，其为电磁信号智能感知提供了新的有效途径。因此，可利用机器学习方法代替传统方法，对输入的信号进行逐层处理与分析，最终获得频谱态势信息，为用频决策提供支撑。

（2）基于网络态势智能感知的智能抗毁路由技术

未来空间信息网络将呈现人机物三元融合发展态势，网络规模呈指数增长，用户需求千差万别，网络状态动态变化。此外，空间网络具有信息传输时延长以及网络动态变化等特点，同时，节点的相对移动导致通信链路具有不稳定性。因此，可研究通过网络节点自学习的方式实现寻路，针对动态或对抗条件下的网络环境，通过智能认知和自主决策，系统能够自适应地调整节点的路径，决策实现网络的抗毁路由。

（3）空间信息网络可信认证与协同管控技术

空间信息网络正逐步向智能化方向演进，并具有分布式、异质异构以及子网形态各异等网络特点。智能无人装备的大量运用将使得未来空间信息网络面临更大的威胁。可借鉴区块链的核心思想，针对未来空间信息网络的特点，研究空间信息网络的可信认证与协同管控技术，以实现未来空间信息网络智能体的快速识别与认证，提升网络的抗毁自愈能力。在数据处理层面，可着重发展面向决策的空间大数据分析技术，即基于在轨计算和组网等能力，智能化地获取隐藏在多规模、速率快、格式复杂的空间数据中的有效信息，实现从"看见"到"看懂"的转变，从而提升面向决策的服务能力。

6.2.5　空间信息网络发展目标

受频谱、轨道、载荷等资源和空间环境的限制，空间信息网络的发展难以通过简单增加节点数量、提高节点能力来提升服务的覆盖范围和响应速度。特别是我国的地面测控接收设施的布局受限，这又给空间信息的高效传输、处理应用提出了新的挑战。因此，从根本上提升我国空间信息系统的体系服务能力，亟须系统开展空间信息网络新理论、新技术研究，推动我国空间信息网络理论和技术高起点、跨越式发展，为我国高分辨率对地观测、卫星导航、深空探测等国家重大专项的发展，以及下一代空间基础设施的建设奠定基础。构建我国空间信息网络面临的主要挑战包括大时空跨度网络体系结构、动态网络环境下的高速信息传输、空间观测数据的高效处理与应用、复杂空间环境对网络安全的威胁等。针对上述挑战，我国空间信息网络的主要研究目标为：通过传输网络化、处理智能化和应用体系化方法将各类空天资源动态聚合到局部时空区域，解决空间信息网络在大覆盖范围、高动态条件下的时空连续性支持问题，提升空间信息的全球范围、全天候、全天时响应能力。具体包括如下几点。

（1）发展新型空间网络理论。突破传统的信息论和网络理论的限制，发展空间网络理论、空间信息理论，形成高效动态组网、网络容量优化、智能协同传输、信息主动感知与认知等基础理论和方法。

（2）突破一批关键技术。突破大时空尺度下的网络构建与重构、星地协同处理和认知、空间异构网络融合、低轨卫星增强导航、空间信息安全、多载荷集成与协同服务等技术，将全球范围的响应速度从天级降低到亚小时级。

（3）构建研究创新平台。通过基础理论突破、关键技术算法集成，形成支持空间信息网络的核心算法库、功能工具包和验证平台，演示验证理论研究成果。

6.2.6　空间信息网络核心问题

空间信息网络包括 5 个核心科学问题，分别涉及组网、传输、处理、协同和安全五大领域。

（1）空间信息网络模型与高效组网方法。空间信息网络是一个按需聚合的新型网络系统，要求网络可重构、能力可伸缩，实现各类空间节点高效组网。需要研究变时空条件下的空间信息网络体系架构、面向服务的空间信息网络模型及空间信息网络动态配置、聚合与重构方法，突破可扩展的异质异构节点组网、空间动态网络容量理论、星际互联网络模型与协议、面向任务的组网效能评估等关键技术。

（2）空间动态网络高速传输理论与方法。空间信息网络中网络节点和链路动态变化，信息传输容量随网络拓扑的时变空变而发生变化，为实现各类用户高速无缝接入，不同类型的业务信息在轨快速交换，保障多用户海量数据高速通信，需重点研究时变网络的信息传输理论、网络资源感知与优化配置方法、高动态时变网络资源智能协同方法、海量信息的分布式协作传输方法，突破空间信息网络动态接入与交换、超高速通信与互联、空间多波束动态形成与高能效传输等关键技术。

（3）空间信息的星地协同处理机制与在轨处理方法。空间信息网络能够一体化调度星地处理资源，满足空间信息的快速精细处理需求。为此，需要在研究任务驱动的遥感信息协同处理机制的基础上，突破多源传感器高质量数据实时获取、高精度实时几何定位、星上数据智能压缩、在轨云检测、遥感数据在轨变化检测与典型目标提取、时空基准与统一表征、星上通用数据处理平台、架构与软件等关键技术。

（4）遥感、导航、通信多载荷集成与协同应用。空间信息网络的显著特色是卫星平台集成不同类型的有效载荷，网络中各个节点以一种用途为主，兼顾其他功能。为此，需要突破多载荷配置与布局协同设计、导航网与通信信息网融合、动态导航增强网络架构、多载荷一体化任务规划与调度等关键技术。

（5）空间信息网络的安全与可靠性理论。由于空间信息网固有的开放网络通信环境，网络链路很容易受到宇宙射线、大气层电磁信号或恶意电磁信号的干扰，甚至受到太空武器的攻击。为保障空间信息网络中信息传输的机密性、认证性、完整性和可用性，需要重点研究卫星网络可靠性方法、空间信息网络安全体系、抗毁安全路由协议、空间信息对抗、信息加密、节点动态感知与网络自愈等关键技术。在此基础上，需以灾害应急响应等重大典型应用为想定，开展空间信息网络感知、传输、处理与协同应用的集成仿真演示，验证理论成果的有效性，为我国自主的空间信息网络系统的构建打好基础。

| 6.3　空中无人机组网 |

无人机是无人驾驶的飞机，通过遥感或自身的应用程序控制飞行。由于体积小、机动性强、成本低、侦察灵便且高效，无人机在军事和民用方面发挥了显著作用，并被广泛应用在抢险救灾、数据采集、情报侦察和人员搜救等方面。以往对无人机的使用大多基于单无人机控制的方式，随着应用需求的日益提高、应用环境日益复杂，单无人机渐渐不能满足需求。因此，无人机技术呈现出集群化、网络化的趋势，越来越多的人对无人机组网的相关技术展开研究。多无人机（Multi-UAV）协同应用具备比单个无人机更快完成任务、生存性更强和扩展性更高等优势。

目前国内外开展了大量关于无人机组网的研究和应用。如美国科罗拉多大学开展了 AUGNet 研究 UAV 组网技术，而军方则更加重视 UAV 的战术应用。美国军方分别于 2010 年、2013 年发布的《美国无人机系统路线图（2021—2035）》和《2013—2038 年无人系统一体化路线图》，都明确将 UAV 规划为全球信息栅格中的重要节点，并指出自组织网络是未来无人机战术互连网络的发展方向。

于 2015 年研发的 Skybee 移动自组织网络在 UAV 协同搜索、协同巡线、组网打击等应用场景下有很高的实用价值，报道称其可用于军事领域。2016 年年底，美军用 3 架大型战机释放了 103 架微型 PerdixUAV，美国国防部战略能力办公室称，"PerdixUAV 并不是通过预设程序来协调行动的个体，而是像自然界中的鱼群、鸟群那样通过共享决策的分配大脑来相互协调行动"。同年，中国电子科技集团有限公司组织的 119 架小型固定翼无人机成功演示了密集弹射起飞、空中集结、多目标分组、编队合围、集群行动等，都具有重要意义。

基于 5G 和无人机智能组网的应急通信系统由基于无人机的 5G 空中通信网、地面应急车和应急通信指挥中心 3 部分组成，如图 6-8 所示。基于无人机的 5G 空中通信网通过无人机搭载任务载荷来实现，负责 5G 组网通信。无人机载荷（UAV Load，UAV-L）由 5G 通信模块、组网模块和能量管理模块组成。其中 5G 通信模块采用全双工双向中继技术（Full-duplex Two-way Relay Technology，FTRT）和定向天线覆盖技术（Directional Antenna Coverage Technology，DACT），负责 5G 信号的基础覆盖；组网模块集成了组网和飞控功能，采用全向天线技术（Omni directional Antenna Technology，OAT）建立无人机之间的组网链路以及智能组网，此外，组网模块还负责无人机的智能部署和飞行控制；能量管理模块负责供电。

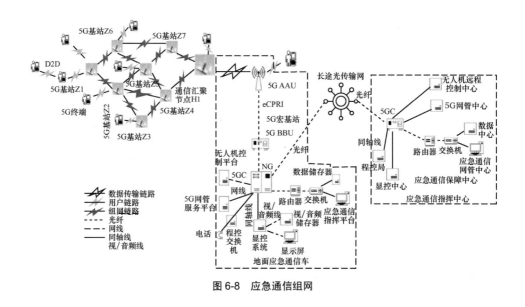

图 6-8 应急通信组网

地面应急通信车配置有 5G 宏基站、5G 核心网设备和相关席位，其中车载 5G 宏基站回传信号通过光纤接入应急通信车 5G 核心网设备；5G 核心网设备由光缆引接席通过光缆接入最近的未阻断公网固定通信台站，进而实现与应急通信指挥中心的连通；5G 网管服务平台采用浏览器/服务器（Browser/Server，B/S）模式架构进行访问，基于用户名和密码登录，负责受灾地域救援的 5G 应急通信服务和调度；通信保障席负责视/音频、数据和电话通信业务保障；无人机控制平台通过控制链路实现无人机编队控制。应急通信指挥中心由无人机控制中心、5G 网管中心和通信保障中心构成，其中无人机控制中心负责管理无人机集群控制平台和对无人机实施远程控制，无人机控制服务器配置在应急指挥中心；5G 网管软件系统安装在 5G 网管服务器，配置在应急指挥中心，负责管理和调度整个应急通信网络，而通信保障中心负责应急指挥中心的通信保障。

6.3.1 无人机通信与自组网

在复杂多变的信息化战场环境下，单架无人机执行情报侦察、战场监视或目标攻击等任务时面临侦察角度、监视范围、杀伤半径、摧毁能力、攻击精度等方面的限制，制约了作战效能的发挥。因此组织多架性能不同的、功能各异的无人机协同执行侦察、监视、多目标攻击等任务将是 6G 无人机作战的一种主要军事行动方式。

多级协同作战的前提是实现无人机群自主测控通信一体化，也就是必须组建具有较强通信能力、信息感知能力和抗毁性强的无人机网络。该网络是一个动态性很强的网络，网络的拓扑结构快速变化，不断有节点加入或退出，因此，移动自组织网络是非常适用于建立无人机网络的技术[17]。

6.3.1.1　无人机自组网概念与特点

无人机自组网是由无人机担当网络节点组成的具有任意性、临时性和自治性网络拓扑的动态自组织网络系统，如图 6-9 所示。作为网络节点，每架无人机都配备自组网通信模块，既具有路由功能，又具有报文转发功能，可以通过无线连接构成任意的网络拓扑。每架无人机在网络中兼具作战节点和中继节点两种功能：作为作战节点，可在地面控制站（Ground Control Station，GCS）或其他无人机的指令控制下执行作战意图；作为中继节点，可根据网络的路由策略和路由表参与路由维护和分组转发工作。

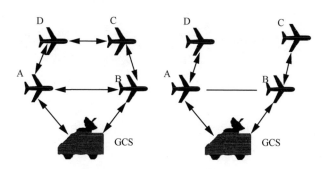

图 6-9　无人机自组网

无人机自组网除了具有独立组网、自组织、动态拓扑、无约束移动、多跳路由等一般自组网具有的特点，还具有以下作战特点。

（1）抗毁能力强。无人机自组网可以在不需要任何其他预置网络设施的情况下，在任何时刻任何地点快速展开并自动组网，可以动态改变网络结构，即使某个节点的无人机受到攻击，也可以自动重构网络拓扑，不会影响其他节点，并克服了单机作战易受攻击而影响作战成功率的弱点。其网络的分布式特征、节点的冗余性使得该网络的稳健性和抗毁性突出。

（2）智能化。无人机具有高效的路由协议算法，能够及时感知网络变化，自动配置或重构网络，保证数据链的实时连通，具有高度自治性和自适应能力。

（3）功能多样。无人机自组网后就具有终端功能，各无人机优势互补，分工协作，获得比单机作战更高的作战效率与质量。

6.3.1.2　无人机自组网的关键技术

无人机应急通信作为自组网的一个应用领域，既应该具有相同地面自组网的结构模型，又要适应无人机特点和作战环境，是一个涉及路由协议、MAC 协议、服务质量、安全协议的复杂网络通信系统。

（1）路由协议。无人机高速飞行使得无人机移动自组网的拓扑始终高速动态变化，需根据无人机特点设计快速、准确、高效、扩展性好、自适应能力强的路由算法。目前根据发现路由的驱动模式不同，一般路由协议可分为先验式路由协议、反应式路由协议和混合式路由协议。先验式路由协议能够及时更新路由表，具有获取路由时延小的优点，但是其中节点需要不断交互路由信息，当网络规模较大，移动速度较快时，会消耗大量的带宽和节点能量，同时浪费资源。反应式路由协议是一种需要时才查找的路由选择方式，可按需建立拓扑结构和路由表，具有降低开销和节省资源的优点，但是初始路由时延大，不适用于高速移动的源节点和目的节点的通信。

（2）MAC 协议。无人机网络节点的移动性、链路的易变性和缺乏中心协调性，使得无人机网络 MAC 协议的设计具有挑战性，需要设计低时延、低能耗、高信道利用率的支持实时业务的 MAC 协议。MAC 协议的核心问题是如何协调多个用户共用一个信道实现高效可靠传输。其直接影响到网络的吞吐量和端到端时延等系统性能。针对不同的信道接入方式，目前 MAC 协议分为以下 3 类：基于竞争机制的 MAC 协议、基于调度机制的 MAC 协议和混合类 MAC 协议。由于移动自组网本身不依赖于基础设施，而且节点频繁出入网络，在实际中，竞争机制的 MAC 协议成为首选。

（3）服务质量。实现高速可靠的数据链是支撑无人机网络各种复杂业务的根本。

由于无人机网络的拓扑结构高动态变化，并且网络资源严格受限，其多调性、控制分布性和带宽受限使得实现 QoS 保证需要各个协议层相互协作共同完成。

（4）安全协议。由于不依赖于固定基础设施，无人机自组网相对于传统网络更易受到各种安全威胁和攻击，其本身受限的网络资源、动态变化的网络条件、战场环境的复杂性使得安全机制更为重要。

6.3.1.3　无人机自组网面临的挑战

（1）高速移动需要更好的路由协议。一般来说，移动自组织网络的节点移动速率为 5～15m/s，无人机移动速率远大于此。节点高速移动会造成网络拓扑变化频繁，这势必会导致更多的分组丢失或者错误和网络路由的重新选择，将会大大增加网络开销，加剧网络阻塞，增大数据传输时延，也会给 MAC 和路由算法带来挑战。无人机组网必须设计时延低、公平性好、信道利用率高的 MAC 协议和开销低、自适应性强、可靠性高的路由算法，以解决无人机高速移动带来的问题。

（2）安全管理需要更好的策略。无人机面临的作战环境复杂，除了要克服无线链路和移动拓扑等固有的安全弱点，还要防止诸如被动窃听、主动入侵、信息假冒等各种信息窃取和攻击。

（3）信息处理需要更强的机载处理能力。无人机自组网的无线带宽有限，无线信道竞争产生的信号衰落、碰撞、阻塞、干扰等，使得链路时变性更强。如果不对无人机冗余信息进行预处理，将会影响信息传输效率，但无人机机载信息处理能力有限，因此需要合理解决网络带宽有限和机载能力有限的问题。

6.3.2　无人机辅助的无线组网

如图 6-10 所示，UAV 辅助的无线通信常见应用场景可以分为如下 3 类。

基于 UAV 的扩展覆盖：此场景下 UAV 作为现有地面基础设施的补充，实现无缝无线覆盖。典型例子有：由于自然灾害造成基站损毁而导致的通信中断、由于热点流量突增导致的基站负载过大无法提供保证质量的服务（如演唱会、机场、车站）。

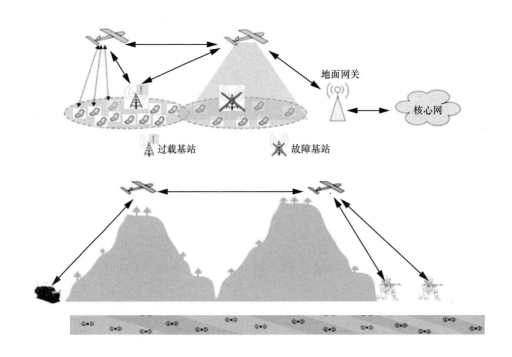

图 6-10　UAV 辅助的无线通信应用场景

基于 UAV 的中继通信：此场景下 UAV 作为连接两个由于距离较远而不能提供可靠服务的用户或用户群组的中继设备。

基于 UAV 的数据分发和收集：此场景下 UAV 作为广域地区上空收集/分发数据信息的终端设备，实现信息传递、收集、指令分发。

6.3.2.1　系统模型

图 6-11 展示了基于 UAV 的无线通信通用网络架构，其中最主要的就是两种链路：控制非负载通信链路（CNPC Link）和数据链路（Data Link）。CNPC 对于确保整个无人机系统的安全运行至关重要。高可靠、低时延和安全的双向通信，通常具有低数据速率要求，必须由这些链路支持，用于无人机之间以及无人机和地面控制站之间交换安全关键信息。CNPC 主要信息流大致可分为 3 类：一是 GCS 到 UAV 的指令与控制；二是 UAV 到地面的飞行状态报告；三是 UAV

之间的感知和避免信息。由于需要支持关键功能，CNPC 一般应在受保护的光谱中运行。当前已被分配两个频带：L 频带（960～977MHz），C 频带（5030～5091MHz）。

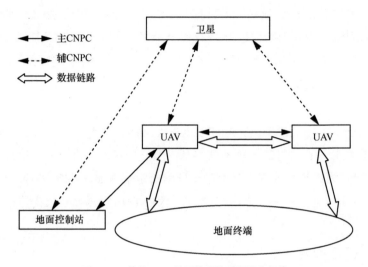

图 6-11　基于 UAV 的无线通信通用网络架构

另外，数据链路的目的是支持地面终端与任务有关的通信，根据应用场景，可能包括地面基站、移动终端、网关节点、无线传感器等。以 UAV 无缝无线覆盖为例，数据链路应提供以下功能：一是在基站过载或故障情况下提供移动设备到 UAV 的直接通信；二是 UAV 与基站/地面控制站的回传通信；三是 UAV 之间的无线回传。数据链路的容量要求依赖于应用程序，无人机传感器连接到无人机网关无线回传每秒几十吉比特。与 CNPC 相比，数据链路通常在时延和安全要求方面具有更高的容忍度。

6.3.2.2　信道特征

无人机辅助通信中的 CNPC 和数据链路都包括两种信道：无人机—地面和无人机—无人机信道。与被广泛研究的地面通信信道相比，这两种信道具有一些特点。

（1）无人机—地面信道

无人机在低空飞行时，其与地面用户终端的数据链路容易受到多径衰落的影响，如山体、建筑、空气中大气团的反射、折射、散射因素；无人机在海面或沙漠上空飞行时，多径因素影响变弱，视距（LoS）传播占据主要成分，双径信道模型是最为常用的信道模型。另一个被广泛使用的模型是随机莱斯衰落模型，它由一个确定性的 LoS 分量和一个具有一定统计量分布的随机分散分量组成。根据地面终端周围的环境以及使用的频率，无人机—地面信道的莱斯因子（即 LoS 和散射分量之间的功率比）有很大的变化，在丘陵地带中，L 波段衰落达到 15dB，C 波段衰落达到 28dB。

（2）无人机—无人机信道

无人机—无人机信道最主要的特征就是视距分量占主导，且多普勒效应显著。其中视距分量占主导这一因素使得毫米波通信在无人机—无人机链路中的实现成为可能，为系统实现高容量大带宽通信奠定了基础。另外，多普勒频移使得毫米波无人机—无人机链路中的移动性管理难度增强，需要考虑使用相关技术加以处理。

6.3.2.3　设施部署

无人机通信系统设计中最主要的是无人机的部署和路径规划，好的路径规划可以减少通信距离，增强系统容量。然而，找到最佳的路径不是一件容易的事情。一方面，无人机连续轨迹的确定涉及无限多的变量，难度很大；另一方面，路径规划问题受限于实际条件，例如燃油量、连接性、地形阻碍等，这些因素都或多或少地限制了实际路径的规划。针对此问题，常用的方法就是将无人机飞行过程表示为离散时间状态空间，其中状态空间包括三维地理位置和速度，则无人机的轨迹可以表示为状态空间的离散序列，将实际的移动限制条件表示为有限的转换概率条件。

6.3.2.4　性能提升关键技术

（1）MIMO 技术

虽然 MIMO 技术由于其高光谱效率和优越的分集性能已被广泛应用于地面通信系统，但其在无人机系统中的应用仍然受到一些阻碍。首先，无人机环境中缺乏丰富的散射环境，这极大地限制了 MIMO 的空间多路复用增益，通常会导致相对于单天线系统的边际率提高。此外，由于信号处理的复杂性以及硬件和功耗成本的限制，在无人机中使用多天线的成本很高。MIMO 系统依赖于准确的信道状态信息来获得最佳性能，然而，在一个高度动态的环境中这实际上是难以实现的，因此进一步限制了无人机系统中实际可获得的 MIMO 增益。

尽管存在上述挑战，一些最新的研究结果仍然显示出 MIMO 技术在无人机系统中的巨大潜力。特别是，一般认为空间多路复用增益基本上受到信号通路数量的限制，但与该概念相反，人们发现无人机系统也可以获得高空间多路复用增益，虽然这通常需要较大的天线间距、较高的载频和较短的通信距离。另外，一种更实际的在较差的散射环境中获得多路复用增益的方法是利用多用户 MIMO，同时服务大量充分分离的地面零点，使其角分离超过安装在无人机上的天线阵列的角分辨率。在这种情况下，不同终端的信号可以通过无人机阵列进行区分，从而恢复 MIMO 空间多重增益。在无人机系统中利用 MIMO 的另一种方法是通过毫米波通信，其中 MIMO 阵列增益比空间多路复用增益更关键，这是由于其有较大的可用带宽和高信号衰减。然而，由于无人机的高机动性，实现定向毫米波通信的发射/接收波束对准是一个相当具有挑战性的问题，在将毫米波 MIMO 应用于无人机系统之前需要解决这个问题。

（2）移动中继技术

中继是一种被广泛研究的技术，可提高地面通信系统的可靠性并扩大其覆盖范围。由于实际的限制，如有限的移动性和有线回程，在陆地系统中大多数中继被部署在固定的位置，称之为静态中继。为了进一步利用无人机控制的机动性，常用一种无人机启用的移动中继策略，该策略适用于延迟容忍场景。

移动中继的另一种策略被称为数据传送。使用此策略，无人机在到达离源最近的可能位置时从源装载数据，然后带着装载的数据飞向目的地，直到它到达离目的地最近的可能位置，然后将数据交付给目的地。由于数据摆渡比移动中继有更少的通信时间，其可实现的吞吐量预计会很小，特别是在无人机速度较低和或有严格的时延要求的情况下。此外，在上述描述中，在无人机上假设其一个具有足够大的数据缓冲区。一般来说，在移动中继设计中，需要在板载缓冲区大小和可实现的吞吐量之间权衡。

（3）终端直通技术

终端直通（D2D）通信是提高地面通信系统容量的一种有效技术。其主要思想是通过在附近的移动终端之间实现直接通信来减轻基站的负担。对于无人机辅助通信系统，D2D 通信有望发挥重要作用，提供额外的好处，如无人机节能和降低无人机无线回传能力要求。许多现有的用于地面通信系统的 D2D 技术，如干扰缓解和频谱共享技术，可被直接应用于无人机辅助通信中，特别是在蜂窝无线覆盖的场景。另外，利用无人机辅助通信的独特特性，可以设计出新的 D2D 通信技术，例如基于 D2D 增强的无人机信息传播技术，其目的是利用 D2D 通信和无人机的机动性，实现对大量地面节点的高效信息传播。

6.3.3 无人机无线组网的应用

地面通信系统的稳定性和可靠性常常受到自然力侵蚀、人为破坏、年久老化导致设备性能下降等多种因素的影响，而且其移动性与灵活性较差，难以满足应急通信的要求。因此，高灵活性、高可靠性的应急通信措施成为通信技术领域的研究热点。

为保证并推进我国应急通信网络的建设，我国成立了国家应急管理部，启动了天地一体的应急通信网络规划和建设。传统应急通信通常采用应急通信车方式，其具有较高的机动性与稳定性，是应急通信设备中的重要组成部分。但在塌方、山体滑坡、地震、海域覆盖等极端场景，通信车辆难以及时部署。同时，应急通信车桅杆升降高度的限制导致天线投射面积有限。因此，单一应急通信措施难以满足全方面的应急通信的需要[18]。随着无人机技术发展，特别是无人机的飞行高度、移动半径、续航和载重等能力的大幅提升，通过无人机搭载基站具备了可行性。此外，无人机基站具有高可靠的视距链路和灵活部署的能力，使得无人机组网技术在未来应急通信网络中具有广阔前景[19-20]。

6G 是 5G 之后发展起来的新一代移动通信系统，在传输速率和资源利用率等方面较 5G 系统有大幅提升。用户在享受更高、更快、更丰富的体验的同时，也对网络速率和时延等性能指标提出更高的要求。因此，基于 6G 的应急系统将会逐步成为满足应急通信不同场景需求的首选[21]。

6.3.3.1　组网架构

应急通信对无人机平台的要求主要包括如下几个方面。

（1）续航时长：由于应急通信场景的需要，续航时间超过 20h 将更具有实用性。

（2）快速部署：鉴于应急通信事件突发的特点，需要在出现突发情况时在尽量短的时间内开始运作。

（3）运输便捷：鉴于应急事件发生地点的不确定性，需要在短时间内将设备运输至突发事件发生地点。

（4）载荷较大：鉴于应急通信需求的复杂性，需要平台具有较大起飞重量，可以搭载多种应急通信设备。

（5）滞空稳定：具有较好的滞空悬停能力，提供较为稳定的信号覆盖。

（6）经济使用：在降低制造和运营成本的同时，具有较好的使用可靠性。

无人机包括民用级无人机和专业级无人机两种类型。民用无人机载荷较小，自带蓄电池的设计在保证机体轻便的同时也使得飞行时间通常在 20～70min，无法满足应急通信保障的需求。专业无人机主要包括旋翼无人机、系留式无人机和固定翼无人机 3 种类型。旋翼无人机具有便于操控、垂直起降和长时间悬停等优势，同时无人机结构紧凑，外形尺寸较小。系留式无人机系统以多旋翼无人机为平台，通过专用电源和电缆实现供电和传输，可实现在一定载荷下长时间悬停，实现远距离通信覆盖。系留式无人机具有携带方便、开设迅速、操作简单的特点，但负载有限（载荷为 2～10kg），从而限制了其应用范围。固定翼无人机尺寸相对较大，操控相对复杂，同时有一定的起降限制，但其更高的飞行高度、更大的载荷重量（特别是近年来小型化的氢燃料电池逐步实用化）、更久的续航能力使得固定翼无人机更适合于大范围的应急通信保障。

6.3.3.2　机载系统组网架构

机载系统组网架构主要由无人机平台、机载基站、客户终端设备（Customer Premise Equipment，CPE）、现网宏基站、安全网关和核心网组成，机载基站和客户终端设备被部署在无人机平台上，提供应急网络覆盖以及将数据传输到现网宏基站的功能，安全网关主要用来提供数据解密、防火墙等功能，核心网主要提供用户鉴权、接入管理和数据转发等功能。终端接入机载基站后，机载基站将数据进行加密，加密后的数据通过回传 CPE 传输到宏基站以及核心网的网关中，核心网网关将加密数据转给安全网关后对数据进行解密，再通过核心网网关转发到互联网，实现应急通信数据传输的整体流程。

6.3.3.3　传播模型

无人机使用全向天线时，采用高空明区传播计算模型，高空明区示意图如图 6-12 所示。无人机基站与用户实际距离如图 6-13 所示。

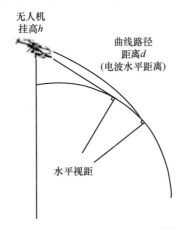

图 6-12　无人机高空明区示意图[22]

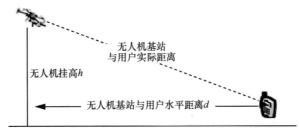

图 6-13　无人机基站与用户实际距离示意图[22]

固定翼无人机覆盖链路预算参数见表 6-1，固定翼无人机回传链路预算参数见表 6-2。

表 6-1　固定翼无人机覆盖链路预算参数[22]

参数	数值
功率/天线/W	10
发射天线数/副	2
基站总功率/dBm	43
占用 PRB 数目	25
使用带宽/kHz	4500
导频天线功率/dBm	18.2
基站天线发射增益/dBi	3
基站发射电缆损耗/dB	0.5
阴影衰落/dB	8.7
干扰余量/dB	6
穿透 margin/dB	5
人体及其他损耗/dB	0
终端接收机噪声系数/dB	7
终端天线增益/dBi	0
终端目标 RSRP/dBm	−105
空中总损耗/dB	106.04

表 6-2　固定翼无人机回传链路预算参数[22]

参数	数值
功率/天线/W	20
发射天线数/副	2
基站总功率/dBm	46
占用 PRB 数目	25
使用带宽/kHz	4500
导频天线功率/dBm	21.2
基站天线发射增益/dBi	3
基站发射电缆损耗/dB	0.5
阴影衰落/dB	8.7
干扰余量/dB	6
穿透 margin/dB	3
人体及其他损耗/dB	0
终端接收机噪声系数/dB	7
终端天线增益/dBi	0
终端目标 RSRP/dBm	−105
空中总损耗/dB	111.05

基于传播模型以及链路预算参数，相应的预算结果如图 6-14 所示。

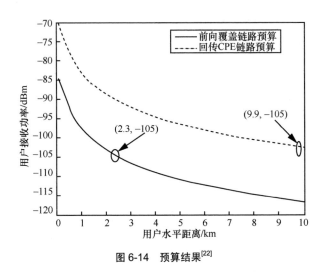

图 6-14 预算结果[22]

由链路预算结果可以得出如下两个结论。

（1）无人机覆盖能力：采用 2.1GHz 频点时，基于 5MHz 带宽 2×10W 机载一体化基站进行覆盖，假设地面终端的目标 RSRP 为−10dBm，升空高度为 200m 的地面覆盖半径超过 2.3km。

（2）无人机回传能力：使用 800MHz 宏基站作为无人机回传基站，假设宏基站总功率为 2×20W，使用 5MHz 工作带宽，宏基站与经过无人机搭载的回传 CPE 的覆盖半径大于 10.7km，升空高度为 200m 的回传 CPE 距离宏基站的地面覆盖半径为 9.9km，可满足约 34km² 范围内的语音与数据等业务使用[23]。

6.3.4 无人机网络的覆盖及切换性能

下面介绍基于随机几何理论对无人机网络的组网性能（包括网络覆盖概率、传输速率、边界长度强度以及用户最大移动速度等）进行分析。传统无人机网络的组网性能研究存在如下局限性：首先，当前无人机网络性能分析工作多基于用户静态、位置固定的场景。但实际业务中，用户多处于移动状态且存在越区切换及服务基站的重连，此过程中对组网性能产生的影响未被考虑；同时，现有研究场景中的无人机基站多建模为单层、固定高度的简单分布。在实际应用中，由于环境因素及设备性能的影响，无人机基站间的服务高度往往不同，在此情况下，基站与用户间距离及服务、干扰信道的状态也更复杂，且尚未被当前研究工作考虑。

针对以上两个问题，下面考虑服务高度不同、密度不同且分布独立的两层无人机网络，并基于随机几何理论推导系统覆盖性能的解析式。根据随机几何与分析几何理论，将场景内用户的移动性与网络的切换次数间关系量化，并分析得到系统切换性能的解析解。进而，探究无人机的部署密度、高度及用户的移动性对系统性能的影响。

（1）系统模型

下面考虑无人机网络的下行场景，如图 6-15 所示，网络中的无人机基站依照服务高度分为两层，且均为系留式无人机。两层无人机基站的位置服从独立的二维泊松点过程 Φ_{U_1} 和 Φ_{U_2}，密度分别为 λ_{low} 与 λ_{high}。第一层基站 Φ_{U_1} 的服务高度为 H_{low}；第二层基站 Φ_{U_2} 的服务高度为 H_{high}。两层无人机基站工作在相同频率，且发射功率均为 P_U。每个无人机对地面用户的服务建模为独立的 M/D/1 排队系统。此外，系统中用户的位置服从密度为 λ_u 的泊松点过程，且以随机游走模型运动，单位时间内的移动方向与移动速度固定。用户接入时，无人机通信网络将选取与其直线距离最短的基站进行服务。

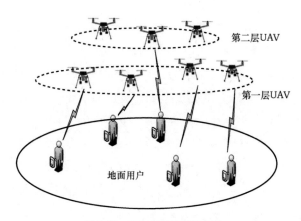

图 6-15　无人机通信系统模型

由于地面障碍物的遮挡，无人机与用户之间的信道可能为 LoS 信道或非视距（Non Line-of-Sight，NLoS）信道。信道视距/非视距的概率与无人机基站和用户之间的仰角 θ 相关，具体关系式分别为：

$$\begin{aligned}\mathcal{P}_{\mathrm{LoS}} &= \frac{1}{1 + C\exp(-B(\theta - C))} \\ &= \frac{1}{1 + C\exp(-B(\mathrm{atan}(H/r) - C))}\end{aligned} \quad (6\text{-}1)$$

$$\mathcal{P}_{\mathrm{NLoS}} = 1 - \mathcal{P}_{\mathrm{LoS}} \quad (6\text{-}2)$$

其中 B、C 均为环境常量，H 为无人机基站的高度，r 为无人机基站地面投影与用户的直线距离。假设用户接入的无人机基站为 U_0，综合考虑信道的小尺度衰落以及大尺度衰落，则用户的接收信号功率为：

$$P_R = \begin{cases} P_U \left\| h_0 \right\|^2 \eta_{\mathrm{LoS}}{}^{-1} \left\| X_0 \right\|^{-\alpha_{\mathrm{LoS}}}, & \mathrm{LoS} \\ P_U \left\| h_0 \right\|^2 \eta_{\mathrm{NLoS}}{}^{-1} \left\| X_0 \right\|^{-\alpha_{\mathrm{NLoS}}}, & \mathrm{NLoS} \end{cases} \quad (6\text{-}3)$$

其中，$\left\| h_0 \right\|^2$ 代表信道的小尺度衰落。考虑到系统中所有无人机基站的传输信道为独立的瑞利信道，则小尺度衰落 $\left\| h_0 \right\|^2$ 服从均值为 1 的指数分布；$\left\| X_0 \right\|$ 表示用户到服务无人机基站的直线距离；η_{LoS}、η_{NLoS}、α_{LoS} 以及 α_{NLoS} 分别表示视距信道与非视距信道的额外路径损耗和路损参数。

（2）无人机移动通信系统的覆盖性能

为分析无人机移动通信系统的覆盖性能，首先要分析各接入选择下的接入概率。根据网络中无人机基站的种类，用户有两种接入选择：接入第一层无人机基站或接入第二层无人机基站。下面，根据泊松点过程的性质[9]以及用户与基站间位置关系，对用户接入不同层无人机基站的概率进行具体分析与推导。

设接入基站的地面投影与用户距离为 r 高层无人机密度为 λ_{high}，低层无人机密度为 λ_{low}。当满足以下条件时，用户将选择接入第一层无人机基站：①以用户为中心、半径 r 的区域内无第一层基站地面投影；②以用户为中心、半径 $r_{12} = \max(0, \sqrt{r^2 + H_{\mathrm{low}}{}^2 - H_{\mathrm{high}}{}^2})$ 的区域内无第二层基站地面投影。根据泊松点过程性质[4]，用户接入第一层无人机基站的概率为：

$$\mathcal{P}_1 = \int_0^\infty f_{R|P_1}(r)\,\mathrm{d}r = \int_0^\infty (1-\exp(-\lambda_{\text{high}}\pi r_{12}{}^2))\cdot$$
$$\exp(-\lambda_{\text{low}}\pi r^2)\cdot 2\lambda_{\text{low}}\pi r\,\mathrm{d}r \tag{6-4}$$

类似地，若用户选择第二层无人机基站，需满足以下条件：①以用户为中心、半径 r 的区域内无第二层基站地面投影；②以用户为中心、半径 $r_{21} = \sqrt{r^2 + H_{\text{high}}{}^2 - H_{\text{low}}{}^2}$ 的区域内无第一层基站地面投影。根据泊松点过程的性质，用户接入第二层无人机基站的概率为：

$$\mathcal{P}_2 = \int_0^\infty f_{R|P_2}(r)\,\mathrm{d}r = \int_0^\infty (1-\exp(-\lambda_{\text{low}}\pi r_{21}{}^2))\cdot$$
$$\exp(-\lambda_{\text{high}}\pi r^2)\cdot 2\lambda_{\text{high}}\pi r\,\mathrm{d}r \tag{6-5}$$

接下来分析系统中典型用户的接收信干比（Signal-to-Interference Ratio，SIR）。注意用户接收有用信号时，会受到其他无人机基站的同频干扰。因此，典型用户的 SIR 可表示为：

$$\gamma = \frac{P_R}{I_{U_1}+I_{U_2}} = \frac{P_R}{\displaystyle\sum_{j=1,2}\sum_{i\in\Phi_{U_j}/U_0} P_U\,\|h_i\|^2\,\eta_i^{-1}\,\|X\|^{-\alpha_i}} \tag{6-6}$$

其中，I_{U_1} 表示高层无人机干扰的集合，I_{U_2} 表示低层无人机干扰的集合。

基于式（6-4）～式（6-6），可得出如下定理。其中，v 是积分变量，无实际意义；$r_{11}=r_{22}=r$。

定理 6-1 系统的覆盖概率为：

$$\mathcal{P}_{\text{cov}} = \sum_{j=1,2}\mathbb{E}_{R|\mathcal{P}_j}\Big[\sum_{m_1\in\{\text{LoS,NLoS}\}}\mathcal{P}_{m_1}\exp(-2\lambda_{\text{low}}\pi$$
$$\cdot\int_{r_{j1}}^\infty\sum_{n_1\in\{\text{LoS,NLoS}\}}\mathcal{P}_{n_1}(1-\frac{1}{1+\tau\eta_{m_1}a_1^{\alpha_{m_1}}\eta_1^{-1}b_{n_1}^{-\alpha_{m_1}}})v\,\mathrm{d}v)$$
$$\cdot\sum_{m_2\in\{\text{LoS,NLoS}\}}\mathcal{P}_{m_2}\exp(-2\lambda_{\text{high}}\pi$$
$$\cdot\int_{r_{j2}}^\infty\sum_{n_2\in\{\text{LoS,NLoS}\}}\mathcal{P}_{n_2}(1-\frac{1}{1+\tau\eta_{m_2}a_2^{\alpha_{m_2}}\eta_2^{-1}b_{n_2}^{-\alpha_{m_2}}})v\,\mathrm{d}v)\Big] \tag{6-7}$$

在式（6-7）中，

$$a_1 = \sqrt{r^2 + H_{\text{low}}{}^2},\ a_2 = \sqrt{r^2 + H_{\text{high}}{}^2} \tag{6-8}$$

$$b_1 = \sqrt{v^2 + H_{\text{low}}{}^2}, b_2 = \sqrt{v^2 + H_{\text{high}}{}^2} \qquad (6\text{-}9)$$

证明：无人机移动通信的覆盖概率通常定义为典型用户的 SIR 大于一定阈值 τ 的概率，可表示为：

$$
\begin{aligned}
\mathcal{P}_{\text{cov}} &= \mathcal{P}_{\text{cov},U_1} + \mathcal{P}_{\text{cov},U_2} \\
&= \mathcal{P}(\gamma > \tau \mid U_0 \in \Phi_{U_1}) + \mathcal{P}(\gamma > \tau \mid U_0 \in \Phi_{U_2})
\end{aligned}
\qquad (6\text{-}10)
$$

根据式（6-6）及覆盖概率的定义，式（6-10）中各项可进一步表示为：

$$
\begin{aligned}
\mathcal{P}_{\text{cov},U_j} &= \mathcal{P}(\gamma > \tau \mid U_0 \in \Phi_{U_1}) = \mathcal{E}_{R\mid\mathcal{P}_j}[\mathcal{P}(\mathcal{P}_R > \tau(I_{U_1} + I_{U_2}))] \\
&= \mathcal{E}_{R\mid\mathcal{P}_j}[\exp(-\tau\eta_0 r^{\alpha_0} \sum_{i\in\Phi_{U_1}/U_0} \lVert h_i \rVert^2 \eta_i^{-1} \lVert X \rVert^{-\alpha_i}) \cdot \\
&\quad \exp(-\tau\eta_0 r^{\alpha_0} \sum_{i\in\Phi_{U_2}/U_0} \lVert h_i \rVert^2 \eta_i^{-1} \lVert X \rVert^{-\alpha_i})]
\end{aligned}
\qquad (6\text{-}11)
$$

其中，$j \in \{1,2\}$。根据二维泊松点过程的母函数泛函（Probability Generating Functional，PGFL），式（6-11）可进一步推导为：

$$
\begin{aligned}
\mathcal{P}(\gamma > \tau \mid U_0 \in \Phi_{U_j}) &= E_{R\mid\mathcal{P}_j}[F_{j1}(v) \cdot F_{j2}(v)] \\
&= E_{R\mid\mathcal{P}_j}[\exp(-2\lambda_{\text{low}}\pi \int_{r_{j1}}^{\infty} (1 - \frac{1}{1 + \tau\eta_0 a_1^{\alpha_0}\eta_1^{-1}b_1^{-\alpha_1}})v\,\mathrm{d}v) \cdot \\
&\quad \exp(-2\lambda_{\text{high}}\pi \int_{r_{j2}}^{\infty} (1 - \frac{1}{1 + \tau\eta_0 a_2^{\alpha_0}\eta_2^{-1}b_2^{-\alpha_2}})v\,\mathrm{d}v)]
\end{aligned}
\qquad (6\text{-}12)
$$

其中，$r_{11} = r_{22} = r$，η_0、η_1、η_2 及 α_0、α_1、α_2 分别表示服务信道、第一层无人机基站干扰信道以及第二层无人机基站干扰信道的额外路径损耗及路损常数。

进而，根据系统模型中对信道视距、非视距及其概率的定义，式（6-12）中 $F_{j1}(v)$、$F_{j2}(v)$ 各项可细化为：

$$
F_{jk}(v) = \sum_{m\in\{\text{LoS},\text{NLoS}\}} \mathcal{P}_m \exp(-2\lambda_k r \cdot \int_{r_{jk}}^{\infty} \sum_{n\in\{\text{LoS},\text{NLoS}\}} \mathcal{P}_n(1 - \frac{1}{1 + \tau\eta_m a_k^{\alpha_m}\eta_n^{-1}b_k^{-\alpha_n}})v\,\mathrm{d}v) \qquad (6\text{-}13)
$$

其中，$k \in \{1,2\}$，$\lambda_k = \lambda_{\text{low}}(k=1) / \lambda_{\text{high}}(k=2)$。将式（6-13）代入式（6-10）中，可得式（6-7），定理 6-1 得证。

（3）用户移动性及切换影响

如图 6-16 所示，在实际场景中，用户会因移动而产生越区切换。为量化用户移动性对系统性能的影响，下面分析用户移动速度与切换次数的内在关联。为此，首先根据无人机基站位置及距离信息推导各类边界分布情况，并分析单位面积内包含边界长度的期望，即边界的长度强度。显然，直接分析二维场景中的一维指标十分困难。为此，可以将一维的边界长度强度转化为二维指标并进行分析，具体方法如下：以边界为中轴线、$2\Delta d$ 为宽，生成矩形区域（如图 6-16 所示），定义边界的区域强度，即单位面积内包含生成矩形区域面积的期望，表示为 $\varsigma(\Delta d)$。Δd 趋于 0 时，边界区域强度与长度强度间存在以下关系：$\varsigma(\Delta d) = \varsigma \cdot 2\Delta d$。同时，根据系统模型中对用户移动性的描述，用户在单位时间内的移动轨迹可看作长度等于 v 的直线段。因此，由蒲丰投针定理[20]、边界的长度强度以及用户的移动速度，可推导得到单位时间内用户的平均切换次数，用户移动速度与切换次数之间的关系得以量化。

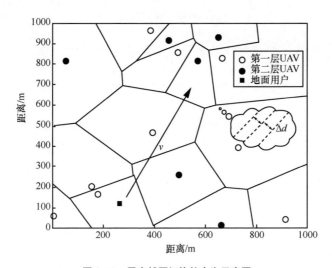

图 6-16　用户越区切换的产生示意图

定义第 k 层无人机基站与第 j 层无人机基站之间边界的集合为 L_{kj}，以边界为中轴线、宽度为 $2\Delta d$ 的矩形区域集合为 $L_{kj}(\Delta d)$。根据定义，第 k 层与第 j 层无人机基站间矩形区域的区域强度为：

$$\varsigma_{kj}(\Delta d) = E[L_{kj}(\Delta d) \cap [0,1]^2] \tag{6-14}$$

以地面为平面建立直角坐标系，设典型用户位于原点，接入的第 k 层无人机基站相对于地面投影的坐标为 $(r_0,0)$，第 j 层无人机基站的地面投影坐标为 (x_0,y_0)。对于任意边界 L_{kj} 上的坐标点 (x,y)，有：

$$(x-r_0)^2+y^2+H_j{}^2=(x-x_0)^2+(y-y_0)^2+H_k{}^2 \qquad (6-15)$$

其中，H_j、H_k 分别为第 j 层和第 j、k 层的无人机基站高度。交换左右项，可得：

$$2(x_0-r_0)x+2y_0y+H_j{}^2-H_k{}^2+r_0^2-x_0^2-y_0^2=0 \qquad (6-16)$$

式（6-16）实际上是直线的表达式，直线与典型用户（原点）的欧氏距离 d 为：

$$d=\frac{\left|H_j{}^2-H_k{}^2+r_0^2-x_0^2-y_0^2\right|}{2\sqrt{(x_0-r_0)^2+y_0^2}} \qquad (6-17)$$

对于矩形区域 $L_{kj}(\Delta d)$ 内的任意一点，有：

$$L_{kj}(\Delta d)=\{(x,y)\mid d<\Delta d\} \qquad (6-18)$$

转化坐标系为极坐标系，得到：

$$L_{kj}(\Delta d)=\{(r,\theta)\mid \frac{\left|H_j{}^2-H_k{}^2+r_0^2-r^2\right|}{2\sqrt{r^2+r_0^2-2r_0r\cos\theta}}<\Delta d\} \qquad (6-19)$$

根据式（6-19）进一步推导得到：

$$\begin{aligned}
L_{kj}(\Delta d)=\{(r,\theta)\mid &r_0^2+H_j{}^2-H_k{}^2>0, r>\sqrt{r_0^2+H_j{}^2-H_k{}^2},\\
&\left|H_j{}^2-H_k{}^2+r_0^2-r^2\right|<2\Delta d\sqrt{r^2+r_0^2-2r_0r\cos\theta}\}
\end{aligned} \qquad (6-20)$$

基于切换边界定义，可知：$r=\sqrt{r_0^2+h_j{}^2-h_k{}^2}+\mathcal{O}(\Delta d)$，其中 $\mathcal{O}(\Delta d)$ 表示等价无穷小。因此，式（6-20）进一步表示为：

$$\begin{aligned}
L_{kj}(\Delta d)=\{(r,\theta)\mid &r_0^2+H_j{}^2-H_k{}^2>0, r>\sqrt{r_0^2+H_j{}^2-H_k{}^2},\\
&\left|H_j{}^2-H_k{}^2+r_0^2-r^2\right|<2\Delta dr_0\sqrt{2(1-\cos\theta)}\}+\mathcal{O}(\Delta d)\}
\end{aligned} \qquad (6-21)$$

由式（6-21）中条件，可推得矩形区域 $L_{kj}(\Delta d)$ 的整体面积。根据极坐标特性，对该区域面积的求解可以转化为对距离与角度的二重积分，即：

$$\left|L_{kj}(\Delta d)\right| = 2\int_0^\pi \int_{\sqrt{r_0^2+H_j^2-H_k^2}}^{\sqrt{\sqrt{r_0^2+H_j^2-H_k^2}+2\Delta d r_0\sqrt{2(1-\cos\theta)}+\mathcal{O}(\Delta d)}} r\,\mathrm{d}r\,\mathrm{d}\theta\cdot 1(r_0^2+H_j^2-H_k^2)$$
$$= (2\Delta d r_0\int_0^\pi\sqrt{2(1-\cos\theta)}\,\mathrm{d}\theta+\mathcal{O}(\Delta d))\cdot\ell(r_0^2+H_j^2-H_k^2) \tag{6-22}$$

在式（6-22）中：

$$\ell(r_0^2+H_j^2-H_k^2>0)=\begin{cases}1,\ r_0^2+H_j^2-H_k^2>0\\0,\ r_0^2+H_j^2-H_k^2\le 0\end{cases} \tag{6-23}$$

基于式（6-15）～式（6-23），可得如下定理。

定理 6-2　单位时间用户因移动产生的平均切换次数为：

$$N(v)=\frac{2}{\pi}\varsigma v=\frac{\varsigma(\Delta d)v}{\pi\Delta d} \tag{6-24}$$

其中，v 表示用户单位时间的移动速度。

证明：基于对边界形成矩形区域的定义，边界的区域强度等价于用户存在于 $L_{kj}(\Delta d)$ 内的概率。根据泊松点过程[9]性质，在用户与接入的第 k 层无人机基站 λ_k 距离为 r_0 的情况下，第 k 层和第 j 层间边界的区域强度为：

$$\varsigma_{kj}(\Delta d|r_0)=1-\exp(-\lambda_k\left|L_{kj}(\Delta d)\right|) \tag{6-25}$$

根据式（6-25）及式（6-4）～式（6-5）对系统接入概率的分析，得出系统整体的边界区域强度：

$$\varsigma(\Delta d)=\sum_{k=1}^2\int_0^\infty(1-\exp(-\lambda_k\sum_{i=1}^2\left|L_{ki}(\Delta d)\right|))p_k\,\mathrm{d}r_0 \tag{6-26}$$

其中，p_k 表示接入第 k 层无人机的概率。

基于式（6-26）及 Δd 趋于 0 时边界区域强度与长度强度间关系，系统整体的边界长度强度为：

$$\lim_{\Delta d\to 0}\varsigma=\frac{\varsigma(\Delta d)}{2\Delta d} \tag{6-27}$$

根据系统模型中对用户移动性的描述，用户在单位时间内的移动轨迹可看作长度等于 v 的直线段。基于蒲丰投针定理[20]，可得式（6-24），定理 6-2 得证。

（4）最大移动速度约束

在实际通信业务中，数据的传输效率不仅取决于网络的传输速率，也与基站内的排队过程及因越区切换导致的开销息息相关。因此，接下来分析保证数据正常传输时的最大移动速度约束。根据系统模型定义、接入概率的分析及排队理论[11]，两层无人机基站的到达率分别为：

$$\Lambda_{\text{low}} = \mathcal{P}_1 \mathcal{P}_r \frac{\lambda_u}{\lambda_{\text{low}}}, \Lambda_{\text{high}} = \mathcal{P}_2 \mathcal{P}_r \frac{\lambda_u}{\lambda_{\text{high}}} \tag{6-28}$$

其中，λ_u 表示用户密度，$\mathcal{P}_r$ 表示用户请求数据的概率。设定 L 为传输数据包的大小，根据传输速率的相关分析，两层无人机传输单个数据包的时延分别为：

$$\frac{1}{\mu_{\text{low}}} = \frac{L\mathcal{P}_1}{R_1}, \frac{1}{\mu_{\text{high}}} = \frac{L\mathcal{P}_2}{R_2} \tag{6-29}$$

R_1 和 R_2 分别为接入各层无人机时，系统整体的传输速率。基于系统建模及无线通信理论[9]，第 j 层的传输速率 R_j 表示为：

$$R_j = W \log(1+\tau) \mathcal{P}(\gamma > \tau \mid U_0 \in \Phi_{U_j}) \tag{6-30}$$

其中，W 表示系统带宽。

基于式（6-28）～式（6-30），可分别得到接入两层无人机基站的服务强度：

$$\rho_{\text{low}} = \frac{\Lambda_{\text{low}}}{\mu_{\text{low}}}, \rho_{\text{high}} = \frac{\Lambda_{\text{high}}}{\mu_{\text{high}}} \tag{6-31}$$

根据式（6-29）、式（6-31）以及 M/D/1 排队系统性质[15]，可得接入各层无人机基站时，用户的平均排队时延分别为：

$$D_{\text{queue1}} = \frac{1}{\Lambda_{\text{low}}} \cdot \frac{\rho_{\text{low}}^2}{2(1-\rho_{\text{low}})}, D_{\text{queue2}} = \frac{1}{\Lambda_{\text{high}}} \cdot \frac{\rho_{\text{high}}^2}{2(1-\rho_{\text{high}})} \tag{6-32}$$

在用户排队等待服务的过程中，因其移动性会有切换情况发生。基于式（6-24）及式（6-32），用户在排队等待过程中的平均切换次数分别为：

$$N_1(v) = \frac{2}{\pi} \varsigma v D_{\text{queue1}}, N_2(v) = \frac{2}{\pi} \varsigma v D_{\text{queue2}} \tag{6-33}$$

用户完成一次切换后，需要在新接入基站内重新排队并进行服务。若系统能够正确完成数据传输，则用户在排队等待过程中的平均切换次数应小于 1，即：

$$N_1(v) = \frac{2}{\pi} \varsigma v D_{\text{queue1}} < 1, N_2(v) = \frac{2}{\pi} \varsigma v D_{\text{queue2}} < 1 \tag{6-34}$$

由式（6-34）可得对应的最大移动速度约束为：

$$v_{\max} = \min\left\{\frac{\pi}{2\varsigma D_{\text{queue1}}}, \frac{\pi}{2\varsigma D_{\text{queue2}}}\right\} \qquad (6\text{-}35)$$

（5）仿真结果与分析

将仿真范围设置为半径 1km 的圆形区域，仿真结果由 50000 次撒点仿真平均后得到。具体的系统参数设置见表 6-3。

表 6-3　仿真参数

仿真参数	参考取值
LoS、NLoS 信道额外路损/dB	1、10
LoS、NLoS 信道路损系数/dB	3、3.5
环境常数 B、C	0.13、11.95
数据包尺寸/bit	1000
服务带宽/Hz	1000
信干比阈值/dB	0
无人机基站发射功率/dBm	33
数据请求概率 $\mathcal{P}$	0.01

图 6-17 展示了无人机基站服务高度不同时，系统覆盖概率随基站总密度变化的趋势（固定两层无人机密度比为 1:1 且第一层无人机服务高度为 100m）。通过对 3 种不同基站间高度比情况的仿真可知，无人机总密度较小时覆盖概率较高。因此，若以更好的网络覆盖性能为首要需求，需控制无人机整体密度在较低水平。此外，在无人机总密度较低时，更低的层间高度比将带来更好的覆盖性能；随着无人机密度的增加，层间高度比较高时，网络的覆盖性能逐渐优于层间高度比较低时的网络覆盖性能。基于仿真分析，在无人机整体密度较低时，基站间产生的干扰有限。此时，更低的层间高度比可减少用户与接入节点间距离，进而提供更好的覆盖；随着无人机整体密度的增加，各高度比下的用户平均接入距离均显著降低。此时，低层间高度比下的基站间干扰显著增大，使得整体覆盖性能持续下降，逐渐低于高层间高度比的情况。此外，对比单层地面基站场景（基站总密度相同），在基站整体密度较低时，由于空中信道的传输衰落更小，双层无人机网络可以提供更好的覆盖性能；而整体密度较高时，地面基站的平均接入距离更近，覆盖性能也更稳定。同时，对比单层无人机场景，双层无人机网络的覆盖

性能在无人机整体密度较低时稍差，但在整体密度较高时明显更优。这也符合对无人机基站间高度比的分析。

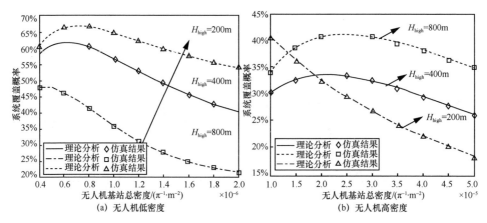

图 6-17 系统覆盖概率随无人机基站总密度的变化趋势

图 6-18 展示了系统覆盖概率随两层无人机基站服务高度变化的趋势（图 6-18（a）、图 6-18（b）两图基站整体密度分别为 $3.5 \times 10^{-7}/(\pi \cdot m^2)$ 和 $1.5 \times 10^{-5}/(\pi \cdot m^2)$）。由仿真结果分析，对于任意第一层无人机基站的高度，在无人机基站整体密度较低时，低层间高度比较高层间高度比用户平均接入距离更短，因此也具有更好的覆盖性能；当无人机整体密度较高时，更高的层间密度比有效减少了基站间干扰，覆盖性能也相对更优。

结合图 6-17、图 6-18 可知，无人机密度较低时接入距离是覆盖性能的主要影响因素；密度较高时，覆盖性能主要取决于基站间干扰。同样的，对比单层地面基站及单层无人机基站场景（基站总密度相同），无论无人机基站服务高度如何变化，系统覆盖性能的整体趋势与图 6-18 一致。这也说明，对比地面基站场景，双层无人机网络可以提供更优质的覆盖；而对比单层无人机基站场景，双层无人机网络在基站密度及服务高度变化时的覆盖性能更加稳定。

图 6-19、图 6-20 分别展示了系统内边界的长度强度随无人基站密度及服务高度变化的趋势（图 6-19 无人机基站密度比为 1:1 且第一层无人机服务高度为 100m，图 6-20 两层无人机基站密度均为 $5 \times 10^{-6}/(\pi \cdot m^2)$）。由图 6-19 可知，整体

边界长度强度随无人机基站密度增大而增大。这是因为，无人机基站密度的增大使系统中的接入节点个数增加，将产生更多的层内、跨层边界。同时，整体边界的长度强度随无人机服务高度及层间高度比的增大呈下降趋势。从理论层面分析，单层高度或层间高度比的增加，都将使得两层无人机之间的高度差值增大，也导致高层无人机的接入概率以及跨层边界的 $\left|L_{kj}(\Delta d)\right|$ 降低。这使跨层及高层无人机层内边界的长度强度显著下降。由式（6-24）可知，用户单位时间内的切换次数与系统的边界密度呈正比例关系，无人机密度的增加使得用户移动过程中的切换更加频繁，而层间高度比与服务高度的提升则会减少移动过程中的切换。

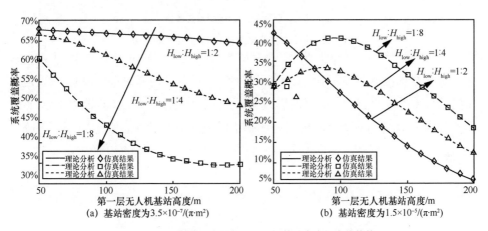

图 6-18　系统覆盖概率随各层无人机基站高度的变化趋势

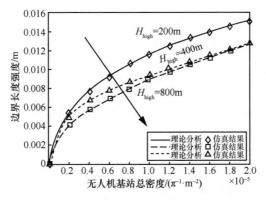

图 6-19　边界长度强度随无人机基站总密度的变化

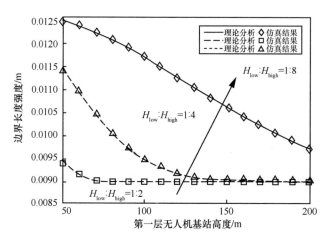

图 6-20　边界长度强度随无人机基站高度的变化

图 6-21（a）展示了不同用户密度下，用户最大移动速度随无人机基站总密度变化的趋势（固定两层无人机密度比为 1:1，服务高度分别为 100m 和 200m）。由图 6-21（a）可知，随着无人机总密度的增加，用户最大移动速度呈先上升后下降的趋势。从理论角度分析，式（6-32）中用户排队时延关于无人机密度的二阶偏导为：

$$\frac{\partial^2 D_{\text{queue}j}}{\partial \lambda_u^2} = \frac{\mathcal{P}_r^2 \mathcal{P}_j^2}{\mu^3 \lambda_j^2 (1-\rho)^3} \tag{6-36}$$

其中，$j \in \{1,2\}$。根据参数计算可得，两层内的服务强度在无人机总密度变化时始终小于 1，则二阶偏导值恒大于 0，说明存在特定的无人机基站总密度能最大化用户最大移动速度，符合仿真结果。此外，随着用户密度增大，两层无人机基站的到达率与服务强度也显著增加，导致用户排队时延增大，最大移动速度降低，以及切换性能降低。此外，排队时延关于无人机密度的一阶偏导为：

$$\frac{\partial D_{\text{queue}j}}{\partial \lambda_u} = \frac{\mathcal{P}_j \mathcal{P}_r}{2\mu^2 \lambda_j (1-\rho)^2} \tag{6-37}$$

其中，$j \in \{1,2\}$。由式（6-37）可知，该偏导恒大于 0。因此，无人机总密度对应值与用户密度呈正比例关系。随着用户密度的增加，用户最大移动速度取得最佳值时对应的无人机总密度也逐渐增大。

图 6-21（b）展示了不同无人机服务高度下，最大移动速度随无人机基站密度

变化的趋势（固定两层无人机密度比为 1:1，用户密度为 $2 \times 10^{-4}/(\pi \cdot m^2)$ 且第一层无人机基站的服务高度为 100m）。由图 6-21（b）可知，随着无人机总密度的增加，最大移动速度呈先上升后下降的趋势。基于排队理论分析，无人机密度较低时用户密度远大于无人机密度，系统服务负载较高，使得最大移动速度处于较低水平。当无人机整体密度增大时，服务负载降低，最大移动速度也随之提升。这说明无人机总密度是影响最大移动速度及系统切换性能的首要因素。另外，随着无人机密度的增大，不同层间高度比下的覆盖性能均呈下降趋势，且边界的长度密度上升。两者的变化均对最大移动速度产生负面影响。同时，当无人机总密度较低时，层间高度差的增大使得最大移动速度显著下降。在无人机密度较小时，层间高度差的增加不仅使覆盖性能下降，也降低了高层无人机基站的接入概率，从而使接入高层无人机基站用户的排队时延显著增大，导致系统无法保证移动用户的正常服务。但随着无人机整体密度的增大，层间高度比较高时对应的覆盖性能逐渐优于低层间高度比情况。高层间高度比对应的覆盖性能更好且边界长度强度更低，因此也拥有更好的切换性能。

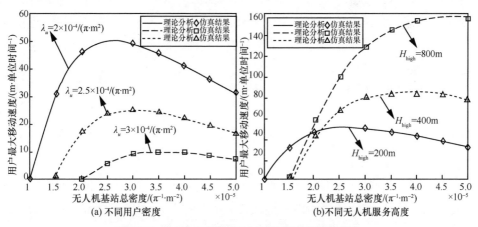

图 6-21　用户最大速度随无人机基站密度的变化趋势

| 6.4　浮空平台区域无线网络 |

浮空平台通信技术并不是一种最新的技术，早在 20 世纪 60 年代，学者就提出了浮空平台通信（Floating Platform Communication）的概念，其又被称为平流层通信、同温层通信、飞艇通信或临近空间通信、近太空通信等。其主要思想是在距地面高度 20～30km 的平流层中安放气球或飞艇，设置空中无线电台，使其电波覆盖地面上一定范围的区域，为该覆盖范围内的用户提供固定与移动通信、移动视频电话、高速数据通信、互联网等多种业务。利用浮空平台通信技术构成的区域空间应急通信系统，与卫星通信、地面通信相比具有许多明显的优势。与卫星通信系统相比，区域空间应急通信系统不仅系统时延小、容量大而且仰角大，受建筑物等的影响较小，同时该系统建设快、易于回收并能进行设备维修与更换，费用低廉，利用浮空平台通信技术构成的区域空间应急通信系统位于国境之内，主权、所有权、管理权归属本国[24]。

6.4.1　浮空平台分类

浮空平台是一种轻于空气、主要依靠浮力留空的飞行器。根据有无推进动力，浮空器一般分为飞艇和气球两大类。气球是没有推进装置的浮空器；飞艇则是带有动力推进和方向控制的浮空器。浮空器具有长航时、准静止、可快速部署组网、使用灵活、便于回收等特点[25]。

（1）系留气球方案

系留气球是一种通过缆绳固定于地面，靠气囊内的浮升气体获得浮力的浮空器。其特点是可以在空中特定范围内实现定高、长时间驻留，具备搭载各种通信、侦察和探测等电子设备实现相应任务功能的能力。

根据系留气球的体积和使用高度，一般可将其分为大型阵地式和小型机动式两大类。大型阵地式系留气球体积一般在数千立方米以上，使用高度可达 4km 以上，载重可达数吨，适合搭载雷达等大型高功耗探测设备，主要用于对特定地区的长期监测覆盖；小型机动式系留气球平台体积一般在 3000m³ 以下，使用高度在 3km 以内，其主要特点是机动灵活、操作简单、使用方便，用途非常广泛。

在基于系留气球的激光通信中继方案中，考虑通过系留气球携带激光通信终端到海拔 4km 高度或以上。信号接收是通过系留气球激光通信终端接收卫星激光通信终端发射的空间光信号，将空间光信号耦合至系留缆绳中的光纤，通过光纤传至地面光探测器；信号发射是地面光发射机通过系留缆绳中的光纤将信号传输至系留气球，通过系留气球激光终端将光纤光信号耦合至空间光信号，发射至卫星。该方案通过光纤有线信道克服了一定高度大气层的天气干扰。

系留气球的激光终端采用上文中介绍的相干或非相干激光终端，口径为几十厘米，比地面激光站通常采用的不小于 1m 的口径小得多，体积、重量大大减小，研制成本也大幅降低。系留气球通信所用的收发光路放置在地面，便于维护升级。在系留气球激光通信中继系统中，球上设备主要包括电源分系统、测控分系统和通信分系统的球上部分，以及压力调节分系统、适航设备，通过系留缆绳组件连接到地面。地面部分主要包括系留设施、控制设备及保障设备，用于对系留气球通信中继系统的测控及运行保障。该中继方案能够充分利用系留气球平台成本低、使用维护简便的优点，适合在短时间内进行大规模部署，以快速实现广域的高速数据服务覆盖。同时，系留气球通过光纤与地理骨干节点之间直接建立高可靠的有线通信链路，有效克服了无线通信链路在低层大气环境中不够稳定可靠的缺点。但是由于系留气球仍工作在对流层，不能完全消除大气内天气现象对其激光中继的影响，且单个气球由于通过线缆固定于地面，不具备机动能力，使用场景也受到了一定程度的限制。

（2）平流层飞艇方案

平流层飞艇是一种通过浮生气体产生浮力，并带有推进系统，可连续在特定区域驻留的浮空平台。相对于系留气球平台，平流层飞艇除了能够长期定点悬停工作，其最大特点在于还能够跨区域进行大范围机动，能够实现广域覆盖。近年来，在区域高分辨率实时侦察与监视、导航定位、区域通信快速重构等需求的驱动下，世界各主要国家都在投入大量经费研制平流层飞艇，关键技术已取得较大突破。

平流层飞艇携带激光通信终端、微波通信设备工作在平流层底层，通过转化成多路微波信号克服低空复杂气象条件的影响，可完全避免低空复杂气象条件干扰，长时间可靠工作。在飞艇上部署激光通信终端，飞艇与卫星之间通过空间激光链路进行数据传输，飞艇与地面之间通过微波链路进行数据传输与分发。本方案充分结合激光高速传输能力，以及微波大气穿透性强的特点，实现天地数据的高速高可靠中继。因激光通信速率为每秒几十吉比特，而微波通信传输速率为 Gbit/s 的量级，飞艇配置大容量存储器，通过存储转发实现激光高速与微波低速的匹配。

　　平流层飞艇激光中继通信系统架构主要由飞艇平台、任务载荷、测控数传和地面综合保障四大分系统构成。飞艇平台分系统主要用于保障平流层飞艇的基本飞行状态。激光通信设备及用作中继数据回传的微波通信设备位于任务载荷分系统内。

　　相对于系留气球平台，平流层飞艇工作在对流层之上，与天基骨干网之间的激光链路更为稳定可靠，且平台本身具备大范围机动的能力，能够实现长时间的广域覆盖。平流层飞艇的主要缺点在于成本较高，保障维护较为困难，在未来的天地一体化网络建设中，需要根据实际场景需求，对两种中继平台进行合适的选择。

6.4.2　浮空平台网络架构

　　基于区域空间的应急通信系统组网架构如图 6-22 所示。基于浮空平台的应急通信系统可划分为用户段、空间段和地面段 3 个部分，部分功能如下[26]。

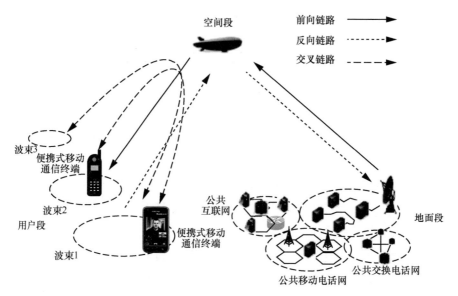

图 6-22　基于区域空间的应急通信系统组网架构

- 用户段：便携式移动通信终端、车载终端和固定站，可使用全向低增益天线，在波束覆盖的蜂窝小区里进行端对端的通信业务。
- 空间段：浮空平台，其通信有效载荷部分负责完成信号的接收、处理、交换和转发。装有一副 L 频段的收发共用天线，结合数字波束成形网络形成点波束覆盖应急通信地区；一副 C 频段定向波束天线，连接地面的信关站。

- 地面段：地面段指分布于地面的信关站，并作为应急通信系统的交换和网关，作用相当于核心网节点。

在该系统中，空中载体主要以浮空平台为基础，并在载体中搭载移动通信基站系统。基于此，从空中向下发送移动通信信号，实现对受灾区域的覆盖，同时多个浮空平台之间可以组成区域无线宽带网络，实现通信数据的高速转发和传输，最后空中移动通信基站系统通过地面网关与地面通信网络相连，从而实现自然灾害等恶劣环境下的应急通信抢险指挥与调度。

在该网络架构中建立地面测控、调度、决策指挥中心，实现应急通信救灾部门通过地面通信网络进行现场与远程的抢险救灾指挥以及对浮空平台的实时飞行监测与控制，从而实现对灾情的实时监控和决策部署。同时，浮空平台还搭载航拍设备，实现对地面的数据采集，并实时回传给应急救灾部门的视频网络及地面指挥中心，实现实时灾情监控，为应急救灾部门的远程救灾指挥调度提供保障手段。

基于区域空间的应急通信系统的总体架构由平台与测控分系统、空间数据通信与网络分系统、空中移动通信分系统、航拍分系统、系统管理与控制中心分系统以及应用平台分系统等组成。各分系统的具体功能描述如下。

（1）平台与测控分系统负责为整个系统提供基础平台（包括浮空平台、稳定平台），同时还负责各种测控信令和控制消息的传送，测控网络除要求可以直接对浮空平台进行控制外，还要求能够通过中继方式实现高可靠性、远距离、大纵深的测控信令传输。

（2）空间数据通信与网络分系统主要负责高速数据的传输，支持微波中继和卫星中继两种数据传输方式，实现平台数据的落地。

（3）空中移动通信分系统负责地面终端设备的接入，实现与电力通信专用网络的互连互通。同时应用多波束天线技术及多种容量增强技术，提升单基站用户容量。

（4）航拍分系统主要在浮空平台上搭载航拍采集设备，利用该设备实现对自然灾害发生区域的探测与监视，从而对实时图像信息进行获取，在高效视频压缩编码模块信息压缩、加密后，通过空间数据通信与网络分系统回传至地面视频网关，最后接入应急通信指挥部门的视频会议系统。

（5）系统管理与控制中心分系统主要提供一些容器，用来承载各相关子系统的管理程序，为相关子系统的运行提供合适的环境，维护整个系统的运行及应用，保障系统的正常运转。整个管理与控制的相关信息由测控网络负责传递。

（6）应用平台分系统负责整体系统应用平台的研发，主要是软件研发，需要实现包括鉴权、加密、指挥调度、数据采集、数据查询、数据广播、定位在内的多种应用。

6.4.3　浮空平台空间段链路

如图 6-15 所示，空间段可以使用 L 频段作为用户链路，使用相控阵天线和数字波束成形技术形成多个点波束，覆盖应急通信区域。在任意波束内，用户可以使用手持终端与其他波束用户进行通话，也可通过浮空平台有效载荷中继连到地面站，与公共通信网互联互通。

浮空平台可以采用 C 频段为馈线链路，设置一副 C 频段定向波束天线，指向地面信关站，从而实现平台到信关站之间的互通。地面公共通信网的用户可通过信关站的协议转换和浮空平台的中继转发，呼叫 L 频段波束里的任意用户，反之亦然。

地面站属于核心网节点，主要功能包括用户管理、信道指配、呼叫控制、鉴权加密、与地面通信网互通、浮空平台管理以及浮空平台交换网络配置等。链路分为地面段到用户段链路——前向链路（Forward Link）、用户段到地面段链路——反向链路（Backward Link）和用户段到用户段链路——交叉链路（Cross Link）。多数情况下，这 3 个链路的传输内容如下。

- 反向链路：用户请求连接、呼叫以及释放连接的信令数据，用户与地面公共通信网互通的上行业务数据。
- 前向链路：广播同步信号、寻呼信号、地面段响应用户的连接信令数据以及用户与地面公共通信网互通的下行业务数据。
- 交叉链路：用户段与用户段之间的实时业务数据，包括语音、视频、传真、低速数据等。

系统所有的信令处理部分均在地面实现，当用户的呼叫建立成功后，业务数据不经过地面站，而直接在平台上进行交换和转发，此时地面站仅负责用户的移动性管理。信令数据的实时性和带宽要求不高，但协议较为复杂，搬到地面处理完全可以满足其对实时性的要求，而且方便修改和升级；而业务交换在平台上实现，并由地面站进行配置，这样可以缩短通信时延、提高信号质量以及减轻馈线链路的压力。

6.4.4　浮空平台关键技术

浮空平台需要多个波束在地面形成多个蜂窝小区来无缝覆盖应急通信地区。波束宽度在一定范围内根据实际覆盖需求灵活可调，且通过机械扫描或相扫能够覆盖不同距离的应急通信地区。扫描的灵活性和飞艇的机动性可灵活结合，从而实现应急通信地区不同的覆盖需求。多波束天线可设计为等波束宽度覆盖和等面积覆盖两种。

等波束宽度指各点波束的半功率波束宽度相等，其优点是各点波束天线的结构、参数等完全相同，只需生成一个点波束天线模型，分别设置不同点波束的指向即可；等面积波束指各点波束小区面积相等，其优点是：①以平台垂直投影为中心的点波束有较大视角，天线增益较低，而远离平台投影的"斜视"点波束的视角较小，天线增益较高，这在一定程度上补偿了"边远"点波束传播路径长造成的损耗增加；②等面积小区覆盖，有利于系统在整个地面服务区内提供均匀的覆盖性能。多波束天线阵是本通信系统的重要组成部分，它的主要用途是形成多个点波束，以实现地面蜂窝覆盖。天线阵系统为圆极化，而且天线效率要求高、天线孔径限制大。

根据系统工作方式及性能要求，需一体化设计平面天线阵的阵元数量、安装布局等。同时采用高效、宽带、有源天线形式，构成可复合使用的多频带的一体化天线系统。

|6.5　海洋无线组网|

如图 6-23 所示，海上无线通信、海洋卫星通信和岸基移动通信共同构成最基本的海洋通信系统，实现语音、数据和多媒体信息传输。海上无线电通信系统的成本较低，但速率较低；海洋卫星通信系统能够提供全球覆盖，但价格昂贵；岸基无线通信将蜂窝网拓展到海洋应用，能提供高速率、低价格的通信服务，但覆盖范围仅限于近海区域。因此，需要根据我国海洋环境的特点，综合利用各种海洋通信手段，将海上无线通信作为基础手段，针对海洋卫星通信增加重点海域移动点波束的覆盖，将岸基移动通信扩大到近海覆盖和岛礁延伸，从而为海洋用户提供可靠、廉价的海洋通信保障[27]。

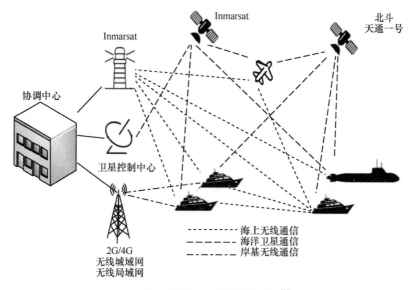

图 6-23　典型的全球海洋通信网络[28]

我国的海洋通信技术与世界海洋通信技术强国相比，还存在较大的差距。

首先，尽管在海上无线通信领域都能采用中频、高频和甚高频通信方式，实现点对点、点对多点的常规海上通信，完成语音、数字选择性呼叫、窄带直接印字电报、船舶识别和监控等业务信息传输。但是，我国海上无线通信的通信技术更新不足，通信可靠性受海洋环境影响较大，在远距离通信时表现得尤为突出，存在通信覆盖盲区。

其次，在海洋卫星通信领域，我国海洋卫星通信网络正在逐步完善，虽然可供选择的通信卫星较多，既有国际海事组织的海事卫星系统，又有我国自主开发的北斗卫星导航系统和天通一号卫星移动通信系统，可以实现海上各类通信业务。但是，卫星系统资源还是不能满足不断增长的海洋业务的要求，卫星通信的成本较高。

第三，在岸基移动通信系统海上应用方面，尽管基础设施完备的陆地移动通信网络可为我国近海海上用户的数据业务提供便利，但是，近海覆盖范围仍然有限。

6.5.1　海洋无线通信组成

海洋通信系统包括海上无线通信、海洋卫星通信和岸基移动通信，三者共同构成了基本实现海洋全覆盖的通信网络，能够保障海洋的船舶与海岸之间、船舶与船舶之间的日常通信，在海洋运输、海洋环境监测、油气开采、海洋渔业等领域，提供了可靠和安全的通信服务。近年来，一些改进的海上无线通信系统不断应用新型卫星通信技术，各种岸基移动通信新技术向海洋环境应用延伸，推动了海洋通信的发展[29]。

（1）海上无线通信系统

海上无线通信系统采用传统的中频、高频和甚高频频段，能提供中远距离的海洋通信。目前，广泛使用的有中频 NAVTEX 系统、高频 PACTOR 系统和船舶自动识别系统（AIS）等。NAVTEX 系统是中频安全信息直印服务系统，为海上用户广播航行警告、气象警告、气象预报和其他紧急信息，是全球航行警告业务的一个组成部分。NAVTEX 系统使用专用频率 518kHz，采用窄带直接印字电报的 FEC 方式和 FSK 调制方式。其成本较低，得到了广泛应用。

PACTOR 系统采用新一代高速和可靠的 ARQ 无差错数传模式，它使用高频频段。2010 年，国际电信联盟无线电通信组提出了 3 个用于海上通信的高频无线电系统和数据传输协议，均采用正交频分复用（OFDM）技术提高频率使用效率，PACTOR-3 是其中最重要的系统。新版本 PACTOR-4 采用自适应信道均衡、信道编码和信源压缩技术，在相同的功率和带宽下，数据传输速率是 PACTOR-3 系统的两倍。基于该协议的另一个系统是 IPBC（Internet Protocol for Boat Communications），它在覆盖近海范围时使用 4～8MHz 的较低频段，在覆盖超过 200 海里的远海区域时使用 8～26MHz 的较高频段。

船舶自动识别系统工作在甚高频信道 161.975MHz 和 162.025MHz 上，采用 GMSK 调制方式，两个独立的 TDMA 接收机能够同时接收两个独立信道的信息。

AIS 远海区域信道带宽为 25kHz，近海区域信道带宽为 12.5kHz 和 25kHz，能够实现 9.6kbit/s 实时数据传输速率。AIS 使用自组织时分多址（SOTDMA）技术，SOTDMA 信息可重复传送，为用户提供实时监控画面。AIS 被广泛应用于海上搜救、船舶避障、船舶监控、航海导航等场合。

近年来，NAVTEX 系统和 AIS 在海洋通信领域得到了广泛应用。海上无线通信系统适用于海上通信环境，采用中频和高频可覆盖中远距离，近距离可采用甚高频频段，并完全兼容全球海上遇险和安全系统。采用跳频技术克服海洋环境对传输信道的影响，提高海上无线通信系统的传输可靠性。但是，海上无线通信系统的信息传输速率较低，只能传输短消息和低速语音等业务。

（2）海洋卫星通信系统

卫星通信覆盖范围大，信道稳定，具有较大的传输带宽，因此卫星通信在海洋通信中具有不可替代的地位。典型的海洋卫星通信系统包括国际海事卫星系统、铱星系统和全球星系统等。海事卫星系统是唯一兼容全球海上遇险与安全系统的海洋卫星通信系统，国际海事组织不断采用新的技术，不断更新换代，先后推出多种海事卫星终端站型，提供的通信服务速率从 9.6kbit/s 到 128kbit/s 不等。2007 年，国际海事组织发射了第四代海事卫星，提出了宽带全球区域网（BGAN）的概念，提供共享信道、包交换和 IP 数据流服务，峰值速率有 432kbit/s 和 256kbit/s 两种。

BGAN 的特点是覆盖范围广，支持互联网接入。2014 年年底，国际海事组织推出新一代广覆盖宽带海事卫星 GX 系统，由 3 颗第五代海事卫星群组成，实现全球覆盖并大幅提高通信速率。GX 系统工作在频率资源丰富的 Ka 频段，用户终端天线尺寸直径为 60cm 时，可提供 50Mbit/s 下行速率和 5Mbit/s 的上行速率；用户终端天线尺寸直径为 20cm 时，可提供 10Mbit/s 下行速率。与海上无线通信系统相比，海洋卫星通信系统的优点是覆盖范围广、信道稳定、传输速率较高，缺点是成本较高。

（3）岸基移动通信系统

岸基移动通信网络具有安全、稳定、容量大、技术成熟等特点。如图 6-24 所示，将蜂窝网、无线局域网技术应用于岸基近海海洋通信也是一个很好的选择。蜂窝网可以采用 5G 或 6G 技术，系统稳定、应用成熟，能够提供宽带、高速数据业务。岸基移动通信的近海覆盖为港口、码头、海水养殖、航道管理等。除了海岸，在海岛或者岩礁上放置蜂窝基站，蜂窝网的覆盖范围可进一步扩展。

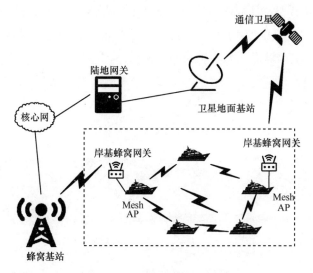

图 6-24　岸基移动通信系统示例

　　无线局域技术也可用于近海海洋环境，运用多跳中继可实现较远的传输距离，如图 6-25 所示。采用时分多址技术，可有效利用信道带宽。采用高增益定向天线可提高传输距离。岸基海洋通信应用的缺点是覆盖的沿岸海域范围较小，优点是直接使用岸基移动通信系统终端即可实现近海通信。

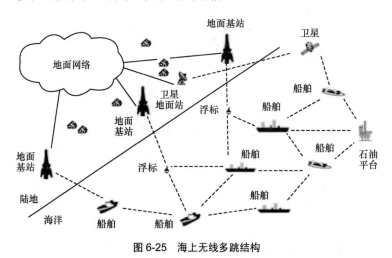

图 6-25　海上无线多跳结构

综合利用卫星、岛礁、海上浮台、无人船、平流层飞艇等中继节点，可以多重保证舰船开展海洋活动所需通信链路的高效性与可靠性，如图 6-26 所示。一体化通信系统可以确保全覆盖，具有高抗干扰、协同传输等优点，但也存在通信、计算、感知、决策等功能动态部署与深度协同等难题。

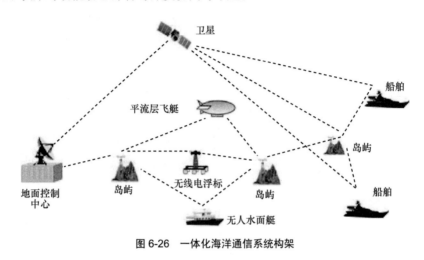

图 6-26　一体化海洋通信系统构架

6.5.2　海洋无线通信技术

6G 海洋通信的目标就是寻求一种接入网络，以确保信号无缝覆盖、数据业务高速传输、用户体验满意，适应海洋环境变化，辅以无线通信网络和卫星通信网络，并具有完善的网络管理机制。海洋无线通信技术主要包括短波通信、卫星通信、蒸发波导通信等[30]。

（1）短波通信

短波通信是利用 1.5～30MHz 的短波频率实现无线电通信，传输信号通过电离层反射传播，所以短波通信具有通信距离远、无须中继等优点，且短波通信电台简单、占用空间小。作为一种重要的通信手段，可以支持全球范围内的互联，建设、运行和维护费用低，建设周期短，抗毁、抗干扰、抗截获性能突出，是极具吸引力的海洋通信手段。

随着海洋短波信息基础设施战略重要性日益提升，短波通信在远距离天波传输方面的"低成本、远距离、无中继""抗摧毁、抗干扰、抗截获"等独特优势显得日益重要，但是短波通信的数据传输速率低，一般不超过 16kbit/s，仅能满足语音和低速数据通信需求，限制了短波通信在海洋高速数据通信中的应用。因此，亟待开发海洋短波宽带通信系统。国际上已有一些短波宽带通信系统通过增加传输带宽、采用 OFDM 先进调制方式等方法提升通信速率。美军标准 MIL-STD-188-110D 规定了带宽为 3～48kHz 的信号波形，在该标准中，带宽 48kHz 的信号能够提供 240kbit/s 的数据传输速率，但是该速率主要是利用地波传播获得的，难以实现远距离高速传输。短波通信的主要问题包括如下几个方面。

一是频率带宽少，信道数量有限，通信速率慢。现有单个短波电台的频带需要至少 3.7kHz 才能避免互扰，所以整个短波频率范围内所能容纳的通信信道数量为 7700 余个。因为短波扩展的频带带宽仅为 28.5MHz，远小于超短波、卫星通信频带带宽，所以短波通信速率较慢。

二是通信质量受到电离层变化影响。短波天波传播方式是依靠电离层这个时变信道反射传播的，所以短波天波通信不稳定，同时因电离层的变化，短波地波和天波传播的信号盲区也是不确定的。

三是短波选频较为困难。尤其对陌生海区选频较为困难，难以保证通信双方实时有效地掌握通信质量较好的频点，无法保证可靠的通信联络和顺畅的指挥。

此外，短波的频率预测模型还未被准确有效地应用起来，海战场中远距离短波电离层通信的可靠性难以保证。

（2）卫星通信

卫星通信利用卫星作为中继，使信号能够通过微波进行大范围传输，卫星通信具有通信频带宽、信号覆盖范围广、速率高等优点。此外，卫星通信受地理条件影响小，组网迅速简洁，便于实现全球无缝连接，是远距离军事通信系统中不可缺少的部分。目前，在舰艇中远距离通信上短波通信和卫星通信互为补充手段，此外还有利用直升机、预警机等作为中继来转信扩大通信距离，从而达到中远距离通信的目的。卫星通信的主要问题包括如下几个方面。

一是军事卫星资源相对较少，卫星通信点波束覆盖范围有限，难以满足海战场指挥、协同、报知需要。

二是卫星通信会产生较长的时延，容易受到雨衰等因素的影响，信号质量变差甚至信号消失。如卫星受到人为因素的干扰时，有时会使通信链路中断，长时间不能恢复，干扰上行链路或干扰卫星转发器会使全部通信中断，干扰下行链路会使相当范围内的通信中断。

三是卫星运行轨道是暴露的，战时极易被掌握相关技术的敌方摧毁，卫星中继一旦被摧毁，重新部署会花费大量财力及人力。

（3）平流层通信

平流层通信是当今无线通信领域的一种新的应用形式，平流层通信一般指在离海平面 17～22km 的高空区域，利用平流层稳定的气象条件，将飞机、飞艇、飞船等临近空间航空器作为平台长时间驻留在平流层中，把通信设备放置在驻空平台中，可与地面设备以及无线用户终端进行通信，同时也可以与平流层平台或卫星进行通信，可以提供多用户、多用途的通信服务。

平流层通信可采用临近空间航空器（部署时间仅为几小时）作为搭载平台，可以在战场上将其迅速建立起来，将战场信息迅速准确地传输。一是可通过人为控制将平流层通信平台降落，进行回收和维修，实现各类设备的重复使用，大大降低成本。二是通信效率较高。因通信平台与海面距离近，时延降低，通信效率提高。和卫星通信相比，平流层通信平台的高度大约是同步卫星、中轨卫星和低轨卫星的 1/1800、1/400 和 1/40，时延只有 0.5ms。三是平流层通信距离远，覆盖区域广。因平台布置的高度较高，所以通信距离足够远，当仅利用一个平台通信时，利用该平台进行有效的通信覆盖直径可达到数百千米，比卫星区域性覆盖更有优势。当平流层通信平台作为系统的一个节点时，平台间的中继距离可达到 1000km。

（4）蒸发波导通信

由于海洋环境湿度、气压、风速、波浪等气候因素会随海面高度的变化而变化，海面上空的大气折射率也会发生相应改变，当折射率的改变满足一定的条件时便形成了大气波导。根据形成机理和折射率-高度关系，一般将大气波导分为 4 类：蒸发波导、含基础层的表面波导、表面波导和悬空波导，其中蒸发波导是由海水的大量蒸发，在海平面上方 0～20m 的范围内形成的波导层，是最常见、最常利用的一类大气波导，如图 6-27 所示。

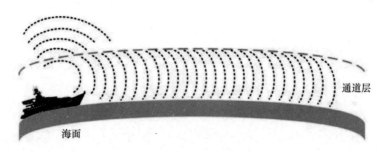

图 6-27　蒸发波导无线传输

　　大气波导的研究起步于 20 世纪 40 年代，美国军队科研单位（如美国电波和声学国家实验室等）对大气波导进行了研究。通过无线电波的气象实验发现海上存在类似光波导的反常大气分布结构。20 世纪 60 年代，西方国家纷纷开启对大气折射的研究，科研人员在世界各地进行了很多气象数据采集，获得了蒸发波导的气象统计参数。在这期间，美海军下属电子试验中心进行了试验，选取 1～37GHz 电波的部分频段，统计蒸发波导结构中异常的通信数据。美国研究人员还使用热气球和直升飞机对海洋大气异常参数进行测量。但考虑到广大的海洋范围和有限的测试时间，这一实验只能有限地满足对海洋大气波导出现及波导结构的预测。这一时期，学术界提出诸多大气波导模型，如 JESKE 模型现在已被应用于美国气象探测预报等系统。

　　20 世纪 80 年代后，学者开始对在波导中传输信号的特性进行探索实验。1981 年，美国进行的海洋试验证明了蒸发引起的波导稳定程度高，具有适合超视距通信的良好性能。这一时期的研究初步证明：波导结构的存在有助于减少传输损耗。1991 年年初美国军方通过 SHF 频段研究验证了蒸发波导可以支持超视距舰载通信。1992-1994 年美国国家海洋与大气管理局开展了耦合海洋大气响应试验，并与军方共同通过测量研究了北美沿海大气波导垂直分布状况。为了预测和评估蒸发波导的通信性能，Anderson 等人利用 3GHz、18GHz 电波对蒸发波导进行了研究，给出了蒸发波导中传播机制的初步理论。近 10 年，Sirkova 在美国南部海域对表面波导损耗预测进行的统计实验和 Reza 在北美五大湖地区进行的测试 16.65GHz 电波传播特性的实验都证明了蒸发波导中信号超视距通信的可行性。

| 6.6　无线接入网切片 |

面对不同的应用场景，未来 6G 网络需要足够灵活，以便为各种业务和应用提供服务支持。因此，一种面向 6G 多场景的技术——网络切片（Network Slicing）应运而生，它源自 5G 的网络切片技术。如图 6-28 所示，根据不同业务和场景的需求，网络中的网络功能和无线接入技术（Radio Access Technology，RAT）被选取出来并进行有序组合，功能模块被部署在不同的位置，形成多个逻辑上隔离的网络切片实例。在网络切片的概念中，网络中承载不同网络功能的网元概念将被削弱，网络功能从原有网元中剥离出来并进行适配的优化、增强。基于通用的物理基础设施，网络实体被逻辑划分成多个网络功能和资源的集合。

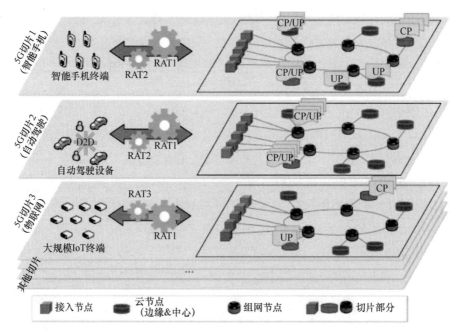

图 6-28　传统无线网络切片示意图

6G 网络可以根据不同业务的需求，利用网络切片技术，将被选取的网络功能和资源进行有序组合，根据业务和场景的需要选择不同的功能模块，并将它们部署在不同的位置，形成多个逻辑上隔离的网络切片实例。网络切片实例提供通用或专有网络服务，用于满足不同的技术或商用目的。每个切片实例都可以被视为一个完整的逻辑网络，并且因为分配的网络功能和资源得到优化，每个切片实例不尽相同，是为具体应用场景进行定制化的网络。作为网络切片的特征之一，切片实例之间的逻辑独立性需要保证，以便一个切片的任何操作都不会影响其他切片的正常操作。所有切片共享相同的物理基础和网络资源，要求保证高效的资源利用[31]。

网络切片具有以下特征。

（1）按需网络重构。利用 NFV 与 SDN 技术，网络切片能够基于通用的基础设施完成网络的按需重构，包括网络拓扑、网元功能各方面。因此每个切片实例最后都拥有独立的拓扑结构、网络功能和网络资源，并提供特定的服务和关键性能，例如高带宽、低时延等。

（2）网络资源的抽象。与专用网络不同，网络切片基于 NFV 与 SDN 提取底层物理网络资源，并将打包的网络资源提供给上层服务。网络切片作为上层业务和下层网络的中间层，将业务与网络解耦，屏蔽物理网络的差异，简化业务部署和网络管理的运维。

（3）转发、控制、管理面的隔离。不同切片的转发、控制、管理面彼此隔离，隔离程度取决于隔离方法，例如转发面采用基于 Layer 1 交换的灵活以太网（FlexE）通道的切片时，各切片间刚性隔离，而采用基于分组交换的传送特性的多协议标签交换通道或分段路由通道的切片时，由于统计复用特性，各切片间为非刚性隔离。

6.6.1　6G 无线网络切片体系结构

在传统网络中，应用服务器部署位置往往距离用户较远，业务数据需要通过核心网络和接入网络才能被传输到用户处，这不可避免地产生了很大的转发时延，使得 6G 超低时延应用中毫秒级时延需求无法得到满足。另外，6G 高容量、大连接等业务数据在被回传到核心网络进行处理解析时，需要消耗巨大的回传链路容量，使得网络极易处于拥塞状态。因此，考虑到部分业务的特征，例如大连接业务中终端进行短距离的数据传输，高容量业务中用户共享高流行度文件，可以采取终端到终端的水平结构的网络切片，同构建从核心网到终端的垂直结构网络切片相比，水平结构网络切片充分利用了网络中用户分布范围小的特征，业务需要的计算能力较少，可以更好地联合考虑接入网络和目标业务的特征，完成切片的编排部署。因此，6G 接入网络切片通过利用雾无线接入网（Fog Computing Based Radio Access Network，F-RAN）的计算、缓存和通信功能和资源，在无线接入网络内构建雾无线接入网切片，用于满足包括 mMTC、URLLC 和 eMBB 等具备差异化性能需求的 6G 业务。雾无线接入网切片的优势在于，通过建立更靠近用户终端的雾无线接入网切片，减少核心网和传输网的开销，降低业务传输时延，改善服务质量。

  基于 F-RAN 的 6G 无线接入网络切片逻辑结构如图 6-29 所示，由软件定义的接入网切片编排器负责雾无线接入网络片的动态供应和切片之间的资源管理。具体的，基于现有 F-RAN 体系结构基础，考虑到对高容量、大连接和超低时延等不同性能目标及应用场景需求的支持满足，接入网切片编排器通过信息感知和数据挖掘，获得所有请求业务的业务类型和接入网中可用的网络资源。通过引入 SDN 和 NFV 技术，F-RAN 可以实现集中的功能按需编排，完成网络结构的柔性重构。因此，接入网切片编排器根据场景特点和业务需求，结合接入网络状态，利用统一的可编排网络体系结构，完成资源的动态协同和网络功能的按需编排，构建出对应的雾无线接入网络切片。具体的，雾无线接入网络切片的组成包括 F-RAN 中的多样化网元（如 LTEeNB、gNB、CU、DU）等，网元除了承载软件定义的接入网络协议栈功能，还能够承载下沉的核心网控制面（Control Plane，CP）与用户面（User Plane，UP）功能。通过将核心网络功能部署在更靠近用户的接入网络中，可以方便地提供更优的业务承载管理和数据路由方法，降低集中传输的负荷。编排后的网元在接入网切片编排器的集中管理下，通过特定接口进行对接完成组网，适应性地满足高容量、大连接和超低时延等性能指标需求。完成编排的雾无线接入网络切片在接入网切片编排器统一的资源管理下，利用分配到的底层物理资源为请求的业务提供服务支持。

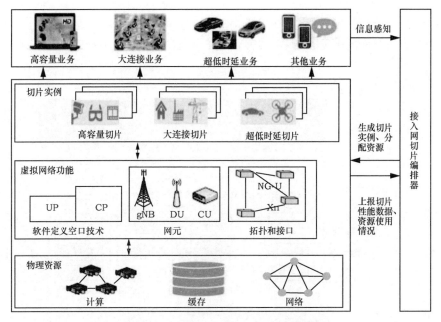

图 6-29　6G 无线接入网络切片逻辑结构[32]

　　为了灵活支持未来多应用场景和差异化性能目标，网络切片运行过程中不仅对用户提供单向的服务，还将主动感知网络和用户的信息：切片通过监测获得服务质量、用户需求和网络状况等相关的原始数据；将待汇报上传的监测数据发送给接入网切片编排器，完成信息感知；基于获得的感知结果，接入网切片编排器进行网络的柔性重构和灵活重建。如图 6-30 所示，F-RAN 通过网络功能虚拟化，将接入网络切片的网元功能按照不同性能指标需求进行自适应的迁移，实现节点功能的灵活编排与重构。针对高容量业务，如高清视频传输，对应的切片为高容量切片，网元包括 BBU 和 RRH，其中，网络层、数据链路层、物理层的协议栈功能被迁移到 BBU中，剩余的射频功能被保留在 RRH 中。针对大连接业务，如工业互连，对应的切片为大连接切片，BBU 被拆分成集中单元（Central Unit，CU）和分布单元（Distributed Unit，DU），使得单个 CU 能够连接多个 DU，覆盖范围进一步增大，同时为了节省前传链路开销，部分物理层功能被迁移到 RRH 进行数据的本地预处理。而对于超低时延业务，如车联网业务，编排生成的相应切片为超低时延切片，其网元为雾计算接入点（Fog Access Point，F-AP），具备完整的协议栈功能，F-AP 联合边缘节点的计算模块和下沉的核心网络功能，完成服务的本地提供。对于广域覆盖业务，则需要借助 HPN 的高发送功率，实现终端的无缝覆盖，因此 HPN 继承了完整的协议栈功能。

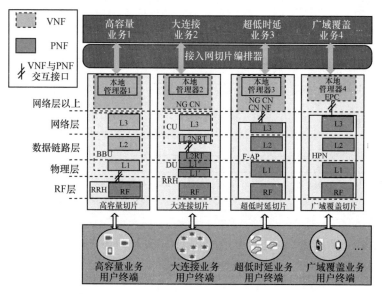

图 6-30　基于 F-RAN 的 6G 接入网络切片网元功能的灵活编排与重构

6.6.2　关键组成元素

为了灵活实现网络中的编排、控制和数据功能，雾无线接入网络切片结构分为两层：集中编排层和接入网络切片实例层。在集中编排层中，接入网切片编排器通过分析来自移动应用、用户终端、基站和服务平台的上报数据，获得信息感知结果，完成网络中各类业务特征分析，从而确认所需业务种类。根据请求的业务种类和接入网络状况，通过集中的网络编排，完成切片的创建和生命周期管理（包括网络资源分配和再分配，切片的扩容、缩容和动态调整等），为所有业务提供合适的网络切片实例。切片运行过程中，接入网切片编排器负责集中的资源分配和切片间资源管理，同时利用信息感知对切片运行状况进行监督，以便在切片需要进行调整时能够及时发出指令。

接入网络切片实例层包含用于提供差异化定制服务的各种接入网络切片实例。在保障切片独立的前提下，各切片实例可被视作一个逻辑独立的网络，具备定制的数据面和控制面。接入网络切片分为 3 种：eMBB、mMTC 和 URLLC 的接入网络切片。其他业务种类可以视作该 3 类业务的混合模式，通过多个切片实例的协作进行服务的提供。下面以 eMBB、mMTC 和 URLLC 为例，介绍 6G 网络中如何编排生成对应的切片。在 6G 无线接入网中，靠近用户的网络边缘设备的计算、缓存、通信、控制和管理等功能被充分开发利用，云计算模式被扩展到网络边缘。因此，6G 无线接入网中的 BBU 池能够提供集中云计算，同时 F-AP 和 F-UE（Fog User Equipment）能够提供可扩展的雾计算。在接入网切片编排器的统一管理下，网络能够实现集中分布自适应，面向不同业务和切片提供差异化的协作无线信号处理和协同无线资源管理能力：云计算模式更集中高效，雾计算模式实时性高。

在 eMBB 切片中，为满足其大容量和广域覆盖的业务需求，切片编排器为其生成分离的数据面和控制面。分配的资源中包含大带宽频谱，用于支持大容量，低频段和高发送功率有利于广域覆盖的实现，以及在空口协议配置中支持干扰协调、多站协作与传输。具体的，配置完整协议栈功能的高功率节点，负责全网的控制信息分发，为所有的 UE 提供控制信令和小区特定参考信号，除了控制面信令的发送，高功率节点还可以提供基本比特速率的数据面业务传输，为高速移动用户提供无缝覆盖，减少切换频次和缓解同步限制。其他 6G 先进技术也可被应用到该切片中，例如将大规模 MIMO 技术配置在高功率节点，提升空间分集和复用增益。热点区域内通过密集部署小基站进行热点容量吸收，在干扰严重区域，将网络解构成 BBU+RRH 的组成模式。BBU 池利用通用硬件平台构建，实现网络功能的集中部署，方便后续网络扩容升级，具备的协议栈功能包括物理层、MAC 层和网络层，能够承载无线信号处理和资源管理功能，提供集中式大规模协同信号处理和资源管理增益；分布式的 RRH 仅具备射频功能，属于底层专用硬件，但是功能简单，成本低，可以方便地部署在用户附近，用于满足热点区域海量数据业务的高速传输需求。分布式 RRH 和集中式 BBU 之间通过高容量光纤连接。这种部署方式能够实现以用户为中心的组网，利用集中信号处理与资源调度，形成大规模协作，获得空间增益，提高用户传输速率和网络容量，降低用户间干扰。HPN 与 BBU 池通过回传链路相连，实现协作处理和协同调度。除了协议栈功能的灵活划分，具体的协议栈功能也可以根据切片种类优化设计，例如 BBU 和 HPN 中，RRC 层协议栈的设计可以增加 UE 无线资源控制状态，减少空闲-连接状态切换带来的核心网和接入网络的交互信令开销。同时，利用网络边缘节点的缓存能力，雾计算可用于热点区域的容量吸收，例如，在体育场中相同内容的重复下载，将加剧连接 RRH 与 BBU 池的前传链路负载，此时通过将此类高流行度文件预先缓存到体育场附近的边缘节点中，用户可在本地直接获得请求文件，而无须通过 BBU 池和核心网络完成数据的传输，缓解了前传链路和 BBU 池的负担。

mMTC 和 URLLC 作为机器类通信，对应的网络切片依赖于雾计算。编排器在编排生成 mMTC 切片时，可以根据实时要求将 BBU 协议栈功能拆分成 CU 和 DU 两部分。CU 由 L3 和 L2 中的非实时功能模块组成，协议栈优化设计时将 PDCP 层和 RLC 层功能融合，利用通用硬件平台完成部署，并连接多个基于专用设备的 DU。DU 由 L2 高实时性的协议栈功能和部分物理层（L1）功能组成，以便扩大覆盖范围，实现与不同区域的终端连接，提高有效区域连接密度。L1 其余部分功能下沉到 RRH 处。CU 与 DU 的拆分一方面降低了 BBU-RRH 结构对前传接口带宽和时延的要求；另一方面，利用了基带资源的池化和集中，实现多小区的资源共享和灵活协作调度，从而提高资源利用率。此外，在边缘节点 F-AP 的控制下，通过配置虚拟中继网关和分配虚拟无线回传资源，具有终端直通能力的 UE 完成自组网，形成网状或树状簇。簇内各节点产生的数据通过终端直通的通信模式汇聚到被选取出来的簇头，借由簇头完成网络的接入和数据的交互。簇头可以是 UE，也可以是 F-AP。在 BBU 池和 F-AP 的协助下，UE 簇实现本地的协作无线信号处理和协同无线资源管理。同时，考虑到网络中连接节点数目规模大的特性，需要对切片内的网元协议栈功能进行精简，提供简化的信令、多接入调度机制配置。例如，考虑到 mMTC 中各节点数据量小、时延要求不高，可以在设计 mMTC 切片的协议栈时，选取配备低比特率高时延容忍调制编码等虚拟空口资源配置。同时，由于 mMTC 中 UE 的低移动特性，移动性管理可以去除切换过程，将寻呼功能下沉到本地，减少接入网络和核心网络的信令交互开销。此外，信息感知技术也可以被用到 mMTC 切片中，通过主动探测活跃的 UE，实现更灵活的分布式协作资源管理。

在 URLLC 切片中，为了满足业务的低时延要求，一方面需要减少空口传输时延，另一方面要减少转发节点，缩短源节点与目的节点之间的距离，因此需要联合考虑空口处理时延和转发传输时延。为了降低空口处理时延，需要精简空口协议栈功能，对时隙的结构和收发的反馈进行新的设计。例如，物理层帧结构采用更短的子帧长度，通过更短的调度和传输周期，实现时延的缩短；或者引入自包含帧结构，通过增加上下行转换点，同一子帧内可以完成 ACK/NACK 收发，缩短发送和反馈之间的响应时间。为了减少转发传输时延，可借助 D2D 通信，为邻近 UE 按需配置 D2D 通信相应时频资源，使得邻近 UE 可通过 D2D 模式或者中继模式直接通信。同时，考虑到 UE 有限的缓存和计算处理能力，可以将边缘节点 F-AP 或 MEC 部署在业务分布区域内。F-AP 和 MEC 一方面能够提供用户面部分功能的下沉，使得与 URLLC 相关的控制、管理和数据功能能够在地理位置上更靠近终端，减少网元交互数据量和传输时延，实现业务在本地的实时、快速处理；另一方面，它还可以承载部分核心网控制功能（如寻呼功能），例如，配置虚拟网关的虚拟全功能基站，能够有效降低 UE 的传输时延。

除了灵活适配不同业务的接入网络功能按需编排，6G 还能够通过承载核心网络功能，进一步提高切片性能。例如，将核心网络网关设备内的控制功能和转发功能分离，将网关转发功能下沉部署，使得原本的核心网络功能更接近用户终端，降低了业务时延并且提高了流量调度灵活性。同时，将抽离的控制功能集成到控制平面中，并基于功能模块化的原则，拆分原本与控制面网元绑定的控制功能，基于服务调用的方式进行控制面功能重构，简化了切片的设计，降低了部署成本。

网络切片将基础物理网络划分为多个逻辑独立的虚拟网络，每一个虚拟网络根据不同的服务需求（如时延、带宽、安全性和可靠性等）来划分，以灵活应对不同的网络应用场景。6G 网络可以根据不同业务的需求，利用网络切片技术，将被选取的网络功能和资源进行有序组合，根据业务和场景的需要选择不同的功能模块，并将它们部署在不同的位置，形成多个逻辑上隔离的网络切片实例。为了满足各行各业稳定可靠的、差异化的服务质量需求，　6G 将进一步完善和扩展网络切片能力，比如通过智能流量管理、边缘计算、用户按需流量编排策略等多种技术手段最大化提升切片 SLA。网络架构的多元化是 6G 网络的重要组成部分，而网络切片技术是实现网络多元化架构的关键方法，因此切片技术极具价值[33]。

┃ 参考文献 ┃

[1] 林德平, 彭涛, 刘春平. 6G 愿景需求、网络架构和关键技术展望[J]. 信息通信技术与政策, 2021, 47(1): 82-89.

[2] 徐晖, 缪德山, 康绍莉, 等. 面向空天地海一体化的卫星网络架构和传输关键技术[J]. 天地一体化信息网络, 2020, 1(2): 2-10.

[3] 徐冰玉, 韩森. 国际卫星通信标准研究进展[J]. 信息通信技术与政策, 2019(11): 41-44.

[4] 陈山枝. 关于低轨卫星通信的分析及我国的发展建议[J]. 电信科学, 2020, 36(6): 1-13.

[5] 吴曼青, 吴巍, 周彬, 等. 天地一体化信息网络总体架构设想[J]. 卫星与网络, 2016(3): 30-36.

[6] 黄韬, 霍如, 刘江, 等. 未来网络发展趋势与展望[J]. 中国科学: 信息科学, 2019, 8(49): 941-948.

[7] 刘洁, 潘坚, 曹世博. 低轨互联网星座业务发展趋势分析[J]. 航天系统与技术, 2015(7): 17-21

[8] 李贺武, 吴茜, 徐恪, 等. 天地一体化网络研究进展与趋势[J]. 科技导报, 2016, 34(14): 95-106.

[9] 杨昕, 孙智立, 刘华峰, 等. 新一代低轨卫星网络和地面无线自组织网络融合技术的探讨[J]. 中兴通讯技术, 2016, 22(4): 58-63.

[10] 潘博文. 基于数据链的空中平台越区切换方法研究[J]. 电子测试, 2016(Z1): 66-67, 72.

[11] 赵静, 赵尚弘, 李勇军. 星间激光链路数据中继技术研究进展[J]. 红外与激光工程, 2013, 42(11): 3103-3110.

[12] 于全, 王敬超. 空间信息网络体系结构与关键技术[J]. 中国计算机学会通信, 2016, 12(3): 21-25.

[13] 郭庆, 王振永, 顾学迈. 卫星通信系统[M]. 北京: 电子工业出版社, 2010.

[14] 何友, 姚力波, 江政杰. 基于空间信息网络的海洋目标监视分析与展望[J]. 通信学报, 2019, 40(4): 1-9

[15] 吴巍. 天地一体化信息网络发展综述[J]. 天地一体化信息网络, 2020, 1(1): 1-16.

[16] 汪春霆, 翟立君, 李宁, 等. 关于天地一体化信息网络典型应用示范的思考[J]. 电信科学, 2017, 33(12): 36-41

[17] 吴月. 空地一体化网络中 UAV 组网技术研究[D]. 长沙: 国防科技大学, 2018.

[18] 宋志强. 多无人平台在突发事件应急管理中的应用研究[D]. 南京: 南京大学, 2015.

[19] 王子端, 张天魁, 许文俊, 等. 无人机应急通信网络中的动态资源分配算法[J]. 北京邮电

大学学报, 2020, 43(6): 42-50.

[20] 杨尚东, 罗卫兵. 微小型无人机平台中继在应急通信中的应用[J]. 飞航导弹, 2015(5): 68-71.

[21] 钟剑峰, 王红军. 基于 5G 和无人机智能组网的应急通信技术[J]. 电讯技术, 2020, 60(11): 1290-1296.

[22] 袁雪琪, 云翔, 李娜. 基于 5G 的固定翼无人机应急通信覆盖能力研究[J]. 电子技术应用, 2020, 46(2): 5-8, 13.

[23] 向国菊, 张远利. 基于空中平台的无线话音中继通信网的容量分析[J]. 通信技术, 2015, 48(7): 835-839.

[24] 王楷为, 王烁. 基于浮空平台的天地一体化网络激光中继设计[J]. 通讯世界, 2019, 26(9): 32-33.

[25] 何维, 谢人超, 黄韬, 等. 区域空间应急通信系统研究[J]. 电信科学, 2014, 30(6): 60-66.

[26] 王笃文, 姚艳军. 基于浮空平台的应急通信系统[J]. 电子技术, 2018, 47(6): 57-61.

[27] 于永学, 王玉珏, 解嘉宇. 海洋通信的发展现状及应用构想[J]. 海洋信息, 2020, 35(2): 25-28.

[28] 夏明华, 朱又敏, 陈二虎, 等. 海洋通信的发展现状与时代挑战[J]. 中国科学: 信息科学, 2017, 47(6): 677-695.

[29] 姜晓轶, 康林冲, 符昱, 等. 海洋信息技术新进展[J]. 海洋信息, 2020, 35(1): 1-5.

[30] 冯伟, 唐睿, 葛宁. 星地协同智能海洋通信网络发展展望[J]. 电信科学, 2020, 36(10): 1-11.

[31] 项弘禹, 肖扬文, 张贤, 等. 5G 边缘计算和网络切片技术[J]. 电信科学, 2017, 33(6): 54-63.

[32] 项弘禹, 张欣然, 朴竹颖, 等. 5G 移动通信系统的接入网络架构[J]. 电信科学, 2018, 34(8): 10-18.

[33] 邢燕霞. 5G 网络切片技术发展现状与展望[J]. 移动通信, 2020, 44(10): 38-42.

第 7 章

6G 雾无线网络

6G 的发展引领了新一轮的信息技术革命浪潮。基于现有无线接入网络的智能服务面临诸多挑战，如流量不足、难以满足工业互联网时代下的大连接要求、难以满足智能服务的高实时要求、超低时延的性能要求等。于是，雾无线接入网（F-RAN）应运而生。F-RAN 通常是指"雾是更贴近地面的云"，有效缓解了前传链路容量压力，降低端到端的时延。本章全面地介绍了雾无线网络结构及其基础理论和关键技术，以及其在不同垂直行业中的应用。

近年来，移动物联网和人工智能的兴起和迅猛发展引领了新一轮信息技术革命浪潮，也推动了以服务业为代表的第三产业的升级。基于信息技术的智能服务具有技术和知识密集特点，能够自动辨识用户的显性和隐性需求，并且提供主动、高效、安全、绿色地满足其需求的服务。智能服务基于用户历史特征数据，自主辨识用户当前需求，发掘用户潜在需求，主动为用户提供高价值个性化服务，是产业结构调整和升级的重要突破口和增长点。

智能服务在国内外的应用发展迅速。在智能家居方面，亚马逊公司推出了 Echo，谷歌公司推出了 Google Home，作为家庭级智能网关实现对家居设备的远程控制。在智慧城市方面，谷歌、百度、IBM 等公司都发布了各自的智能交通和无人驾驶方案；以滴滴、优步（Uber）和摩拜为代表的公司，针对城市公共服务资源，初步实现了优化配置和智能运营。现有的智能服务都基于现有无线接入网络，通过联合集中式云计算和底层的交互感知设备，实现人机物无缝互联，但面临以下挑战：

- 由于大规模服务用户数据需要汇聚网关，造成前传/回传链路容量易过载，难以满足智能服务巨流量需求（至少达到 6G 要求的 100Tbit/(s·km²)）；
- 采用集中式云计算及云缓存，无线接入网络采用针对传统语音和数据业务设计的集中式架构，各种业务都要建立专有的端到端链接，跨越核心网、传输网和接入网，难以满足工业互联网时代下对大链接的要求（至少达到 6G 要求的 1000 万链接/km²）；

- 通过多跳路由访问云计算中心，反馈时延长，难以满足智能服务的高实时、超低时延的性能要求（至少达到 6G 要求的端到端时延 0.1ms），急需提高时延敏感业务的用户体验。

5G 虽然在不同的应用场景具有不同的性能目标需求，但总是针对不同应用定义不同的无线接入网络架构，至今还没有统一的网络架构自适应满足不同应用及性能目标。为了满足智能服务巨流量、大链接、超低时延要求，业界开始讨论新型的无线接入网络，雾无线接入网被业界普遍认为是一种可行的解决方案。F-RAN 源于"雾计算"，充分利用了"雾是更贴近地面的云"，充分利用边缘节点的计算和缓存能力，有效缓解了前传链路容量压力，通过在本地预存流行文件，降低了端到端时延。

F-RAN 和计算学科关注的"边缘计算"及开放雾联盟（OpenFog Consortium）所提的雾网络有显著区别。2012 年，思科公司和普林斯顿大学著名学者 Mung Chiang 推出的"雾计算"技术利用网络边缘设备提供分布式的计算能力，把云端的无缝智能与物联网终端联合，更好地支撑物联网应用。2015 年 11 月，ARM、思科、戴尔、英特尔、微软和普林斯顿大学等联合成立了开放雾联盟，旨在加快"雾计算"技术在物联网应用中的部署和实现（加入该组织每年需交纳高昂会费，这使得国内加入的单位很少）。F-RAN 是在云无线接入网（C-RAN）和异构云无线接入网（H-CRAN）的基础上，联合边缘云计算，通过分离业务平面和控制平面，进行集中分布式动态协作，实现以用户为中心的动态协同组网，显著缓解前传链路容量压力和减少端到端时延。

已有工作主要侧重对 H-CRAN 的增强及技术实现，目标局限于提升网络的频谱效率和能量效率，以及减少端到端时延，没有从理论上探索其运行机理和增益本质等。为了满足未来移动通信巨流量、大链接、超低时延智能服务持续发展需求，实现接入网络的软件化、开放化和虚拟化，F-RAN 基础理论和关键技术挖掘需打破传统无线网络架构和关键技术束缚，瞄准 6G 自适应不同的人机物互联应用场景及性能目标需求，利用大数据及人工智能技术，实现较目前 5G 关于网络频谱效率、链接数、时延要求更先进的组网性能目标，掌握面向通信、计算、缓存（3C）融合的未来无线组网核心关键技术。

为了适应智能服务多元化需求和提供比 5G 更好的性能，掌握基于 F-RAN 的 6G 无线接入组网核心理论及技术，更好地支撑无线网络和垂直行业深度融合，面向智能服务的 F-RAN 基础信息理论、网络架构及关键技术亟须突破。第 7.1 节介绍了雾计算与雾网络，典型的雾网络结构包含 3 层：云计算层、雾计算层和终端层。第 7.2 节介绍了雾无线接入网，第 7.3 节介绍了非正交多址接入和雾无线接入网的结合，第 7.4 节介绍了 F-RAN 的基础理论与关键技术，第 7.5 节描述了 F-RAN 的资源调配技术，第 7.6 节介绍了 F-RAN 在不同垂直行业中的应用等。

| 7.1　雾计算与雾网络 |

云计算通过汇聚海量计算和存储资源并利用虚拟化技术构建云计算中心，以提供可伸缩、按需分配、精简管理和灵活定价的计算和存储服务，使客户专注于其核心业务而不用关心具有较高技术门槛的服务器管理工作，有效节省了成本。然而，尽管云计算已被广泛使用，其在较多应用（尤其是物联网）中仍表现出极大的局限性，包括如下几个方面[1]。

- 传输时延高：云计算由于终端设备和云端之间较长的传输距离所产生的较高传输时延，不能满足众多的时延敏感应用，如车联网、火灾探测和消费、智能电网和 VR/AR 内容服务等。

- 计算效率低：云计算单点集中式的处理从分布式机器、显示器、测试仪和各种传感器中产生的海量异构数据不仅会占用数据中心有限的处理资源，还会拖慢其他任务的处理速度，极大降低系统总体处理效率。

- 安全性和私密性低：云计算中心通过有线链路和无线信道汇聚成千上万用户的私有数据，容易遭受网络攻击，导致海量数据的丢失和窃取。

针对上述问题，由思科推出的雾计算技术是一种有前景的解决方案，其将计算、通信和存储资源与服务下放给用户或靠近用户的设备与系统，从而将云计算功能扩展到网络边缘。因此，雾计算可被看作云计算的扩展。

通过路由器、接入节点、基站和网关等众多与终端设备直接连接的边缘节点，雾计算能够将需要执行的计算任务从云计算中心提交到更靠近终端的位置。雾计算和云计算之间的主要区别在于云计算通常是集中式的,而雾计算为分布式计算范式。雾计算在物联网、大数据和实时分析等方面具有许多优势,具体如下。

- 计算和通信时延低:雾计算在地理位置上更接近终端用户,避免了过长的传输时延和云端由计算任务拥塞导致的较长的计算时延,因此能够提供即时响应。

- 对通信带宽要求低:传递或存储大量数据和信息到不同的边缘设备,而不需要使用可能不理想的通信信道将全量数据发送到云数据中心,降低了骨干网通信负载。

- 安全性和隐私性高:依靠雾计算中大量的雾节点直接在边缘侧进行数据处理,规避了将数据上传到云端的需求,降低数据长流程传输过程中的泄露风险,同时也降低了个人隐私数据被服务商滥用的可能。

- 改善用户体验:由于在本地或边缘进行数据处理和分析,即时响应和低时延满足了时延敏感应用的需求,极大提升了 VR/AR 等应用体验。

云计算和雾计算之间存在明显的区别和联系,因而雾计算和云计算之间的关系应当是相辅相成的。通过将云计算和雾计算结合起来,可以进一步优化接入设备所使用的服务,极大增强数据聚合、处理和存储能力。例如,雾可以过滤、预处理和聚合来自源终端的数据,然后将需要强大分析处理能力的任务或数据归档的结果发送到云。

此外,将雾计算应用到网络结构构成雾网络,通过众多终端和网络边缘节点来执行大量的计算、组网、存储、决策和数据管理功能,可以高效支撑多样化和差异化的网络服务。

7.1.1　雾网络结构

为了推动产业界和学术界对雾计算进行包括系统架构、硬件测试平台设计以及互操作性和可组合性分析,多个科技领头企业和组织于 2015 年合作成立了 OpenFog 联盟,并于 2016 年 2 月在白皮书中发布了开放雾计算架构(OpenFog 架构)。此外,OpenFog 联盟在 2017 年 2 月发布了 OpenFog 参考架构。如图 7-1 所示,OpenFog 参考架构的结构已被全面定义,被当作实现多供应商可互操作的雾计算生态系统的通用基准。此外，OpenFog 联盟还尝试将其参考体系结构纳入 IEEE 标准，并于 2018 年 8 月被采纳为雾计算参考架构，作为 IEEE1934-2018 标准发布。此外，工业互联网联盟（Industrial Internet Consortium，IIC）已宣布于 2019 年 1 月并入 OpenFog 联盟，这标志着雾网络将在工业物联网系统中进行广泛的讨论。

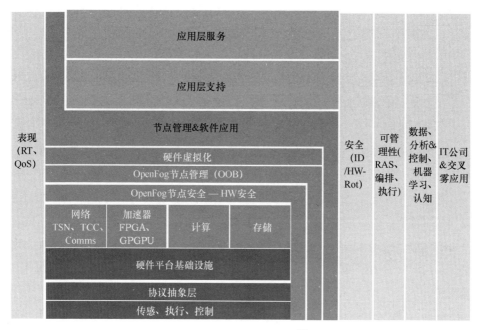

图 7-1　OpenFog 参考架构[2]

基于雾计算的典型分层体系结构如图 7-2 所示，雾节点间可以通过有线或无线信道进行数据交互，并具有通信、计算、组网、存储、决策和管理等功能。典型的雾网络包含 3 层：云计算层、雾计算层和终端层。值得注意的是，对于特殊应用，可能会有不同的层级划分方式。随着层级的增加，需要对每个层级的功能进行筛选，并且通过提取和分析更准确的数据来强化每个层级的智能性。当在无线接入网中使用雾计算时，严格对应于 BS 和 UE 的雾节点通常被视为新实体，分别被称为 F-AP 和 F-UE。

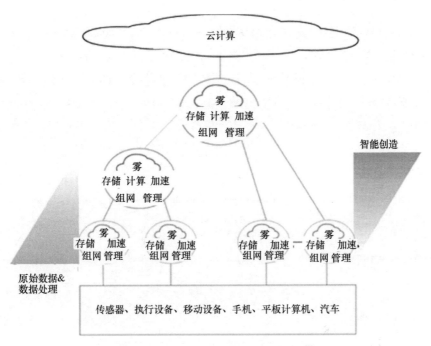

图 7-2　基于雾计算的典型分层体系结构[2]

7.1.2　雾计算和边缘计算

尽管雾计算和边缘计算都将计算和存储下沉到网络边缘以更靠近终端用户，但这两种计算范式并非完全相同。OpenFog 联盟也指出边缘计算通常被错误地称为雾计算。实际上，OpenFog 联盟定义的雾计算是"一种系统级水平架构，可在从云端到终端设备整个流程的任何地方分配计算、存储、控制和网络资源与服务"[3]。因此，雾通常被认为包括云、核心、城域、边缘和终端，并且试图实现从云到物的计算服务无缝联合体，而不是将网络边缘作为孤立的计算平台。另外，工业互联网联盟将边缘计算定义为在网络边缘执行的"分布式计算"。在物联网领域使用的术语"边缘"指的是传感器和物联网设备所在的本地网络[4]。换句话说，边缘表示物联网设备（不是物联网设备本身）的直接第一跳（例如 Wi-Fi 接入节点或网关）。

多接入边缘计算（Multi-access Edge Computing，MEC）是边缘计算对移动计算的扩展。欧洲电信标准组织（European Telecommunications Standards Institute，ETSI）将 MEC 定义为一个可在靠近移动用户的 5G 无线接入网内提供 IT 和云计算功能的平台[5]。MEC 可以满足超低时延的性能要求，并为更接近网络边缘设备的智能应用程序和服务提供丰富的计算环境。如图 7-3 所示，雾计算是部分边缘计算和云计算的结合。从无线接入网的角度来看，雾计算可被看作一个整体，而边缘计算和云计算是雾计算的特定功能。雾计算的最大优势是使边缘计算和云计算适应服务、网络状态和性能要求。

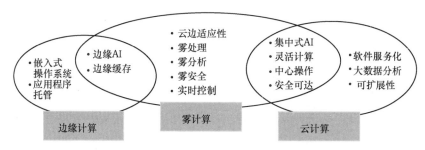

图 7-3　雾计算、边缘计算和云计算之间的关系[6]

7.1.3　小结

将云计算和雾计算结合起来，可以进一步优化接入设备所使用的服务，极大增强数据聚合、处理和存储能力。雾计算能够将需要执行的计算任务从云计算中心提交到更靠近终端的位置。而雾计算和云计算之间的主要区别在于云计算通常是集中式的，而雾计算为分布式计算范式；雾计算是部分边缘计算和云计算的结合。从无线接入网的角度来看，雾计算是一个整体，而边缘计算和云计算是雾计算的特定功能。雾计算的最大优势是使边缘计算和云计算适应服务、网络状态和性能要求。

| 7.2　雾无线接入网 |

通过将"雾计算"概念融入无线接入网架构中，提出了雾无线接入网[7]。F-RAN

中，协作无线信号处理（Collaboration Radio Signal Processing，CRSP）和协同无线资源管理（Cooperative Radio Resource Management，CRRM）功能不仅可以在基带单元（Base Band Unit，BBU）池中执行，也可以在用户终端和无线远端射频拉远头（Remote Radio Head，RRH）中实现。如果用户终端应用只需在本地处理或者需求缓存内容已经存储在邻近的 RRH，则不必相连 BBU 池进行数据通信。F-RAN 通过将更多功能在边缘设备实现，克服了异构云无线接入网（Heterogeneous Cloud Radio Access Network，H-CRAN）中非理想前传链路受限的影响，从而实现更优的网络性能增益。

7.2.1　架构

F-RAN 系统架构如图 7-4 所示，其中 BBU 池与大功率节点（High Power Node，HPN）功能继承于 H-CRAN。所有的信号处理单元集中工作在 BBU 池中以共享整体的信令、数据以及信道状态信息。当网络负载升高时，运营商仅需升级 BBU 池来提高容量。HPN 主要被用来实现控制平面的功能，为所有的 F-UE 提供控制信令和小区特定参考信号，并为高移动用户提供基本比特速率的无缝覆盖，从而降低不必要的切换并减轻同步限制。传统的 RRH 通过结合存储和 CRSP 和 CRRM 功能演进为雾计算接入点，通过前传链路与 BBU 池相连。邻近的 F-UE 之间可以通过 D2D 模式或者中继模式直接通信，以提高系统的频谱效率。BBU 池通过集中式大规模协同多点（Coordinated Multiple Points，CoMP）传输技术进行联合处理与调度，抑制 F-AP 与 HPN 间的跨层干扰。不同的是，由于部分 CRSP 功能和 CRRM 功能被迁移到 F-AP 和 F-UE 中，且用户可通过边缘设备的受限缓存获得数据业务而无须通过 BBU 池的集中式缓存，缓解了前传链路和 BBU 池的开销负担，并降低了传输时延。

由于 F-AP 具备 CRSP 和 CRRM 功能，协同多点传输技术可以实现抑制层内和层间干扰。相邻的 F-AP 之间互联并形成不同种类的拓扑结构，以实现本地分布式 CRSP。相比于网状（Mesh）拓扑结构，树状拓扑结构可以节省网络部署和维护成本约 50%，更适合实际的 F-RAN 架构。如果分布式 CRSP 和 CRRM 技术不能有效解决干扰问题，F-AP 的功能将退化为传统的 RRH，选择在 BBU 池实现全局集中式 CRSP 和 CRRM 功能进行处理。

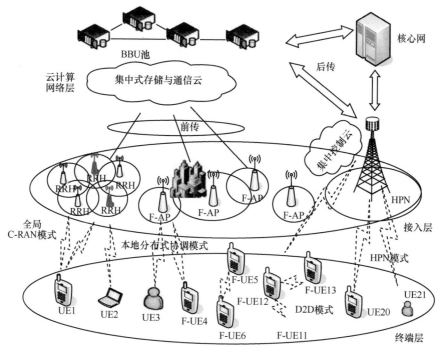

图 7-4 F-RAN 系统架构[8]

7.2.2 关键技术

F-RAN 利用网络边缘设备的实时 CRSP 和灵活 CRRM 功能，可以实现网络对流量和无线环境动态变化的自适应过程，通过智能化选择 D2D、无线中继、分布式协作和大规模集中式协作等不同模式，实现以用户为中心的网络功能，匹配环境区域内的业务需求。链路 NOMA、多维资源调配及人工智能等先进技术的兼容，使雾无线接入网能够实现 6G 无线网络巨容量、极低时延及超连接性能需求。

7.2.2.1 传输模式选择

根据移动速度、通信距离、位置、QoS 需求以及处理和缓存能力等信息参数，F-UE 有 4 种传输模式，分别为：D2D 和中继模式、本地分布式协作模式、全局 C-RAN 模式与 HPN 模式。所有的 F-UE 周期性地接收 HPN 的控制信令，并在其监管下做出最优传输模式选择。首先根据 HPN 的公共广播导频信道，估计 F-UE 的移动速度以及不同 F-UE 之间的距离。如果 F-UE 处于高速移动状态或者提供实时语音通信，则优先触发 HPN 模式。如果相互通信的两个 F-UE 间的相对移动速度较低并且距离不超过阈值 D_1，则触发 D2D 模式。相反，如果距离在阈值 D_1 与 D_2 之间并且有相邻的 F-UE 可以作为中继传输信息，则触发中继模式。此外，如果两个 F-UE 移动速率较慢，而且相互之间的距离在 D_2 与 D_3 之间，或者距离不超过 D_2 但其中至少有一个 F-UE 不支持 D2D 或中继模式，则触发本地分布式协作模式，F-UE 与邻近的 F-AP 进行通信。如果本地分布式协作模式不能满足性能要求，或者两个 F-UE 间距离超过阈值 D_3，再或者需求内容来自云服务器，则触发全局 C-RAN 模式，此时所有的 CRSP 和 CRRM 功能都在集中式 BBU 池中实现，与 C-RAN 系统相同。自适应传输模式选择流程如图 7-5 所示。

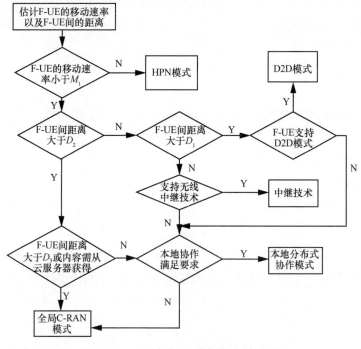

图 7-5　F-RAN 的自适应传输模式选择流程

D2D 和中继模式以用户为中心，通信只在终端层进行，可获得显著的性能增益并减轻前传链路负担。HPN 为这种模式下的每个 F-UE 分配设备标识。因为 D2D 通信中天线高度较低，因此其快衰落受到很强的视距因素影响，不同于传统无线网络中的瑞利分布[9]。本地分布式协作模式下，数据流量直接来自 F-AP 而非云服务器。通过考虑实现复杂度和 CoMP 增益，F-AP 簇自适应形成并执行分布式协作。其中 CoMP 增益取决于 F-RAN 簇的拓扑结构以及连接 F-AP 的回传链路容量。通过分布式协作，小区边缘用户的下行链路频谱效率大幅提高，上行链路频谱效率可以提高更多。全局 C-RAN 模式下，RRH 将接收到的无线信号转发到 BBU 池，BBU 池全局集中式执行所有的 CRSP 和 CRRM 功能。不同于本地分布式协作模式，全局 C-RAN 模式可通过多个 RRH 共同为目标 UE 服务以提高频谱效率。同时在其他 3 种模式的协助下，前传链路的容量需求显著降低，容量和时延限制得到缓解。HPN 模式可以降低控制信道的开销并且避免不必要的切换。此模式主要用于保证基本 QoS 支持的无缝覆盖。软部分频率复用（Soft Fractional Frequency Reuse，S-FFR）方案可以用于 HPN 模式，减轻 HPN 与 F-AP 的层间干扰，显著提高系统能量效率和频谱效率[10]。

7.2.2.2　NOMA

作为蜂窝通信系统的核心技术，多址接入技术允许多个用户共享相同的通信资源。前几代蜂窝网络采用了以下一种或多种多址接入方法，包括：频分多址（Frequency Division Multiple Address，FDMA）、时分多址（Time Division Multiple Address，TDMA）、码分多址（Code Division Multiple Address，CDMA）以及空分多址（Space Division Multiple Address，SDMA）等。上述多址接入技术为接收方的不同用户生成在时/频/码/空域正交地分配通信资源，造成通信资源的潜在浪费，难以满足 6G 网络巨容量、极低时延、超连接的性能需求。在此背景下，NOMA 技术被认为是 6G 无线网络的潜在多址技术。不同于传统正交多址接入方式中在用户间分配正交资源，以规避小区内（用户间）干扰，NOMA 在相同的时/频/码/空域上同时服务多个用户。在接收端，借助串行干扰消除（Successive Interference Cancellation，SIC）或者多用户检测（Multi-User Detection，MUD）等技术消除干扰，解码用户信号，有效提升网络容量、降低通信时延、增大连接数。

7.2.2.3　多维资源调配

多维资源调配具体是指通信、计算、缓存资源联合调配，是迄今为止进一步提升网络性能的最有效方法之一[11]。6G 有限的无线频谱资源成为制约无线网络容量进一步增长的瓶颈，此外，无线网络中的拥塞问题、计算密集型和时延敏感型应用的需求难以只依靠调配通信资源解决。在此背景下，需将计算资源、缓存资源和通信资源联合调配，突破当前网络性能的瓶颈。

在资源调度的尺度上，计算和通信资源的分配基于短时间(通常为 μs 或 ms 级)，缓存内容的推送和更新是基于长时间（通常为小时或者天）的。在资源时空分布特性上，计算和缓存资源主要集中于云服务器，而通信资源主要分布于网络边缘节点。通信、计算和缓存资源分配之间存在相互影响和相互制约的关系，例如缓存命令可以节约通信和计算资源，通信质量好坏直接影响缓存和计算决策的收益，而计算可以降低通信资源的使用，并节省缓存空间。因此，综合考虑这 3 种资源和相应的功能，联合资源优化调配，能使网络的总效益达到最优。

多维资源调配需要考虑不同维度资源的时间尺度特性与资源颗粒度差异以及资源之间的耦合关系，力求在性能增益、复杂度和开销三者之间获得平衡。随着业务的多样性和性能的差异化需求日益突出，网络资源优化参数剧增，寻求合理简洁、低复杂度，而又能逼近全局最优的多维资源调配方案是现阶段的热点，该热点富有挑战性。目前，无论是雾节点还是用户移动设备端，缓存能力和计算能力普遍较高，并且拥有资源丰富、可持续利用且低经济成本等优势。通过信息中心网络（ Information-Centric Networking， ICN ）技术和移动边缘计算（ Mobile Edge Computing，MEC ）技术，充分利用边缘网络节点的缓存和计算能力，融合无线网络成熟的通信能力，可达到有效提升网络性能的目的。例如，文献[9]聚焦于移动虚拟现实场景下的 F-RAN，通过联合优化无线通信、计算、缓存决策等最小化平均容忍时延。

7.2.2.4　人工智能

5G 无线网络的人与物连接继续演进，6G 无线网络将实现人、设备、智能体之间完全的互联互通。AI 技术是实现这一愿景的关键推动力。借助现代 AI 技术，网络将从以用户为中心向以服务为中心演进，实现网络自感知、自解析、自学习及自决策和不同网络环境下海量设备的互联互通。

7.2.3 挑战

F-RAN 作为 C-RAN 和 H-CRAN 的增强演进方案，尽管具有巨大的性能潜力和广阔的应用前景，仍面临着以下挑战。

（1）多性能指标的联合评估与实现

传统信息理论研究只关注容量、传输时延、误码率等单一维度的网络通信性能指标，并未融合缓存性能和计算性能。智慧雾无线接入网中，由于云/雾计算与边缘缓存的引入，单一的网络通信性能指标已不能对多维资源联合分配与优化进行精确评估，新的性能评估指标需能够同时表征容量、时延、系统开销等多维度性能。

（2）干扰管理

在 F-RAN 中，大量的同时传输将极大增强网络中的干扰，对 NOMA 用户的性能产生不利影响。因此，迫切需要新的适用于 NOMA 技术的干扰管理方案。采用用户分簇技术，根据不同的干扰容忍水平，将用户分配到大小不同、数目动态变化的用户簇。

（3）网络功能虚拟化和软件定义网络

网络功能虚拟化将软硬件解耦及网络功能抽象化，旨在使网络设备功能不再依赖于专用硬件，从而实现新业务的快速开发和部署、资源的灵活共享以及资本和运营开销的显著下降。F-RAN 继承于 H-CRAN，将控制层和业务层分离，通过控制器实现独立于硬件的软件重新设计和重新配置，实现网络架构的灵活性与可重构性。由于网络边缘设备需实时向软件定义网络中央控制器发送信息用于决策，会严重增加前传链路负担，降低网络性能。目前 SDN 主要应用于 IP 层，仍然没有完善的解决方案能够在 F-RAN 边缘设备的 MAC 层和物理层实现 SDN 功能。F-RAN 中 SDN 和 NFV 的功能实现，依然面临着安全、计算性能、VNF 互联、可移植性以及与传统 RAN 的兼容运营和管理等众多难题。

（4）网络异构性

AI 技术的部署问题是雾无线接入网面临的关键问题。雾无线接入网在设备类型、网络拓扑结构及服务类型上都具有极强的异构性，给 AI 技术的部署带来极大的困难。同时，网络中用户设备通常具有通信、缓存、计算能力低的缺点，限制了 AI 技术的进一步广泛部署。为了解决这一问题，亟须面向设备异构性和硬件约束的雾无线接入网 AI 算法。

7.2.4　小结

雾无线接入网克服了异构云无线接入网中非理想前传链路受限的影响，从而实现更优的网络性能增益。雾无线接入网可以实现网络对流量和无线环境动态变化的自适应过程，能够实现以用户为中心的网络功能，还能够实现 6G 无线网络巨容量、极低时延及超连接性能需求。雾无线接入网作为异构云无线接入网和云无线接入网的增强演进方案，具有巨大的性能潜力和广阔的应用前景。目前，雾无线接入网还面临着多性能指标的联合评估与实现、干扰管理、网络功能虚拟化和软件定义网络、网络异构性等诸多挑战。

｜ 7.3　NOMA 和 F-RAN ｜

随着智能移动设备的增长和移动互联网中对带宽需求较高的应用的普及，对无线数据流量和无处不在的移动宽带的需求正在迅速增加。基于这些发展趋势，下一代网络的推进工作在全球范围内呈现出加速的趋势。与此同时，边缘计算在减少网络时延和提高网络服务质量方面受到了广泛的关注。F-RAN 是一种新兴的体系结构，它充分利用了边缘计算和边缘设备的分布式存储能力。在非正交多址接入中，多个用户可以访问同一时间、代码域和频率资源，因而 NOMA 被认为是一种关键的多用户接入技术。本节将描述基于 NOMA 的 F-RAN 体系结构，并讨论其中的资源分配方案。在考虑使用 NOMA 和边缘缓存的情况下，重点讨论功率和子信道的分配。

7.3.1　NOMA 的主要特征

在传统的正交多址接入（Orthogonal Multiple Access，OMA）方案中，多个用

户被分配到时间、频率或代码域上正交的无线电资源。理想情况下，由于 OMA 中的资源分配正交，多用户之间不存在干扰，因此可以使用简单的单用户检测来分离不同用户的信号。理论上，OMA 不能始终达到多用户无线系统的速率和容量要求。另外，在传统的 OMA 方案中，最大支持用户数受到正交资源的总数量和调度粒度的限制。

近些年来，为了解决上述的 OMA 问题，NOMA 已经成为学术界和产业界共同的关注热点。NOMA 允许多个用户的信号叠加至同一个时/频/码域资源上，从而在接收机复杂度增加程度可被容忍的前提下通过非正交资源分配来控制干扰。与 OMA 相比，NOMA 的主要优势包括以下几个方面[12]。

（1）提高频谱效率和系统容量：NOMA 允许多个用户共享同一时频资源，无论是下行链路 NOMA 还是上行链路 NOMA，其系统容量均显著优于 OMA 系统。

（2）提高用户公平性：由于 NOMA 会分配更多的功率给信道较差的用户，因此 NOMA 可以提高系统中用户的公平性。

（3）提高设备连接数：根据 NOMA 资源分配原理，同一资源上可叠加多个用户的信号，即 NOMA 系统支持的用户数并不严格受限于可用正交的资源数，从而提高连接密度。

（4）减小传输时延和信令开销：OMA 系统是需要授权传输的，对于上行链路用户需要先发送调度请求给基站，基站收到请求后再通过下行链路发送一个反馈信息给用户，最后用户利用上行链路传输信息，这一过程需要耗费较高的传输时延以及信令开销。相对而言，NOMA 不需要动态调度进行免授权传输，从而减少了传输时延和信令开销。

（5）相对宽松的信道反馈：NOMA 系统需要相对宽松的信道反馈条件，因为信道反馈只用来进行功率分配，不需要精确且瞬时的信道信息，因而可以支持高速移动场景。

（6）更好的兼容性：由于 NOMA 利用功率域资源进行功率域复用，并使用相对成熟的叠加编码（Superposition Coding, SC）和串行干扰消除（SIC）技术，NOMA 可以很好地与 OMA 系统兼容。

由于上述优势，NOMA 已被证实是未来无线接入网的一种有前途的多址机制，并且作为一种具备前景的 6G 技术受到了学术界和产业界的关注。当前，NOMA 已被写入 3GPP 的技术报告 Rel-14 中。第 7.3.2 节将介绍基于 NOMA 的 F-RAN 体系架构。

7.3.2　基于 NOMA 的 F-RAN 体系架构

基于 NOMA 的 F-RAN 体系架构如图 7-6 所示[13]，该架构主要包含 3 部分：在控制平面的功能是在宏远程无线电头（Macro Remote Radio Head，MRRH）中完成的，而不是 C-RAN 中的 BBU 池；在基于 NOMA 的 F-RAN 中，BBU 池将主要提供集中存储和通信。MRRH 通过回传链路连接到 BBU 池。所有 F-AP 通过前传链路连接至 BBU 池。F-AP 是由传统 RRH 演变而来的，在基于 NOMA 的 F-RAN 中起着重要作用。与 C-RAN 的集中式数据存储不同，基于 NOMA 的 F-RAN 中大部分数据分布在 F-AP 和一些 F-UE 中作为边缘缓存。F-RAN 不仅为 F-AP 分配了一定数量的缓存，而且可以在 F-AP 中本地执行无线信号处理和无线资源管理。F-UE 可以直接连接到 F-AP 以获得所需的内容，而不是与核心网建立复杂的传输链路。类似的，F-UE 可以通过 D2D 技术从相邻的 F-UE 下载数据。当两个可能配对的 F-UE 的距离远到不能直接连接时，第 3 个 F-UE 将起到中继转发信息的作用。

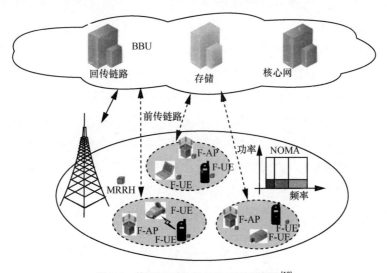

图 7-6　基于 NOMA 的 F-RAN 体系架构[13]

7.3.3　关键技术与挑战

本节将讨论基于 NOMA 的 F-RAN 中的关键技术与挑战，其中包含边缘缓存、协议与资源分配问题。特别的，资源分配包含功率分配和子信道分配问题。在功率分配问题中，将介绍一种基于非合作博弈的解决方案；在子分配问题中，将介绍一种多对多双边匹配算法。

7.3.3.1　边缘缓存

在基于 NOMA 的 F-RAN 中，网络的边缘缓存了大量数据，例如 F-AP 和 F-UE。需要注意的是，存储在 F-AP 和 F-UE 中的内容不是任意分配的。如何为边缘缓存选择合适的内容对网络性能有着深远的影响，尤其是时延和能耗。随着基于位置的移动应用向上流行的趋势，海量的信息可能随时随地出现。如果所有这些激增的数据流被传输到集中的 BBU 池，前端链路将被推到其容量极限。

据调研，这些数据流在物理距离较近的 F-UE 之间具有很大的相关性[14]。同时，一些社会化应用使得近距离 F-UE 比其他远程 F-UE 交换数据流量更频繁。此外，来自同一社交网络或享受相同社交活动的 F-UE 在下行链路上可能需要相同的数据。网络应用的现状推进了缓存位置的进一步有效设置，从而更好地利用边缘缓存的有限容量。实际上，F-AP 和 F-UE 可将最流行或最相关的内容存储为边缘缓存，直到没有存储空间，而不是以相同的概率随机分配内容。在这些情况下，请求的服务可以通过流行内容的边缘缓存在本地完成。因此，F-UE 不需要每次请求数据时都与 BBU 池接口。类似的，如果一组 F-UE 具有与要在云中记录的数据高度相关的数据，则不需要所有 F-UE 单独上传流量。然后它们共同感兴趣的内容将作为边缘缓存存储在单个 F-UE 中。得益于边缘缓存机制，前向和后向链路支持的系统数据量可以显著减少。这种基于 NOMA 的 F-RAN 中的缓存机制可以减少长的传输时延和前传链路与 BBU 池的沉重负担，这是 C-RAN 中最困难的两个问题。

7.3.3.2　NOMA 协议

图 7-7 展示了包含 3 个用户的典型 NOMA 场景，其中 3 个用户分配了相同的子

频道。SIC 接收机的叠加信号可以表示为 X，包括所有用户关于信道干扰和加性高斯白噪声（Additive White Gaussian Noise，AWGN）的信号。在用户检测的第一阶段之前，SIC 接收机将把这些用户按噪声归一化的信道响应（Channel Response Normalized by Noise，CRNN）的递增顺序排列。考虑到 3 个用户共享同一子信道，CRNN 阶为 CRNN1≤CRNN2≤CRNN3。根据此顺序，具有最小 CRNN 的用户 1 可以首先从叠加信号中解码。然后，在最佳信道条件下，用户 2 可以正确地消除最差信道条件下来自用户 1 的干扰。类似的，用户 3 可以连续地从用户 1 和 2 中减去干扰，然后获得自己的消息。根据 CRNN 的递增顺序，用户 1、2 和 3 依次成功地解码和消除干扰符号。

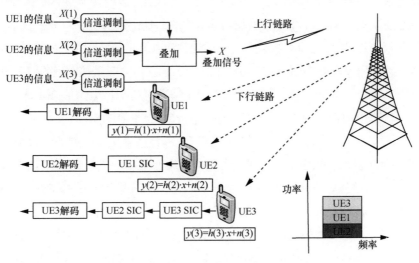

图 7-7　包含 3 个用户的典型 NOMA 场景[15]

　　此外，在 D2D 通信场景中，利用 NOMA 技术可以进一步提高网络性能。如果 D2D 模式中的一组 F-UE 需传输各种内容，则通常会占用多个带宽信道。然而，NOMA 使这些接收器能够在一个信道中同时服务。例如，D2D 组中考虑了 3 个 F-UE，它们需要的分别是视频、音频和文本消息。假设视频和音频 F-UE 具有良好的信道条件，它们可以接收到准确的信号，并通过 SIC 技术实现高数据速率。具体而言，D2D 集群中的合作成员的影响可以在两三次之后完全消除。对于需要文本的 F-UE，可以在低数据速率下成功地提供服务。因此，可以安全地忽略强同信道干扰。与 NOMA 的集成显著提高了系统的性能，特别是在 SE 和大规模连接性方面。

7.3.3.3　基于 NOMA 的 F–RAN 中的资源分配

随着大数据和物联网在 F-RAN 中的日益普及，所提供的服务和资源变得比以往任何时候都复杂[14]。无线接入网技术不仅要考虑独特的资源异质性，还要考虑资源的局限性、地域性的限制以及资源需求的动态性。因此，为了有效地分配异构资源以获得最佳的网络效用，应该考虑边缘缓存。一种通常的做法是将重点放在资源分配上，以系统的总数据速率最大化为目标，其假设中，所有的 F-AP 都充分了解信道状态信息，并与中央 MRRH 共享频谱资源。请注意，频谱共享框架将带来同层和跨层干扰。借助 NOMA 协议，可实现功率域中的 F-UE 复用，这意味着不同的 F-UE 服务于不同的功率值。同时，由于一个子信道被 F-UE 的子集占用，F-UE 的信号将对分配给相同子信道的其他 F-UE 造成干扰。因此，在 F-UE 处接收到的信号包括期望信号、AWGN、同层干扰（来自复用相同子信道的其他 F-AP 中的 F-UE）、跨层干扰（来自 MRRH）和来自同一 F-AP 服务的 NOMA F-UE 的干扰。

在基于 NOMA 的 F-RAN 中，功率分配和子信道分配可相互耦合，以最大化数据速率为优化目标。F-AP 可根据非合作博弈方案，在每个子信道上向 F-UE 分配传输功率；子信道分配问题可以建模为多对多双边匹配问题，并通过匹配理论解决。

- 功率分配：在现有文献中，博弈论[16]被广泛用于网络中的干扰抑制。考虑到基于 NOMA 的 F-RAN 中的功率分配问题，F-UE 的最大可达数据速率可被定义为系统中每个 F-UE 的优化函数，因此，功率分配的优化问题可以归结为一个非合作的资源分配博弈。在此博弈中，每个 F-AP 中的所有 F-UE 都想要实现自己的最大利益，在竞争中扮演自私的角色来满足自己。当每个 F-UE 采用其最大发射功率时，会造成巨大的功耗。因此，整个 F-AP 的优化函数可以建模为在每个 F-UE 的最大发射功率约束下目标函数的最大化。

- 子信道分配：F-UE 与子信道之间的分配问题可通过基于匹配理论的方法解决。将 F-UE 和子信道的问题建模为匹配博弈问题，双方是理性的、自私的，它们想要获得自身利益的峰值。对于每个玩家，另一组玩家有不同的偏好。请注意，每个玩家的偏好并不依赖于其他玩家的行为。匹配博弈的解决方案是一种基于偏好列表的 F-UE 与子信道之间的分配策略,以满足每个参与者的偏好。与此同时,对于给定的子信道,F-UE 可通过 SIC 技术从叠加信号中解码并消除来自其他 F-UE 的干扰。需要注意的是,SIC 技术的应用会导致一定的复杂性。接收机处的复杂度将随着复用每个子信道的 F-UE 数目的增加而增加。因此,此处应制定一个合理的限制条件来限制同时占用同一子信道的 F-UE 的最大数目。因而,可以容忍接收机处的解码复杂度。此外,在硬件复杂度和处理时延方面也有显著的改进。

7.3.4　小结

雾无线接入网是一种新兴的体系结构,它充分利用了边缘计算和边缘设备的分布式存储能力。非正交多址接入可以实现多个用户可以访问同一时域、码域、频域资源,非正交多址接入被认为是一种关键的多用户接入技术,因此基于非正交多址接入的雾无线接入网的体系架构得以出现。在基于非正交多址接入的雾无线接入网体系中,网络的边缘缓存了大量数据,功率分配和子信道分配可相互耦合,以最大化数据速率为优化目标。同时,子信道分配问题可以建模为多对多双边匹配问题,并通过匹配理论解决。

| 7.4　F-RAN 的基础理论与关键技术 |

为了满足智能服务多元化需求和提供比 5G 更好的性能目标,掌握未来无线接入组网的核心理论及技术,更好地支撑无线网络和垂直行业的深度融合,面向智能服务的 F-RAN 的基础理论、网络架构及关键技术是核心。

7.4.1　基础理论

面向智能服务的 F-RAN 和传统无线接入网络不同,其需充分利用大数据和人工智能技术,实现通信、计算和缓存之间的动态协同。3C 动态协同是 F-RAN 的核心理论基础,但如何实现 F-RAN 下的 3C 动态协同(简称 F-RAN 动态协同),存在基础理论、架构和关键技术 3 个方面的科学问题亟须突破。

（1）F-RAN 动态协同组网的性能成因关系

传统网络信息理论通常主要关注简单模型下典型单一的传输方案，聚焦不同无线信道和网络拓扑下的通信容量界限。F-RAN 的异构节点无定型分布，相应的 3C 动态协同的性能指标不仅包括谱效能效，也包括传输时延和链接数，更包括这些性能指标的联合集等。F-RAN 动态协同组网的性能成因关系是支撑 F-RAN 的基础信息理论问题，存在多方面难题，具体如下。

① 揭示计算和缓存对无线接入网络性能的量化影响是目前网络信息理论领域的一个重要挑战：F-RAN 在信号处理、干扰管控等多个层面实现了通信和计算协同，但计算处理对象（数据、信令、射频信号等）存在差异性，不同节点（云计算中心、边缘计算节点、RRH 等）的计算处理能力也存在差异性，目前难以对 F-RAN 的计算进行合理抽象和构建一致认可的理论分析模型。此外，已有模型大部分孤立地看待信道容量和传输时延，还未阐明 F-RAN 下的 3C 动态协同对多性能指标瓶颈的解锁作用。F-RAN 动态协同的组网性能增益界限未知，如何综合运用排队论、网络计算、映射压缩等，解析出性能闭包（Performance Closure），是制约 F-RAN 发展的核心理论挑战。

② F-RAN 下通信、计算、缓存对性能影响存在"木桶效应"，急需阐明 F-RAN 动态协同性能增益平衡的边界条件：F-RAN 中云计算中心的流量和计算卸载受到前传链路容量制约，实现通信和计算的适配要对前传链路的信息进行自适应压缩，然而对比特、编码、符号等不同层面的信息压缩和量化进行联合表征的应用情况目前还未知。此外，需要平衡分布式和集中式协同计算处理增益与通信开销间的折中关系，建模无线接入链路非理想信道状态信息和导频干扰的影响。由于通信、计算和缓存紧耦合且影响性能的关键因素繁多，难以给出公认的科学分析框架，难以获得 F-RAN 动态协同下的性能增益边界条件，以及增益和开销间的折中关系。

3C 动态协同信息理论是指导 F-RAN 设计、管控和优化的基础，为了解析 F-RAN 动态协同组网的性能成因关系，亟须构建公认且科学的理论分析框架，阐明 3C 动态协同方法以及对组网性能的量化影响，定义面向智能服务的新型综合性能评估指标，探索不同动态协同方式下基于新型性能评估指标的 F-RAN 理论性能，明确理论性能界限及成因关系和尺度特性等。

（2）F-RAN 体系架构的可重构机理

已有的 F-RAN 体系架构主要实现了针对谱效能效的通信和计算动态协同，难以满足智能服务的差异化性能需求。为了在同一种网络架构下根据应用场景需求自适应满足巨流量、大链接、超低时延等不同性能目标，从架构上实现 F-RAN 的动态协同。

① 已有工作通过网络功能虚拟化在不同层面对 3C 进行了初步融合，但如何从协同模式间的自适应重构非常关键。目前，网络架构自适应地实现多性能目标仍悬而未决。完全集中式网络架构能够发挥集中云计算的潜能，但难以适应网络智能服务的低时延和大连接要求，且导致回传/前传链路容量开销大。分布式网络架构虽能解决上述问题，但存在协同信令开销大、资源调度配易冲突、性能难以全局优化等问题。因此，F-RAN 的网络架构宜采用集中分布自适应方式，但如何设计相应的架构，支持 3C 资源间的动态变化，既是学术界研究的热点，也是产业界落地推广的难点。

② 不同种类的智能服务应用场景，例如热点高容量、大规模连接、超低时延等对服务承载实体的资源管控和组网模式需求不同：F-RAN 中存在多种实体（如宏基站、小小区基站和 RRH 等），其信息传输和处理迥异。如何针对不同的智能服务及所在应用场景，对 F-RAN 的 3C 资源和能力进行动态优化设置，是一个挑战。另外，对于网络的运行状态和无线信道变化，如何实时感知，并自适应优化及重排，也是亟须解决的重要问题。

为了揭示 F-RAN 体系架构可重构机理，更好地提供智能服务，需重新设计基于大数据和人工智能的 F-RAN 网络架构，突破可重构动态网络体系架构和协议流程设计挑战，推出统一的 F-RAN 架构以自适应不同应用场景和性能目标需求。

（3）F-RAN 多层资源的差异优化机理

为满足 F-RAN 支撑不同类型智能服务的要求，以及表征不同节点 3C 能力的差异，基于单一网络频效或能效的传统资源分配优化方法需要演进。需充分利用大数据和深度机器学习等人工智能技术，但这些技术如何与传统无线资源优化动态协同，存在多方面挑战，具体包括如下几个方面。

① 如何合理构建基于深度机器学习的 F-RAN 多层资源调配优化模型，以实现差异化的智能服务：面向智能服务的 F-RAN 追求由容量、时延、可靠性、链接数、成本效益等构成的多性能指标的联合优化。此外，为了满足智能服务的感知、决策和支撑，F-RAN 需要对计算资源、缓存资源和无线资源进行协同编排。由于三者紧耦合，优化参数剧增，对于如何获得全局最优方法，大数据和深度机器学习提供了新的思路，但如何采用这些新技术，是迫切需要解决的问题。

② 计算资源、缓存资源、无线资源的属性和管理方式差异大，如何进行差异化的资源动态协同调配，在性能、复杂度和开销间进行平衡，是国际性难题：首先，在资源调度的时间尺度上，计算资源和无线资源的分配基于短时间（通常为微秒或毫秒级），缓存内容的推送和更新则是基于长时间（通常为小时或天），如何设计时间尺度差异化的资源调配方法？其次，在资源时空分布特性方面，F-RAN 的计算和缓存资源主要集中于云服务器，而无线资源主要分布于网络边缘节点，资源分配需要考虑多维资源二维时空失配限制，需要综合考虑性能增益、复杂度和开销三者之间的平衡。

为了突破 F-RAN 多层资源的差异化优化机理，支撑智能服务的差异化性能需求，亟待挖掘智能服务特征，表征不同智能服务的差异化需求，更新动态差异化的多层资源协同调配优化方法，解决性能增益、复杂度和开销之间的矛盾问题。

7.4.2 F-RAN 理论与技术

围绕"如何实现 F-RAN 下的 3C 动态协同"，存在基础理论、架构和关键技术 3 个方面的科学问题和挑战，下面分别对 F-RAN 动态协同信息理论与优化方法、F-RAN 可编排分层体系结构与组网技术、F-RAN 多层资源协同调配与智能优化进行描述。

（1）F-RAN 动态协同的组网信息理论与优化方法

针对 F-RAN 动态协同组网的性能成因关系，重点探索了面向智能服务的 F-RAN 不同 3C 动态协同模式下的网络性能成因关系。通过对 F-RAN 下不同 3C 动态协同方式对应的组网性能进行建模，分析不同性能指标及性能闭包的渐近关系，发现了能够表征 F-RAN 综合性能的新型性能指标，揭示了 F-RAN 的 3C 能力失配引起的折中关系，给出了前传/回传链路容量，边缘缓存大小及存取方式，边缘节点协作规模等对 F-RAN 理论性能界限的影响。此外，系统阐明了 F-RAN 性能与关键参数间的尺度变化规律，并更新了逼近性能界限的方法。

F-RAN 动态协同性能是由表征容量、时延、开销等多个维度构成的一组多维集合，目前可以使用的性能指标包括：有效容量和成本效益。其中有效容量表示在给定时延要求下，无线信道传输所能支持的最大用户请求率，表征了吞吐量与时延间的制约关系。成本效益定义为系统吞吐量与计算、通信、缓存资源开销间的比例关系。

考虑到通信计算 2C 动态协同对综合性能的影响：一方面，通过计算能够对待传输的信息源进行处理，之后再进行协作处理和信息压缩，从而提升整体的传输效率；另一方面，无线信道的容量决定了实际的传输速率界限，而传输速率决定了实际的端到端传输时延。此外，计算虽然能够增加网络吞吐量，减少传输时延，但增加了系统开销和额外的计算处理时延等。为了综合表征 F-RAN 动态协同及 3C 之间紧耦合的关系，需要在吞吐量、时延和开销等之间进行平衡。因此，重点分析了前传/反馈链路容量与计算效用间的折中关系和协作处理增益与开销间的折中关系。具体如下。

① 前传/反馈链路容量与计算效用间的折中关系：云计算层能够对 F-RAN 的数据和信息进行大规模集中式的低时延实时处理。但是，获得大规模协作增益的代价在于通过前传/反馈链路将信息卸载至云计算中心，增加了路由转发的跳数。为了平衡 F-RAN 的处理时延和传输时延，基于排队论的复杂排队系统理论，可以将 F-RAN 的云/雾分层协同架构建模为一个单队列与多个并联队列进行二级串联的 Jackson 网络模型，对前传/反馈链路容量与计算效用的折中关系进行分析。

② 协作处理增益与开销间的折中关系：为了从经过代数和逻辑运算处理的信息中分析得到所需信息，接收端需进行相应的计算处理。特别是在雾计算层，需要通过节点间的分布式协作，获取足够的边信息（Side Information）。因此，网络的协作处理增益随协作规模的增加而增大。但是，由于协作通过节点间的信息交互实现，节点间的通信开销会随协作规模的增加而增大。为了保证 F-RAN 的协作处理能够获得正增益，可以定义协作处理效用，即协作处理增益与开销之差，通过分析给出协作处理效用与协作规模、通信和计算成本间的量化表达式。

此外，为了合理表征 F-RAN 的复杂度、动态的网络拓扑和干扰环境，以及节点间的差异化协作关系，采用分簇泊松点过程进行节点分布的建模，以便表征 F-RAN 边缘节点和用户的分簇聚集特性。但是，由于分簇点泊松点过程的概率生成函数难以获得解析表达式，因此获得网络传输性能与关键参数间的闭式解析表达式是国际关注焦点。为了解决这一难题，需要分析 F-RAN 的闭式解析性能上界和下界，揭示网络性能与关键因素间的尺度变化规律，并给出 F-RAN 动态协同的关键参数和折中关系表达式。

（2）F-RAN 可编排的分层体系结构与组网技术

通过融合云计算、边缘计算和异构组网，F-RAN 解决了传统异构蜂窝网络和云无线接入网固有的瓶颈问题，但面向智能服务，F-RAN 的体系结构和组网技术面临新的挑战：第一，传统 F-RAN 架构难以满足智能服务的信息感知、智能传输和智能处理一体化要求，难以自适应巨容量、大连接、极低时延等不同性能目标及应用场景；第二，由于网络的运行状态和无线信道时变，如何实时载入智能服务也是亟须解决的重要问题。

为此，在已有 F-RAN 体系结构基础上，需增加自适应智能服务能力和网络重构能力，设计统一的可编排分层网络体系结构，完成动态协同组网和功能可重构。具体而言，对交互感知层进行功能增强，根据感知结果实现智能计算的自适应动态下沉，降低网络数据传输开销，自适应满足巨容量、大连接、极低时延等性能指标需求。此外，设计基于数据驱动和功能虚拟化的网络架构，分析网络节点的功能自适应迁移和通信、计算以及存储资源的重排，同时进行相应的可重构协议设计，确保与现有 5G 标准协议及流程兼容。

目前，F-RAN 可编排的分层体系结构设计与组网技术挖掘取得了阶段性成果，具体来说：首先，构建了基于数据驱动和功能虚拟化的 F-RAN 可编排分层体系结构，通过解析业务面目标业务的功能需求并建立服务需求模型，完成了高效支撑差异化智能服务的网络编排，实现了接入网络结构和 3C 资源的灵活重构；其次，设计了智能服务实时动态载入的协议流程：智能服务发起载入请求，经过鉴权认证和服务查询后，如果需要建立新的网络切片，则需确定创建网络切片所需的逻辑资源，之后将逻辑资源请求转发至资源池，进行网络资源分配，最后完成网络切片实例化和在全局管理器的注册，并将网络切片实例标识符号下发。

（3）F-RAN 多层资源的协同调配与智能优化

为了充分发挥无线接入网络的性能潜力，资源调配至关重要。面向分层 F-RAN 架构的资源调配方法革新面临两个新的挑战：第一，3C 资源调配涉及的参数繁多、信令开销大、算法复杂度高；第二，计算和缓存资源的调配、相关缓存内容的预提取等和无线网络所处环境以及智能服务的属性密切相关，调配难度大。

为此，基于智能服务的属性、网络接入节点的计算和缓存容量、业务缓存状态，以及用户的无线信道状态信息、时延特性、服务请求信息、网络负载和接入模式等历史信息和在网的实测信息，利用深度机器学习进行特征提取，为资源调配优化模型的构建提供必要的输入信息和参数支撑。同时，从无线和缓存资源联合分配的角度出发，考虑 3C 资源间的紧耦合以及资源单位在时间和空间尺度上的差异，分析无线和缓存资源的集中分布自适应分配机制，设计低复杂度的优化方法。

目前，F-RAN 的分层资源调配方法革新已经取得重要进展，解决了 F-RAN 中基于信息感知的切片间/切片内资源调配以及通信缓存资源差异化调配两大核心问题：第一，设计了基于多任务学习的资源调配方法，基于切片信息和资源信息输入，实现了利用共享神经网络层进行切片间资源调配，同时利用多个特定神经网络层，在综合考虑切片间干扰和性能情况下完成面向具体智能服务的切片内资源调配；第二，给出了差异化时间尺度多维资源调配框架，在小时间尺度上实现了基于网络瞬时状态进行在线的通信和计算资源优化，而在大时间尺度上，则利用免模型多智能体强化学习进行缓存资源调配，实现了智能服务请求和信道状态统计信息未知情况下的 F-RAN 长期性能优化。

7.4.3　未来展望

雾无线接入网络现有研究围绕 F-RAN 动态协同组网的性能成因关系，F-RAN 体系架构的可重构机理，以及 F-RAN 多层资源的差异优化机理 3 个关键科学问题展开工作，并取得阶段性成果。一是设计了 F-RAN 动态协同的组网理论模型并析出了网络性能界限，二是构建了面向智能服务的 F-RAN 可编排的分层体系结构，三是设计了基于大数据和深度机器学习的多层资源差异化调配优化方法。相关成果引领了无线协同组网理论和技术的前沿革新方向，获得了国内外学术界的广泛认可，引起了产业界的响应。

未来，需要继续紧扣"面向智能服务的雾无线接入网络动态协同理论与关键技术"项目主题，从如下 3 个方面开展工作。第一，围绕组网性能成因关系，分析如何在 F-RAN 架构下表征 AI 技术特性，考虑通信、计算、缓存、AI、协同等因素的紧密耦合关系，推出新的综合性能指标，解释网络新的性能成因关系。第二，围绕体系架构分析网络的动态协同选择机制，通过以用户为中心的透明接入，保证网络能够灵活满足智能服务多元、动态的需求。第三，围绕多层资源差异优化分析大数据和机器学习驱动的通信、计算和缓存资源联合调配优化方法，实现开销、复杂度和性能的折中。

|7.5　F-RAN 资源调配|

缓存与通信资源的协同在网络资源管理中有非常关键的作用，能够对网络的性能产生重要的影响。具体的，在网络的资源分配中，缓存资源的管理包括各节点可用缓存空间的分配、缓存文件的选取和缓存更新的方式。节点可用缓存空间越大，更多的文件可以被缓存到接入网本地，节省了核心网与接入网的交互开销；选取流行度更高的文件缓存，可以使得本地缓存命中率更高，减轻了回传链路的负载；频繁的缓存更新和大数量的文件替换策略，能保证本地缓存的文件总流行度动态最优，减少文件传输总时延，但会消耗额外的通信资源进行文件预存取。因此，雾无线接入网络切片中缓存与通信资源的联合考虑显得尤为重要。

如图 7-8 所示，F-RAN 中存在两类业务用户和对应接入网络切片实例。具体的，假设存在两类用户：热点用户 K_0 和 V2I 用户 K_1。热点用户聚集在固定区域内，要求网络提供增强型移动宽带业务，保证很高的传输速率；V2I 用户处于高速移动中，要求提供时延保障的数据传输。为了服务热点用户 K_0 和 V2I 用户 K_1，F-RAN 中的基础设施被抽象和编排生成定制化接入网络切片实例，其中，云端的深度 Q 网络（Deep Q-Network，DQN）在云服务器中经过训练后提供对应的资源管理。

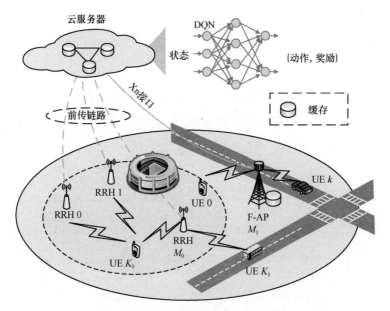

图 7-8　F-RAN 中接入网络切片实例系统模型，其中 DQN 用于做出决策，
管理 F-AP 中的文件缓存和选择 UE 的传输模式

具体的，热点切片中，M_0 个 RRH 被部署在 UE 周边，用于提供协作传输，RRH 仅具备射频功能，通过前传链路连接到云服务器。考虑到前传链路容量受限，M_1 个 F-AP 被部署在目标区域，用于缓存流行文件，减轻前传链路负载。F-AP 通过 Xn 接口与云服务器相连，用于后续集中的文件缓存管理。在 V2I 切片中，F-AP 传输模式和 RRH 传输模式也可用于服务 V2I 用户，相较于 RRH 传输模式，F-AP 模式由于能够提供本地服务，省去了前传链路中的时延部分，因此能够提供更短的传输时延。

7.5.1　系统模型

考虑到本场景 V2I 用户和热点用户进行单一资源块上的资源共享，假设网络切片中可选的传输模式比用户总数大，即 $M_1+1 \geqslant K_0+K_1$。定义 t 时隙，第 m 个 F-AP 服务用户集合为 $\mathcal{S}_m(t)$，RRH 服务的用户集合为 $\mathcal{S}_0(t)$，因此 $\mathcal{K}_0 \cup \mathcal{K}_1 = \bigcup_{m=0}^{M_1} \mathcal{S}_m(t)$。假设用户 k 的模式选择为 $s_k(t) \in \{0,1,\cdots,M_1\}$，$s_k(t)=0$ 表示用户 k 连接到所有 RRH，

此时用户 k 属于 RRH 服务用户集合 $\mathcal{S}_0(t)$；$s_k(t) = m$ 表示用户 k 连接到第 m 个 F-AP，此时用户 k 属于第 m 个 F-AP 服务用户集合 $\mathcal{S}_m(t)$。

（1）通信模型

假设 RRH 装备了 L_0 根天线，F-AP 装备了 L_1 根天线，则当 $s_k(t) = 0$，用户 k 选择接入所有 RRH 时，接收到的信号表达式为：

$$y_{0,k}(t) = \sqrt{P_0(t)}\boldsymbol{h}_{0,k}(t)v_{0,k}(t)x_k(t) + \sqrt{P_0(t)}\sum_{j\in\mathcal{S}_0(t),j\neq k}\boldsymbol{h}_{0,k}(t)\boldsymbol{v}_{0,j}(t)x_j(t) +$$

$$\sum_{m=1}^{M1}\sum_{j\in\mathcal{S}_m(t)}\sqrt{P_m(t)}\boldsymbol{h}_{m,k}(t)\boldsymbol{v}_{m,j}(t)x_j(t) + z_k(t) \tag{7-1}$$

其中，等式右边第一项代表有用信号，第二项是来自 RRH 服务的其他用户的干扰，第三项则是来自 F-AP 的干扰，最后一项为噪声部分。$\boldsymbol{h}_{0,k}(t)$ 和 $\boldsymbol{v}_{0,k}(t)$ 分别表示 M_0 个 RRH 与用户 k 之间的信道和第 k 个用户的单位预编码。$\boldsymbol{h}_{m,k}(t)$ 和 $\boldsymbol{v}_{m,k}(t)$ 分别表示第 m 个 F-AP 到用户 k 的信道向量和第 k 个用户的单位预编码。$x_k(t)$ 是传输信号，$z_k(t)$ 表示接收端服从 $\mathrm{CN}(0,\sigma^2)$ 分布的高斯白噪声。P_0 和 P_m 是 RRH 和第 m 个 F-AP 的发射功率。类似的，当 $s_k(t) = m$，用户 k 选择接入第 m 个 F-AP 时，接收到的信号表达式为：

$$y_{m,k}(t) = \sqrt{P_m(t)}\boldsymbol{h}_{m,k}(t)v_{m,k}(t)x_k(t) + \sum_{j\in\mathcal{S}_m(t),j\neq k}\sqrt{P_m(t)}\boldsymbol{h}_{m,k}(t)\boldsymbol{v}_{m,j}(t)x_j(t)$$

$$+ \sum_{m'=0,m'\neq m}^{M_1}\sum_{j\in\mathcal{S}_{m'}(t)}\sqrt{P'_m(t)}\boldsymbol{h}_{m',k}(t)\boldsymbol{v}_{m',j}(t)x_j(t) + z_k(t) \tag{7-2}$$

其中，等式右边第一项代表目标信号，第二项是来自相同 F-AP 服务的其他用户的干扰，第三项则是来自 RRH 和其他 F-AP 的干扰，最后一项为噪声。

网络中的时变信道可以假设为一阶有限状态马尔可夫信道（Finite-State Markov Channel，FSMC）。信道 $\|\boldsymbol{h}_{m,k}(t)\|^2$ 被视作一个均匀量化后的马尔可夫变量。分割后的不同级别对应着不同的马尔可夫信道状态，每个时隙过去后，信道 $\|\boldsymbol{h}_{m,k}(t)\|^2$ 的值从一个级别变换到另一个级别，信道状态转移关系如下：

$$\boldsymbol{h}_{m,k}(t) = \rho\boldsymbol{h}_{m,k}(t-1) + \sqrt{1-\rho^2}\delta \tag{7-3}$$

其中，δ 和 $\boldsymbol{h}_{m,k}(t)$ 同分布，$\rho(0 < \rho < 1)$ 则是衰落信道的归一化自相关函数。瑞利衰落下，$\rho = J_0(2\pi f_d)$，$J_0(\cdot)$ 是一类零阶 Bessel 函数，f_d 是多普勒偏移频率。

（2）缓存模型

假设网络中可缓存的文件共有 N 个，被全部缓存在云服务器的集中缓存库中，而 F-AP 只能够缓存有限个文件。每个文件大小为 B，用唯一的文件 ID 标记。F-AP 的缓存容量为 $C(C<N)$，每时隙的缓存文件集合为 $\mathcal{C}(t)=\{\Lambda_c\,|\,c=1,\cdots,C\}$。定义时隙 t 所有用户的请求文件列表为 $\mathrm{Req}(t)=\{\mathrm{Req}_k(t)|k=1,2,\cdots,K_0+K_1\}$，$\mathrm{Req}_k\in\{1,2,\cdots,N\}$。要求用户只有在当前请求的文件全部传输完毕时，才能生成下一个新的文件传输请求。特别的，由于 V2I 用户具有传输时延要求，因此 V2I 用户 $k\in\mathcal{K}_1$ 需要在预设时隙门限 T_{th} 个时隙内完成请求文件 Req_k 的数据传输。定义 $T_k(t)$ 表示 V2I 用户 $k\in\mathcal{K}_1$ 的剩余可用时隙，其初始值为 T_{th}。

由于用户 k 请求的文件 Req_k 有可能缓存在 F-AP 中（即 $\mathrm{Req}_k\in\mathcal{C}(t)$），所以当 F-AP 缓存流行度高的文件时，能够服务更多的用户，减少文件的重复下载，有效缓解前传链路负载，同时提供更小的传输时延，这使得文件缓存方法显得尤为重要。考虑到前传链路容量有限，假设各时隙系统仅能够替换掉缓存中 1 个文件。定义缓存文件替换动作 $c(t)=\{0,1,\cdots,C\}$，当 $c(t)=0$ 时，当前请求次数最高的文件 $\mathrm{Req}^*(t)$ 不会被缓存，否则，将 F-AP 缓存空间中第 $c(t)$ 个文件 $\Lambda_c(t)$ 替换掉，用于缓存文件 $\mathrm{Req}^*(t)$。$\mathrm{Req}^*(t)$ 是 F-AP 中未缓存的文件中在当前时隙请求次数最高的文件，其选择基于当前用户请求列表 $\mathrm{Req}(t)$，定义为：

$$\mathrm{Req}^*(t)=\arg\max_{n\in\mathcal{N}-\mathcal{C}(t)}\sum_{k\in\mathcal{K}_0\cup\mathcal{K}_1}\ell\{\mathrm{Req}_k=n\} \tag{7-4}$$

其中，$\mathcal{N}$ 表示无穷大的整数，$\ell\{\mathrm{Req}_k=n\}$ 为示性函数，当 $\mathrm{Req}_k=n$ 时取 1，否则取 0。

在用户请求文件进行数据传输时，假设 RRH 工作模式是全双工模式，RRH 同时进行来自云服务器的文件比特接收，并将接收到的比特转发给用户 k。因此，RRH 模式下的传输过程可以分为两部分。第一，RRH 接收来自云服务器的文件比特。假设前传链路容量 R^{F_1} 被接入 RRH 的用户 $\mathcal{S}_0(t)$ 均分，则用户 k 分到的前传速率为 $R^{F_1}/\mathcal{S}_0(t)$，RRH 剩余待接收的比特数 $B_k^{\mathrm{res0}}(t)$ 为：

$$B_k^{\mathrm{res0}}(t)=\max\{B_k^{\mathrm{res0}}(t-1)-\frac{R^{F_1}}{\|\mathcal{S}_0(t)\|},0\} \tag{7-5}$$

定义 $B_k^{\mathrm{res0}}(t)$ 初始值为 B。第二，RRH 将接收到的比特转发给用户 k。RRH 剩余待传输的比特数 $B_k^{\mathrm{res1}}(t)$ 为：

$$B_k^{\text{res1}}(t) = B_k^{\text{res0}}(t-1) - B_k^{\text{res0}}(t) + \max\{B_k^{\text{res1}}(t-1) - R_{0,k}(t), 0\} \qquad (7\text{-}6)$$

定义 $B_k^{\text{res1}}(t)$ 初始值为 0，其中，RRH 服务用户 k 的速率为：

$$R_{0,k}(t) = \log_2(1 + \frac{P_0(t)\|\boldsymbol{h}_{0,k}(t)\|^2}{I_{0,k}^{\text{intra}}(t) + I_{0,k}^{\text{inter}}(t) + \sigma^2})$$

$$I_{0,k}^{\text{intra}}(t) = \sum_{j \in \mathcal{S}_0(t), j \neq k} P_0(t)\|\boldsymbol{h}_{0,k}(t)\|^2 \qquad (7\text{-}7)$$

$$I_{0,k}^{\text{inter}}(t) = \sum_{m=1}^{M_1} \sum_{j \in \mathcal{S}_m(t)} P_m(t)\|\boldsymbol{h}_{m,k}(t)\|^2$$

特别的，V2I 用户 $k \in \mathcal{K}_1$ 在模式选择 $s_k(t) = 0$ 时，完成上述过程的耗时需要小于门限 T_{th}。

当用户请求文件 Req_k 被缓存在 F-AP，且 $\text{Req}_k \in \mathcal{C}(t)$ 时，用户 k 可连接到 F-AP。因此当用户 k 在模式选择为 $s_k(t) = m$ 时，传输速率为：

$$R_{m,k}(t) = \log_2(1 + \frac{P_m(t)\|\boldsymbol{h}_{m,k}(t)\|^2}{I_{m,k}^{\text{intra}}(t) + I_{m,k}^{\text{inter}}(t) + \sigma^2})$$

$$I_{m,k}^{\text{intra}}(t) = \sum_{j \in \mathcal{S}_m(t), j \neq k} P_m(t)\|\boldsymbol{h}_{m,k}(t)\|^2 \qquad (7\text{-}8)$$

$$I_{m,k}^{\text{inter}}(t) = \sum_{m'=0, m' \neq m}^{M_1} \sum_{j \in \mathcal{S}_{m'}(t)} P'_m(t)\|\boldsymbol{h}_{m',k}(t)\|^2$$

由于请求文件被缓存了，$\text{Req}_k \in \mathcal{C}(t)$，F-AP 无须从云服务器接收文件，此时 $B_k^{\text{res1}}(t) = 0$ 恒成立，用户 k 可以直接从 F-AP m 获得文件。因此 F-AP 剩余待传输比特数为：

$$B_k^{\text{res0}}(t) = \max\{B_k^{\text{res0}}(t-1) - R_{m,k}(t), 0\} \qquad (7\text{-}9)$$

随着时隙流逝，V2I 用户 $k \in \mathcal{K}_1$ 的剩余时隙数为 $T_k(t+1) = T_k(t) - 1$。

通过上述表达式可知，当选择 RRH 模式时，由于云服务器的协作信号处理，用户可能获得比 F-AP 模式更高的传输速率。但是，F-AP 的缓存使得业务能够在本地提供，F-AP 模式因而可以提供更低的传输时延。因此，切片实例中关于模式选择和文件缓存 $\{s_k(t), c(t)\}$ 的问题解决非常必要，尤其是在信道模型为时变 FSMC 和文件流行度未知时，该问题更具挑战。

7.5.2　问题建模和求解方法

本小节首先给出问题建模和需要考虑的限制条件。由于用户需求存在差异，可用的资源受限，原始问题复杂度因此变得很高，传统方法无法便捷求解。为了应对上述挑战，采用基于 DRL 的方法，给出对应的方案。利用 DQN 获得的动作，将给出合适的模式选择和文件缓存。

（1）限制条件描述

基于网络切片的特性，各个接入网络切片实例的性能要求必须得到保障。定义热点切片的速率门限为 R_{th}，V2I 切片的时延保障为 T_{th}，则模式选择和文件缓存时存在如下限制条件：

$$C1: R_{s_k}, k(t) \geqslant R_{th}, \quad \forall k \in \mathcal{K}_0$$
$$C2: T_k(t) \geqslant 0, \quad \forall k \in \mathcal{K}_1$$

（7-10）

其中，$C1$ 表示热点切片中每个用户速率都需要大于门限值 R_{th}；$C2$ 表示 V2I 用户的请求文件 Req_k 需要在剩余时隙 T_k 倒计数为 0 之前完成传输。

除了各个接入网络切片实例的用户性能需求保障，接入网络切片间的独立性也需要被纳入考虑范围内。在此，假设各个切片之间的独立性可以通过跨切片干扰管理得以实现。限制条件如下：

$$C3: \sum_{j \in \mathcal{K}_1} P_{s_j}(t) \| \boldsymbol{h}_{s_j}, k(t) \|^2 \leqslant I_{th0}, \forall k \in \mathcal{K}_0$$
$$C4: \sum_{j \in \mathcal{K}_0} P_{s_j}(t) \| \boldsymbol{h}_{s_j}, k(t) \|^2 \leqslant I_{th1}, \forall k \in \mathcal{K}_1$$

（7-11）

其中，$C3$ 表示 V2I 切片对热点用户 $k \in K_0$ 的干扰应当小于预设门限 I_{th0}，$C4$ 表示热点切片对 V2I 用户 $k \in K_1$ 的干扰应当小于预设门限 I_{th1}。

考虑到接入网络切片实例是基于相同的基础设施资源构建而成的，因此 F-RAN 中的可用资源也是受限的。具体的，连接云和 RRH 的前传链路容量 R^F 是有限的，为了保障连接 RRH 的用户前传速率，在此假设选择 RRH 模式的用户数不得大于 S_{max}^0。同时，由于 F-AP 的信令开销和协作开销会随着连接的用户数增加而剧增，因此每个 F-AP 可支持的用户数也是受限的。因此，还需要考虑如下限制条件的存在。

$$C5: \| \mathcal{S}_0(t) \| \leqslant S_{\max}^0,$$
$$C6: \| \mathcal{S}_m(t) \| \leqslant S_{\max}^1, \quad \forall m \in \{1, 2, \cdots, M_1\} \tag{7-12}$$

高效的模式选择和文件缓存方法 $\{s_k(t), c(t)\}$ 除了考虑上述限制条件，还需要发挥不同接入模式的特征，有效利用不同文件的流行度。能够缓存文件的 F-AP 为热点用户和 V2I 用户提供了除 RRH 模式外的传输模式。RRH 模式下，为保障热点用户所需要的高传输速率，在所有用户选择连接 RRH 时，前传链路开销会急剧增加。V2I 用户选择 RRH 模式时，除了考虑 RRH 到用户的无线传输部分时延，还需要考虑前传链路传输部分。而 F-AP 模式能够有效缓解前传链路负载，减少传输时延。因此，在每个时隙内，需要给出决策 $\{s_k(t), c(t)\}$，选择出用户最合适的 F-AP 或 RRH 连接，管理 F-AP 中的缓存文件。基于模式选择和文件缓存定义，在给出决策时，需要考虑以下限制条件。

$$C7: c(t) \in \{0, 1, 2, \cdots, C\}$$
$$C8: s_k(t) \in \{0, 1, 2, \cdots, M_1\}, \forall k \in \mathcal{K}_0 \bigcup \mathcal{K}_1$$
$$C9: s_k(t) \leqslant M_1 \times 1\{\mathrm{Req}_k \in \mathcal{C}(t)\}, \forall k \in \mathcal{K}_0 \bigcup \mathcal{K}_1 \tag{7-13}$$
$$C10: s_k(t) \leqslant M_1 \times 1\{B_k^{\mathrm{res1}}(t) = 0\}, \forall k \in \mathcal{K}_0 \bigcup \mathcal{K}_1$$

限制条件 $C7$ 表示每时隙 F-AP 缓存空间内至多有一个文件被替换。限制条件 $C8$ 表示用户 k 只能选择接入单个 F-AP 或者所有 RRH。此外，用户模式选择还受限于 $C9$ 和 $C10$，即用户 k 只有在请求文件 Req_k 已经被缓存在 F-AP 时才能选择接入 F-AP，并且，用户 k 在 RRH 中待传输的比特为 0 时，才能选择其他模式。

（2）基于深度强化学习的求解方法

上述限制条件的存在使得目标问题变为一个非线性的整数规划问题，求解复杂度高。尽管当前存在用于求解整数规划的许多方法（包括分支定界法、基因遗传算法），但都需要在给定时间内完成集中的优化求解，并且同时考虑所有用户、F-AP 和 RRH 带来的相关影响。而随着用户、F-AP 和 RRH 数目的增加，问题求解复杂度会进一步增加。另外，本小节中时变信道的假设和文件流行度未知的假设使得问题变得更为复杂，同时，限制条件中各个优化变量存在耦合关系，在采用数据分析迭代求解的方法时，也将产生额外的复杂度。

为了应对上述挑战，采用基于 DRL 的求解方法。考虑到模式选择和文件缓存 $\{s_k(t), c(t)\}$ 都是离散变量，因此选择构建 DQN 求解目标问题。利用历史信息完成 DQN 的训练后，DQN 模型将为各切片内的用户提供合适的 F-AP 或 RRH 连接决策，而通过对文件流行度的分析与学习，各个 F-AP 内需要缓存的文件也将得到确认。采用 DRL 的主要优势在于它能够显著提升学习效率，尤其在问题具备很大的状态空间和动作空间时。通过学习和建立与通信/缓存环境相关的知识和经验，复杂网络优化问题能够得到合适的求解方案，DQN 将为其提供低信息交互开销的自动决策。

具体的，云服务器首先负责获取各个用户的信道状况和 F-AP 的缓存状况，构建系统状态 $s(t)$。其次，云服务器将系统状态 $s(t)$ 发送至 DQN，获得合适的动作 $a(t)$。在此采用传统的 ρ 贪婪策略（ρ -Greedy Strategy）用于平衡探索和利用。探索即尝试新的动作获取未知知识，利用是指基于已有知识选择奖励最大化的动作。动作 $a(t)$ 表示用户选择的通信模式和 F-AP 的缓存文件替换动作。动作被执行后，根据定义的奖励函数获得相匹配的奖励，同时系统转移到新的状态。

算法 7-1 F-RAN 中基于 DRL 的模式选择和文件缓存的具体步骤

初始化容量为 L 的回放存储，标记为 D；

初始化逼近值函数 $Q(s, a; \omega)$ 和目标值函数 $\hat{Q}(s_t, a_t; \hat{\omega})$；

For episode=1, M do

 初始化状态 s_0 和动作 a_0；

 For t=1, T do

 以概率 ρ 选择随机动作，标记为 a_t^*，以概率 $1-\rho$ 选择动作

 $a_i^* = \underset{a_t \in \mathcal{A}}{\operatorname{argmax}} Q(s_t, a_t; \omega)$；

 执行动作 a_t^*

 观察获得奖励 r_t 和新状态 s_t+1；

 将经验(s_t, a_t, r_t, s_{t+1}) 存储到 D；

 从 D 的经验中进行抽样，随机选择 D_B 条经验；

 基于抽样数据，计算获得 $y_t = r_t + \tau\underset{a' \in \mathcal{A}}{\max} \hat{Q}(s_{t+1}, a'; \hat{\omega})$；

 对函数 $(y_t - Q(s_t, a_t; \omega))^2$ 进行关于参数 ω 的梯度下降求解，完成网络的训练和参数的更新；

 每隔预设个数的时隙后 $\hat{Q} = Q$

 End for

End for

　　DQN 中构建了回放存储（Replay Memory），用于存储每个时隙获得的经验。经验由以下部分组成：当前状态、被选动作、对应奖励、下一个状态。每个步长内，经验样本的一部分会从回放存储中抽取出来，用于训练 DQN，其代表为 $Q(\boldsymbol{s},\boldsymbol{a};\omega)$。逼近值函数 $Q(\boldsymbol{s},\boldsymbol{a};\omega)$ 中参数 ω 代表网络各层权重，在训练时更新。而目标值函数 $\hat{Q}(\boldsymbol{s},\boldsymbol{a};\hat{\omega})$ 的参数 $\hat{\omega}$ 则每隔一定时间复制 ω 的值。如算法 7-1 所述，函数 $Q(\boldsymbol{s},\boldsymbol{a};\omega)$ 每次迭代时，以最小化损失函数 $\mathrm{Loss}(\omega)$ 为目标进行训练，从而使得两个函数相互逼近。损失函数 $\mathrm{Loss}(\omega)$ 定义式如下：

$$\mathrm{Loss}(\omega)=E\left[r_t+\tau\max_{\boldsymbol{a}'\in\mathcal{A}}\hat{Q}(\boldsymbol{s}_{t+1},\boldsymbol{a}';\hat{\omega})-Q(\boldsymbol{s}_t,\boldsymbol{a}_t;\omega)\right]^2 \tag{7-14}$$

其中，τ 是折扣因子。DRL 模型中关于动作、状态和奖励函数的解释如下。

　　① 系统状态：当前系统状态 $\boldsymbol{s}(t)$ 由以下参数联合定义，包括信道 $\boldsymbol{h}_{m,k}(t)$、剩余比特数和时隙数 $\{B_k^{\mathrm{res0}}(t),B_k^{\mathrm{res1}}(t),T_k(t)\}$、缓存特征 $f_{z,c}(t)$、缓存状态 $\mathcal{C}$ 和当前请求 Req_k 记录成一个 $\{(4+M_1)\times(K_0+K_1)+K_1+4C+3\}$ 维度的向量：

$$\begin{aligned}\boldsymbol{s}(t)=&\{\|\boldsymbol{h}_{m,k}(t)\|^2\,|\,m=0,1,\cdots,M_1,k=1,2,\cdots,K_0+K_1\}\\&\times\{B_k^{\mathrm{res0}}(t),B_k^{\mathrm{res1}}(t)\,|\,k=1,2,\cdots,K_0+K_1\}\\&\times\{T_k(t)\,|\,k=1,2,\cdots,K_1\}\\&\times\{f_{z,c}(t)\,|\,z=0,1,2,c=0,1,\cdots,C\}\\&\times\mathcal{C}(t)\times\mathbf{Req}(t)\end{aligned} \tag{7-15}$$

其中，缓存特征 $f_{z,c}(t)$ 是指文件 $\varLambda_c$ 在特定时间 z 内的流行度，$z\in\{0,1,2\}$ 分别表示短期、中期和长期。文件 $\varLambda_c$ 在具体给定的短期、中期和长期时间内的流行度表征为该期间内文件被请求的次数会随着缓存状态的改变而更新。例如，短期缓存特征 $f_{0,c}(t)$ 是指在上一次请求中，请求文件 $\varLambda_c$ 的用户数，而长期缓存特征 $f_{2,c}(t)$ 表示最近 100 次请求中，请求文件 $\varLambda_c$ 的用户数。由于只记录已经被缓存的文件和最流行文件的缓存特征，因此缓存特征 $f_{z,c}(t)$ 的下标 c 的取值范围为 0 到缓存容量 C。

　　由系统状态 $\boldsymbol{s}(t)$ 的定义可知，V2I 用户的剩余时隙数应该始终大于 0，以使得限制条件 C2 得到满足，否则在该状态下，任何动作带来的奖励都将为 0。另外，在 F-AP 中，用户数和文件数增加时，系统状态空间维度将变得极为庞大，因此采用传统方法求解问题时将承受维度诅咒。幸运的是，DQN 在处理高维度输入和求解非凸复杂问题方面，一直表现得极其高效，这也是选择 DQN 作为求解方法的原因之一。

② 系统动作：集中云服务器负责选择合适的文件进行统一的 F-AP 缓存管理，同时为用户选择最优的模式进行数据传输。定义系统动作空间为 $\mathcal{A}$，其元素定义如下：

$$a(t) = \{s_k(t) \mid k = 1, 2, \cdots, K_0 + K_1\} \times \{c(t)\} \qquad (7\text{-}16)$$

为了减少动作向量的维度，定义 $c(t)$ 取值范围为 0 到系统容量 C，对应限制条件 $C7$，使得每次只能选择一个文件替换，或者保持当前缓存状态。同时，$s_k(t)$ 的取值范围为 0 到 M_1，确保了限制条件 $C8$ 的满足。另外，考虑到限制条件 $C5$ 和 $C6$，$s_k(t)$ 的选择还需要满足下述条件：

$$
\begin{aligned}
\sum_{k \in \mathcal{K}_0 \cup \mathcal{K}_1} 1\{s_k(t) = 0\} &\leqslant S_{\max}^0 \\
\sum_{k \in \mathcal{K}_0 \cup \mathcal{K}_1} 1\{s_k = m\} &\leqslant S_{\max}^1, \quad \forall m \in \{1, 2, \cdots, M_1\}
\end{aligned}
\qquad (7\text{-}17)
$$

通过设计完成动作 $a(t)$ 的定义，部分限制条件能够得到满足，剩余的限制条件将在计算奖励函数时纳入考虑范围。

③ 奖励函数：系统奖励代表着优化目标，采用 DQN 进行模式选择和文件缓存，其目标为奖励最大化。考虑到限制条件 $C1$ 到 $C10$ 的存在，奖励函数 $r(t)$ 的定义需要体现优化目标和限制条件的满意程度。定义奖励 $r(t)$ 在限制条件没有满足时，值为 0。原因可能为如下：

- 所选模式下的信道状况条件不佳，使得速率门限 R_{th} 难以保证（即限制条件 $C1$ 没有满足），或者跨切片干扰过大（即限制条件 $C3$ 或 $C4$ 没有满足）；
- 用户 k 被分配到一个没有缓存其请求文件 Req_k 的 F-AP（即限制条件 $C9$ 没有满足）；
- 用户 k 在 RRH 内剩余的比特数没有传输完毕的情形下，重新选择了其他接入模式（即限制条件 $C10$ 没有满足）。

在限制条件都得到满足时，奖励函数定义为热点用户和 V2I 用户的奖励加权和：

$$r(t) = g(t) + \alpha_1 \sum_{k \in \mathcal{K}_0} r_k^0(t) + \alpha_2 \sum_{k \in \mathcal{K}_1} r_k^1(t) \qquad (7\text{-}18)$$

其中，$r_k^0(t)$ 和 $r_k^1(t)$ 是与切片相关的参数，α_1 和 α_2 分别是它们的权重，取值范围为

$0\sim1$。$g(t)$ 是与缓存相关的奖励，定义为短期和长期缓存命中率的加权和：

$$g(t) = g^s(t) + \varphi g^l(t) \tag{7-19}$$

其中，φ 是平衡短期和长期缓存命中率的因子。短期缓存命中率 $g^s(t)$ 表示本地缓存在下一次请求中被命中的次数，长期缓存命中率 $g^l(t)$ 则表征本地缓存在接下来 10 次请求中被命中的次数。$g(t)$ 和系统状态存在隐藏的联系，因为过去产生的请求和将来产生的请求服从相同的未知分布。而 DQN 能够从记录的状态中主动学习量化该隐藏关联。由于 $g(t)$ 的存在，系统将强制选择相对更流行的文件进行缓存。

对于热点用户，奖励 $r_k^0(t)$ 定义如下：

$$r_k^0(t) = 1 - \frac{B_k^{\text{res0}}(t) + B_k^{\text{res1}}(t)}{B} \tag{7-20}$$

$r_k^0(t)$ 与剩余传输比特数相关，剩余传输比特数越少，奖励越高。

对于 V2I 用户，奖励 $r_k^1(t)$ 定义如下：

$$r_k^1(t) = 1 - \frac{B_k^{\text{res0}}(t) + B_k^{\text{res1}}(t)}{B} + \frac{T_k(t)}{T_{\text{th}}} \tag{7-21}$$

$r_k^1(t)$ 与剩余传输比特数和剩余时隙数相关，剩余传输比特数越多，剩余时隙数越少，奖励越少。

集中云服务器在系统状态为 $s(t)$ 时，若选择执行动作 $a(t)$，将获得奖励 $r(t)$。采用 DQN 的具体目标是寻找策略 π，使得折扣连续奖励最大化，折扣连续奖励定义为：

$$\text{CulRew} = \max_{\pi} E[\sum_{t=0}^{\infty} \varepsilon^t r(t+1)] \tag{7-22}$$

其中，ε 取值范围为 $0\sim1$，在 t 足够大时，ε^t 趋于零。在此预设一个阈值用于终结该过程。基于大数定理和期望的定义，经历一定量的训练后，最优策略 π^* 能够提供最高的平均折扣连续奖励。

根据奖励的定义可知，更少的剩余传输比特数 $B_k^{\text{res0}}(t) + B_k^{\text{res1}}(t)$ 和更多的剩余时隙数 $T_k(t)$ 能够产生更高的奖励，而在给定的 $\{s_k^*(t), c^*(t)\}$ 下，可以通过更大的传输速率完成上述目标。假设 RRH 和 F-AP 的发射功率门限为 $\{P_{s_k}^{\text{th}} \mid k = 1, 2, \cdots, K_0 + K_1\}$，优化问题如下。

$$\max_{\left\{P_{s_k^*}(t)\right\}} R_{\mathrm{TOT}} = \sum_{k \in \mathcal{K}_0 \cup \mathcal{K}_1} R_{s_k^*(t),k}(t) \tag{7-23}$$

满足下列条件：

$$\begin{array}{l} C1, C3, C4, \\ P_{s_k^*}(t) <= P_{s_k^*}^{\mathrm{th}}, \quad k = 1, 2, \cdots, K_0 + K_1 \end{array} \tag{7-24}$$

显然，问题式（7-23）由于干扰的存在是非凸的。为了使其更明显，将原问题转换为矩阵形式，具体的，首先定义 $K = K_0 + K_1$ 个用户的传输功率矩阵：

$$\boldsymbol{P} = \left(P_{s_1^*}(t), P_{s_2^*}(t), \cdots, P_{s_K^*}(t) \right)^{\mathrm{T}} \tag{7-25}$$

同时定义中间参数 $K \times K$ 非负矩阵 $\boldsymbol{F}$，其元素为：

$$F_{i,j} = \begin{cases} 0, \quad i = j \\ \dfrac{\left\| \boldsymbol{h}_{s_i(t),j}^*(t) \right\|^2}{\left\| \boldsymbol{h}_{s_j(t),j}^*(t) \right\|^2}, \quad i \neq j \end{cases} \tag{7-26}$$

定义 $K \times 1$ 噪声向量 $\boldsymbol{z}$：

$$\boldsymbol{z} = \left(\dfrac{\sigma^2}{\left\| \boldsymbol{h}_{s_1^*(t),1}(t) \right\|^2}, \dfrac{\sigma^2}{\left\| \boldsymbol{h}_{s_2^*(t),2}(t) \right\|^2}, \cdots, \dfrac{\sigma^2}{\left\| \boldsymbol{h}_{s_K^*(t),K}(t) \right\|^2} \right)^{\mathrm{T}} \tag{7-27}$$

定义所有用户的信干噪比为 $K \times 1$ 向量 $\mathbf{SINR}$，其中第 k 个元素表示用户 k 的信干噪比 $\mathrm{SINR}_k = P_{s_k^*}(t) / (FP + z)_k$。同时，定义所有用户速率为 $K \times 1$ 的向量 $\boldsymbol{R}$，其中第 k 个元素是用户 k 的速率 R_k，与信干噪比的关系为：

$$R_k = \log_2 \left(1 + \mathrm{SINR}_k \right) \tag{7-28}$$

通过上述变量与常数的定义，原问题(7-23)可以换写成：

$$\max_{\boldsymbol{P}} \sum_{k=1}^{K} R_k \tag{7-29}$$

满足如下限制条件：

$$R_k \geqslant R_{\mathrm{th}}, \quad \forall k \in \mathcal{K}_0 \tag{7-30}$$

$$(\boldsymbol{\theta}_k^1)^{\mathrm{T}} \boldsymbol{P} \leqslant I_{\mathrm{th}0}, \quad \forall k \in \mathcal{K}_0 \tag{7-31}$$

$$(\boldsymbol{\theta}_k^0)^{\mathrm{T}}\boldsymbol{P} \leqslant I_{\mathrm{th}1}, \quad \forall k \in \mathcal{K}_1 \tag{7-32}$$

$$\boldsymbol{\eta}_k^{\mathrm{T}}\boldsymbol{P} \leqslant P_{s_k^*(t)}^{\mathrm{th}}, \quad \forall k \in \mathcal{K}_0 \bigcup \mathcal{K}_1 \tag{7-33}$$

其中，$K \times 1$ 向量 $\boldsymbol{\eta}_k$ 是 $K \times K$ 单位矩阵的第 k 列，$K \times 1$ 的向量 $\boldsymbol{\theta}_k^0$ 和 $\boldsymbol{\theta}_k^1$ 定义如下：

$$\boldsymbol{\theta}_k^0 = \left| \left\| \boldsymbol{h}_{s_1^*(t),k}(t) \right\|^2, \left\| \boldsymbol{h}_{s_2^*(t),k}(t) \right\|^2, \cdots, \left\| \boldsymbol{h}_{s_{K_0}^*(t),k}(t) \right\|^2, \underbrace{0, \cdots, 0} \right| \tag{7-34}$$

$$\boldsymbol{\theta}_k^1 = \left| \underbrace{0, \cdots, 0}, \left\| \boldsymbol{h}_{s_{K_0+1}^*(t)}(t),k(t) \right\|^2, \left\| \boldsymbol{h}_{s_{K_0+2}^*(t),k}(t) \right\|^2, \cdots, \left\| \boldsymbol{h}_{s_K^*(t),k}(t) \right\|^2 \right| \tag{7-35}$$

由上可知，非凸问题式（7-29）中，目标函数和限制条件式（7-30）都是对速率向量 $\boldsymbol{R}$ 凸的，因此仅需要将剩余限制条件转换成凸形式，从而得到一个关于速率向量 $\boldsymbol{R}$ 的新凸优化问题。新问题的目标函数将与原问题的目标函数在取得最优值时值相等。基于如下定理，限制条件式（7-31）、式（7-32）和式（7-33）将完成初步的转换。其中，$\boldsymbol{F}$ 表示 $K \times K$ 的非负矩阵，$\boldsymbol{P}$ 表示用户的传输功率矩阵，θ 表示传输完毕的功率。

定理 7-1 定义如下关系：

$$\boldsymbol{B}_k^0 = \boldsymbol{F} + \frac{1}{I_{\mathrm{th}0}}\boldsymbol{z}(\boldsymbol{\theta}_k^1)^{\mathrm{T}}, \quad \forall k \in \mathcal{K}_0 \tag{7-36}$$

$$\boldsymbol{B}_k^1 = \boldsymbol{F} + \frac{1}{I_{\mathrm{th}1}}\boldsymbol{z}(\boldsymbol{\theta}_k^0)^{\mathrm{T}}, \quad \forall k \in \mathcal{K}_1 \tag{7-37}$$

$$\boldsymbol{B}_k^2 = \boldsymbol{F} + \frac{1}{P_{s_k^*(t)}^{\mathrm{th}}}\boldsymbol{z}\boldsymbol{\eta}_k^{\mathrm{T}}, \quad \forall k \in \mathcal{K}_0 \bigcup \mathcal{K}_1 \tag{7-38}$$

$$\boldsymbol{q} = \boldsymbol{F}\boldsymbol{P} + \boldsymbol{z} \tag{7-39}$$

因此限制条件式（7-31）、式（7-32）和式（7-33）与下列式子等效。

$$\boldsymbol{B}_k^0 \operatorname{diag}(\exp(\boldsymbol{R}))\boldsymbol{q} \leqslant \left(\boldsymbol{I} + \boldsymbol{B}_k^0\right)\boldsymbol{q}, \forall k \in \mathcal{K}_0 \tag{7-40}$$

$$\boldsymbol{B}_k^1 \operatorname{diag}(\exp(\boldsymbol{R}))\boldsymbol{q} \leqslant \left(\boldsymbol{I} + \boldsymbol{B}_k^1\right)\boldsymbol{q}, \forall k \in \mathcal{K}_1 \tag{7-41}$$

$$\boldsymbol{B}_k^2 \operatorname{diag}(\exp(\boldsymbol{R}))\boldsymbol{q} \leqslant \left(\boldsymbol{I} + \boldsymbol{B}_k^2\right)\boldsymbol{q}, \forall k \in \mathcal{K}_0 \bigcup \mathcal{K}_1 \tag{7-42}$$

通过上述定理转换，关于功率的原非凸问题式（7-29）已经转换成关于 $\boldsymbol{R}$ 的待优化函数，因此当关于 $\boldsymbol{R}$ 的可行域为凸集时，可以求得原问题的最优解。但是，依旧存在非凸限制条件式（7-40）、式（7-41）和式（7-42）。所以为了求解该优化问题，需要进行进一步的转换，将非凸限制条件用凸限制条件来表达。利用如下定理，可以满足上述需求。

定理 7-2　如果如下非负矩阵存在：

$$\tilde{B}_k^0 = (I + B_k^0)^{-1} B_k^0 \tag{7-43}$$

$$\tilde{B}_k^1 = (I + B_k^1)^{-1} B_k^1 \tag{7-44}$$

$$\tilde{B}_k^2 = (I + B_k^2)^{-1} B_k^2 \tag{7-45}$$

则限制条件式（7-40）、式（7-41）和式（7-42）可以转换成如下凸形式：

$$\ln\left(\psi\left(\tilde{B}_k^0 \operatorname{diag}\left(\exp(R)\right)\right)\right) \leq 0, \forall k \in \mathcal{K}_0 \tag{7-46}$$

$$\ln\left(\psi\left(\tilde{B}_k^1 \operatorname{diag}\left(\exp(R)\right)\right)\right) \leq 0, \forall k \in \mathcal{K}_1 \tag{7-47}$$

$$\ln\left(\psi\left(\tilde{B}_k^2 \operatorname{diag}\left(\exp(R)\right)\right)\right) \leq 0, \forall k \in \mathcal{K}_0 \bigcup \mathcal{K}_1 \tag{7-48}$$

其中，$\psi(\cdot)$ 表示非负矩阵的 Perron-Frobenius 特征值。

证明：以限制条件式（7-46）为例。由于 $\left(I + B_k^0\right)^{-1}$ 存在，在限制条件式（7-40）左右两边乘以 $\left(I + B_k^0\right)^{-1}$，原式转换成如下形式：

$$\left(I + B_k^0\right)^{-1} B_k^0 \operatorname{diag}(\exp(R))q \leq (I + B_k^0)q \tag{7-49}$$

$$\left(I + B_k^0\right)^{-1} B_k^0 \operatorname{diag}(\exp(R))q \leq q \tag{7-50}$$

$$\left(I + B_k^0\right)^{-1} \tilde{B}_k^0 \operatorname{diag}(\exp(R))q \leq q \tag{7-51}$$

根据次不变性定理（Subinvariance Theorem），倘若非负矩阵 A、正数 a 和非负向量 v 满足 $Av \leq av$，则 $\psi(A) \leq a$ 恒成立（当且仅当 $Av \leq av$）。

若 $A = \tilde{B}_k^0 \operatorname{diag}\left(\exp(R)\right)$，$a = 1$ 和 $v = q_n$，则限制条件可重写成 $\psi\left(\tilde{B}_k^0 \operatorname{diag}\left(\exp(R)\right)\right) \leq 1$，即得 $\ln\left(\psi\left(\tilde{B}_k^0 \operatorname{diag}\left(\exp(R)\right)\right)\right) \leq 0$。

由于 Perron-Frobenius 特征值的对数凸特性，限制条件式（7-46）、式（7-47）和式（7-48）是凸的。因此优化问题式（4-29）可以变成如下凸优化问题。

$$\max_{\boldsymbol{R}} \sum_{k=1}^{K} \boldsymbol{R}_k$$

$$\text{s.t. 满足式（4-30），式（4-46）～式（4-48）} \tag{7-52}$$

该凸优化问题可以在几何时间内求解完毕。假设 λ, β, μ, ν 是对应限制条件的 Lagrange 算了，凸优化问题的求解算法如下。

算法 7-2　次梯度迭代算法求解速率优化问题的具体步骤

赋值迭代下标 $i=1$；

初始化 Lagrange 算子 $\lambda^{(i)}$、$\beta^{(i)}$、$\mu^{(i)}$、$\upsilon^{(i)}$，步长 $\xi_\lambda^{(i)}$、$\xi_\beta^{(i)}$、$\xi_\mu^{(i)}$、$\xi_\upsilon^{(i)}$，最大迭代次数 $I_{\max}$ 和迭代门限 v；

For $i=1$，　$I_{\max}$ do

　通过采用渐进次梯度法求解 Lagrange 函数获得 $\boldsymbol{R}^{(i)}$；

　利用 $\lambda^{(i)}$、$\beta^{(i)}$、$\mu^{(i)}$、$\upsilon^{(i)}$ 和步长 $\xi_\lambda^{(i)}$、$\xi_\beta^{(i)}$、$\xi_\mu^{(i)}$、$\xi_\upsilon^{(i)}$ 更新 Lagrange 算子 $\lambda^{(i+1)}$、$\beta^{(i+1)}$、$\mu^{(i+1)}$、$\upsilon^{(i+1)}$；

　if $|\lambda^{(i+1)} - \lambda^{(i)}| + |\beta^{(i+1)} - \beta^{(i)}| + |\mu^{(i+1)} - \mu^{(i)}| + |\upsilon^{(i+1)} - \upsilon^{(i)}| \leqslant v$

　跳出；

　End if

End for

返回 $\boldsymbol{R} = \boldsymbol{R}^{(i)}$：

7.5.3　性能仿真验证

性能评估在以下仿真场景中完成：初始化 RRH 个数 $M_0 = 3$ 和 F-AP 个数 $M_1 = 7$ 后，将其部署在 400m×400m 的区域内。基于该场景，将上述所提算法和传统的文件缓存和模式选择方案进行对比。

假设被考虑的用户被分配在同一个子载波上，用户根据业务种类分为热点用户和 V2I 用户。考虑到热点用户个数 $K_0 = 5$ 和 V2I 用户个数 $K_1 = 3$，V2I 用户需要在时隙 $T_{\text{th}} = 5$ 内完成请求文件的下载。系统中共存在 $N=500$ 个文件，各文件大小 $B=40$bit，用户请求文件分布服从 Zipf 分布。

所提算法在时变信道和文件流行度未知的仿真假设下进行性能验证。文件流行度未知的仿真假设包括两部分，固定的文件流行度分布（Zipf 参数为 1.3 的 Zipf 分布）和变动的文件流行度分布（数据产生服从相同 Zipf 分布，但是文件流行度排名改变）。时变信道的仿真是指仿真测试不同 ρ 值对性能的影响，此时，信道系数被量化分割成 5 个级别，信道状态转移概率同 ρ 的数值大小相关。

其他的仿真参数如下：带宽为 200kHz，噪声谱密度 $N_0 = 10^{-12}\,W/Hz$，RRH 最大传输功率为 10W，F-AP 最大传输功率为 40W，短、中、长期缓存特征被定义为最近的 1、10、100 次请求中，单一文件被请求的次数。仿真参数见表 7-1。

表 7-1　仿真参数

仿真参数	值
噪声谱密度 N_0	10^{-12}W/Hz
天线数 L_0、L_1	2、4
最大承载用户数 $S_{\max}^0$、$S_{\max}^1$	3、2
速率门限 R_{th}、时延门限 T_{th}	4B/slot、5slot
文件总数 N	500
文件大小 B	40B
回放存储 L	2000

由于现有的 DRL 方法无法直接应用于当前系统，因此为了验证所提算法的优越性，采用如下 3 个缓存策略作为对比方案。

LRU（Least Recently Used）：系统在进行文件替换时，采用 LRU 策略，即基于缓存的文件最近的请求，把最近最少使用的文件移除，让给文件 $\mathrm{Req}^*(t)$。

LFU（Least Frequently Used）：系统在进行文件替换时，采用 LFU 策略，即基于缓存的文件被请求的频次，把不常用的文件移除，让给文件 $\mathrm{Req}^*(t)$。

FIFO（First In First Out）：系统在进行文件替换时，采用 FIFO 策略，即基于文件缓存的时间，把最早缓存的文件移除，让给文件 $\mathrm{Req}^*(t)$。

同时，在相同文件缓存方法下，同如下传输模式方案进行对比。

ANA（All to Nearest AP）：系统在进行模式选择时，采用 ANA 策略，即基于路损状况，将用户接入路损最小的 F-AP 或者 RRH。特别的，只有当 F-AP 缓存了用户请求的文件时，用户才能选择 F-AP，因此，该传输模式方案会受限于 F-AP 能力和前传链路容量。

图 7-9 展示了不同学习效率 μ 和样本大小 D_b 下的算法性能收敛状况。由图 7-9 可知，在前几个周期内，DQN 处于学习过程初期，因此平均连续奖励较低，随着周期的增加，性能逐渐增加至饱和。同时，可以看出学习效率和样本大小对算法性能的影响，在学习效率较大时，性能收敛更快，在样本大小偏小时，性能最终稳定值更高。因此，学习效率和样本大小的选择对于具体问题最终的优化结果尤为重要，需要精心选择。

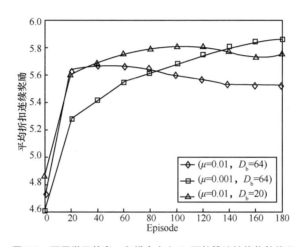

图 7-9　不同学习效率 μ 和样本大小 D_b 下的算法性能收敛状况

为了得到不同文件替换策略的性能，图 7-10 对比了所提方案和几种对比方案的平均缓存命中率。可以看出，所提方案的平均缓存命中率较其他方案更优。在缓存容量增加的情况下，所有方案的性能增加，最终达到饱和值，这是因为当缓存容量足够大时，具备更高流行度的文件已经被缓存了，而剩余文件能够提供的增益极为有限，影响缓存命中率的因素已经转为文件分布等其他因素。

在图 7-11 中，验证仿真了在变动的文件流行度分布假设下，所提算法的性能结果。用户请求通过一个文件流行度排名更改 Zipf 分布的产生。如图 7-11 所示，对比方案的性能很低，而所提算法能够与环境交互，学习并调整值函数 $Q(s,a)$。在调整完值函数的权重 ω 后，所提算法能够提供较高的缓存命中率，并维持在相对稳定的值，验证了所提算法的鲁棒性。

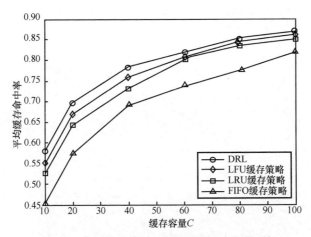

图 7-10　不同文件替换方案的平均缓存命中率比较

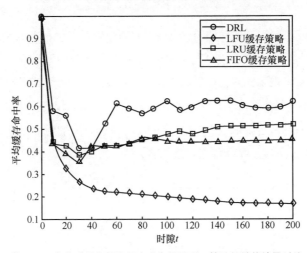

图 7-11　在变动的文件流行度分布假设下，算法的性能结果对比

　　除了文件缓存的影响，还分析了时变信道的影响。由图 7-12 可以看出，网络奖励随着 ρ 的增加而增加，这是因为更高的 ρ 值可获得更精确的信道状况信息，在 ρ 值为 1 时，信道变为平坦信道。通过仿真结果可知，相较于对比方案，所提算法能够取得更好的性能，缓存容量增加时，性能随之增加。这是因为所提算法考虑了时变信道的影响，并利用了缓存容量，在时变信道环境下，训练好的 DQN 能够提供更好的模式选择。随着转移概率的增加，所提算法与对比方案的差距变小，在 ρ 值为 1、信道变为平坦信道时，相同缓存容量下的差距变为 0。

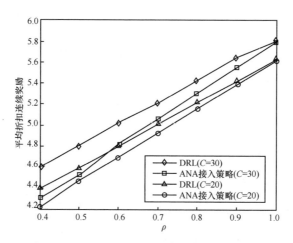

图 7-12　不同 ρ 值下的算法奖励对比

图 7-13 验证了不同前传链路容量和 F-AP 容量对系统性能的影响。如前文所述，前传链路容量 S_{max}^0 和 F-AP 容量 S_{max}^m 限制了选择接入 RRH 和 F-AP 的用户数目。假设仿真中所有 F-AP 的容量 S_{max}^m 相等，由图 7-13 可知，随着前传链路容量 S_{max}^0 和 F-AP 容量 S_{max}^m 的增加，网络奖励增加，这是由于更高的容量为用户提供了更多的选择，使得网络总奖励更高。例如，在 F-AP 容量偏小时，更多的用户会选择接入 RRH，而前传链路会由于负载加重而使得性能降低。

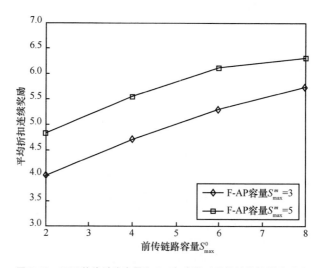

图 7-13　不同前传链路容量和 F-AP 容量对系统性能的影响对比

|7.6　F-RAN 垂直行业应用 |

F-RAN 结合了 C-RAN、H-C-RAN 和雾计算的灵活接入网架构，同时保留了 C-RAN 和 HPN 的优点[17]。其中，HPN 用以实现控制面的功能，为 F-UE、F-AP 提供控制信令。此外，由于 HPN 发射功率较强，可以提供较广的覆盖面积，因此也可以为高速移动的 F-UE 提供无缝覆盖，从而减少移动设备的频繁切换。F-RAN 将 C-RAN 中的 RRH 融合了 CRSP 与 CRRM 功能，从而演进为 F-AP。F-AP 拥有灵活的资源处理能力，可以利用其存储、计算能力为用户提供缓存与计算服务，当 F-AP 不需要为用户提供缓存与计算服务时，也可以退化为 RRH[18]。此外，F-UE 也具备存储与计算功能，并且 F-AP 与 F-UE 之间支持 D2D 通信，由此可以提升网络计算与存储能力。值得注意的是，虽然 F-RAN 由 C-RAN 与 H-CRAN 演进而来，但是在扩展其功能的情况下，也保留了传统网络的优势，并且还可以兼容其他 5G 应用，以实现灵活组网与以用户为中心的多样化业务需求。

在 F-RAN 中，可以借助虚拟化技术实现网络中计算资源的灵活配置和共享，也可以通过网络功能虚拟化技术实现不同的计算功能，以支持不同的业务需求[19]。此外，F-RAN 还可以挖掘计算资源的复用增益，在满足移动业务需求的同时减少所消耗的计算资源和能耗。因此，F-RAN 是移动通信演进的重要组成部分，其在各方面的应用也备受关注，本节将从业务层面以及垂直应用层面讨论 F-RAN 的应用。

7.6.1　F-RAN 在不同移动业务中的应用

如今通信技术快速发展，各类新型服务层出不穷，如图 7-14 所示，现代已从丰富的图像、视频、音频等向虚拟现实、生态服务迈进。新技术的更新换代，也带来了人们日益提高的服务质量需求，例如在时延、准确率、能耗方面的各类指标。无线网络作为支撑现代大量高计算需求以及高密度的服务需求的骨干网络，在对业务进行分组传输中承担着不可忽视的作用。

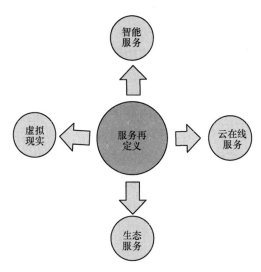

图 7-14　新型服务类型

虽然现在服务业务类型众多，但是根据其在处理与通信过程中存在的不同的依托关系，文献[20]将其区分为数据密集型业务与计算饥饿型业务。其中，数据密集型业务主要在于数据的分组传输，其处理过程服务于通信过程；而计算饥饿型业务主要在于应用级数据处理，其通信过程服务于处理过程。接下来将对 F-RAN 在数据密集型业务与计算饥饿型业务中的应用进行介绍。

（1）F-RAN 在数据密集型业务的分组传输中的应用

数据密集型业务可进一步根据其对时延的需求分为时延敏感的数据密集型业务以及时延可容忍的数据密集型业务。其中，时延敏感的数据密集型业务为对时间要求十分苛刻的业务，例如实时信号采集、传输等；时延可容忍的数据密集型业务为对时间要求存在一定容忍程度的业务，例如文件传输、视频下载等。在此类业务中，F-RAN可以提供核心网与终端业务需求用户之间的数据分组转发。由于 F-RAN 保留了C-RAN 的无线云中心结构，因此，无线云中心与雾节点的计算资源可用于通信处理，雾节点的通信资源可用来进行分组的传输与接收。相较于时延敏感的数据密集型业务与时延可容忍的数据密集型业务在服务质量方面的不同保障方式（如时延敏感的数据密集型业务需保障传输速率以提升服务质量，时延可容忍的数据敏感型业务需保障数据分组平均时延以提升服务质量），F-RAN 可以通过灵活的资源配置来实现。

（2）F-RAN 在计算饥饿型业务的应用级处理中的应用

在人脸识别、病毒扫描处理等计算饥饿型业务中，可以利用 F-RAN 为用户提供辅助的应用级处理，将 F-RAN 中无线云中心与雾节点的功能设置为数据通信处理与应用级处理功能，并且将 F-RAN 中的雾节点的资源用于数据的应用及处理，而不再是用于进行通信处理，以此来为计算资源有限的设备提供辅助的计算处理能力，从而降低其计算时延，提升服务质量与用户体验。

7.6.2　F-RAN 在垂直行业中的应用

随着无线网络向 B5G/6G 发展，基站密度快速增加，移动业务呈指数增长趋势。思科预测，到 2022 年，移动网络将支持 80 多亿个人移动设备和 40 亿物联网设备，移动数据流量将达到每月 77.5EB，年均复合增长率为 46%[20]。到 2023 年，全球 70%以上的人口将拥有移动连接，将有 87 亿手持或个人移动设备和 44 亿 M2M 连接，全球将下载 2991 亿移动应用程序。此外，在 5G 向 6G 过渡期间，将引进大量新的物联网设备，数量从 10 亿规模的 5G 网络增加到 6G 的 1000 亿规模[5]。连接设备数量的快速增长和应用程序的多样性导致网络流量的爆炸。F-RAN 通过将计算和存储资源推送到网络边缘来实现无线网络中的云计算[15]。由于 F-RAN 在计算、存储以及灵活组网方面的优势，其可以为各垂直行业应用场景提供及时的服务、充足的资源以及方便的组网。F-RAN 在面向大规模接入的应用（如物联网等）、面向即时通信的应用（如车联网等）以及面向实时接入的应用（如 AR 等）方面均有突出贡献。本节将进一步阐述 F-RAN 在无人机、移动 AR 方面的应用。

（1）F-RAN 在无人机中的应用

新兴的无人机技术及其应用已成为未来蜂窝网络中的海量物联网（mIoT）生态系统的一部分。根据美国联邦航空管理局的报告，无人机机队将比预计的多 1 倍，到 2022 年将达到 400 万台[15]。由于将无人机连接到蜂窝网络可以实现更好的控制和通信，无人机市场的增长有望为蜂窝运营商带来新的商机。现如今，无人机已经被用于执行各种服务，如公共保护、救灾行动、监视应用、交通管理、商业服务，以及将蜂窝网络覆盖范围扩展到偏远地区、充当飞行基站等[21]。3GPP 正在探索将无人机作为一种新型用户设备服务于空中 UE 的挑战和机遇。无人机可促进用于 mIoT 应用的物联网生态系统的开发。无人机将实现物联网的功能，因为无人机从一开始就可以有效地将静止连接的传感器替换为一个设备，该设备可以部署到不同的位置，能够承载灵活的付费负载，在任务中可重新编程，能够从任何地方测量任何东西，部署简单，成本效益高。移动边缘计算和雾无线接入网以及机器学习算法是解决复杂网络问题的一种新兴方法。因此，文献[8]提供了一种新的无人机飞行结构定位方法。该体系结构采用了边缘物联网设备的分散深度强化学习（DRL），对在空对地（A2G）网络中执行计算卸载、资源分配和关联做出独立决策。

图 7-15 描述了无人机网络和地面网络的集成，其中来自云网络的资源通过虚拟化基带单元（VBBU）访问。在 VBBU 中，空中和地面网络基础设施的网络资源以智能方式虚拟化。根据网络需求，在基础设施中分配资源。拥有云计算资源的 F-RAN 由基于服务器的应用程序通过数字网络或公共互联网本身提供。云上可用的资源没有边缘物联网设备。因此，边缘物联网设备需要本地化的计算节点和资源，以实现超可靠性、低阶和大规模（无处不在）连接等特点。虚拟 BBU 池位于数据中心，多个 BBU 节点动态分配资源给不同的网络操作员。根据当前网络需求，将资源分配给空中网络和地面网络。资源被虚拟化为 N 个网络切片，这些切片可以在云上找到，并且网络虚拟化允许将网络资源切片并授予多个租户。因此，将 F-RAN 应用于无人机架构中，可以扩展其资源提供能力，并带来低时延、允许大规模接入的优势。

（2）F-RAN 在移动 AR 中的应用

通信和计算的超低时延操作使许多潜在的物联网应用成为可能，近年来受到广泛关注。现有的移动设备和电信系统可能无法提供高度期望的低时延计算和通信服务。雾无线接入网架构由于其将云的高效计算能力下沉到网络边缘，允许将计算密集型任务分配给多个 F-RAN 节点，因此，F-RAN 在满足超低时延应用的需求方面具有巨大潜力。与遥远的"云"相比，F-RAN 具有通过前端无线通信和用户附近多个 F-RAN 节点协同计算来满足超低时延的能力。首先，由于 F-RAN 被部署在网络的边缘，因此可以通过对 F-RAN 的无处不在的无缝无线接入来实现实时交互的应用。其次，在多个 F-RAN 节点之间进行分布式计算，可以进一步降低计算时延。由于大数据流量不再穿越核心网络，因此可以显著降低通信时延，此外，F-RAN 减少了回传拥塞，同样也可以减少时延。最后，F-RAN 可以将其存储用作缓存，从而为超低时延应用程序提供更好的服务质量。文献[22]将 F-RAN 应用于典型的移动 AR 场景，通过摄像机捕捉图像，再将其发送至跟踪模块进行姿态跟踪计算，其计算结果用于偏移虚拟组件的正确位置和方向，然后渲染模块将虚拟组件覆盖在捕获的图像上进行显示。F-RAN 提供移动 AR 服务时，跟踪模块作为服务中计算量最大的部分将由 F-RAN 进行处理，而其他模块则在智能手机中运行。来自智能手机的每个服务请求将被发送到最近的充当控制器的 FN 中，并将这个 FN 作为此服务请求的主 FN 中，主 FN 负责决定选择哪些 FN 进行协作计算。主 FN 通过将图像的不同部分（其大小与所分配任务的工作量成比例）分配给其他 FN 进行跟踪计算，从而完成任务划分。AR 跟踪数据将被分割成不同的片段，并通过无线传输从主 FN 传输到不同的 FN 进行计算。当所有的 FN 单独完成任务时，主 FN 将收集、统一跟踪数据并将跟踪结果发送回初始智能手机。

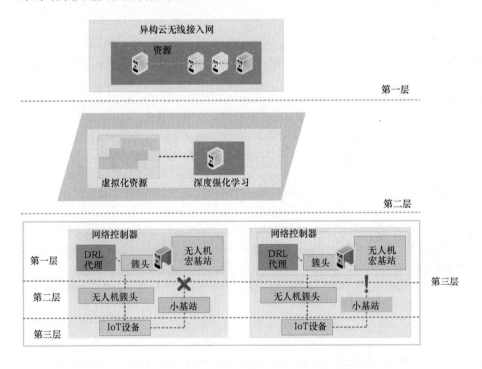

图 7-15　无人机支持的雾无线接入网系统架构[21]

7.6.3　小结

　　F-RAN 结合了 C-RAN、异构 C-RAN 和雾计算的灵活接入网架构，同时保留了 C-RAN 和 HPN 的优点。在 F-RAN 中，可以借助虚拟化技术实现网络中计算资源的灵活配置和共享，也可以通过网络功能虚拟化技术实现不同的计算功能，以支持不同的业务需求。F-RAN 还可以挖掘计算资源的复用增益，在满足移动业务需求的同时减少所消耗的计算资源和能耗。由于 F-RAN 在计算、存储以及灵活组网方面的优势，其可以为各垂直行业应用场景提供及时的服务、充足的资源以及方便的组网，还可以在移动 AR、无人机等诸多方面被广泛应用。

▎参考文献▎

[1]　IEEE standard for adoption of openfog reference architecture for fog computing[Z]. 2018.

[2]　孙耀华. 雾无线接入网络中基于博弈理论的资源分配方法[D]. 北京: 北京邮电大学, 2019.

[3]　CHIANG M, ZHANG T. Fog and IoT: an overview of research opportunities[J]. IEEE Internet of Things Journal, 2016, 3(6): 854-864.

[4]　CHIANG M, HA S, RISSO F, et al. Clarifying fog computing and networking: 10 questions and answers[J]. IEEE Communications Magazine, 2017, 55(4): 18-20.

[5]　MAO Y, YOU C, ZHANG J, et al. A survey on mobile edge computing: the communication perspective[J]. IEEE Communications Surveys Tutorials, 2017, 19(4): 2322-2358.

[6]　巫金沃. 雾无线接入网架构下的资源分配技术研究[D]. 成都: 电子科技大学, 2019.

[7]　TALEB T, SAMDANIS K, MADA B, et al. On multi-access edge computing: a survey of the emerging 5G network edge cloud architecture and orchestration[J]. IEEE Communications Surveys & Tutorials, 2017, 19(3): 1657-1681.

[8]　OPPERMANN M, ABBAS R. 6G white paper research challenges for trust, security and privacy[Z]. 2020.

[9]　Mobile edge computing (MEC): framework and reference architecture[R]. France: ETSI, 2016: 1-18.

[10]　PENG M, YAN S, ZHANG K, et al. Fog-computing-based radio access networks: issues and challenges[J]. IEEE Network, 2016, 30(4): 46-53.

[11] PENG M, LI Y, QUEK T Q S, et al. Device-to-device underlaid cellular networks under rician fading channels[J]. IEEE Transactions on Wireless Communications, 2014, 13(8): 4247-4259.

[12] CAO X, PENG M, DING Z. A game-theoretic approach of resource allocation in NOMA-based fog radio access networks[C]//Proceedings of the 2019 IEEE 90th Vehicular Technology Conference. Piscataway: IEEE Press, 2019: 1-5.

[13] AI Y, PENG M, ZHANG K. Edge cloud computing technologies for internet of things: a primer[J].Digital Communications and Networks, 2017.

[14] HU Y, JIANG Y, BENNIS M, et al. Distributed edge caching in ultra-dense fog radio access networks: a mean field approach[C]// Proceedings of the 2018 IEEE 88th Vehicular Technology Conference. Piscataway: IEEE Press, 2018: 1-6.

[15] 郭坤. 雾无线接入网络的计算与通信协同技术研究[D]. 西安: 西安电子科技大学, 2019.

[16] ZHANG H, QIU Y, LONG K, et al. Resource allocation in NOMA-based fog radio access networks[J]. IEEE Wireless Communications, 2018, 25(3): 110-115.

[17] PARK S, SIMEONE O, SHITZ S. Joint optimization of cloud and edge processing for fog radio access networks[J]. IEEE Transactions on Wireless Communications, 2016, 15(11): 7621-7632.

[18] DAI L, WANG B, YUAN Y, et al. Non-orthogonal multiple access for 5G: solutions, challenges, opportunities, and future research trends[J]. IEEE Communications Magazine, 2015, 53(9): 74-81.

[19] DANG T, PENG M. Joint radio communication, caching, and computing design for mobile virtual reality delivery in fog radio access networks[J]. IEEE Journal on Selected Areas in Communications, 2019, 37(7): 1594-1607.

[20] ZHANG H, QIU Y, CHU X, et al. Fog radio access networks: mobility management, interference mitigation, and resource optimization[J]. IEEE Wireless Communications, 2017, 24(6): 120-127.

[21] Cisco Visual Networking Index. Cisco visual networking index: global mobile data traffic forecast update, 2017-2022[R]. 2019.

[22] MOZAFFARI M, SAAD W, BENNIS M, et al. A tutorial on UAVs for wireless networks: applications, challenges, and open problems[J]. IEEE Communications Surveys & Tutorials, 2019, 21(3): 2334-2360.

第 8 章

6G 智慧无线通信

智能通信被认为是 5G 之后无线移动通信后续发展的主流方向之一，其基本思想是将智能元素引入无线移动通信的各个层面，实现无线移动通信与人工智能技术有机结合，大幅度提升移动通信系统的效能。通过人工智能算法进行无线网络设计与优化，可大幅度减少人工操作的低效配置以及网络事故的发生，实现接入网架构、协议、站点、运维的全面简化，推动无线接入网络的全生命周期自配置、自优化和自治愈，满足 6G 无线网络的要求。本章介绍人工智能技术的基本原理，并对人工智能技术在物理层、资源调配、网络结构、网络管理、业务层等方面的应用进行详细的探讨。

近年来，随着移动互联网、工业物联网、智慧车联网等迅猛发展，各类业务对峰值速率、时延、连接密度等性能指标都有了新的更高的要求。这些新要求给传统无线网络理论、架构和关键技术带来巨大挑战，6G 亟须向智能化、灵活化、易操作化方向发展。而人工智能（AI）技术的成熟与进步，为无线通信网络和未来应用之间搭建了一座桥梁。通过人工智能进行无线网络设计与优化，可大幅度减少人工操作的低效配置以及网络事故的发生，实现接入网架构、协议、站点、运维的全面简化，推动无线接入网络的全生命周期自配置、自优化和自治愈，满足 6G 性能目标要求。

本章将对 AI 在 6G 中的应用进行介绍，首先对 AI 的原理与分类进行讲述，进而对 AI 在物理层、资源调配、网络结构、网络管理、业务层等方面的应用进行探讨。

|8.1 人工智能基本原理 |

AI 是研究、开发用于模拟、延伸和扩展人的智能理论、方法、技术及应用的一门新的技术科学，是认知、决策、反馈的过程。它是研究使计算机模拟人的某些思维过程和智能行为（如学习，推理，思考，规划等）的学科，主要包括计算机实现智能的原理，制造类似人脑智能的计算机，使计算机能实现更高层次的应用等。

AI 是计算机科学的一个分支，目标是了解智能的实质，并生产出一种新的能以与人类智能相似的方式做出反应的智能机器，该领域的科研工作包括机器人、语言识别、

图像识别、自然语言处理（NLP）和专家系统等。AI 的工作原理是计算机通过传感器
（或人工输入的方式）来收集关于某个情景的信息，然后根据收集的信息计算各种可能
的动作，并将此信息与已存储的信息进行比较，以确定它的含义，然后预测哪种动作的
效果最好。

人工智能目前主要有 3 个主流分支：认知人工智能（Cognitive AI）、机器学习
和深度学习。

8.1.1　认知人工智能

认知人工智能也叫认知计算，它是最受欢迎的一个人工智能分支，负责所有感
觉"像人一样"的交互。认知 AI 必须能够轻松处理复杂性和二义性，同时还持续
不断地在数据挖掘、NLP 和智能自动化的经验中学习。

8.1.2　机器学习

机器学习是人工智能分支中目前应用最为广泛的一个类别，其原理是要在大数据中
寻找一些"模式"，然后在没有过多的人为解释的情况下，用这些模式来预测结果，而
这些模式在普通的统计分析中是看不到的。机器学习需要 3 个关键因素才能有效。

（1）大量的数据。通过传感器产生大量的数据并输入模型，用以实现可靠的输
出评分。

（2）发现。为了理解数据和克服噪声，机器学习使用的算法可以对混乱的数据
进行排序、切片并转换成可理解的形式。

（3）转换。部署机器学习到软件当中，提高嵌入式机器学习与提供它的服务紧
密结合的能力。

8.1.3　深度学习

深度学习将大数据和无监督算法分析相结合，通常围绕着庞大的未标记数据集，
这些数据集需要结构化成互联的群集。这种灵感来自人类大脑中的神经网络，因此
也经常称其为人工神经网络。深度学习是许多现代语音和图像识别方法的基础，并

且与以往提供的非学习方法相比，随着时间的推移，其具有更高的准确度。

8.1.4　常见的人工智能学习方法

目前主流的人工智能学习方法主要有两个分支:机器学习方法和深度学习方法。

按照算法学习方式，机器学习方法可分为监督学习（Supervised Learning，SL）、半监督学习（Semi Supervised Learning，SSL）、无监督学习（Unsupervised Learning，USL）和强化学习（Reinforcement Learning，RL）4 类；按照算法实现的功能、算法形式的类似性和所要训练数据的复杂程度，机器学习方法可以分为：分类（Classification）、回归（Regression）、聚类（Clustering）和降维（Dimensionality Reduction）4 类。

深度学习方法主要包括不同类型的深度神经网络，以实现不同学习目标。主要分为深度神经网络（Deep Neural Network，DNN）、卷积神经网络（Convolutional Neural Network，CNN）和循环神经网络（Recurrent Neural Network，RNN）。表 8-1 引出了常见的人工智能学习方法。

表 8-1　常见的人工智能器学习方法

监督学习	K-近邻（K-Nearest Neighbor，KNN）算法
	决策树（Decision Tree）
	朴素贝叶斯（Naïve Bayesian）
	多重线性回归/逻辑回归（Logistic Regression，LR）
	支持向量机（Support Vector Machine，SVM）
半监督学习	直推学习（Transductive Learning）
	归纳学习（Inductive Learning）
无监督学习	关联规则学习
	聚类（如 K 均值（K-means）聚类、Expectation Maximization 算法）
	降维（如主成分分析（Principal Component Analysi，PCA））
强化学习	Q 学习（Q-Learning）算法
	时序差分（Temporal Difference, TD）学习算法
深度学习	深度神经网络：增加隐藏层层数，提高收敛速度
	卷积神经网络：降低神经网络参数，提高算法鲁棒性
	循环神经网络：可以对时间序列上的变化进行建模

8.1.4.1　监督学习

在监督学习中，输入数据被称为"训练数据"，每组训练数据有一个明确的可描述性标签或因变量结果。在建立预测模型的时候，监督学习会建立一个学习过程，将预测结果与训练数据的实际结果进行比较，不断调整学习到的预测模型函数，直到模型的预测结果达到一个预期的准确率[1]。

（1）K-近邻算法

概念：如果一个样本在特征空间中的 K 个最相似（即特征空间中最邻近）的样本大多数属于某一个类别，则该样本也属于这个类别，其中 $K \leqslant 20$，如图 8-1（a）所示。

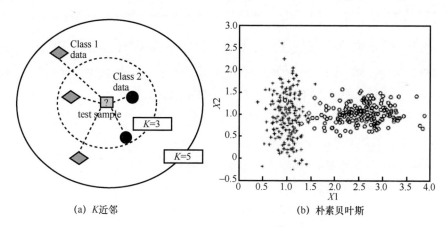

(a) K 近邻　　　　　　　　　　(b) 朴素贝叶斯

图 8-1　K-近邻和朴素贝叶斯示例

思路：① 计算测试数据与各个训练数据之间的距离；

② 按照距离的递增关系进行排序；

③ 选取距离最小的 K 个点；

④ 确定前 K 个点所在类别的出现频率；

⑤ 返回前 K 个点中出现频率最高的类别作为测试数据的预测分类。

（2）决策树

概念：决策树是一个预测模型，代表对象属性与对象值之间的一种映射关系。树中每个节点表示某个对象，每个分叉路径代表某个可能的属性值，每个叶节点对应不同路径所表示的对象的值。决策树主要应用于分类和回归问题，常用的方法有分类及回归树（Classification and Regression Tree，CART）、ID3 等。

思路：① 从根节点开始由它的分支对该类型的对象依靠属性进行分类；

② 依靠对源数据库的分割进行数据测试，该步骤通过修剪完成；

③ 当不能再进行分割或一个单独的类可以被应用于某一分支时结束。

（3）朴素贝叶斯

概念：一种生成方法，直接找出特征输出和特征的联合分布，然后得出条件分布。朴素贝叶斯分类器基于一个简单的假定：给定目标值时属性之间相互条件独立。它的原理就是对于给出的待分类项，求解在此项出现的条件下各个类别出现的概率，并将此项分类到概率最大的类别，如图 8-1（b）所示。

（4）多重线性回归/逻辑回归

概念：逻辑回归与多重线性回归共同归于广义线性模型，但多重线性回归直接将 ax+b 作为因变量，即 $y = ax+b$，逻辑回归则通过函数 S 将 ax+b 对应到一个隐状态 p，$p = S(ax+b)$，然后根据 p 与 $1-p$ 的大小决定因变量的值。函数 S 就是 Sigmoid 函数。逻辑回归的因变量可以是二分类的，也可以是多分类的，实际中最常使用二分类逻辑回归，如图 8-2（a）所示。

思路：① 寻找预测函数 h（即 hypothesis）；

② 构造 J 函数（损失函数）；

③ 利用梯度下降法求解 J 函数的最小值并求得回归参数。

（5）支持向量机

概念：SVM 通过结合高斯"核"，利用非线性映射 p 把样本低维空间映射到高维特征空间中，使原来的非线性可分问题转换为特征空间中的线性可分问题，如图 8-2（b）所示。

思路：① 建立一个最大间隔超平面；

② 在分开数据的超平面的两边建立两个互相平行的超平面；

③ 建立合适的分隔超平面，使两个与之平行的超平面间的距离最大化。

表 8-2 给出了不同监督学习方法的优缺点。

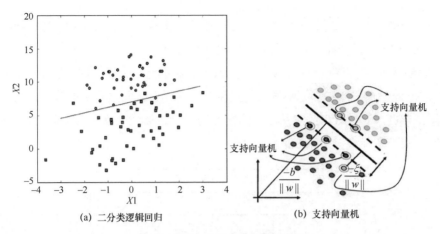

(a) 二分类逻辑回归　　　　　(b) 支持向量机

图 8-2　逻辑回归和支持向量机示例

表 8-2　不同监督学习方法的优缺点

方法	特征
K-近邻	简单有效，分类器不需要使用训练集进行训练，训练时间复杂度为 0。 计算复杂度低，为 $O(n)$；在类别决策时，只与极少量的相邻样本有关，适用于类域的交叉或重叠较多的待分样本集
决策树	易于理解和实现，能够直接体现数据的特点；数据准备简单，能够同时处理数据型和常规型属性；易于通过静态测试对模型可信度进行评测
朴素贝叶斯	有稳定的分类效率；能个处理多分类任务，适合增量式训练；对缺失数据不太敏感；但不能学习特征间的相互作用，即会产生特征冗余，所以适用于不同维度之间相关性较小的模型
逻辑回归	分类时计算量小、速度快，需要的存储资源较少
支持向量机	无须知道非线性映射的显式表达式；计算的复杂性取决于支持向量的数目，避免了"维数灾难"

8.1.4.2　半监督学习

在此学习方式下，输入数据部分有标签，部分没有标签。半监督学习首先需要学习数据的内在结构以便合理地组织数据进行预测，主要应用于分类和回归问题。算法首先试图对未标识数据进行建模，在此基础上再对标识的数据进行预测。主要算法包括图论推理(Graph Inference)算法或者拉普拉斯支持向量机(Laplacian SVM)等。

半监督学习（SSL）按照统计学习理论可分为直推 SSL 和归纳 SSL 两类模式。直推 SSL 只处理样本空间内给定的训练数据，利用训练数据中有类标签的样本和无类标签的样例进行训练，预测训练数据中无类标签的样例的类标签；归纳 SSL 处理整个样本空间中所有给定和未知的样例，同时利用训练数据及未知的测试样例一起进行训练。从不同的学习场景看，SSL 可分为四大类，即分类、回归、聚类和降维，如图 8-3 所示。

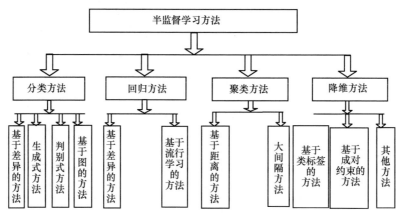

图 8-3　半监督学习分类

8.1.4.3　无监督学习

在无监督学习中，训练数据不存在可描述性标签或因变量结果，学习模型是为了推断出数据的一些内在结构。常见的应用场景包括关联规则的学习、降维以及聚类等。常见算法包括 Apriori 算法以及 K-means 算法。

Apriori 算法是一种挖掘关联规则的算法，用于挖掘其内含的、未知的却又实际存在的数据关系，其核心是基于两阶段频繁项集思想的递推算法：① 寻找频繁项集；②由频繁项集找关联规则。K-means 聚类算法以 k 为参数，把 n 个对象分成 k 个簇，使簇内具有较高的相似度，而簇间的相似度较低，如图 8-4 所示。该算法的输出是一组标签，这些标签将每个数据点都分配到了 k 个簇中的一组。在 K 均值聚类中，这些簇的定义方式是为每个组创造一个重心，它们可以捕获离自己最近的点，并将其加入自己的聚类中。

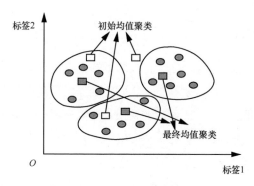

图 8-4　*K*-means 聚类方法

8.1.4.4　强化学习

在这种学习模式下，输入数据作为对模型的反馈，不像监督模型那样，其仅仅作为一个检查模型对错的方式，在强化学习下，输入数据直接反馈到模型，模型必须立刻对此进行调整。常见的应用场景包括动态系统以及机器人控制等。常见算法包括 *Q*-Learning 以及时间差学习（Temporal Difference Learning）。强化学习通常使用马尔可夫决策过程（Markov Decision Process，MDP）来描述，具体而言：机器处在一个环境中，每个状态为机器对当前环境的感知；机器只能通过动作来影响环境，当机器执行一个动作后，会使得环境按某种概率转移到另一个状态，同时，环境会根据潜在的奖赏函数反馈给机器一个奖赏。综合而言，强化学习主要包含 4 个要素：状态（机器对环境感知到的所有状态）、动作（机器采取的行为动作）、转移概率（执行某个动作后状态的变化概率）以及奖赏函数（环境反馈给机器的奖惩），如图 8-5 所示。

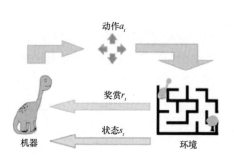
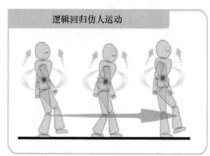

图 8-5　强化学习示例

8.1.4.5　分类和回归

分类和回归属于监督学习范畴，指在数据挖掘中根据输入数据的特征将其划分到合适的标签的学习方法。区别在于分类问题的输出是离散型变量，是一种定性输出，目的是寻找决策边界；回归问题的输出是连续型变量，是一种定量输出，目的是找到最优拟合。线性回归、决策树、SVM 等都可以用于分类和回归问题。常见的回归算法包括：最小二乘法、逻辑回归、逐步式回归（Stepwise Regression）、多元自适应回归样条（Multivariate Adaptive Regression Splines）以及本地散点平滑估计（Locally Estimated Scatterplot Smoothing）。

8.1.4.6　聚类

聚类属于无监督学习，用于分析样本的属性，但在预测之前不知道样本的属性范围，只能凭借样本的特征空间分布来分析其属性，试图找到数据的内在结构，以便按照最大的共同点将数据进行归类。常用的聚类算法包括 K 均值聚类、高斯混合模型（GMM）。

8.1.4.7　降维

降维是机器学习的另一个重要的领域，有很多重要的应用。数据特征的维数过高，会增加训练的负担与存储空间，降维就是希望去除特征的冗余，用更少的维数来表示特征，从而压缩数据，提升算法的效率。最基础的降维算法是主成分分析算法。

8.1.4.8　深度学习

深度学习示例如图 8-6 所示。一个简单的神经网络的逻辑架构包括输入层、隐藏层和输出层，如图 8-7（a）所示。输入层负责接收信号，隐藏层负责对数据的分解与处理，最后的结果被整合到输出层。每层中的一个圆代表一个处理单元，认为其模拟了一个神经元；若干个处理单元组成一个层，可以将其看作一个逻辑回归模型；若干个层组成一个网络，即神经网络。单个神经元将各个输入与相应权重相乘，然后加偏置参数，最后通过非线性激活函数。

原始数据特征

传统机器学习算法拟合特征

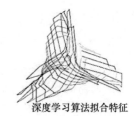
深度学习算法拟合特征

图 8-6　深度学习示例

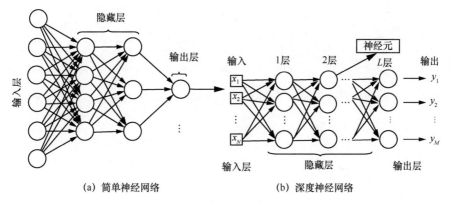

(a) 简单神经网络　　　　　(b) 深度神经网络

图 8-7　简单神经网络和深度神经网络示例

深度学习与传统的神经网络存在异同。相同点：深度学习采用了与神经网络相似的分层结构，由输入层、隐藏层（多层）、输出层组成，只有相邻层节点之间有连接，同一层以及跨层节点之间无连接，每一层可被看作一个逻辑回归模型。不同点：传统神经网络采用反向传播迭代的算法来训练整个网络，随机设定初值，计算当前网络的输出，根据当前输出和标签之间的差更新参数，直到收敛。而深度学习整体上是一个 Layer-Wise 的训练机制，有效解决了多层反向传播神经网络因残差传播变小导致的梯度消失问题。

深度神经网络增加了隐藏层的数量，使神经元可以表示异或运算，如图 8-7（b）所示。但是随着层数和神经元数量的增加，会遇到如梯度消失、收敛缓慢以及收敛到局部最小值等问题。卷积神经网络（CNN）是一种前馈神经网络，如图 8-8（a）所示，包括卷积层和采样层等。它的人工神经元可以响应一部分覆盖范围内的周围单元，适用于大型图像处理。循环神经网络（RNN）是一类以序列数据为输入，在序列的演进方向进行递归且所有节点（循环单元）按链式连接的递归神经网络，如图 8-8（b）所示。在自然语言处理（如语音识别、语言建模、机器翻译等）领域有应用，也被用于各类时间序列预报。引入了卷积神经网络的循环神经网络可以处理包含序列输入的计算机视觉问题。

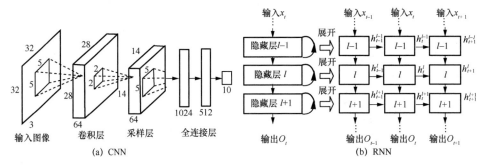

图 8-8　CNN 和 RNN 示例

8.1.5　小结

人工智能方法繁多，常见的有机器学习和深度学习算法，按照学习方式可以分为监督学习、半监督学习、无监督学习和强化学习；按照所实现的功能可以分为分类、回归、聚类和降维。监督学习算法可以分为人工神经网络类（例如反向传播、自组织映射、尖峰神经网络等）、贝叶斯类（例如多项朴素贝叶斯、平均-依赖性评估等）、决策树（例如随机森林、分类和回归树、卡方自动交互检测等）和线性分类器（例如多项逻辑回归、支持向量机等）；半监督学习类算法可以分为生成模型、低密度分离、基于图形的方法、联合训练等；无监督学习算法可以分为人工神经网络类（例如生成对抗网络（GAN）、逻辑学习机等）、关联规则学习（例如先验算法、Eclat 算法等）、分层聚类算法（例如单连锁聚类、概念聚类等）、聚类分析（例如期望最大化、模糊聚类、K 均值聚类等）和异常检测（例如 K 近邻、局部异常因子算法等）。每种算法都有其适合的训练和运行环境，使用时要综合考虑算法和数据集的特点。

|8.2　人工智能在物理层中的应用 |

　　智能通信被认为是 6G 发展的主流方向之一，其基本思想是将智能元素引入无线移动通信的各个层面，实现无线移动通信与人工智能技术有机结合，显著提升移动通信系统的效能，如图 8-9 所示。学术界和产业界正在上述领域展开探索，前期成果集中于应用层和网络层，主要思想是将机器学习特别是深度学习的思想引入无线资源管理和分配等领域。目前该方面科研工作正在向物理层推进，特别在物理层已经出现无线传输与深度学习结合的最新趋势[2-5]。

　　毫米波、MIMO、大规模天线等物理层技术的引进带来了物理层新空口协议的演进，对于无线信道来说，其在时域、频域、空域等多个维度上的不断扩展使得无线信道具备 4V 属性：海量 Volume（频段拓宽，带宽增加，天线数量增加，场景丰富）、多样性 Variety（无线信道状态随不同频段、带宽、传播环境而变化）、价值Value （无线信道状态获取或感知是发展无线传输技术的关键基础）和实时性Velocity（无线信道具有时变特性）。因此，相应的无线传输技术、空间信道估计、信号检测、信息反馈及重建等相关科研工作在国内外快速开展。

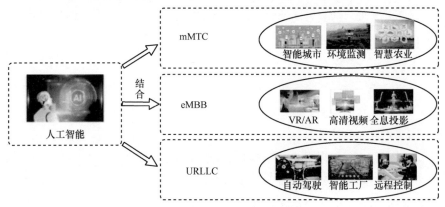

图 8-9 人工智能与通信需求的结合

　　传统物理层无线传输理论存在巨大挑战：（1）复杂信道条件下如何进行最优统计推断算法设计；（2）如何通过信源编码译码、信道编码译码、信号检测、信道估计等各个独立的模块功能最优转换为整体系统性能最优；（3）如何保证海量数据处理的有效性和可靠性。利用机器学习处理多种物理层技术应用，多优化问题求解存在优势：（1）可有效逼近与拟合任意复杂函数提取，处理隐含的特征；（2）打破原有的模块化结构，得到整体性能最优新架构；（3）已有分布式并行处理架构及专业化芯片使得机器学习算法具有更好的计算与能量性能。

8.2.1　基于模型驱动深度学习的多输入多输出检测

MIMO 检测器是通过展开迭代算法并加入一些可训练参数而设计的，由于可训练参数的数量比基于数据驱动深度学习的信号检测器要少得多，因此基于模型驱动深度学习的 MIMO 检测器可以用更小的数据集快速训练。文献[6]提及的 MIMO 检测器可以扩展到软输入软输出检测。具体实现如下。

不同于现有基于深度学习的拥有完美 CSI 的 MIMO 探测器，文献[6]考虑了基于信道估计的 MIMO 检测，由于考虑了信道估计误差和信道统计数据的特点，该方法提高了分布式天线接收机的性能,并且使用估计的有效载荷数据来改进信道估计。相较于现有的基于深度学习的 MIMO 检测器,新的检测器可以为解码器提供软输出信息，并吸收软信息。此外，只需学习少量的可训练参数便可大大减少对计算资源和训练时间的需求。仿真表明，此算法对信噪比（SNR）、信道相关性、调制符号和 MIMO 配置不匹配具有较强的鲁棒性。具体算法步骤如下：

（1）初始化各个参数；

（2）建立多层神经网络（如图 8-10 所示），包括线性估计器和非线性估计器；

（3）输入接收信号 y_d、估计的信道状态矩阵 H、等效噪声矩阵 R，目的是输出恢复后的原始输入信号 x_d。

图 8-11 给出了系统误比特率随信噪比的变化情况：随着信噪比的增加，误比特率下降，4 种不同的 MIMO 探测器在 3GPP MIMO 信道不同调制顺序场景下误比特率有所不同。由于实际信道条件差，信道相关性严重，变化频繁，导致文献[6]所提架构 OAMP-Net 2 在现实信道场景中误比特率损失较大。此外，每个神经网络层中只有 4 个可训练参数，可能会限制适应现实的 3GPP MIMO 通道的能力。尽管如此，所提架构 OAMP-Net2 的性能仍然优于 OAMP、LMMSE 和 ML 检测器，但增益有限。

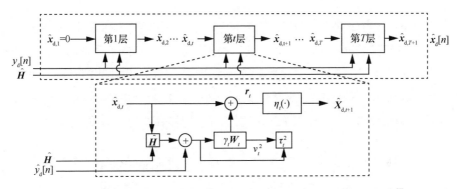

图 8-10　基于模型驱动深度学习的 MIMO 探测估计中建立的深度神经网络[7]

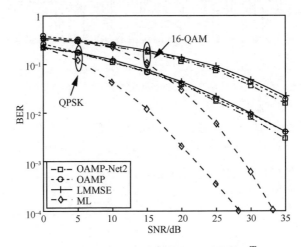

图 8-11　系统误比特率随信噪比的变化情况[7]

8.2.2　基于深度学习的信道状态信息反馈与重建

大规模 MIMO 是一种很有前途的提高链路容量和能源效率的技术。然而，这些优势都是基于基站上的可用信道状态信息而形成的。用户设备需要不断地将信道状态信息反馈给基站，从而消耗宝贵的带宽资源，而大规模 MIMO 的多天线技术严重增加了这种开销。文献[8]设计了一个多速率压缩感知神经网络框架（如图 8-12 所示）来压缩和量化信道状态信息。该框架不仅提高了重构精度，而且减少了用户设备处的存储空间，提高了系统的可行性、有效性。具体来说，其建立了信道状态信息反馈的两个网络设计原则，根据这些原则设计了一个新的网络架构CsiNet+，并开发了一个新的量化框架和训练策略。另外，还提供了两种不同的变速率方法，这两种方法在用户设备处的参数个数分别减少了 38.0% 和 46.7%。实验结果表明，CsiNet+的性能优于最先进的网络，代价是略微增加了额外的参数数量。

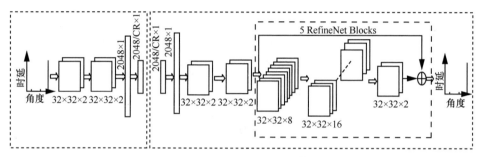

图 8-12　CsiNet+系统架构[8]

如图 8-13 所示，该方法首先对原始的信道状态信息（CSI）在编码器处（用户设备）进行压缩，然后量化产生比特流。在解码器（基站）中，接收到的测量向量首先被去量化，然后被输入多个神经网络中。

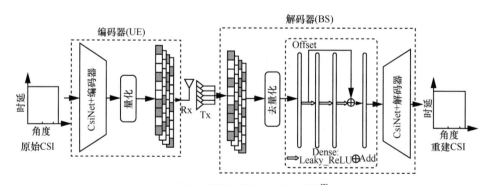

图 8-13　并行比特级 CsiNet+架构[8]

图 8-14 给出了最大均方误差与压缩率的变化情况：随着压缩率的增加，最大均方误差增加，其中室内情况要优于室外场景。在实际应用中，用户设备并不总是停留在一个场景中，它可能会从室内移动到室外。为了测试两个场景的 CsiNet+的重

构性能，使用室内和室外 CSI 对 CsiNet+进行训练。从图 8-14 可以看出，室内场景 CSI 的重构精度下降了很多，但室外场景 CSI 的重构精度几乎没有下降。训练时，室外 CSI 的损失远大于室内 CSI，MSE 损失函数主要使得室外 CSI 重建误差变得平滑而忽略了室内场景。

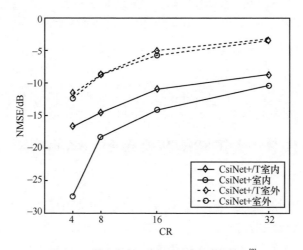

图 8-14　最大均方误差与压缩率的变化情况[8]

8.2.3　基于深度学习的自动调节识别

自动调制识别（AMR）是认知无线电（CR）发展过程中一个重要而富有挑战性的核心组成，是感知和学习环境并做出相应调整的自适应调制和解调能力的基石。AMR 本质上是一个分类问题，深度学习在各种分类任务中表现突出。文献[9]设计了一种基于深度学习的方法，结合两个训练在不同数据集上的 CNN，实现更高的 AMR 精度。使用 CNN 对由同相分量和正交分量信号构成的样本进行训练，以区分比较容易识别的调制方式。采用 dropout 而不是 pooling 的操作来达到更高的识别精度。另外还设计了一种基于星座图的 CNN，可以识别出原 CNN 难以区分的调制模式，如 16 倍幅值调制（QAM）和 64 倍幅值调制，即使在信噪比较低的情况下也能对 QAM 信号进行分类。

8.2.4 小结

目前，针对通信高可靠和超高容量无线通信的需求引起了广泛关注，然而，当前的通信系统依然受制于传统的通信理论，进而会导致网络性能的突破性提升受到限制。近年来，学术界和产业界出现了一些深度学习应用于物理层的相关工作，已有结果显示深度学习可应用于信道状态信息估计、信号编解码、干扰调整和信号检测等方面。基于人工智能的物理层应用需要数据驱动，为了提高深度学习模型的训练效率，可以将需要长时间训练的模块进行融合，并考虑在良好的性能和训练效率之间进行权衡。

| 8.3　人工智能在资源调配中的应用 |

随着高新智能移动客户端数量的增加和各种新颖的移动数据服务的出现，对无线通信网络资源的需求正在以爆炸式的速度增长，同时无线通信网络资源的分配面临着严峻的挑战。无线通信网络资源的调配问题和人们对网络资源的需求间的矛盾日益突出，并且传统无线通信网络资源调配方法存在不能很好地支持异构和动态的物联网网络、分配不合理、难以满足差异化业务需求、调配模式固定、无法适应多种无线传输技术和无线网络架构的特征、资源利用率不高等问题，严重弱化了网络的性能。因此，面向 6G 特征，对无线通信网络资源调配方法的革新成为当务之急。

为了解决上述问题，结合人工智能和传统资源调配方法形成的网络自感知、自适应、自调整的拥有智能化能力的资源调配方法亟须被提出，使用该方法对用户、网络、无线资源的动态状况进行全面的感知，建立差异化资源调配模型，并自主得出智能化的无线网络资源管理方法[7,10-12]。

8.3.1　基于资源块 Q-Learning 的物联网资源调配

在物联网和机器对机器（M2M）通信的大规模部署中，资源调配和频谱管理是两大挑战。此外，物联网网络单位面积上的大量设备也会导致拥塞、网络过载和信噪比恶化。为了解决这些问题，有效的资源调配在优化物联网网络的吞吐量、时延和电源管理方面都非常关键。文献[13]提出基于新的分布式基于资源块的 *Q*-Learning 算法，用于实现簇群物联网的智能设备和机器型通信设备（MTCD）中的时隙调度。在此基础上进一步设计了不同的 Q 值演化奖赏机制，并讨论和评估了它们对分布模型的影响。优化问题的目标是避免簇间和簇内干扰，并通过在多信道系统中使用频率分集来提高信干比（SIR）。

图 8-15 为基于资源块 Q 学习算法流程。图 8-16（a）给出了系统平均 SIR 随 SIR 阈值的变化情况。集中式（Centralized）调配优于分布式（Distributed）调配，这是因为与分布式调配相比，集中式调配的同一 SIR 级别的机器类型设备的数量更少。集中调配强调最大的 SIR，而不是最大限度地增加已允许的用户数量。而在分布式调配中，则同时考虑已被允许的用户和 SIR。

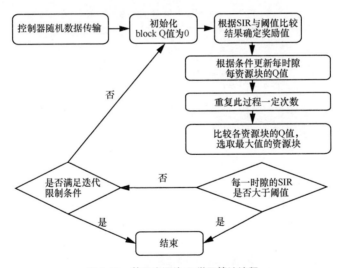

图 8-15　基于资源块 Q 学习算法流程

图 8-16（b）给出了不同奖励机制下的收敛概率，其中，a 表示学习率。悲观奖励方案（R1）优于乐观奖励方案（R2）和平衡类方案（R3），它具有最大的收敛概率，因为即时奖励偏向于负值，这使得控制器可以尝试不同的调配组合，从而增加了收敛的可能性。对于乐观奖励方案，即时奖励偏向于正值，控制器有更多的机会偏向于选择相同的组合（因为它给了它们正的奖励）。因此，控制器为时隙调配选择新组

合的概率很小，导致收敛的机会更小，故控制器将继续采用相同的时隙调配组合。

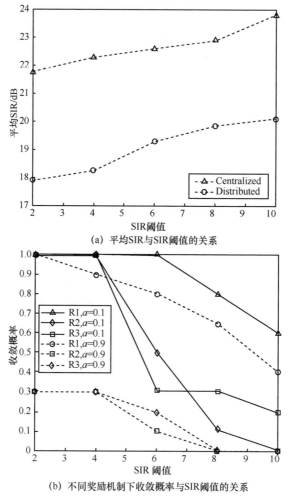

(a) 平均SIR与SIR阈值的关系

(b) 不同奖励机制下收敛概率与SIR阈值的关系

图 8-16　平均 SIR VS SIR 阈值、收敛概率 VS SIR 阈值[13]

8.3.2　基于深度学习的分布式天线系统中的功率分配方法

近年来，为了使分布式天线系统（DAS）的频谱效率（SE）和能量效率（EE）

最大化，功率调配算法进行了逐步革新。传统的迭代功率调配算法计算量大，在实际应用中难以实现。现有机器学习算法已被证明具有良好的学习能力和较低的计算复杂度，能够很好地逼近传统的迭代功率分配，并且易于在实际系统中实现。文献[14]设计了一种新的深度神经网络（DNN）模型，从机器学习的角度来看，传统的迭代算法可被看作信道增益与最优功率分配方案之间的非线性映射，而通过训练 DNN 学习用户信道实现和基于传统迭代算法的相应功率分配方案之间的非线性映射。在此基础上，提出一种基于 DNN 的功率分配方案，该方案可使功率系统的 SE 和 EE 达到最大。

图 8-17（a）介绍了基于 DNN 的功率分配方案，多个 DNN 对应多个不同用户最大发射功率约束下的非线性映射场景，多个 DNN 共同训练学习。每个 DNN 架构如图 8-17（b）所示，输入为各信道增益值，输出为各用户在各信道上的功率分配值，训练数据为次梯度方法产生的功率分配值。

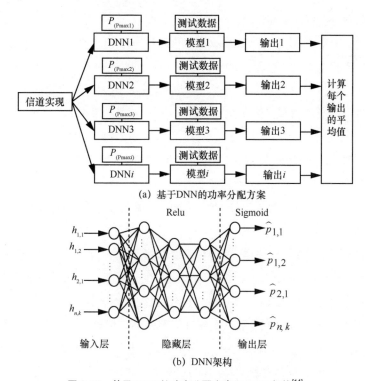

(a) 基于 DNN 的功率分配方案

(b) DNN 架构

图 8-17　基于 DNN 的功率分配方案及 DNN 架构[14]

图 8-18 给出了数据产生与训练流程，其中将信道增益值同时输入次梯度（Sub-gradient）算法和 DNN 中，并将二者输出值作为评估值对 DNN 参数进行更新，更新的目标是最小化损失函数。在深度神经网络建立方面，文献[14]对批数据数量以及学习速率对于损失函数大小的影响进行了分析。

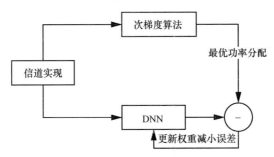

图 8-18　数据产生与训练流程[14]

求解功率分配优化问题具体步骤如下。

（1）建立 DNN。将 DNN 视为一个"黑盒子"，在优化问题中，将次梯度算法看作一个信道状态与功率分配的非线性映射，但映射规则未知，利用 DNN 学习此映射规则。

（2）确定激活函数等相关概念及公式。

（3）训练 DNN。将信道状态（增益）作为网络输入，将其通过传统次梯度算法得出的功率分配值作为标签，将网络输入与标签组成训练数据对，一起输入 DNN 中。

（4）以最小化损失函数为目标训练 DNN，损失函数定义为输出功率与标签的均方误差。

图 8-19 和图 8-20 分别给出了最大化 SE 和最大化 EE 两种不同优化场景下，两种方法对于 SE 和 EE 随最大发射功率限制的变化。从图 8-19 和图 8-20 可以看出，DNN 算法逼近于次梯度算法，其正确率达到 92%。文献[14]还比较了 DNN 与传统次梯度算法的计算时间，DNN 算法在线计算时间不随优化问题的变化而变化，而传统次梯度算法在最大化 EE 场景下的计算时间远远超过最大化 SE 场景。DNN 算法时间复杂度为 $O(n)$，而次梯度算法时间复杂度为 $O(n^3)$。

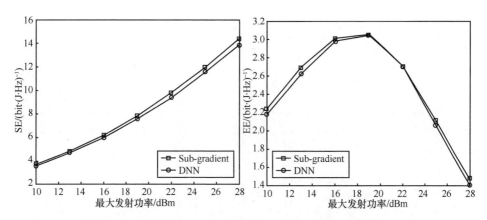

图 8-19 最大化 SE 场景下两个算法对 SE 和 EE 性能影响[14]

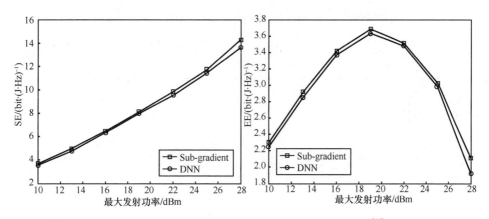

图 8-20 最大化 EE 场景下两个算法对 SE 和 EE 性能影响[14]

　　AI 在资源调配中的应用极为广泛，除了上述案例，在文献[15]中，带有中继选择的协作通信系统被建模为 MDP 过程，定义信道状态和能量消耗为智能感知外界的状态量，利用 DQN 算法选择出合适的参与协作通信的中继节点，以最小化能耗；文献[16]以最大化系统吞吐量为目标建立 DQN 模型，将任务状态和信道状态作为智能体感知状态量，最终实现中继节点信道的选择。表 8-3 总结了不同机器学习算法在资源调配中的应用。

表 8-3　不同机器学习算法在资源调配中的应用

参考文献	状态	奖励	分配的资源	算法
[10]	信道状态 用户请求	稳定队列 用户数	频谱资源块 缓存文件	Q-Learning
[11]	信道质量	EE	子信道、功率	DQN
[12]	文件需求	文件传输时延	通信资源	序列学习
[7]	数据收集	数据传输速率	节点选择	DNN+SVM
[13]	信道状态	SIR	时频资源块	Q-Learning
[14]	信道状态	EE	功率	DNN
[15]	信道质量	EE	中继节点	DQN
[16]	任务状态 信道状态	吞吐量	信道	DQN
[17]	信道状态 拓扑状态 任务状态 队列状态	能耗/时延/ 花费	信道、功率	Artor-critic

8.3.3　小结

资源调配问题随着各种通信技术和业务的发展越来越受到关注，6G 网络运行中的业务动态响应，实际是对无线资源的动态分配，例如频谱块资源、节点选择、功率、信道等。目前人工智能算法已经在无线资源调配管理方面得到了应用，包括遗传算法、Q 学习算法、多臂赌博机算法等，此外，也有关于采用图形神经网络、前馈神经网络来实现资源动态分配方面的技术革新。总之，6G 要实现高度的资源共享功能，在网络虚拟化技术等的支持下，基于高效的智能的资源调配，由供应商统一提供基础物理设施服务。

8.4　人工智能在网络结构中的应用

随着人们对通信网络依赖性的增加，新的应用和业务不断涌现，6G 时代将面临不断丰富的业务及场景模式带来的挑战。预计 6G 将在全球范围内实现高能效和无缝的无线连接，这需要先进的网络体系架构以确保满足未来的性能约束：超高吞吐量、超低时延和可靠性。

近年来，人工智能，更具体地说是机器学习受到了产业界和学术界的广泛关注，初始智能已应用于 5G 无线网络的许多方面[18]，从物理层应用（如信道编码和估计），到 MAC 层应用（如多址接入），再到网络层应用（如资源调配和纠错等）。此外，人工智能和边缘计算的结合可提高体验质量并降低成本[19]。边缘学习还为许多应用的实现提供了新的可能性，例如医疗保健[20]。

然而，AI 在 5G 网络中的应用仅限于对传统网络架构的优化，并且由于 5G 网络在架构设计之初并未考虑 AI，因此很难充分发挥 AI 在 5G 时代的潜力。为了实现智能网络的愿景，6G 架构的设计应系统考虑 AI 在网络中的可能性，并遵循 AI 驱动的方法，其中智能将成为 6G 架构的内在特征。

初始的智能是，一个相对隔离的网络实体可以基于多个预定义的选项，以不同但确定性的方式智能地调整配置[21]，这实际上是感知 AI 的一种实现，无法对意外情况做出响应。随着网络由于服务需求的多样化和连接设备数量的爆炸性增长而发展成为一个极其复杂的异构系统，迫切需要一种具有自感知、自适应、自解释和说明性网络的新型 AI 范式[21]。它不仅需要在整个网络中嵌入智能，还需要将 AI 的逻辑嵌入网络结构中，在这种结构中，感知和推理以系统的方式进行交互，最终使所有网络组件能够自主连接和控制，同时具备识别且适应意外情况的能力。智能网络的最终目标是网络的自主发展，主要包括如下 3 个方面：实时智能边缘、智能无线通信和分布式/集中式 AI 网络架构。

8.4.1　实时智能边缘

6G 需要交互式 AI 驱动的智能服务的支持，并且诸如自动驾驶汽车之类的某些服务对响应时延很敏感，而响应时延则需要与其环境进行实时智能交互。处理静态数据的集中式云 AI 无法满足此类服务需求，因此迫切需要实时智能边缘，在实时智能边缘上对实时数据进行智能预测、推理和决策。

AI 和 SDN/NFV/NS 的组合可以实现动态和零接触的网络编排、优化和管理，从而促进从 5G 到自主 6G 网络的演进。启用 AI 的网络编排可以动态地编排网络架构和切片，并自聚合不同的无线访问技术，以实现流化网络并满足不断变化的服务和应用程序的需求。启用 AI 的网络优化可以监控实时网络关键性能指标，并快速调整网络参数以持续提供优异的 QoE。启用 AI 的网络管理可以实时监视网络状态并维护网络运行状况。为了促进无线网络 AI 的发展，ITU-T 成立了一个针对 6G 的机器学习的焦点小组。

多级 AI 部署将为 6G 网络提供智能，大规模的云/集中式 AI 将与控制云一起部署在核心网络侧，而 AI 加速器可以嵌入诸如路由器之类的数据转发功能设备中。此外，云/集中式人工智能和雾/分布式人工智能将共存并部署在无线接入网络的边缘，在那里，云/集中式人工智能将处理与多基站相关的任务（例如移动性和干扰管理），雾/分布式 AI 将处理与单个基站相关的任务（例如物理层传输），并且可以与分布式基站一起部署。另外，边缘 AI 将部署在大型终端设备上，以提供轻量级 AI 处理。随着大规模物联网的发展，AI 将逐渐从数据中心转移到网络边缘，如图 8-21 所示。

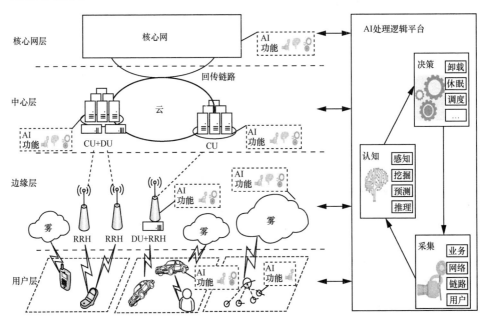

图 8-21　AI 使能的雾无线网络架构

8.4.2　智能无线通信

与具有初始智能的已部署的物理层技术相反，智能无线通信是一种更广泛和更深入的概念，它可以将硬件和收发器算法分开。智能无线通信可以作为一个统一的框架运行，在该框架中，可以估算硬件功能，并且收发器算法可以根据硬件信息动态配置。从物理层的角度来看，智能无线通信可以借助 AI 来接入可用频谱，控制传输功率并调整传输协议。通过将收发器算法与硬件解耦，新的设计范式可以灵活地适应可升级和多样化的硬件。

8.4.3　分布式/集中式 AI 网络架构

在最近的几十年中，网络控制系统已经从集中式结构发展到分布式结构。最近，集中式和分布式机制都引起了广泛关注。为了提高网络的可扩展性、安全性和可行性，并支持更多的组网和计算资源，先进的分布式组网技术，例如 MEC、CDN、D2D 和区块链在未来的分布式网络系统中被考虑[22]。另外，为了实现一致和高效的数据管理，数据中心、云计算和 SDN/NFV 等还体现了在后 5G 网络中集中控制机制的优势。

近年来，机器学习算法已被广泛应用于分布式系统和集中式系统。机器学习擅长在时空领域进行状态估计，对于空间域，如图 8-22 所示，诸如卷积神经网络和生成对抗网络的机器学习算法具有显著的相关性恢复能力，这使得基于机器学习的网络功能得以实现，该功能可仅从分布式系统中的本地和邻近数据中估计隐藏的校正和未知信息。在网络领域，基于空间机器学习的算法用于不同的网络模块中，例如拥塞预测、信道检测和链路调度。

但是，基于分布式机器学习的网络的缺点之一是不完整的本地信息可能导致估算不准确，尤其是在高度动态的环境中。此外，个体机器学习会导致邻近区域的意外状态变化，并导致多主体竞争的复杂局面。对于这种情况，产业界陆续提出了基于云计算/SDN 的集中控制的机器学习算法。如图 8-23 所示，在具有软件化和虚拟化功能的集中式机器学习中，鲁棒性强的中央控制器机器学习算法能够基于收集的信息，解决全局网络优化问题。但是，集中控制取决于定期收集的信息，这会导致较高的信令和计算开销，尤其是在 5G/6G 等大型网络中。此外，集成数据和控制消息的端到端时延可能会导致意外的控制时延和同步问题。对于 6G 超低时延网络，应平衡集中式全局精度和高开销之间的折中。

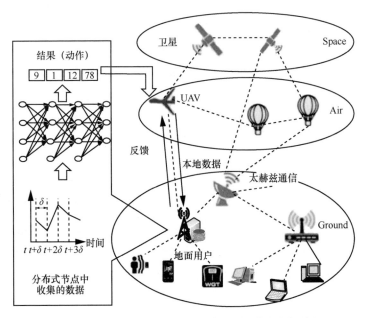

图 8-22　在大规模异构网络中的分布式机器学习系统示例

8.4.4　小结

目前 AI 对于 5G 的支持大部分集中在不同的协议层上对相关算法和技术的优化，并未体现 AI 在网络结构上的整体优化。智能网络作为 AI 网络的期望形式，包括实时智能边缘、智能无线通信和分布式/集中式 AI 网络架构 3 部分。以华为、思科等公司为代表的企业也在积极努力推动智能网络的发展，华为提出了至简网络的概念，将网络结构的灵活性体现在 AI 驱动的意图之上，通过意图的变化，结合 AI 算法，及时对网络做出相应的配置和管理。在 6G 中，人工智能对于网络架构的革新将是一个热点方向。

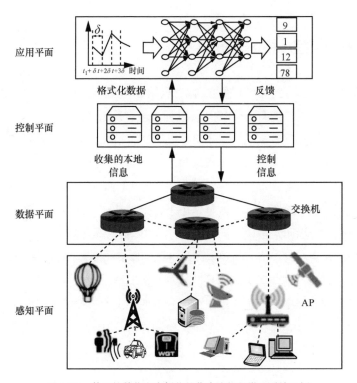

图 8-23　基于软件化和虚拟化的集中式机器学习系统示例

|8.5　人工智能在网络管理中的应用 |

无线大数据是实现智慧无线通信网络的基础。通过无线网络收集并分析网络参数，运行关键性能指标数据和网络覆盖等数据，已经在网络的规划、建设、优化、运维管理和运营方面取得了一些突破性的进展。未来需要引入更丰富的用户/业务等信令数据，同时结合基于数据挖掘、统计分析、深度学习、通信理论和专家系统等诸多技术的人工智能应用，进一步提升复杂网络环境下的网络规划优化和运维能力。

对移动数据流量的持续需求给移动网络运营商带来了巨大的运营挑战。6G 的密集小区部署将增加网络的复杂性，要求运营商为其规划、运营和故障排除投入更多资源，具体包括下面几个内容。

8.5.1 故障管理（根因分析）

每个基站向运营支持系统提供各种数据源，这些数据源被指定为 KPI。这些 KPI 通常包含定期发送的性能管理（PM）计数器（通常每 15min 发送一次），反映了系统的状态和行为。这些数据的一个子集提供了汇总指标，可以反映服务可接入性、服务可保留性、服务可用性、服务质量和服务移动性的级别。当检测到一个或多个服务质量异常时，故障排除会被触发。手动故障排除需要专家参与每个根因分析步骤，包括问题检测、诊断和问题恢复。由于每个基站在单个报告间隔内报告成千上万的 KPI，因此在当前网络中完全由专家进行故障排除是不容易的。由 AI 驱动的故障恢复系统由两个组件组成，即知识库和推理引擎，如图 8-24 所示。知识库由预处理的历史数据组成，这些历史数据是使用专业知识结合探索性数据分析得出的。推理引擎由一个 AI 模型或一组应用于根因分析的知识库数据的规则组成。推理引擎经过训练后，就可以处理实时 KPI 数据，检测异常及其相关的根本原因并采取补救措施。例如，先前的工作[23-24]已经使用关联规则挖掘和自组织映射来检测网络异常及其根本原因。

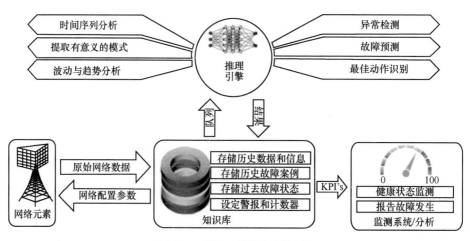

图 8-24 基于 AI 的故障诊断示例

8.5.2　网络运行（基于 AI 的能量优化）

NFV 将成为管理 6G 网络不可或缺的一部分。使用 NFV，可以在提供各种网络服务的同一基础架构中建立不同的虚拟网络。在不同的虚拟机中创建了不同的虚拟网络功能，并且可以使用网络管理和编排系统按需启动、修改或终止 VNF 实例。通过容器迁移技术，可以将不同的 VNF 实例和 VNF 提供的服务从一台服务器转移到另一台服务器。通常，数据中心托管了服务器，并且是网络能耗的主要来源。通过在不同服务器上高效运行服务，可以关闭一些服务器，从而节省电源和运营成本。鉴于数据中心的规模庞大且互连复杂，因此很难以无错误的方式优化其能耗。

由 AI 管理的数据中心可以考虑通过各种网络参数和 KPI，优化服务器的开关操作，同时确保为客户提供不间断的服务。使用数据中心服务器收集的历史数据，可以了解使用和服务模式。收集的数据还包含支持每种服务所需的资源信息，例如 CPU、存储和网络使用情况。

8.5.3　网络运行（调度）

调度在蜂窝网络的运行中起着至关重要的作用。由于控制变量的数量众多，为确保可管理的复杂性，实际的调度器通常会实施简单的度量标准（例如基于比例公平算法中的比例公平因子），然而这些度量标准本来就不是最优的。随着诸如大规模机器类通信之类的新型 6G 用例的出现，蜂窝网络不仅必须为人类用户服务，而且还可能为成千上万的低成本低功耗设备和传感器提供服务。这样的设备将具有与普通人类用户不同的流量特性。例如，传感器可以唤醒，通过蜂窝网络中继上传其测量结果，然后返回睡眠状态。考虑到未来蜂窝网络的异构性质，可以在实际的调度程序中使用 AI 来预测流量到达时间和要分配的无线资源的数量。深度强化学习方法在解决挑战性的在线决策任务方面显示出巨大的潜力，代理通过与其环境的直接交互，并随着时间的流逝做出更好的决策。最近，深度强化学习已被应用于蜂窝网络的用户调度，并显示出比传统策略更出色的性能[22]。基于 AI 的 6G 网络调度示例如图 8-25 所示。

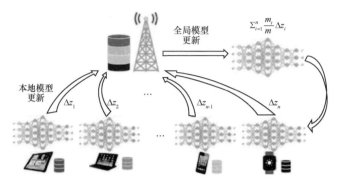

$$\sum_{i=1}^{n} \frac{m_i}{m} \Delta z_i$$

图 8-25　基于 AI 的 6G 网络调度示例

8.5.4　网络规划

除了用户特定的 MIMO 操作，蜂窝网络还需要创建特定扇区的宽带波束，以增强网络覆盖范围或传输控制和接入信号。选择优化的广播波束参数，例如仰角和方位角波束宽度以及天线倾斜度，对于最大化网络覆盖范围很重要。传统上，这些参数是根据路测结果设置的，一旦设置，这些参数会长时间（通常数月或数年）保持不变，因此无法根据用户分布或移动方式的变化来更新此设置，从而导致严格的次优解决方案。可以引入基于深度强化学习的框架来学习最佳的广播波束[25]，并根据用户分布的变化自动更新天线权重，从而最大化网络覆盖范围。机器学习技术还可用于预测移动性，以实现更好的切换管理，以及用于高度移动的毫米波通信的波束赋形设计一种基于 AI 的 6G 网络规划示例如图 8-26 所示。

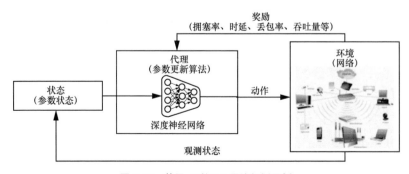

图 8-26　基于 AI 的 6G 网络规划示例

8.5.5　小结

无线网络自身具有高复杂度的特性，仅靠人力对其实施全面的无线管理是不太可能的，无论是管理范围还是管理效率都无法达到标准程度。而人工智能针对这方面具有很突出的效果，它能够做到将众多的计算机网络技术管理专家的理念和技术糅合到一起，进而对网络实施高效的管理工作。将 AI 运用于网络的故障管理和分析、网络运行优化、网络调度等方面，将会提高效率，节省运营成本。

| 8.6　人工智能在业务层面的应用 |

基于 AI 的 6G 网络智慧城市业务如图 8-27 所示。AI 在业务层面主要用于预测、推理和大数据分析。在此应用领域，AI 功能与无线网络从其用户、环境和网络设备生成的数据集学习的能力有关。例如，AI 可以用来分析和预测无线用户的可用性状态和内容请求，使基站能够提前确定用户的关联内容并进行缓存，减少数据流量负载。在这里，与用户相关的行为模式（如移动方式和内容请求）将显著影响缓存哪些内容、网络中的哪个节点以及在什么时间缓存哪些内容。本节将从流量管理以及业务推送方面进行介绍。

8.6.1　流量管理

网络流量管理是热门方向，使用基于通信理论的传统方法解决 6G 网络流量管理问题已经到了极限。解决 6G 网络的流量管理问题并实现整个网络的全局最佳性能极具挑战。这需要采用革命性的解决方案。解决上述挑战的一个有希望的方向是结合人工智能技术和网络数据来分析和管理 6G 网络的流量。人工智能技术不仅会减少网络流量管理中的人工干预，而且还能从网络中汲取新的见解并预测网络流量状况和用户的行为，从而实现更好的网络性能、可靠性和自适应性，或者以自主方式做出更明智的决策。

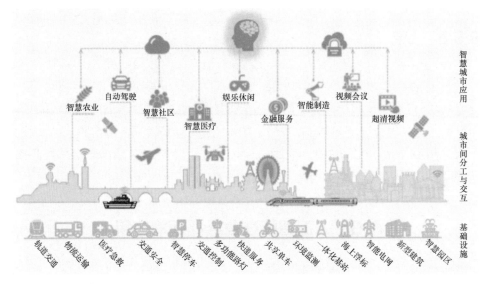

图 8-27 基于 AI 的 6G 网络智慧城市业务

面向 6G 网络结构的网络流量管理将面临以下两个挑战。

① 6G 无线网络是异构网络，而不同网络的共存以及具有明显不同特征的流量数据的混合使网络流量的预测、管理和优化成为一项艰巨的任务。

② 由于 SDN 技术将被用于 6G 网络中，并且将为其部署网络功能虚拟化和网络切片功能，因此所有服务将在统一的物理基础架构上独立运行。但是，由于所有流量最终都将混合在一起，并且不同方案的流量特征也明显不同，这些网络流量的混合将使网络变得不可预测。

上述 6G 网络流量的特点给常规流量控制策略带来了一系列挑战，为了克服这些挑战，需要大量复杂的决策和推理过程来自适应地分配/管理网络资源，智能地安排/选择路由策略并迅速预测 6G 网络的流量状况。机器学习，尤其是深度学习的最新进展，为解决这些问题提供了希望。可以利用监督学习、无监督学习和强化学习解决上述问题。

（1）网络流量分类

当前机器学习和深度学习算法都被用于网络流量分类，尤其是网络监控、QoS 检测、入侵检测以及一系列网络设置。监督学习技术根据先验知识来标记所有可用的网络流量踪迹[26]。然而，使用监督学习技术是不切实际的，因为训练数据有限，并且新的应用程序在不断出现。基于流量特征（例如数据包到达时间的时间间隔、数据包大小、递归流量模式等）提供自动的网络流量分类，广泛使用朴素贝叶斯、决策树和神经网络作为分类器[27-29]。然而，考虑到控制平面和数据平面的耦合关系，无监督学习可能无法直接应用于 SDN 中。文献[30]利用深度神经网络实现了更准确的流量分类，而已有典型的网络流量分类算法见表 8-4。

表 8-4　典型的网络流量分类算法

参考文献	研究内容	算法
[26]	利用监督学习进行网络流量分类	朴素贝叶斯
[27-29]	利用监督学习以及流量特征进行网络流量分类	朴素贝叶斯、决策树、神经网络
[30]	利用深度学习进行网络流量分类	深度神经网络、自编码器

（2）网络流量预测

除了网络流量分类，网络流量预测是网络流量控制的另一个重要领域，越来越多的深度学习被广泛应用于此领域。网络流量定义为一系列数据包，它们在包括传输控制协议连接、媒体流等在内的源—目标对之间共享相同的上下文。为了管理有限的网络资源，经常使用关于流量特性的信息，例如突发大小（即分组数量和分组大小）和突发间隔。在 SDN 下，流信息对于路由器的编程、减轻无线干扰、调度拥塞的数据流量等特别有用。

在传统机器学习技术中，文献[31]分析了互联网数据流量的各种时间序列模型，例如自回归移动平均过程。文献[32]设计了一种从稀疏分组采样中获得流长度的原始频率的方法。文献[33]通过应用支持向量机从无线局域网生成的流量中执行原始流模式推断。在深度学习方面，文献[34]设计了一种基于深度学习的稀疏编码，用于进行原点流预测。而文献[35]则使用堆叠式自动编码器进行短期网络流量预测。典型的网络流量预测算法见表 8-5。

表 8-5　典型的网络流量预测算法

参考文献	研究内容	算法
[31]	利用传统机器学习方法研究互联网时间序列模型	自回归移动平均过程
[32]	利用统计方法计算流长度的原始频率	稀疏分组方法
[33]	利用监督学习预测流量的原始流模式	支持向量机
[34]	利用深度学习预测原点流	深度学习、稀疏编码
[35]	利用深度学习进行短期网络流量预测	堆叠式自动编码器

8.6.2　业务推送

为用户进行数据业务的缓存与推送是 6G 的发展趋势之一，但面对非静态的无线网络环境，任何用户需求和外部条件的变化都会导致传统数值算法的重新运行。而人工智能和大数据技术具有通过与特定环境的交互来提取潜在信息的独特优势，可在数据业务推送方面得到广泛应用。

由于 VR/AR、各种智能终端和物联网智能设备的广泛使用，无线通信系统面临着巨大的数据流量挑战。传统方法通常考虑通过部署大量的基站来处理即将到来的数据增长，但是这将带来大量的能源消耗并增加了网络的运营成本。通过机器学习方法，可根据用户请求和网络状态，智能高效地缓存内容，并且可以在没有人为干预的情况下做出决定。

在编码缓存优化方面，文献[36]利用随机线性编码方式将缓存内容进行存储，然后利用深度强化学习最大化传输成功的概率。而在主动缓存技术方面，在文献[37]中，推荐对用户需求的影响是通过特定用户的心理阈值来建模的，然后设计了一种ε贪心算法，通过与用户的交互来学习阈值，从而找到策略。在文献[38]中，采用强化学习来学习具有推荐的 BS 的缓存策略，其中，推荐内容是在 BS 处的缓存内容，并且由于不区分用户的偏好，推荐内容对于每个用户都是相同的。这样的建议通过使用户知道在附近的 BS 本地缓存的文件来提高缓存的增益。而文献[21]首先使用深度学习进行特征学习来预测内容流行度，然后使用深度强化学习来解决缓存内容分配问题。典型的业务推送算法总结见表 8-6。

表 8-6　典型的业务推送算法

参考文献	研究内容	算法
[36]	利用深度学习进行缓存的编码优化	深度强化学习
[37]	利用一种交互式的学习寻找缓存优化策略	贪心算法
[38]	利用机器学习模型进行环境学习，并给出优化策略	Q 学习
[21]	利用深度学习预测内容流行度，并给出缓存优化策略	堆叠自编码器、深度强化学习

（1）基于深度强化学习的编码缓存优化

针对一个具有缓存能力的基站，根据已知用户请求文件的流行度来分配各基站中的缓存内容可以有效提升缓存空间的利用率，然而，当文件流行度未知或者难以获取时，可以通过在基站处收集到的用户请求内容的统计情况，根据网络中用户获取缓存内容的成功情况，利用深度强化学习给出每个基站中缓存内容分布的实时优化策略，实现用户端服务质量水平的提升。

（2）基于深度强化学习的主动缓存技术

当用户请求流行度已知时，根据这一数值直接分配各基站缓存内容分布的技术被称作主动缓存。在文件流行度未知时，除了直接利用基站收集到的请求统计数据，并借助机器学习方法动态给出缓存分布策略，还可以通过对站点收集到的数据的特征进行学习，从而获取未来可能的流行度分布数值，随后再对不同的流行度分布进行强化学习，最终给出最优的基站缓存内容放置方案，实现有限基站缓存空间的高效利用。

8.6.3　小结

AI 在业务层面的应用取决于无线网络提供的数据集。在流量管理方面，网络流量监控的核心问题是对网络流量的精确预测，预测让"被动应对"转变为"主动选择"，它是目前人工智能较为成熟的一个应用方向，例如认知无线网络中基于流量预测和数据传输机制的科研工作；在业务推送方面，基于 AI 对用户的业务流和用户移动模式进行预测分析，有针对性地确定预存内容和内容推送，从而提高内容分发效率。AI 在业务层面的应用还包括端到端切片智能编排和运营、智能边缘计算、智能基础设施节能等。

| 8.7 AI 驱动的雾无线网络 |

AI-FRAN 网络架构的核心思想是，充分利用 F-RAN 的架构优势和 AI 基于大数据驱动的认知、学习、推理的智能特性，在传统 F-RAN 架构[39]的基础上，借助 AI 方法参与组网，提升网络智能化水平，特别是网络边缘的智能化能力，以满足智能业务的差异化需求。

如图 8-28 所示，AI-FRAN 网络架构除了由 F-RAN 中的各类节点（包括高功率节点、无线远端射频单元、雾节点以及基带单元池）组成，同时还在 HPN 和 F-AP 中部署了本地 AI 引擎，在 BBU 池和核心网部署了全局 AI 引擎。无线远端射频单元通过前传链路与基带单元池连接，实现集中式通信、缓存和计算功能；雾节点不仅具备无线信号处理能力，还具备边缘缓存、计算及资源管理能力[40]。雾节点通过回传链路与核心网相连。高功率节点则通过回传链路与基带单元池连接，高功率节点可以由传统的宏基站，并部署配置一定的边缘计算能力来实现，除了提供广域覆盖和对低速移动用户的支持，宏基站还负责网络控制面信令的分发。

AI-FRAN 网络架构的显著特征在于通过在 BBU 池、HPN 和 F-AP，甚至是各类雾终端节点上部署 AI 算法和功能，借助网络各层级数据采集处理、建模、线下线上训练与分析决策，提升环境、终端、网络、服务的智能感知能力，增强网络适配能力，真正实现网络中多维资源的动态协同。

具体的，全局 AI 引擎主要负责收集网络中的全局信息，包括网络业务属性信息（如种类、性能指标需求、负载等）、网络故障预警监测信息，以及雾节点 F-AP、终端上报的测量信息等。部署在 HPN 节点中的本地 AI 引擎主要负责全局 AI 引擎下沉的部分控制功能，以降低控制面时延，以及为广域覆盖和大链接场景下的智能业务提供需求；而部署在 F-AP 上的本地 AI 引擎主要负责局部功能，如为超低时延高可靠智能服务提供本地控制和对应 AI 算法的执行。随着智能终端的计算能力和存储能力不断增强，AI-FRAN 的智能终端节点也具有一定的 AI 能力，包括基础的数据收集、预处理和模型训练，甚至简单的基于 AI 模型的决策能力。

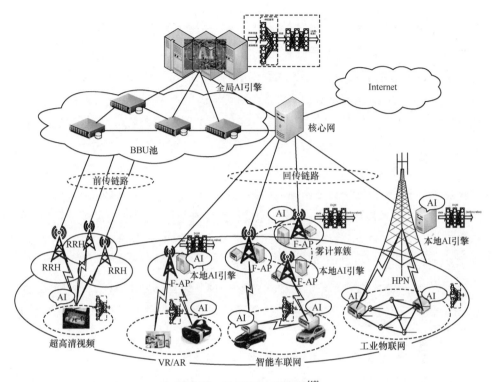

图 8-28　AI-FRAN 网络架构[40]

通过在雾无线网络部署集中分布式自适应的 AI 算法，面向不同的业务需求，在不同空间、时间和资源维度进行智能化数据采集、模型训练和决策，可以更有针对性地提升网络性能，同时维持较低的 AI 算法设计和部署本身的复杂度，从而为包括 VR/AR、智能车联网、工业物联网、智慧城市等在内的广泛智能服务提供支撑。

8.7.1　AI-FRAN 组网基本原理

F-RAN 充分利用网络边缘分布式的存储和计算能力，为网络边缘智能化提供了计算能力，这是传统蜂窝网络不具备的优势。F-RAN 分层且集中分布式自适应的网络架构，可为数据采集、本地处理、传输，以及根据智能服务的性能需求，选择分布式、集中式或两者结合的混合分层方案进行训练和决策等过程提供架构优势和性能保障。比如，通过将全局 AI 引擎的部分功能下沉到 F-AP 中的局部 AI 引擎中部署，一方面可以降低数据采集和传输过程中回传链路的负载，另一方面，可以降低部署完成后的 AI 算法感知、响应和决策等整个过程的时延，从而提升网络效率和用户服务质量。

从网络架构的角度来看，集中式架构下的 AI 功能部署存在一些突出问题，一方面通信成本过高，大量的数据采集反馈和传输占用大量的通信资源；另一方面，数据需要集中收集和训练，在数据采集、传输、反馈等过程中存在数据安全、终端用户隐私的问题。而 F-RAN 结合分布式智能学习技术，比如联邦学习，能较好地解决该挑战。同时 AI 技术本身具有较强的可扩展性、可迁移性，以及对网络环境和样本数据的泛化能力。特别是通过线上数据采集、线下数据分析训练，然后迁移部署，可以简化 AI 功能的部署成本和维护周期。另外，借助轻量级的线上训练模型，AI 算法可以在线更新，从而提升了 AI 功能对环境的适配能力，当 AI 和 F-RAN 结合后，AI-FRAN 能够在满足较低复杂度要求的同时保持较高的网络弹性和智能化水平。

因此 AI-FRAN 组网方案充分发挥了 F-RAN 的架构优势和 AI 方法智能化、可扩展可迁移、在线实时训练、更新、决策等显著优势，为智能服务提供更高的性能保障和网络效率。

（1）AI-FRAN 的信号处理、资源调配与网络管理

AI-FRAN 的信号处理：AI-FRAN 的信号处理主要包括基于 AI 和大数据的无线信号检测、无线信道估计、无线信号的解调解码等。基于 AI-FRAN 的信号处理的核心思想是基于 AI 和大数据分析技术收集时间、空间、频率等维度的无线大数据，基于深度神经网络模型来自主分析和提取信道特征，进行信道的辅助建模、信号检测和信道估计等。以信道估计为例，通过人工智能的方法来实现传统通信系统中的信道估计算法，可以在信道先验信息未知的情况下，只通过少量的参考信号甚至不需要参考信号设计，就能够较准确地估计当前信道。

AI-FRAN 的资源调配：AI-FRAN 的资源调配主要包括基于 AI 方法的多用户调度、单维度资源管理和多维度资源的联合分配等。为了满足未来差异化的智能业务需求，除了需要充分利用 AI-FRAN 的多种接入传输方式和灵活的网络架构，还需要充分考虑资源的调配以及资源本身的特性，包括时间尺度属性、资源之间的耦合特性等，利用人工智能方法建立不同的智能业务模型，用于感知预测不同业务的性能指标需求，实现通信、存储、计算资源的协同编排调度，实现多性能指标的联合

优化，以满足目标智能业务的性能需求。

AI-FRAN 的网络管理：AI-FRAN 的网络管理主要包括基于 AI 方法的 F-RAN 网络规划优化和运维等。无线大数据分析和人工智能方法是实现未来智慧移动通信网络的重要方法。随着移动网络越来越复杂，网络参数剧增，网络规划优化和运维成本占据了运营商成本的很大比例。考虑到 AI-FRAN 在网络架构上的灵活性，单一集中式或分布式的网络管理架构将很难满足网络管理对网络性能自主优化、提前故障预警、网络故障自动治愈的性能需求。通过全局 AI 引擎和本地 AI 引擎的协作，按照时间尺度信息、网络覆盖范围和网络状态信息属性进行分层收集和训练，一方面能降低网络数据隐私泄露的风险，另一方面能降低网络数据传输负载和单点故障造成的影响。

（2）面向智能服务的 AI-FRAN 层间协同

随着智能服务的不断涌现，不同的智能服务在传输速率、时延、可靠性、连接数等方面存在较大差异，这就使 AI-FRAN 的网络架构必须具备柔性可重构的特点。从智能业务需求的角度来看，通过 AI-FRAN 的层间协同，可以实现 AI-FRAN 网络功能动态适配业务需求。

针对巨容量智能业务需求，比如热点地区超高清视频业务，AI-FRAN 的全局 AI 引擎通过终端感知和业务感知，将 F-UE 智能终端调配给多个 RRH 协作服务，以提供高速率。在这个过程中，智能终端根据网络需求，将采集的数据在本地进行模型训练，然后将模型参数上传给全局 AI 引擎，也可以直接将采集的数据上传到 AI 全局控制器进行全局模型的训练。

针对高速率同时低时延的智能服务，比如 VR/AR 业务，模型的训练和决策可以在 F-AP 中的本地 AI 引擎中进行，也可以根据时延需求的严苛程度，将部分决策集中在全局 AI 引擎中执行。

针对超低时延高可靠智能业务需求，比如智能车联网业务，AI-FRAN 的全局 AI 引擎通过终端感知和业务感知，将车联网智能终端调配给 F-AP 进行服务。考虑到车联网智能终端的移动性，可以由多个 F-AP 组成雾计算簇，通过 F-AP 之间的协作保证低时延和高可靠的性能需求。

针对海量连接智能业务需求，比如工业物联网业务，上行数据在可以先在本地簇头节点上进行汇聚处理，包括数据的压缩、基础模型的训练等操作。考虑到工业物联网大连接场景对时延要求，可以在 HPN 节点中的本地 AI 引擎或全局 AI 引擎中进行模型的训练和决策。

8.7.2　AI-FRAN 的性能分析

传统 F-RAN 的性能指标主要包括能量效率、频谱效率、时延、吞吐量、能耗等，这些指标是传统网络的常用性能指标和需求，维度较为单一，侧重某一方面的性能，缺少对网络整体性能的刻画。当 AI 与 F-RAN 结合以后，网络将更加注重感知能力，以及对大数据的采集、分析、训练和推理决策。因此，AI-FRAN 需要在关注多维度性能指标、网络整体性能的同时，关注 AI 本身以及 AI 与 F-RAN 契合带来的新的综合性能指标，比如 AI-FRAN 性能的确定性、可预测性、感知灵敏性甚至复杂性等。

针对 AI-FRAN 性能分析的方法，当前 AI 方法性能的可解释性科研工作还处于初始阶段，因此基于仿真和半定性的性能分析方法适合应用于 AI-FRAN 的性能分析。然而，当前的工作重点多集中在 AI 在 F-RAN 中的应用，没有与 F-RAN 深度融合，导致 AI 方法参与组网的优势还没发挥出来，主要集中在借助 AI 的方法来解决传统的优化问题[41-42]，比如用户接入方式选择、无线资源调配、缓存方案、计算资源调配等问题。对 AI-FRAN 本身的理论性能分析还十分欠缺。

AI-FRAN 的性能受到多方面的影响，单纯的 AI 算法的性能和传统 F-RAN 的性能都不能直接用来刻画 AI-FRAN 的性能。当前涉及 AI-FRAN 性能的工作重点仍然集中在利用 AI 解决 F-RAN 优化问题本身带来的性能优势，而非 AI-FRAN 的网络性能。针对 AI-FRAN 网络系统层级的性能分析还有待进一步深入，需要在基于传统随机几何理论分析的基础上，创造性地结合引入 AI 后的性能量化方法。传统随机几何方法有很强的可解释性，但 AI 的"黑箱"原理可解释性还需要进一步分析和发展，因此 AI-FRAN 网络系统层级的性能及性能分析充满挑战，但意义重大。

8.7.3　AI-FRAN 关键技术

面向智能服务的雾无线接入网络通过在 F-RAN 中引入人工智能技术，可以实现 F-RAN 中灵活自适应的信号处理与网络管理。为了进一步满足 6G 支持从核心到网络终端设备的无处不在的人工智能服务的需求，充分发挥移动通信、计算和控制的潜力[43]，必须采用一些关键技术来实现对 F-RAN 中通信资源、计算资源以及缓存资源的充分合理利用。

（1）分布式的人工智能技术

未来关于无线通信的演进将从物物互联向智能互联进行彻底变革，由此带来了新的挑战。在大数据和大模型的双重挑战之下，大规模的机器学习的训练对计算能力和存储容量都有了新的要求：① 计算复杂度高，传统的单机模式计算能力难以满足需求，导致耗时过长，需要采用计算机集群完成训练任务；② 海量数据的存储对存储容量有了较高要求，传统的单机存储容量难以满足需求，需要使用分布式存储。由此，分布式机器学习应运而生。分布式机器学习主要应用于 3 种场景：① 训练数据较多场景，需要对数据进行划分；② 模型规模较大场景，需要对模型进行划分；③ 计算量较大场景，需要采用多线程/多机并行运算。分布式机器学习架构如图 8-29 所示。

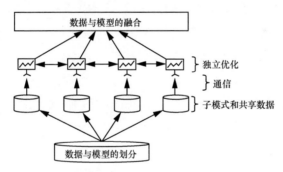

图 8-29　分布式机器学习架构

联邦学习是分布式机器学习的典型代表，需要网络边缘设备提供强大的计算能力和灵活的协作能力，这些需求恰好契合了 F-RAN 的网络架构。联邦学习本质上是一种数据级别的加密的分布式机器学习技术，它可以在不共享原始数据的情况下，从属于不同方向的大量数据中实现协作学习。联邦学习可以充分利用多个学习代理的计算能力来提高学习效率，同时为数据所有者提供更好的隐私解决方案。在联邦学习中，每个用户基于本地数据训练自己的模型。训练结果将被上传至服务器，服务器会相应地更新全局模型。然后将改进后的全局参数返回给用户，开始新一轮的局部训练。最后，通过用户和服务器之间的协作，可以生成准确的学习模型。

（2）多维资源多目标差异优化

mMTC、eMBB 以及 URLLC 等具有不同性能需求的应用场景对未来的通信网络的多维资源多目标差异优化产生了新的挑战。考虑到通信、计算以及缓存等资源的分配在时间尺度和空间尺度上存在较大差异，并且 3 种资源难以解耦等问题，针对跨场景跨业务的 AI-FRAN，需要根据其不同的性能指标需求，例如高容量、低时延、高可靠、大连接等，对通信、计算和缓存资源进行多维资源多目标差异优化，构建基于 AI 的智能资源调配模型，对整体参数进行系统化的智能训练，在解决多维资源耦合以及其时空差异特性等问题的同时，实现对不同业务的多目标优化。

（3）智能信号处理

传统的信号处理过程包括信号的检测、估计、调制解调以及波束赋形设计等。然而，随着自动驾驶、智能城市、VR/AR 等一系列智能服务的发展进步，传统的信号处理难以应对随之而来的快速变化的动态环境以及差异化的业务需求。而在 AI-FRAN 中，这些问题皆可以通过引入机器学习/深度学习技术来更好地实现。与传统的信号处理相比，机器学习/深度学习减少了算法对信号的假设，通过对训练数据进行分析和处理，将传统信号处理中的参数从固定参数逐渐变成了可学习参数，增加了算法的灵活性和可扩展性，进而可以做到更好的效能优化。举例而言，在信道的估计中，传统的基于导频的信道估计在 mMTC 场景下会占用大量频谱资源，导致传输效率低下。因此可以通过引入机器学习/深度学习，利用信道特性降低信道维度，实现准确实时的无线信道估计。此外，在波束赋形的设计中，考虑到未来车联网场景的高动态特性，频繁的波束设计更新会导致高开销高过载等问题，难以智能地适应频繁变化的车联网场景。因此，可以通过引入机器学习/深度学习，实现波束赋形策略设计的智能化。

8.7.4　未来挑战

面向差异化的智能服务，AI-FRAN 具有灵活的网络架构、泛在的边缘网络智能优势和潜力。然而，当前 AI-FRAN 的理论分析和应用仍处于初始阶段，存在如下挑战。

（1）轻量级的人工智能算法

6G 网络结构和功能将变得更加复杂，如何设计轻量级的人工智能算法进行智能信号处理、资源调配、网络管理等充满挑战。以 AI-FRAN 的多维度资源调配为例，实际应用人工智能算法时，首先，由于行动空间的连续性，需要进行大量计算以完成行动决策，而终端设备的性能不支持在理想的时间内完成计算[44]；其次，训练模型往往包含数以万计的参数，终端设备不具备庞大的存储空间；最后，网络环境动态变化，而终端设备能量受限，难以支持机器学习训练产生的能耗[45]。因此，需要轻量级的机器学习算法予以替代。

（2）性能的可解释性

传统基于随机几何的网络性能分析方法具有很强的可解释性，面向智能服务的 AI-FRAN 相比于 F-RAN，借助 AI 技术将带来性能增益，但大数据驱动的 AI 方法本身性能的可解释性还很缺乏，这将导致 AI-FRAN 的系统层级的性能分析难度较大且难以解释性能成因规律。因此，需要从 AI 方法本身着手，针对 AI-FRAN 的性能分析给出新的可解释分析方法。

（3）网络安全

AI-FRAN 中，为进行人工智能模型的训练，需要收集用户和网络的数据。在机器学习训练和预测阶段，恶意攻击者可能通过窃取训练数据来截获用户隐私信息[46]。因此，在存储用户大数据的云中心和边缘节点需要可靠的隐私保护机制。另外，恶意攻击者可能会伪装成合法智能终端向边缘节点和云中心反馈错误信息，这会干扰信息采集过程，而且影响智能服务的性能。恶意攻击者在非法侵入网络时可能也会运用 AI 技术。非法侵入行为的动态变化将对网关的用户身份认证机制形成巨大挑战[47]。

｜参考文献｜

[1]　SIL S, ROY A, BHUSHAN B, et al. Artificial intelligence and machine learning based legal application: the state-of-the-art and future research trends[C]//Proceedings of the 2019 International Conference on Computing, Communication, and Intelligent Systems (ICCCIS). Piscataway: IEEE Press, 2019: 57-62.

[2] XING J, LYU T, ZHANG X. Cooperative relay based on machine learning for enhancing physical layer security[C]//Proceedings of the 2019 IEEE 30th Annual International Symposium on Personal, Indoor and Mobile Radio Communications (PIMRC). Piscataway: IEEE Press, 2019.

[3] FANG H, WANG X, HANZO L. Learning-aided physical layer authentication as an intelligent process[J]. IEEE Transactions on Communications, 2019, 67(3): 2260-2273.

[4] FANG H, WANG X, TOMASIN S. Machine learning for intelligent authentication in 5G and beyond wireless networks[J]. IEEE Wireless Communications, 2019, 26(5): 55-61.

[5] HUANG H J, GUO S, GUI G, et al. Deep learning for physical-layer 5G wireless techniques: opportunities, challenges and solutions[J]. IEEE Wireless Communications, 2020, 27(1): 214-222.

[6] HE H, WEN C, JIN S, et al. Model-driven deep learning for MIMO detection[J]. IEEE Transactions on Signal Processing, 2020(68): 1702-1715.

[7] LEE M, YU G, LI G Y. Learning to branch: accelerating resource allocation in wireless networks[J]. IEEE Transactions on Vehicular Technology, 2020, 69(1): 958-970.

[8] GUO J, WEN C, JIN S, et al. Convolutional neural network-based multiple-rate compressive sensing for massive MIMO CSI feedback: design, simulation, and analysis[J]. IEEE Transactions on Wireless Communications, 2020, 19(4): 2827-2840

[9] WANG Y, LIU M, YANG J, et al. Data-driven deep learning for automatic modulation recognition in cognitive radios[J]. IEEE Transactions on Vehicular Technology, 2019, 68(4): 4074-4077.

[10] CHEN M, SAAD W, YIN C. Liquid state machine learning for resource and cache management in LTE-U unmanned aerial vehicle (UAV) networks[J]. IEEE Transactions on Wireless Communications, 2019, 18(3): 1504-1517.

[11] ZHANG Y, WANG X, XU Y. Energy-efficient resource allocation in uplink NOMA systems with deep reinforcement learning[C]//Proceedings of the 2019 11th International Conference on Wireless Communications and Signal Processing (WCSP). Piscataway: IEEE Press, 2019.

[12] PARK T, SAAD W. Distributed learning for low latency machine type communication in a massive Internet of Things[J]. IEEE Internet of Things Journal, 2019, 6(3): 5562-5576.

[13] HUSSAIN F, HUSSAIN R, ANPALAGAN A, et al. A new block-based reinforcement learning approach for distributed resource allocation in clustered iot network[J]. IEEE Transactions on Vehicular Technology, 2020, 69(3): 2891-2904.

[14] QIAN G, LI Z, HE C, ET Al. Power allocation schemes based on deep learning for distributed antenna systems[J]. IEEE Access, 2020, 8: 31245-31253.

[15] SU Y, LU X, ZHAO Y, et al. Cooperative communications with relay selection based on deep reinforcement learning in wireless sensor networks[J]. IEEE Sensors Journal, 2019, 19(20):

9561-9569.

[16] ZHU J, SONG Y, JIANG D, et al. A new deep-Q-learning based transmission scheduling mechanism for the cognitive Internet of things[J]. IEEE Internet of Things Journal, 2017, 5(4): 2375-2385.

[17] QIU X, LIU L, CHEN W, et al. Online deep reinforcement learning for computation offloading in blockchain-empowered mobile edge computing[J]. IEEE Transactions on Vehicular Technology, 2019, 68(8): 8050-8062.

[18] LI R, ZHAO Z, XUAN Z, et al. Intelligent 5G: when cellular networks meet artificial intelligence[J]. IEEE Wireless Communications, 2017, 24(5): 175-183.

[19] ZHOU Z, LIAO H, GU G, et al. Robust mobile crowd sensing: when deep learning meets edge computing[J]. IEEE Network, 2018, 32(4): 54-60.

[20] LI G, XU G, SANGAIAH A K, et al. EdgeLaaS: edge learning as a service for knowledge-centric connected healthcare[J]. IEEE Network, 2019, 33(6): 37-43.

[21] KIBRIA M G, NGUYEN K, VILLARDI G P, et al. Big data analytics, machine learning, and artificial intelligence in next-generation wireless networks[J]. IEEE Access, 2018(6): 32328-32338.

[22] WU D, ZHOU L, CAI Y M, et al. Collaborative caching and matching for D2D content sharing[J]. IEEE Wireless Communications, 2018(25): 43-49.

[23] GOMEZ-ANDRADES A, MUÑOZ P, SERRANO I, et al. Automatic root cause analysis for LTE networks based on unsupervised techniques[J]. IEEE Transactions on Vehicular Technology, 2015, 65(4): 2369-2386.

[24] YANG K, LIU R L, SUN Y J, et al. Deep network analyzer (DNA): a big data analytics platform for cellular networks[J]. IEEE Internet Things of Journal, 2017, 4(6): 2019-2027.

[25] SHAFIN R, CHEN H, NAM Y, et al. Self-Tuning sectorization: deep reinforcement learning meets broadcast beam optimization[J]. IEEE Transactions on Wireless Communications, 2020, 19(6): 4038-4053.

[26] MOORE A W, ZUEV D. Internet traffic classification using Bayesian analysis techniques[J]. ACM SIGMETRICS Performance Evaluation Review, 2005, 33(1): 50-60.

[27] TAN K M C, COLLIE B S. Detection and classification of TCP/IP network services[C]//Proceedings of the 13th Annual Computer Security Applications Conference. Piscataway: IEEE Press, 1997: 99-107.

[28] EARLY J P, BRODLEY C E, ROSENBERG C. Behavioral authentication of server flows[C]//Proceedings of the 19th Annual Computer Security Applications Conference. Piscataway: IEEE Press, 2003: 46-55.

[29] WILLIAMS N, ZANDER S, ARMITAGE G. A preliminary performance comparison of five machine learning algorithms for practical IP traffic flow classification[J]. ACM SIGCOMM

Computer Communication Review, 2006, 36(5): 5-16.

[30] WANG Z. The applications of deep learning on traffic identification[Z]. 2016.

[31] BASU S, MUKHERJEE A, KLIVANSKY S. Time series models for Internet traffic[C]//Proceedings of IEEE INFOCOM'96. Conference on Computer Communications. Piscataway: IEEE Press, 1996: 611-620.

[32] DUFFIELD N, LUND C, THORUP M. Estimating flow distributions from sampled flow statistics[C]//Proceedings of the ACM SIGCOMM 2003 Conference on Applications, Technologies, Architectures, and Protocols for Computer Communication. New York: ACM Press, 2003: 325-336.

[33] HEISELE B, HO P, POGGIO T. Face recognition with support vector machines: global versus component-based approach[C]//Proceedings of the 8th IEEE International Conference on Computer Vision. Piscataway: IEEE Press, 2001: 688-694.

[34] GWON Y L, KUNG H T. Inferring origin flow patterns in Wi-Fi with deep learning[C]//Proceedings of the 11th International Conference on Autonomic Computer (ICAC). [S.l.:s.n.], 2014: 73-83.

[35] JANAKIRAM D, REDDY V A M, KUMAR A V U P. Outlier detection in wireless sensor networks using Bayesian belief networks[C]//Proceedings of the 2006 1st International Conference on Communication Systems Software & Middleware. Piscataway: IEEE Press, 2006.

[36] ZHOU Y, PENG M, YAN S, et al. Deep reinforcement learning based coded caching scheme in fog radio access networks[C]//Proceedings of the 2018 IEEE/CIC International Conference on Communications in China (ICCC Workshops). Piscataway: IEEE Press, 2018: 309-313.

[37] LIU D, YANG C, Y. A learning-based approach to joint content caching and recommendation at base stations[C]//Proceedings of the 2018 IEEE Global Communications Conference(GLOBECOM). Piscataway: IEEE Press, 2018: 1-7.

[38] GUO K, YANG C, LIU T. Caching in base station with recommendation via Q-learning[C]//Proceedings of the 2017 IEEE Wireless Communications and Networking Conference (WCNC). Piscataway: IEEE Press, 2017: 1-6.

[39] PENG M, YAN S, ZHANG K, et al. Fog-computing-based radio access networks: issues and challenges[J]. IEEE Network, 2016, 30(4): 46-53.

[40] 张贤, 曹雪妍, 刘炳宏, 等. 6G 智慧无线接入网: 架构与关键技术[J]. 电信科学, 2020, 36(1): 3-10.

[41] SUN Y, PENG M, MAO S. Deep reinforcement learning-based mode selection and resource management for green fog radio access networks[J]. IEEE Internet of Things Journal, 2019, 6(2): 1960-1971.

[42] XIANG H, PENG M, SUN Y, et al. Mode selection and resource allocation in sliced fog radio access networks: a reinforcement learning approach[J]. IEEE Transactions on Vehicular

Technology, 2020, 69(4): 4271-4284.

[43] LETAIEF K B, CHEN W, SHI Y, et al. The roadmap to 6G: AI empowered wireless networks[J]. IEEE Communications Magazine, 2019, 57(8): 84-90.

[44] WEI Y, YU F R, SONG M, et al. Joint optimization of caching, computing, and radio resources for fog-enabled IoT using natural actor-critic deep reinforcement learning[J]. IEEE Internet of Things Journal, 2018, 6(2): 2061-2073.

[45] LUONG N C, HOANG D T, GONG S, et al. Applications of deep reinforcement learning in communications and networking: a survey[J]. IEEE Communications Surveys & Tutorials, 2019, PP(99): 1-1.

[46] YU Y, LI H, CHEN R, et al. Enabling secure intelligent network with cloud-assisted privacy-preserving machine learning[J]. IEEE Network, 2019, 33(3): 82-87.

[47] LIU X, XU Y, JIA L, et al. Anti-jamming communications using spectrum waterfall: a deep reinforcement learning approach[J]. IEEE Communications Letters, 2018, 22(5): 998-1001.

第 9 章

6G 智简无线网络

智简无线网络，是指网络自身蕴含"智能简约"要素，网络中的节点将成为具备智能的新型节点，而网络本身的协议结构将趋向于极简化。通过原生智能、认知重塑等特性，围绕不同通信对象构建具有针对性的智能服务生态，形成"网络极简、节点极智"，最终达到网络"由智生简、以简促智"的自演进、自优化、自平衡状态。相比于 5G，智简 6G 将实现"空、天、地、海"一体化组网，同时实现 4C 资源的高度协同并与 AI 深度融合。本章介绍 6G 智简网络的功能组出、理论技术、应用展望和意图驱动的智简网络。

　　随着人们对通信网络需求的日益增长，新型业务与服务不断涌现，6G 将面临不断变化的业务类型模式带来的巨大挑战。空天地海一体化的 6G 无线通信网络将提供完整的全球覆盖，并借助人工智能和机器学习技术来支持新的智能应用。为实现大数据使能的 6G 人工智能网络，需要改进传统无线通信网络架构，网络中新出现的无线大数据采集、认知、决策的 AI 处理过程亟待解决。

　　6G 无线接入网作为无线通信网络的关键部分，需要具有易配置、易扩展、易维护、可重构以及数据分析与网络性能探测的能力。得益于网络功能虚拟化、软件定义网络、人工智能和大数据等技术的成熟，6G 无线接入网提出了意图驱动和协同智简理论及关键技术，其核心思想是构建通信、计算、控制、存储（4C）协同和 AI 使能的"外简内繁"柔性可重构无线接入网体系架构。

　　相较于过去主要追求高容量，6G 追求的广域覆盖、巨容量、超低时延和高自组织的性能目标更具挑战性。针对多种频谱、不同场景和不同业务，不再分别构造单独的网络体系结构，而是采用单一简洁的无线网络体系结构，动态适配 6G 跨频谱、跨场景、跨业务等需求，这极具挑战。智能化是重要途径，也是驱动 5G 演进的必然方向，智能内生成为 6G 的核心特征之一。国内外纷纷启动 6G 相关标准、理论和技术研究。例如，贝尔实验室提出了 6G 的性能需求（峰值速率 100Gbit/s、空口时延达 0.3ms、高自组织能力等），爱立信、高通等公司提出了人工智能驱动的 6G 无线组网愿景，而中国移动提出了无线网络智能化能力分级研究，华为公司提出了意图驱动的 6G 无线组网概念。需要注意的是，智能化含义在不断发展，人工智能理论和方法也在与时俱进，6G 并不是现有 5G 与人工智能的简单相加，而是通过 4C 协同和人工智能的紧密结合，构造出可重构、功能强大但又极简极智的一体化无线网络，实现全频谱、全场景、全业务的适配协同。作为无线通信网络的关键部分，6G 无线接入网的特征包括：（1）具有易配置、易扩展和易维护的能力，可以适应日益增长的网络规模和日新月异的智能应用发展；（2）具有可重构性和智能性，可以将用户或运维人员的意图转换为实现预期结果所需的网络编排配置；（3）具有数据分析和网络性能探测能力，可以提前识别网络故障，并主动进行优化和故障修复[1]。

|9.1　智简无线网络功能组成 |

为了实现 6G 内生智慧网络的愿景，6G 架构的设计应全面考虑人工智能在网络中的可能性，使其成为 6G 的内在特征。近年来，AI 及机器学习受到了业界的广泛关注，初始智能已应用于 5G 蜂窝网络的许多方面，包括物理层应用（如信道编码和估计）、MAC 层应用（如多址接入）、网络层应用（如资源调配和纠错）。但是，AI 在 5G 网络中的应用仅限于传统网络架构的优化，并且由于 5G 网络在架构设计之初未曾考虑 AI，因此很难完全实现 5G 时代 AI 的潜力。最初的智能是感知性 AI 的一种实现，无法响应意外情况。随着服务需求的多样化和连接设备数量的爆炸性增长，网络发展成一个极其复杂的异构系统，因此迫切需要一种具有自我感知、自我适应、自我推理能力的新型 AI 网络。它不仅需要在整个网络中嵌入智能，还需要将 AI 的逻辑嵌入网络结构中，使得感知和推理以系统的方式进行交互，最终使所有网络组件能够自主连接和控制，并能够识别并适应意外情况。智能网络的最终期望是网络的自主发展，集中式 AI、分布式 AI、边缘 AI、智能无线电（Intelligent Radio，IR）的联合部署，以及智能无线传感、通信、计算、缓存和控制的融合，为 6G 的智能网络提供了有力保障。

为了更好地支撑 5G 定义的 eMBB、URLLC 和 mMTC 等应用场景，6G 需要对 5G 网络切片技术进行增强演进，采用单一的一体化无线接入网体系结构，实现广覆盖、巨容量、巨连接、超低时延和高自组织能力等性能目标。核心思想是构建 4C 协同和 AI 使能的"外简内繁"柔性可重构无线接入网体系架构。基于雾无线接入网体系结构，面向空天地海一体化组网需求，利用集中和边缘 AI、网络切片、软件定义网络和网络功能虚拟化等技术，通过云小站、雾基站、精巧基站、宏基站和基于卫星或者高空平台的基站间协同，自适应地满足广域无缝通信、巨容量高保真通信、超可靠低时延通信、巨连接极低功耗机器类通信等应用场景的差异化需求。为了实现 6G 智简组网，控制平面、业务平面和管理平面将分离，通过软件定义和网络功能虚拟化，实现无线接入网的可重构和功能解耦合。

空间通信层为海洋、边远地区、高山等存在数字鸿沟的区域提供广域无缝覆盖，而近地通信层为应急通信提供保障。二者间存在的无线通信链路有利于实时通信和减少地面信关站的部署。在高容量热点区域部署云基站（由远端射频单元和基带单元池组成），可以抑制干扰，降低组网成本，提升组网容量。通过部署雾基站，可减少端到端传输时延，进行边缘 AI 处理，在容量、接入数、时延、安全性等方面进行均衡，更好地支持垂直行业应用。基于大数据分析和集中式 AI，执行智能切片编排，实现柔性可重构无线组网。

9.1.1　广域无缝通信

在高山、海洋等偏远地区，传统无线接入网络难以提供有效覆盖，6G 能够根据服务场景和业务属性重构为广域无缝通信切片。该类切片组网结构如图 9-1 所示，智简 6G 利用船载基站、无人机平台、低空平台、高空平台、卫星进行协同补充覆盖和提供补充数据服务，解决陆地蜂窝无线网络造成的数据鸿沟难题。在空间和近地通信层，无人机平台、低高空平台和卫星等空中通信节点均具有计算和存储功能，可进行实时的无线信号处理和资源管理，同时这些空中通信节点间通过节点间的无线链路，可进行资源共享和节点间协作计算处理。在海洋通信层，各海上船只、潜水员以及船上人员物体等通过船载基站进行无线通信，还可以实现船间雷达信息、作业数据和环境感知数据的融合共用。通过无人机平台、低空平台、高空平台、卫星，可以实现船载基站和远程的地面信关站及地面蜂窝通信系统的互联互通。低轨卫星的往返时延约为 20ms，为减少卫星链路回传负载和降低往返时延,可将用户请求的任务在无人机平台、低高空平台和低轨卫星处进行实时处理[2]。

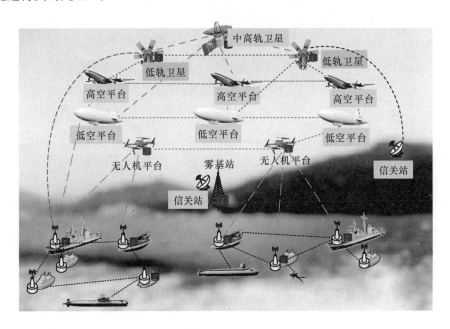

图 9-1　6G 广域无缝通信组网结构

9.1.2　巨容量高保真通信

为支撑 VR/AR 以及全息超高清视频业务,6G 将提供 1Tbit/s 的极值传输速率,用户平均体验速率将达 10Gbit/s,误帧率不超过 10^{-9}。为此,6G 将构造巨容量高保真通信切片,如图 9-2 所示。为了减少热点区域内严重的基站间干扰,6G 自适应地采用 C-RAN 模式,通过在高容量区域部署远端射频单元,利用基带单元池进行大规模干扰协作处理,可以显著提升组网容量。此外,针对高容量且低时延的 VR/AR 应用,将部署带有缓存的灵巧基站,工作在 F-AP 模式,实现边缘端的内容存储和信号处理,以及进行边缘端的测量和智能分析挖掘。智简 6G 将根据应用场景、业务性能和网络性能,自适应地在 C-RAN 模式和 F-AP 模式间工作。

图 9-2　面向巨容量高保真通信的无线组网

9.1.3　超可靠低时延通信

在智能制造场景，工业设备控制、异常监控告警、机器臂操控、无人车运行等需要低时延和超可靠的无线通信能力。为此，6G 将构建高可靠低时延的无线网络切片，如图 9-3 所示。它利用云边协同的 F-AP 提供所需的通信、计算和控制功能，在边缘端进行厂内数据处理，既确保了数据的安全性和隐私性，也为垂直行业的超可靠和低时延提供了保障。通过在空中接口协议中引入免授权接入，可以显著降低空口时延。此外，超可靠低时延切片从计算层面出发，挖掘边缘分布式算力潜能，在F-AP 处预先部署所需的数据分析应用，可在网络边缘完成对各类数据的实时处理。当计算压力较大时，多 F-AP 还可进行协作计算，实现资源共享。在控制层面，基于数据分析结果，在基站处运行相应控制软件，实现对工业设备、无人车等的实时操作。另外，超可靠低时延切片能够为蜂窝车联网提供超可靠低时延的无线传输，为无人驾驶和"强智能"的车联网保驾护航。

图 9-3 面向超可靠低时延通信的无线组网

9.1.4 巨连接极低功耗机器类通信

在智慧交通、智慧农业、智慧水务等物联网应用和大规模机器类通信场景，需布设海量机器类传感设备以完成对物理世界状态的监测和反馈操作。这些机器设备能量受限，要求极低功耗传输，以延长电池使用寿命。在一体化 6G 网络架构下，根据大规模机器通信需求，将构建巨连接极低功耗机器类通信切片方案，如图 9-4 所示。利用控制和业务面分离结构，机器设备按需接收和反馈宏基站的控制信息，通过灵巧基站和 F-AP 进行突发的信息传输，实现巨连接和极低功耗传输目标。具体来说，为增加连接数和降低传输能耗，机器设备可将采集的数据按需传输至最近的灵巧基站或者 F-AP，灵巧基站或者 F-AP 可以采用非正交多址接入技术确保多设备基于相同的物理时频资源块同时传输。如需对传感器等机器设备进行控制，可基于 F-AP 的本地数据处理和分析决策，由 F-AP 发出相应的决策信息，确保机器设备能够实时地进行低功耗快速响应。

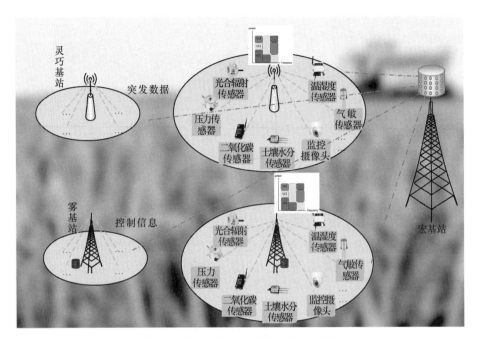

图 9-4　面向智慧农业海量接入的无线组网

| 9.2　意图驱动的智简无线网络 |

　　智简 6G 无线网络的关键理论和使能技术包括：智简无线网络信息理论、AI 使能的无线传输技术、云边协同的雾无线组网技术、多维资源智能调配技术、AI 使能的移动性管理和极简网络运维技术。为充分发挥智简 6G 架构的性能潜力，有必要对其性能成因进行刻画，并使用这些关键技术实现预期的性能。总之，6G 无线网络具有内生智慧、内生安全、广域覆盖的自驱动力，相应的网络体系架构、基础理论和核心关键技术亟待突破，这是 6G 的基础瓶颈和核心挑战。

　　意图驱动的无线接入网络将不必直接输入策略命令，而转为用户或运维服务商直接提出期望网络达到的性能状态"意图"。为了满足意图目标，需要利用开放软件定义平台，通过通信、计算、控制（3C）协同，以及网络结构和网络算法的智能性，在极简网络结构上实现网络结构的重构和网络性能的提升，如图 9-5 所示。

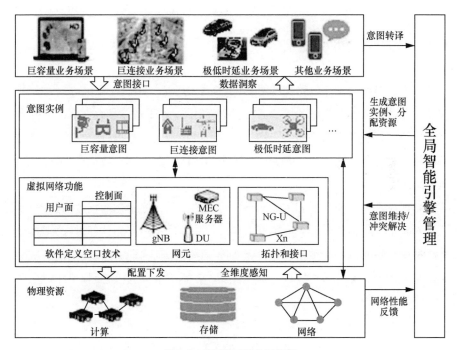

图 9-5 意图驱动和协同智简

协同智简是意图驱动的 6G 无线接入网络的核心理论和关键技术，无线通信从无线协同演进为小区间协同，再演进为协同自组织，未来将向协同智简进一步演进。通过 3C 协同实现通信、计算、缓存、控制等资源协同，提升无线网络的多维度性能；通过智能化，在极简单的网络架构下，利用软件定义技术，降低超大规模异构化节点带来的海量参数配置优化压力，提升无线接入网络体系结构的可重构性，实现 3C 动态协同，以自适应地满足不同场景的差异化服务性能需求，如图 9-6 所示。

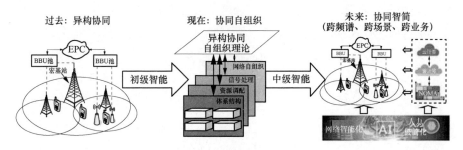

图 9-6 协同技术演进路线

9.2.1　意图驱动的网络架构

随着人们对通信网络依赖性的增加，新的业务类型不断涌现，6G 时代将面临不断改变的业务类型模式带来的挑战。在这种情况下，人工智能和大数据能够提升 5G 网络自主识别新业务类型的能力，利用数据挖掘技术对业务进行分类分析，预测用户移动趋势和业务量变化，同时完成高效灵活的网络编排和参数配置，按需定制相应网络切片，提供针对性服务。

为实现大数据使能的人工智能网络，传统的无线网络架构面临着新的需求和挑战。针对网络中新出现的无线大数据采集、认知、决策的 AI 处理过程，需要对传统无线通信网络架构进行重新思考，无线通信网络如何实现支持 AI 亟待解决。

图 9-7 展示了 AI 使能的 6G 无线网络架构。网络被分为核心网（CN）层、中心层、边缘层和用户层。

- CN 层：主要由核心网组成，承载现有的集中式 AI 智能算法。
- 中心层：主要由 6G 中心单元（CU）与分布式单元（DU）组成，各单元相互连接构成高速率低时延汇聚环，实现网络功能的集中化部署，使得通信、计算和缓存资源云化并属于整个 3C 资源层，通过动态、灵活地分配 3C 资源，基站的处理能力灵活变化。
- 边缘层：主要由 6G DU、RRH 和雾组成，雾利用其分布式有限的 3C 资源承载由 CN 层和中心层下沉的网络功能和边缘应用，实现数据与业务的本地处理，降低中心边缘交互开销与网络传输时延。
- 用户层：主要由差异化的终端组成，在有效的激励机制下终端分享其空闲的 3C 资源，协助网络完成服务的提供与网络的智能化。

网络各层承载差异化的 AI 逻辑功能，包括采集、认知、决策 3 部分。

- 采集：数据采集主要由各层协同完成。采集节点包括用户层的智能手机、笔记本计算机以及各类传感器等，边缘层的宏/微基站、物联网基站等，中心层的基带处理单元和 CN 层的专用数据采集单元。通过原始数据记录和深度包解析获得颗粒度差异化的用户、链路、网络和业务的多维度信息。
- 认知：认知是指从采集到的海量数据中通过感知、挖掘、预测与推理等方法认识网络中数据隐藏的信息，例如精准类别、统计规律、数据趋势和时空模式等。认知的主要目的是从统计意义上分析和挖掘数据中隐藏的正常与异常、类别间的关联等，借此发现网络中存在的问题、故障、错误、异常等。其中，感知是指通过混合数据进行源的多组数据来检测网络异常或突发事件；挖掘是根据所提供的模型与机制，对原始数据进行分析处理，挖掘获得额外的内在信息，如根据业务所要求的带宽、速率和时延，对业务进行分类；预测是对用户位置和业务模型进行挖掘，预测用户和业务在未来某个时刻的变化，提取用户和业务的变化特征等；推理是根据业务需求与网络状况，调整系统参数配置，提高服务质量与用户体验。

- 决策：决策包括流量卸载、基站休眠、资源调度等具体网络管理措施。具体的，根据认知结果，推断验证网络中现有的问题与面临的挑战，并给出合适的解决方案和持续进行监督优化。解决方案和优化措施在给出后，将被反馈到系统中进行实施，影响网络环境和采集数据的变化，从而完成闭环优化过程。

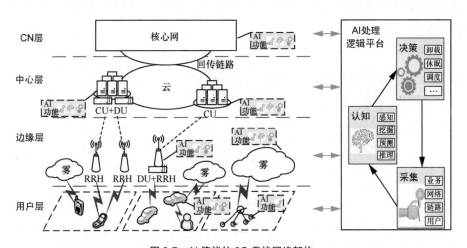

图 9-7　AI 使能的 6G 无线网络架构

值得指出的是，图 9-7 中通过用户层、边缘层和中心层承载下沉的 AI 功能，缩短从数据处理、预测/决策到参数调优的时间间隔。层级式和分布式部署的无线网络架构，能够更好地在无线网络中使能无线大数据业务。在满足无线网络结构演进需求的同时，保持了对现有移动通信系统的兼容性，为引入 AI 提供了极大便利。

9.2.2 意图驱动的 AI 组成

6G 无线网络中的 AI 过程包括两部分：模型训练和模型测试，借助其层级式和分布式的网络架构，AI 过程能够以更低算力开销、更高算法效率和更优数据采集完成。

（1）模型训练阶段

如图 9-8 所示，各层通过数据采集获得训练数据，用于训练模型，并将训练完成的模型分发到目标智能体 Agent 中。

数据获得：网络各层收集各类数据，包括用户移动性数据、业务流数据、话单信息、网元状态数据等，并对数据进行预处理，完成数据清洗、特征提取等初步处理操作后存储，获得数据的用途包括两类，训练数据用于模型训练，底层纯净数据需要离线上传给上层设备进行进一步的处理加工。

模型获得：利用训练数据和预设模型进行模型训练，特别的，边缘层设备通常资源有限，部署在这些设备上的 AI 认知功能难以承担一些计算资源开销较大的模型训练任务。因此可以通过训练卸载，请求中心层或 CN 层等高层计算资源集中化部署的设备，承担一部分模型训练等大计算量任务，底层资源受限的设备则承担计算资源开销较小的预测任务，确保各尽所能。

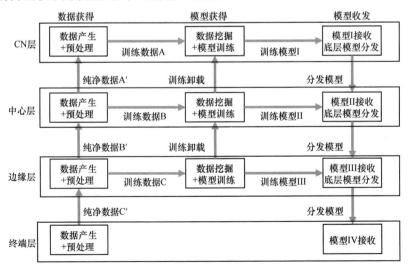

图 9-8　6G 无线网络中 AI 模型训练

模型收发：训练后的模型除了用于本层进行模型预测，还用于应答底层的请求，在模型获得过程中，底层进行训练卸载时需要请求训练完毕的待分发模型，此时使用训练后的模型应答底层的请求。因此，各层 Agent 的模型根据来源被分为 3 类：来自本层、来自上层、来自本层和上层混合而成。例如，终端层中的可终端直通的车辆用户，通过接收上层分发的用户接入模型，实现免调度的接入选择与切换；CN 层中，3GPP 的网络切片选择功能 NSSF，通过历史数据完成模型训练，实现用户与切片的映射；边缘层的模型训练借助迁移学习对所需模型进行切割，利用上层模型训练获得的经验帮助减少本层模型训练任务。

（2）模型测试阶段

如图 9-9 所示，在完成模型训练后，各层 Agent 获得了模型。此时，通过数据采集获得各层模型的输入数据，借助训练完毕的模型获得对应的决策结果。

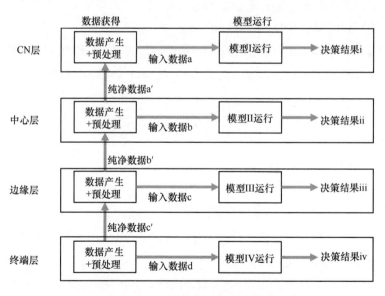

图 9-9　6G 无线网络中 AI 模型测试

数据获得：与模型训练阶段不同，在模型测试阶段，网络各层收集获得的数据将作为模型测试的输入数据，和上层模型测试的输入数据组成。例如在监督学习中，模型测试阶段采集的为含标签数据，而在模型测试阶段，获得数据是无标签信息。

模型运行：各层 Agent 根据训练好的模型与输入数据，获得对应决策结果，根据决策结果进行参数配置与网络管理。从高层到底层，模型决策结果的实时性降低，例如，中心层的模型可应用于准实时的 RRC、SDAP、PDCP 等协议层的优化（如多连接、干扰管理、移动性管理等），具体包含数据分析、准实时的预测/决策模型的训练、模型在线预测以及基于预测结果的策略生成和配置；而边缘层的模型，基于实时采集的数据进行实时在线预测/决策，并根据预测结果生成相应的策略，对边缘层处理过程（如调度、链路自适应等）进行实时闭环控制。

9.3　智简无线网络理论与技术

为充分发挥智简 6G 架构的性能潜力，有必要对其性能成因进行刻画，并在此基础上提出相应的关键技术，从而实现预期性能。

智简无线网络是指网络自身蕴含"智能简约"要素，网络中的节点将成为具备智能的新型节点，而网络本身的协议结构将趋向于极简，通过原生智能、认知重塑等特性支撑网络围绕不同通信对象构建针对性的智能服务生态，形成"网络极简、节点极智"，最终达到网络"由智生简、以简促智"的自演进、自优化、自平衡状态[3]。

智简无线网络强调网络优化的智能扩展性与架构设计的内生简约性。它以信息论为基础，以系统论为指导，以整体优化为目标，通过引入系统熵等网络整体有序演化评价指标，采用极化处理等通信链路整体优化手段，分别实现链路级与网络级"智简"，使通信链路与网络随场景需求的变化而不断重塑、达到系统最优，进而构建智简网络新生态。

在此基础上，智简无线网络的服务对象维度也将进一步增加，在网络节点具备智能的基础上，网络自身也将向原生智能体系逐步演进。网络架构将包括集中式/分布式混合组网等多种形式，应用场景包括物联网、无人机网络、卫星通信网络、密集蜂窝网络等多种形态。在智简无线网络中，终端设备具有涵盖各类业务的泛在性，网络设备具有软件驱动的开放性，网络具有去中心化的极简架构和基于高度自治的智能运维等特性。

9.3.1　智简无线网络信息理论

相比 5G，智简 6G 将实现空天地海一体化组网，同时实现 4C 资源的高度协同，并与 AI 深度融合。由此，亟须对相关信息理论开展研究，利用随机几何、排队理论等，分析出智简 6G 性能极限，挖掘性能成因规律，揭示不同的协同组网方式、资源协同方式和人工智能的引入对智简 6G 性能增益的影响。针对 4C 资源协同，需对计算、缓存等进行合理抽象，综合考虑异构节点计算、缓存能力的差异以及计算处理对象和缓存对象的差异。此外，考虑到智简 6G 应用场景的极大扩展，相关信息理论还需针对多样化的性能指标进行单独或联合分析。

在文献[4]中，作者对雾无线接入网络的遍历速率和传输时延进行了联合分析。区别于传统的用户接入最强信号节点以最大化网络吞吐量，作者提出基于时延的接入策略，分别推导了传统接入策略和最小时延接入策略的理论性能闭式表达式，涉及覆盖概率、遍历速率以及平均网络时延等。其中，最小时延接入策略的遍历速率由式（9-1）给出（对应文献[4]中的式（22），同时引入符号 A_j 和 B_{ij} 对表达式进行了简化，方便直观展示速率与系统参数关系）：

$$R = E_t \left[\sum_{j \in \{F_c, \tilde{F}_c, R\}} \frac{A_j(N,S) F_j(p_{\text{hit}}, t) \lambda_j P_j^{\frac{2}{\alpha}}}{\sum_{i \in \{F_c, \tilde{F}_c, R\}} B_{ij}(N,S) \lambda_i P_i^{\frac{2}{\alpha}}} \right] \tag{9-1}$$

其中，F_c 为命中缓存的雾基站，$\tilde{F}_c$ 为没有命中缓存的雾基站，R 为远端射频头，N 为远端射频头的天线数，S 为反馈比特数，p_{hit} 为缓存命中率，λ 为节点密度，P 为节点功率，α 为路损因子，t 代表用户接收信号的信干噪比门限。由此，遍历速率与远端射频头天线数、缓存大小、节点密度、节点功率相关。网络平均时延表示为（对应文献[4]中的式（28），同时引入符号 J_i 对表达式进行了简化，方便直观展示时延与系统参数的关系）：

$$\bar{D} = \sum_{i \in \{F_c, \tilde{F}_c, R\}} J_i(\lambda, p_{\text{hit}}) \left[\frac{L}{E[R_i] - Q_i(\lambda, p_{\text{hit}})} + D_i \right] \tag{9-2}$$

其中，L 为文件大小，D 为节点前传/回传链路时延，R_i 为上述推导的遍历速率，Q_i 代表各类型基站的业务量。平均网络时延与节点天线数、缓存大小、节点密度、节点功率、节点前传/回传链路时延相关。图 9-10 和图 9-11 的仿真结果表明，相较于传统接入策略，最小时延接入策略在保证近似遍历速率的前提下，可取得更优的传输时延性能。此外，仿真结果述表明增加雾基站的缓存大小和密度均可降低用户平均传输时延，但增加密度的同时会降低遍历速率，如图 9-12 所示。

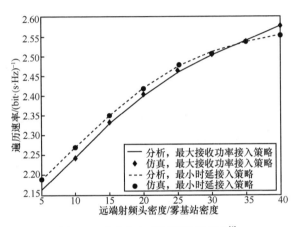

图 9-10　节点密度对遍历速率的影响[1]

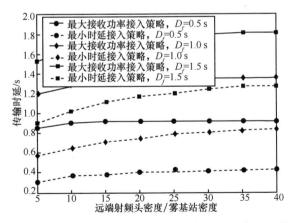

图 9-11　节点密度对传输时延的影响（D_f 为前传链路时延）[4]

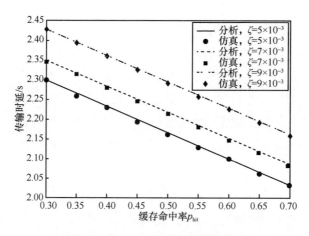

图 9-12 缓存命中率对传输时延的影响

（ξ 为服务请求率，缓存命中率正比于缓存大小）[4]

9.3.2 AI 使能的无线传输技术

在端到端无线传输方面，考虑到整体联合优化的复杂度，将发射机和接收机的各模块（例如编码模块、调制模块等）分别进行单独优化的传统思路，难以实现整体最优性能。而基于自编码器的 AI 无线传输技术则通过将发射机和接收机分别用神经网络进行表示，可以对二者进行联合优化[5]。此外，为了提高方法的可解释性和可预测性，在设计 AI 使能的无线传输技术时可引入专家知识，有利于实现更优的性能和更快的收敛[5]。在多天线传输中，还可利用 AI 进行波束选择[6]。利用用户相位、信道状态等信息构建服务场景特征向量，接着利用云计算和各类搜索算法对不同特征向量下的用户波束分配进行离线优化。一个特征向量和其分配结果构成一组标签数据，具有相同分配结果的特征向量为同一类。在此基础上，可利用 K 近邻等 AI 算法，将多用户波束分配问题转化为对当前特征向量进行分类的问题。

在免授权传输方面，接收端能够成功检测某一时刻有哪些设备接入网络并估计相应的信道状态信息尤为重要。在机器型通信场景下，数据流量通常具有偶发性，即在一个特定时隙内只有少部分设备处于活跃状态，因此，设备的活跃信息具有稀疏性，可采用基于压缩感知的方法来检测活跃设备和估计信道。但传统基于压缩感知的迭代算法（例如近似消息传递算法、交替方向乘子法）中的算法参数经常根据经验确定，难以实现最优性能。针对该问题，可采用基于神经网络的思想对传统算法做进一步优化。具体的，将传统迭代算法中每一轮迭代过程当作神经网络中的一层，将整个迭代过程看作一个神经网络，利用神经网络的学习能力进行神经网络参数优化（即优化迭代算法的参数），从而使得信道估计均方误差最小。

从图 9-13 所示的仿真结果可以看出，算法参数设置对交替方向乘子法的信道估计性能影响很大，通过神经网络的强大学习能力优化算法参数可明显提升估计性能。基于神经网络结构的算法与传统算法相比，并没有改变传统算法的整体框架，因此，两者具有相同的复杂度。

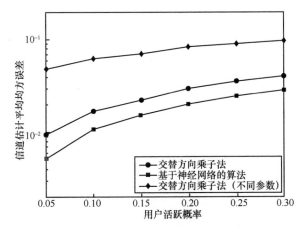

图 9-13　用户活跃概率对信道估计误差的影响

（用户数 200，发送功率 23dBm，基站 4 天线，导频长度 64）

9.3.3　云边协同的雾无线组网技术

为支撑多样化的应用场景和业务类型，云边协同组网能力至关重要。一方面，利用云边协同可实现雾基站协议栈功能根据场景特征进行灵活划分和部署。例如，在热点高容量区域，可将雾基站的物理层、MAC 层和网络层均在云端部署，利用云端强大的计算处理能力进行大规模信号处理、资源管理和组网等，有效降低干扰水平。在低时延高可靠场景下，雾基站处可部署完整的协议栈功能，同时对核心网的用户面功能进行下沉。此外，在高速移动场景下，可将 PDCP 和 RRC 层集中部署在云端，同时管控多个具有下层协议功能的雾基站，实现高速移动用户在各雾基站间的无缝切换。

另一方面，鉴于业务对计算、缓存资源以及时延、安全性、可靠性等性能指标的差异化要求，需选择合理的业务计算处理方式，包括边缘分布式计算处理、云端集中式计算处理以及集中分布混合计算处理。例如，对于与 AI 有关的业务，既可以在网络边缘利用用户终端、雾基站及挂载在无人机上的雾计算平台进行分布式 AI 模型训练（例如联邦学习[7]），也可在云端进行集中式训练。此外，网络边缘还可为云端进行训练数据预处理，并可通过对大规模 AI 模型的合理切分实现与云端的协同推断。云边协同方式的选择需综合考虑网络链路质量、节点移动性、节点的异构计算处理能力、AI 业务对模型精度的要求等。

在文献[8]中，作者针对高动态下行雾无线接入网络提出了基于深度强化学习的云边协同服务方法。其中，每个终端用户既可通过终端直通通信由附近其他缓存了请求内容的用户进行服务，也可接入多个远端射频单元利用云端集中式信号处理和内容缓存获得服务。通过云边协同，可将云端负载有效卸载到边缘，进而降低云端计算处理能耗和前传链路传输能耗。所提方法的输入状态由云端基带处理单元的开关状态、所有用户当前服务模式以及边缘节点的缓存状态组成。所提方法的输出动作为对基带处理单元的开关和终端服务模式选择的控制。所提方法的学习目标为最小化如下损失函数：

$$\text{Loss} = E_d \left[r + \gamma \max_{a'} \hat{Q}(s', a') - Q(s, a) \right]^2 \tag{9-3}$$

其中，d 为一组由状态转移构成的经验数据，包括当前状态 s、采取的动作 a、下一状态 s' 和相应的回报 r（为系统能耗的负值），a' 表示使 $\hat{Q}(s', a)$ 最大的动作，$Q(s, a)$ 和 $\hat{Q}(s', a')$ 分别为深度 Q 网络和目标深度 Q 网络输出的 Q 值，γ 为回报折扣因子。图 9-14 所示的仿真结果表明，所提方法较单一的云服务和边缘服务模式均可明显减少系统能耗，同时基于深度强化学习的方法较传统 Q 学习方法可降低约 36%的能耗。

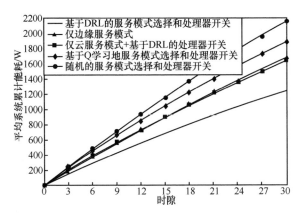

图 9-14　基于深度强化学习的服务模式选择性能验证

9.3.4　多维资源智能调配技术

为实现高效的 4C 资源协同，多维资源调配至关重要。物理信息系统、无线虚拟现实、无人机运行等均涉及多维资源调配。以物理信息系统为例，其需为传感器数据采集调配通信资源，为数据分析应用的执行调配计算和存储资源，同时还需对传感器休眠状态以及被监测的物理实体状态进行控制。然而，多维资源紧耦合且调配方式差异大，同时对于某些业务，资源调配还可能兼顾多个性能目标，因此调配问题高度复杂，需引入基于人工智能的调配方法。一般的，资源调配问题可视为无监督学习、监督学习或强化学习问题。当前常见的调配方法以基于强化学习的方法为主。针对前述多维资源调配问题，可采用基于混合时间尺度的分层强化学习框架。在上层，采用基于效用和策略联合估计的免状态强化学习进行大时间尺度上的缓存资源调配[9]，实现对业务请求、信道状态等网络动态特性的适配，而在小时间尺度，则可利用深度强化学习根据系统当前的缓存状态、瞬时信道状态和业务请求进行计算和无线资源的联合调配。

在缓存和无线资源联合调配方面，文献[9]提出了基于强化学习的混合时间尺度资源管理方法。其中，所提方法在大时间尺度上优化内容在雾基站处的放置，目标为最大化如下效用函数：

$$U = \omega E_{H,X}\Big[R\big(\Phi_{C}(H,X),H\big)\Big] - \mu L \tag{9-4}$$

其中，H 和 X 分别表示网络信道矩阵和用户内容请求矩阵，C 为全网内容缓存矩阵（0-1 矩阵），L 为 C 中非零元素个数，Φ_C 为给定缓存矩阵时的无线资源调配，ω 和 μ 为权重因子，R 为系统瞬时吞吐率。上述效用函数的物理意义为追求网络长期吞吐率性能和缓存成本的平衡。在给定内容放置下，网络边缘各雾基站基于联盟博弈进行小时间尺度的时域资源调配，从而提升网络短期吞吐量。缓存内容优化利用免状态多智能体强化学习算法，有效克服缓存资源管理面临的维数灾难问题，同时无须建立优化目标与缓存资源调配决策间的显示关系。图 9-15 展示了所提方法与基准方法的性能比较，由图 9-15 可知，该方法可取得更佳的性能成本折中。另一种进行缓存资源调配的思路为利用 AI 预测内容流行度[10]，根据流行度和雾基站处的缓存空间限制缓存最流行的内容。

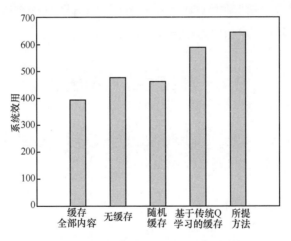

图 9-15　基于免状态强化学习的缓存性能验证

9.3.5　AI 使能的移动性管理技术

传统移动性管理主要基于固定规则的切换，例如当目标基站的链路质量与当前基站链路质量之差在一段时间内始终高于一个阈值时，则进行切换。然而，考虑到用户类型和业务类型的差异，固定的阈值和时长设定难以满足所有需求，因此引入基于 AI 的自适应切换优化方法。

目前，一些学者提出直接利用 AI 对前述切换参数进行调整。例如，在文献[11]中，作者提出了一种基于模糊规则的强化学习方法，对基站的发射功率和切换阈值进行动态调整，实现了切换性能和负载均衡的兼顾。而在文献[12]中，作者不再利用基于门限的切换判决方法，而是利用深度强化学习直接进行接入点选择优化。该方法由基于卷积神经网络和递归神经网络的特征提取模块和基于全连接神经网络的策略模块构成，输入状态为用户在各时刻从各无线接入点接收到的参考信号强度，每个输出动作对应一种无线接入点选择。仿真结果表明，所提方法相较基于参考信号强度比较的切换，可极大提升系统吞吐量和降低切换次数。除上述两种思路外，利用 AI 还可实现对用户移动轨迹的预测，从而有利于预先完成切换准备工作。虽然基于 AI 的移动性管理研究目前已取得一定成效，但大多面向传统无线接入网络。对于智简 6G，由于多维资源协同的引入，切换将不仅考虑无线链路质量，还需考虑目标基站处的计算、缓存和控制资源的可用性。

| 9.4　智简 6G 应用展望 |

基于智简 6G 体系架构，同时辅以信息理论分析和一系列先进关键技术，预期 6G 的各类典型通信场景需求可极大满足。

9.4.1　无人机应急通信

在自然灾害或人为攻击发生时，原有通信基础设施可能遭到毁坏，相关区域通信中断。传统应急通信大多采用应急通信车，但在一些极端场景，例如地震区域、山区等，应急通信车难以快速进入和部署，同时应急通信车自身桅杆高度受限导致信号无法有效覆盖整个区域。为解决该问题，智简 6G 架构的切片编排器基于无人机、地面信关站和地面基站等基础设施构建应急通信切片。其中，无人机搭载虚拟基站，自配置多跳通信协议，实现多无人机间协同通信，除具有无线接入功能外，无人机还可挂载传感设备和摄像头，及时获取现场数据。

基于对数据类型和无线环境的智能感知，无人机上的 SDN 控制器利用 AI 输出数据转发处理策略。例如对于时延高敏感数据，可在无人机处进行本地计算处理或转发至邻近无人机进行处理；对于时延中敏感数据，无人机平台将数据实时回传至低高空平台，进而通过卫星将数据发至地面信关站，或利用无人机多跳转发的方式将数据回传至地面基站；对于时延低敏感数据，无人机平台将数据先行存储，待进入地面基站覆盖区域时再将数据无线回传至基站。此外，基于 AI 的目标识别可辅助无人机实现地面人员跟随，自动调整无人机自身和无人机集群位置，确保覆盖性能。

9.4.2　海洋通信

传统海洋通信手段主要分为基于蜂窝网络的岸基通信、基于海洋卫星系统的通信和基于中高频的海上通信，三者融合程度低，互通性差，且大多仅关注通信资源，未充分挖掘计算和处理资源带来的性能增益。而智简 6G 可基于岸基、水域和空域的一体化协同组网，通过通信、计算资源的灵活按需编排，有效支撑各类海洋业务。例如，对于船只间的雷达信息共享，智简 6G 基于业务意图感知结果构建船载基站间的大带宽直连链路，实现海洋安全作业和船舶避障等。对于数据回传需求，利用软件定义组网思想，对船载基站、无人机平台、低高空平台和卫星间的数据转发路径进行优化配置，满足时延、可靠性等需求。此外，通过对水下作业人员的意图感知，智简 6G 在船载雾基站处预先分配计算处理资源，为其提供实时作业指导反馈等。

9.4.3　全息高清视频通信

全息高清视频典型业务包括在用户端实现通信双方的动态真人三维重建，可展现出通信者的肢体动作、面部表情甚至皮肤细节等，实现立体实时交互。此外，还涉及全息高清的体育赛事直播和个人直播等，为用户创造沉浸式体验。为支撑全息高清视频传输，智简 6G 将网络重构为巨容量高保真切片，自适应采用云无线接入模式为用户提供服务，利用超大规模信号处理和资源管理技术，提供超高速连接。

9.4.4　VR/AR 演进

无线 VR/AR 应用涉及传感数据采集、无线数据传输、物理计算、画面渲染等一系列过程，对传输速率和时延均有极高要求。针对该类应用，智简 6G 将核心网用户面功能和无线侧的高层协议栈均下沉部署至雾基站处，在用户面实现 VR/AR 业务请求的分流，从而利用雾计算在本地完成 VR/AR 的计算、渲染任务。此外，AR 动画和 VR 视频可在雾基站处基于 AI 进行智能预缓存，最终有效降低内容获取时延，并克服前传链路容量受限对无线传输速率的制约。在空口配置上，智简 6G 将空口重构为毫米波频段，利用大带宽和天线阵列实现超高速传输。

9.4.5　工厂内智能通信

面向智能制造场景，为支撑设备故障和环境异常告警、生产设备和无人搬运车（AGV）控制，智简 6G 将构建超可靠低时延切片，空口配置免授权非正交接入技术，从而降低关键工业数据采集器的接入时延和传输时排队时延。通过对 F-AP 计算资源和存储资源进行编排，满足边缘大数据分析应用、软件化可编程逻辑控制器以及 AGV 控制的部署需求。此外，智简 6G 利用云小站，在密集部署的远端单元处配置多天线，满足厂内高清摄像头视频回传需求。

9.4.6　增强型车联网

在车联网场景中，当车流密度较大时，智简 6G 为车载灵巧基站配置多跳通信协议，实现车辆间的车速、路况等信息交换，避免车辆发生碰撞。此外，利用配备大规模天线的宏基站传输控制信息，一方面增大了连接数，另一方面避免了车辆快速行驶时在路边单元间频繁切换带来的信令开销。当车辆行驶至无宏基站覆盖的区域，智简 6G 将车辆与路边单元的组网方式重构为基于多连接的组网，在降低切换时延的同时，还可提升传输可靠性，通过对路边单元计算处理资源的智能调配，充分满足辅助驾驶应用的需求。在交通堵塞时段，考虑到车内用户对超高清视频、移动多人游戏等业务的需求，将多个路边单元重构为云无线接入网络，从而为车内用户提供超高速接入。

┃ 参考文献 ┃

[1] 周洋程, 闫实, 彭木根. 意图驱动的 6G 无线接入网络[J]. 物联网学报, 2020, 4(1): 72-79.

[2] 彭木根, 孙耀华, 王文博. 智简 6G 无线接入网: 架构、技术和展望[J]. 北京邮电大学学报, 2020, 43(3): 1-10.

[3] 张平, 许晓东, 韩书君, 等. 智简无线网络赋能行业应用[J]. 北京邮电大学学报, 2020, 43(6): 1-9.

[4] YIN B, PENG M, YAN S, et al. Tradeoff between ergodic rate and delivery latency in fog radio access networks[J]. IEEE Transactions on Wireless Communications, 2020, 19(4): 2240-2251.

[5] O' SHEA T, HOYDIS J. An introduction to deep learning for the physical layer[J]. IEEE Transactions on Cognitive Communications and Networking, 2017, 3(4): 563-575.

[6] WANG J, WANG J, WU Y, et al. A machine learning framework for resource allocation assisted by cloud computing[J]. IEEE Network, 2018, 32(2): 144-151.

[7] ZHAO Z, FENG C, YANG H, et al. Federated-learning-enabled intelligent fog radio access networks: fundamental theory, key techniques, and future trends[J]. IEEE Wireless Communications, 2020, 27(2): 22-28.

[8] SUN Y, PENG M, MAO S. Deep reinforcement learning based mode selection and resource management for green fog radio access networks[J]. IEEE Internet of Things Journal, 2019, 6(2): 1960-1971.

[9] SUN Y, PENG M, MAO S. A game-theoretic approach to cache and radio resource management in fog radio access networks[J]. IEEE Transactions on Vehicular Technology, 2019, 68(10): 10145-10159.

[10] YAN S, QI L, ZHOU Y, et al. Joint user access mode selection and content popularity prediction in non-orthogonal multiple access-based F-RANs[J]. IEEE Transactions on Communications, 2020, 68(1): 654-666.

[11] MUÑOZ P, BARCO R, RUIZ-AVILÉS J M, et al. Fuzzy rule-based reinforcement learning for load balancing techniques in enterprise LTE femtocells[J]. IEEE Transactions on Vehicular Technology, 2013, 62(5): 1962-1973.

[12] CAO G, LU Z, WEN X, et al. AIF: an artificial intelligence framework for smart wireless network management[J]. IEEE Communications Letters, 2018, 22(2): 400-403.

第 10 章

6G 内生安全与区块链

随着大数据、云计算、物联网等新兴技术的发展与应用，人、机、物互联所需的通信容量需求急剧增加，无线网络规模愈来愈大，数据隐私和通信安全问题也成为了备受关注的热点。若继续沿用"外挂、补丁"式的网络安全模式，易造成传统网络安全体系弱、防护效率低等问题，因而未来 6G 网络需要朝着内生安全方向发展，实现网络安全的自动防御和自动进化。近年来，随着区块链技术的飞速发展，区块链技术的分布式、难以篡改、匿名性和安全性等内在特性能够有效解决 6G 网络面临的安全问题。本章将介绍面向无线网络切片的内生安全技术，从安全体系架构设计出发，对身份认证技术、切片安全增强技术及监控技术等关键技术进行阐述与探讨，详细描述区块链原理与在 6G 中的潜在应用。

过去几十年间，移动通信技术的持续演进和创新，是促进我国社会经济发展的强大动力之一，并直接造就了如今移动互联网的繁荣，为支撑我国现代科技发展提供了坚实的基础。随着大数据、云计算、物联网等新兴技术的发展与应用，人、机、物互联所需的通信容量需求急剧增加，无线网络规模愈来愈大，基于集中式架构的传统无线网络体系结构所提供的平均速率、时延、连接密度等性能指标亟待突破。为了解决上述问题，主流观点认为，6G 无线网络将进一步朝着资源边缘化和网络分布式演进。与此同时，计算下沉带来的数据隐私和通信安全成为新的焦点问题，传统网络安全需要朝着内涵和自生，即"内生"方向发展。

传统网络设计之初，并未将安全性作为体系结构设计的主要目标，因而传统网络安全手段采取"外挂、补丁"模式，造成传统网络安全体系弱、防护效率低等根本性问题。当前 5G 网络通过切片技术适配多业务场景，赋能垂直行业应用。然而，不同的无线网络切片运营在同一套网络架构上，给网络恶意攻击提供了可乘之机，产生了新的安全隐患。在 5G 网络虚拟化场景下，如何安全部署网络切片是未来大规模部署 5G 应用的前提。

区块链在日新月异地飞速发展着，在党中央的支持下，正式进入了"大航海时代"。区块链技术的分布式、难以篡改、匿名性和安全性等内在特性能够有效解决 6G 网络面临的安全问题。区块链技术可以加速实现灵活的频谱和数据共享、为多用户访问提供开放的数据架构，在实现无处不在 6G 服务的同时确保高数据不变性和透明度。区块链将成为 6G 的关键驱动技术，其催生了从资源共享、泛在计算到基于内容的可靠存储和智能数据管理等新颖的应用。

区块链技术在金融行业全面展开，在电子政务领域不断推动，在医疗领域逐步落地，在产群保护领域重点探索，在溯源应用领域初见成效。就本质而言，区块链技术是互联网技术应用层次的创新，更是互联网技术的补充，而非颠覆。

本章介绍了面向无线网络切片的内生安全技术，从安全体系架构设计出发，对身份认证技术、切片安全增强技术及监控技术等关键技术进行阐述与探讨，详细描述了区块链原理及其在 6G 的应用等。

| 10.1　6G 内生安全 |

针对 6G 无线网络切片在攻击免疫能力方面的基础需求，支持内生安全的切片网络架构与切片协议簇需从身份真实、控制安全、数据可信和行为可控 4 个安全目标出发，以终端侧安全接口协议、接入侧可信身份认证技术、应用侧切片安全隔离增强与交换技术、网络侧切片动态管理技术为驱动，为不同应用场景提供全方位的安全保障。

图 10-1 给出了面向无线网络切片的安全体系架构，该架构由控制面和用户面组成，同时保证用户设备与接入网之间、用户设备与服务网络公共节点之间以及用户设备与切片之间的保护，接入网与服务网络公共节点、服务网络公共节点与归属环境，以及归属环境与切片间的安全保护等。

由于 5G 无线网络切片具有切片能力灵活编排、切片资源动态管理、切片业务跟踪隔离等特性，恶意攻击者可通过嗅探攻击、跨虚拟机攻击、侧信道攻击等对网络进行同驻攻击，网络安全性与稳定性因此受到威胁。为了应对黑客的同驻攻击威胁，第一种方法是采取物理隔离，如将内存、硬盘、芯片等资源独占，但这种方法使网络切片虚拟化的资源共享功能受限；第二种方法是设置超级管理员防御，可对侧信道攻击等安全威胁进行有效防御和抵抗，但其高时延，可能引发用户信息不能及时保护的另一安全风险；第三种方法是采取目标转移的防御思想，将虚拟的网络功能或虚拟机有效迁移，从而躲避攻击者进行同驻攻击。这种方法的优势，一是提高恶意攻击的攻击门槛与不确定性，二是利用虚拟机迁移，从而对用户信息保护有了新的防御点。

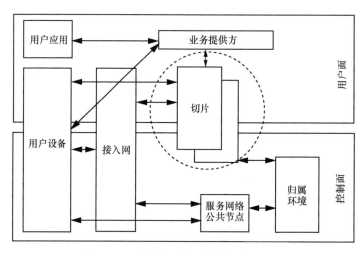

图 10-1　面向无线网络切片的安全体系架构

10.1.1　面向无线网络切片的身份认证

在网络安全中，身份认证技术作为网络第一道安全防线，有着天然重要地位，可靠的身份认证技术可确保网络只被正确的"人"所访问，即身份认证技术提供关于特定人或特定事物身份的保证，这意味着当某人（或某事）声称具有一个特定身份时，认证技术将提供某种方法来证实这一声明的正确性。针对 6G 用户，可基于可信标识用户统一身份认证与接入控制技术及细粒度用户身份掩护技术，来保证用户的隐私以及确认其身份的真实性；而在面向 6G 物联网应用的轻量化低功耗认证协议方面，为了接入轻便且功耗低，应着重于基于策略授权和标识密码体系的轻量级加密算法及安全参数自协商的轻量级安全协议。

传统基于用户标签标识的身份认证方法，能在一定程度上解决用户面临的安全问题，但就密级标签自身而言，还存在标签自身易被篡改、标签和用户主体不存在一一对应关系等诸多隐患。此外，未来网络对用户的保护并不局限于仅仅利用安全标签进行控制，关键在于结合现有密码技术，实现安全标签自身的全方位、立体化监控。为了实现密级标签和用户不可分离、自身不可篡改的目标,当前系统通过可信赖的第三方 CA(Certificate Authority)向系统中的各个用户发行公钥证书来实现对文件和标签的安全性保护,然而这种需要证书的公钥密码体制(PKI)证书管理复杂,需要建造复杂的 CA 系统,且证书发布、吊销、验证和保存需要占用较多资源,不适用于未来大规模部署的无线通信系统。

基于 6G 切片网络应用特征,内生身份认证机制需实现用户行为与身份追溯,兼容移动性机会网络,完善机构仲裁,以形成控制保护下的隐私间隔层,确保用户隐私信息细粒度层次隔离和身份标识符正确性可追溯。基于用户隐私测算具有极高的敏感度,可采用可信语义表示策略,描述用户行为和身份追溯的证链途径,由此测算用户追溯敏感度和隐私泄露敏感度。如图 10-2 所示,基于属性基加密(IBE)机制实现属性认证与隐私空间细粒度保护并存的密钥签名技术,需构造乘法 G 群下的双线性映射,实现"身份属性追溯与数据解密分离的双门限"机制,形成"属性追溯认证的原子服务链",完成细粒度隐私保护的用户属性追溯过程,并完成软件模块,实践并验证身份追溯与隐私保护效能。

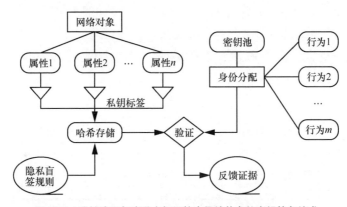

图 10-2　属性论证与隐私空间细粒度保护并存的密钥签名技术

10.1.2　面向无线网络切片的安全增强

为了满足 6G 切片网络差异化需求,可将网络分为通信资源层、虚拟化层、虚拟网控制层、虚拟网服务层、虚拟网管理层、虚拟网安全层等，如图 10-3 所示。其中，通信资源层为 6G 切片网络提供信息传输物理通道；虚拟化层通过虚拟化技术，对底层网络资源进行封装，屏蔽底层通信网络设备的差异，实现底层物理网络对上层应用的透明化；虚拟网控制层为切片虚拟网络提供网络接入与控制能力，由虚拟网络控制器进行虚拟网络资源容量、网络需求、网络配置、连接方式的全局监测与集中化动态控制；虚拟网服务层为各类用户提供统一的虚拟网络应用服务环境，为新业务构建与多业务灵活组合提供支撑；虚拟网管理层是保障虚拟网络稳定、可靠和高效运行的物质基础；而虚拟网络安全层是切片虚拟网络安全可控的重要保障，为虚拟网络与用户提供安全身份认证、边界安全防护管理、信息加密等安全功能。

通过 SDN 与 NFV 技术，网络关键资源集实现了虚拟化，将功能、网络及基础设施转变为云服务，6G 新型应用在部署时，可直接叠加在已有网络上，无须根据差异化应用连接需求，配套更改已有网络结构，加快了新型应用场景的部署速度。如图 10-3 所示，需通过基于 SDN 和 NFV 应用切片编排、业务传输安全增强方法及应用切片安全隔离、接入控制和跨域安全交换技术，为路由协议在网元实体间的信息交互提供机密性、抗重放、抗篡改以及防伪造等全方面的安全防护能力，增强 6G应用的安全性；通过边缘微服务容器安全加固方法、基于同态加密的数据存储与访问保护方法以及动态适配的边缘计算跨域业务交互与管理技术，确保 6G 应用边缘跨域安全，对边缘安全进行加固。

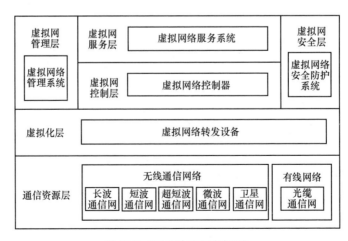

图 10-3　6G 切片网络系统层次

10.1.3　面向无线网络切片的安全监控

基于 6G 将支持多种用例与新服务，面向差异化业务需求的切片网络将提供用例所需的特定流量和功能,将基础设施资源隔离分配后可按需提供资源以避免浪费。在切片业务之间，每个虚拟网络都要求完全隔离，以便没有切片可干扰其他切片中的流量，这在一定程度上降低了引入与运行新服务的风险，即网络攻击若破坏某个切片，由于隔离机制，该攻击将无法扩散到切片之外，然而这将网络安全防御目的转化为对差异化业务切片内的流量监控、跟踪、控制要求。因此，为了满足切片网络实现不同用例特定流量与网络功能的安全防护需求，需采用基于流指纹的多用途恶意流量身份定位技术，通过主动为每条流内嵌基于流自身属性的唯一指纹信息，对网络流量进行有效跟踪、监控和控制，实现恶意流量的精准识别与恶意身份的精确溯源与定位。

此外针对多业务场景，6G 切片网络需为各类业务切片提供差异化灵活接入，这是拓展现有业务的关键，促进了新业务的建立与按需服务。通过为各类业务提供端到端的安全运行服务保障，将最大化网络管控的灵活性，优化基础设施的利用率和资源调配，从而实现比传统网络更高的能源节约率和成本效率，这意味着切片网络需跨越网络所有域，包含云节点上运行的软件模块，网络功能实体以及前传/回传中的传输资源，实现对全网的统一管控，并基于不同的业务需求，根据特定用例或业务模型进行网络特定配置与网络功能的组合。这不仅对异构设备与混合异质网络的差异化安全接入管理提出了兼容性难题，也对大规模用户端到端业务资源安全调配与管理提出新诉求。

|10.2　区块链概述|

区块链利用密码技术实现节点行使权力，保障数据的完整性、不可否认性、保密性以及可验证性；区块链中的节点利用 P2P 网络和分布式存储实现节点对等与数据备份；节点通过共识机制选出每个区块的记账人，并抵抗拜占庭节点的攻击；节点可以利用智能合约实现可编程的交易和去中心化应用。

比特币是一个去中心化的支付系统。在比特币中，节点利用 P2P 网络相互连接，并且每个节点都可以存储交易历史的完整备份，该交易历史就是区块链。比特币通过工作量证明共识机制 PoW 选出每个区块的记账人，进而实现区块链的不断延伸；利用密码技术实现节点行使权力，保障数据的完整性、不可否认性、保密性以及可验证性。下面介绍区块链的基础知识，包括架构模型、特征、准入机制、共识机制以及智能合约等概念[1]。

10.2.1　区块链架构模型

如图 10-4 所示，一个通用的区块链系统包含数据层、网络层、共识层、激励层、合约层和应用层。其中，数据层是区块链技术的最底层结构，封装了数据区块、链式结构、非对称加密以及时间戳等技术。网络层则包括分布式组网机制、数据传播机制和数据验证机制等。共识层是区块链技术的核心，封装了网络节点的共识算法，以确保网络能够达到共识。PoW、实用拜占庭容错（Practical Byzantime Fault Tolerance，PBFT）算法、Raft 分别是公有区块链（Public Blockchain，简称公有链）、联盟区块链（Consortium Blockchain，简称联盟链）、私有区块链（Private Blockchain，简称私有链）中具有代表性的共识算法。激励层是公有链特有的结构，包括经济激励的发行机制和分配机制。例如，比特币中，激励包括两个部分，一是出块奖励，二是手续费。通过激励促使矿工争夺记账，从而达成共识。激励层将经济因素集成到区块链技术体系中，主要包括经济激励的发行机制和分配机制等。合约层封装了各类脚本语言、算法机制以及智能合约。用户可以将合约信息写入智能合约，在区块链上启动和交易，当合约事件发生时，就会触发智能合约，自动执行合约内容。合约层主要封装各类脚本、算法和智能合约，是区块链可编程特性的基础。应用层封装了区块链的各种应用场景，例如金融、物流、保险、物联网等。

图 10-4　区块链架构

10.2.2　区块链特征

区块链具有去中心化、难以篡改、公开透明、集体维护、安全可信等特点。

（1）去中心化

传统网络中的交易，大多需要第三方机构担保。这是一种基于信用的模式，用户需要提交自己的信息给第三方机构，同时第三方机构的存在也会增加交易的成本。区块链的理念就是在分布式环境下建立一个去中心化网络以达成共识，无须经过第三方机构确认。在区块链网络中，不存在中心化节点，各个节点的地位平等，都能发布交易、读取链上信息。

（2）难以篡改

区块链中使用哈希算法对区块进行加密，每一个区块都存储了上一个区块的哈希值，任何信息的修改都必须改变哈希值。基于时间戳的链式存储结构，使得哈希值的修改难度和代价极高，确保了信息难以篡改。换句话说，在不超过区块链系统错误容忍度的前提下（一般为 33%~51%，视具体区块链技术而定），信息一旦上链，就会被永久保存。

（3）公开透明

在区块链中，矿工节点每生成一个区块，就会立刻向全网广播，实现全网数据区块的同步。所有节点都会保存最长主链的信息，新加入的节点可以访问周围节点并获取主链信息，节点可以回溯链上的所有交易信息。

（4）集体维护

区块链网络的共识是由所有节点共同决定的，区块链上的数据块由所有的节点共同维护，少数节点失效并不影响网络运作。每一个数据块都需要经过所有节点的验证，得到绝大多数节点的批准才可以上链。

（5）安全可信

区块链采用哈希算法、非对称加密、数字签名等密码学原理对信息进行加密，同时借助有效的共识机制来抵制恶意攻击，确保了数据的难以伪造和难以篡改，具有极高的安全性。例如，基于算力机制的 PoW 共识算法，只有掌握全网 51%的算力，才有可能做到对信息的篡改；基于投票机制的 PBFT 共识算法，只有超过 1/3 的恶意节点，才能篡改区块信息。

10.2.3　交易和区块

如图 10-5 所示，6G 区块链的工作流程主要分为如下步骤。

（1）所有需要内嵌安全功能的 6G 边缘节点（包括边缘基站和边缘终端）运行在同一区块链中；目标边缘节点生成一个交易，并将其广播至区块链中的其他边缘节点中。

（2）其他边缘节点收到该交易后验证其是否合法；所有处于同一区块链中的边缘节点根据共识机制选出新区块的生成者，该生成者生成并广播新区块。

（3）所有边缘节点将新区块添加至自己的本地账本。

（4）存在区块链账本中的交易信息触发智能合约。

（5）边缘设备实现自适应匹配和行为决策并执行相应的任务，例如，供应链场景下的移动集装箱操作、智能能源场景下的能源供给操作等。

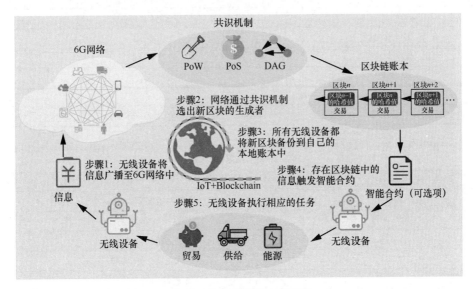

图 10-5　6G 区块链的工作流程

交易是构成区块链的最基本单位，以比特币为例，包括交易头和 payload。交易头包括交易 ID、所在区块高度、时间戳、支付者 ID、收款者 ID、转账金额、支付者签名等；payload 用于记录一些辅助信息。表 10-1 介绍了交易的结构，节点将交易广播到网络中。验证节点（矿工）收集网络中的交易，在验证交易的有效性之后，将交易打包成区块。

区块包含两部分，分别是区块头和区块体。区块头包含上一个区块的哈希值、当前 UNIX 时间戳、目标值、随机数和区块体中所有交易的 Merkle 根等；区块体包含一定数量的交易。表 10-2 介绍了区块的形式。比特币系统平均每 10min 产生一个新的区块，并且每个区块都含有上一个区块的哈希值，进而形成了一个按照时间排序的区块链式结构[2]。这就是区块链名称的由来。

表 10-1　交易的结构

交易头	
交易 ID	交易的哈希值
区块高度	交易所在区块的高度
交易序号	交易在区块体中的顺序
时间	产生交易的时间戳
支付者地址	支付者 ID
收款者地址	收款者 ID
签名	支付者关于交易的签名
payload	
辅助数据	

表 10-2　区块的形式

区块头	
版本	当前系统的版本号
区块高度	区块的高度
区块 ID	本区块的哈希值
父哈希	上一个区块的哈希值
难度值	工作量证明的难度值
Merkle 根	区块体中所有交易的 Merkle 根
随机数	计算工作量证明用的随机数
时间戳	产生交易的时间戳
区块体	
交易，交易，交易，…，交易	

10.2.4　准入机制

区块链的关键技术包括准入机制、共识机制、加密技术、数据结构以及智能合约，它们共同保障了区块链网络的稳定运行。

区块链按准入机制可划分为公有区块链、联盟区块链和私有区块链。

- 公有区块链：世界上任何个体或者团体都可以发送交易，且交易能够获得该区块链的有效确认，任何人都可以参与其共识过程。公有区块链是最早的区块链，也是应用最广泛的区块链[3]。

- 联盟区块链：由某个群体内部指定多个预选的节点为记账人，每个块的生成由所有的预选节点共同决定（预选节点参与共识过程），其他接入节点可以参与交易，但不过问记账过程（本质上还是托管记账，只是变成分布式记账，预选节点的多少、如何决定每个块的记账者成为该区块链的主要风险点），其他任何人可以通过该区块链开放的 API 进行限定查询。

- 私有区块链：仅仅使用区块链的总账技术进行记账，可以是一个公司也可以是个人独享该区块链的写入权限，该区块链与其他的分布式存储方案没有太大区别。传统金融都想尝试私有区块链，但私有链的应用产品还在摸索当中。

10.2.5　共识机制

共识机制就是所有记账节点之间怎么达成共识，从而认定一个记录的有效性，这既是认定的手段，也是防止篡改的手段[4]。区块链的共识机制具备"少数服从多数"以及"人人平等"的特点，其中"少数服从多数"并不完全指节点个数，也可以是计算能力、股权数或者其他的计算机可以比较的特征量。"人人平等"是指当节点满足条件时，所有节点都有权优先提出共识结果、直接被其他节点认同并最有可能成为最终共识结果。以比特币为例，采用的是 PoW，只有在控制了全网超过 51%的记账节点的情况下，才有可能伪造出一条不存在的记录。当加入区块链的节点足够多的时候，这基本上不可能，从而杜绝了造假的可能。现今主流的区块链的共识机制包含 PoW、权益证明（Proof of Stake，PoS）机制、授权股权证明（Delegated Proof of Stake，DPoS）机制、实用拜占庭容错（Practical Byzantine Fault Tolerance，PBFT）算法、有向无环图（Directed Acyclic Graph，DAG）、异步共识组（Asynchronized Consensus Zone）等。

10.2.6　区块激励

如图 10-6 所示，区块链共识过程通过汇聚大规模共识节点的算力资源来实现共享区块链账本的数据验证和记账工作，因而其本质上是一种共识节点间的任务众包过程。去中心化系统中的共识节点本身是自利的，最大化自身收益是其参与数据验证和记账的根本目标。因此，必须设计激励相容的合理众包机制，使得共识节点最大化自身收益的个体理性行为与保障去中心化区块链系统的安全和有效性的整体目标相吻合。区块链系统通过设计适度的经济激励机制与共识过程相集成，从而汇聚大规模的节点参与并形成了对区块链历史的稳定共识。激励层目的是提供一定的激励措施鼓励节点参与区块链的安全验证工作。节点的验证过程通常需要耗费计算资源和电能。为了鼓励节点参与，区块链通常会采用"电子货币"的形式奖励参与人员[5]。

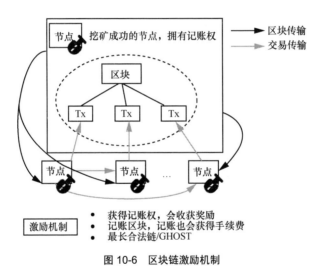

图 10-6　区块链激励机制

10.2.7　智能合约

在区块链中，智能合约是指基于已有的可信的难以篡改的数据，自动化地执行一些预先定义好的规则和条款。智能合约的概念可以追溯到 1994 年，由 Nick Szabo 提出，但直到 2008 年才出现采用智能合约所需的区块链技术，而最终于 2013 年，作为以太坊智能合约系统的一部分，智能合约首次出现。智能合约是一种特殊协议，旨在提供、验证及执行合约，它允许在不需要第三方的情况下，执行可追溯、不可逆转和安全的交易。智能合约包含了有关交易的所有信息，只有在满足要求后才会执行操作。智能合约和传统纸质合约的区别在于智能合约是由计算机生成的[6]。因此，代码本身解释了参与方的相关义务。智能合约根据逻辑来编写和运作。只要满足输入要求，也就是说只要代码编写的要求被满足，合约中的义务将在安全和去信任的网络中得到执行。

智能合约的一些主要优势包括处理文档时效率更高。这归功于它能够采用完全自动化的流程，不需要任何人为参与，只要满足智能合约代码列出的要求即可。这可以节省时间，降低成本，使得交易更准确且无法更改。此外，智能合约去除任何第三方干扰，进一步增强了网络的去中心化。然而，智能合约的使用也会产生不少问题，包括：人为错误、完全实施有困难、不确定的法律状态。

10.2.8　密码学

区块链是建立于密码学算法之上的一种分布式记账本。从区块链交易开始，密码学算法就开始发挥重要作用。目前区块链系统中主要使用的密码学技术为哈希算法和非对称加密算法。

把任意长度的输入（又叫做预映射 pre-image）通过哈希算法变换成固定长度的输出，该输出就是哈希值。这种转换是一种压缩映射，它是一种单向密码体制，即它是一个从明文到密文的不可逆的映射，只有加密过程，没有解密过程。同时，哈希函数可以将任意长度的输入经过变化以后得到固定长度的输出。哈希函数的这种单向特征和输出数据长度固定的特征使得它可以生成消息或者数据。

非对称密码学由一对不同的公钥和私钥对组成，如果用公钥对数据进行加密，则只能用对应的私钥才能进行解密，反之如果用私钥进行加密，那么只有用对应的公钥才能解密[7]。由于可以对密钥进行公开，因此也叫公开密钥加密算法。目前常见的非对称加密算法有 RSA 算法、椭圆曲线加密（ECC）算法、Diffie-Hellman 算法、Elgamal 算法等。大多数区块链平台采用 ECC 算法和 RSA 算法来进行数字签名，而这一类算法的安全性都基于对固定数学问题的计算复杂性的猜想。

10.2.9　数据结构

区块链采用链式结构来连接数据区块，以保证数据区块的有效性；采用 Merkle 树来保存数据交易，以保证交易难以被篡改。

（1）链式结构

如图 10-7 所示，区块链中，除了创世块（第一个区块）以外，当前区块都要存储前一个区块的哈希值，以此链接到前一区块。各个区块间依次环环相扣，形成了一条完整的链，从而记录数据区块的完整历史，同时也保证了数据区块的难以篡改。

图 10-7　区块链链式结构

（2）Merkle 树

如图 10-8 所示，Merkle 树实际上是一种满二叉树形式的数据结构，其最底层的每个叶节点保存的是每一笔交易的哈希值，而非叶节点保存的是其两个子节点串联起来的哈希值，如此递归，最后只剩一个最顶层的根哈希值值，记为 Merkle 根。Merkle 树是区块链中一种重要的数据存储结构，任何一笔交易的篡改都会引起 Merkle 根值的改变，从而保证了交易的难以篡改。

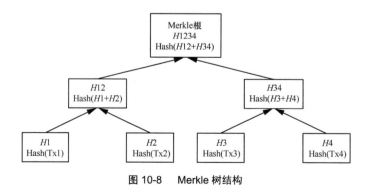

图 10-8　Merkle 树结构

| 10.3　6G 区块链 |

6G 将是一种面向服务的分布式的、无所不在的无线网络，安全性和隐私要求从服务的角度需要进一步强化。区块链技术的分布式、难以篡改、匿名性和安全性等内在特性都有望有效解决 6G 网络面临的安全问题，并且 FCC 在美洲世界移动通信大会（Mobile World Congress Americas，MWCA）上提出 6G 无线网络构想时也强调区块链将在更加分散和安全的网络中发挥关键作用。区块链技术可以加速实现灵活的频谱和数据共享、为多用户访问提供开放的数据架构，以在实现无处不在的 6G 服务的同时，确保高数据不变性和透明度。可以预见，区块链将成为 6G 的关键驱动技术，催生出从自治资源共享、泛在计算到基于内容的可靠存储和智能数据管理等新颖的应用[8]。

利用区块链构建 6G 分布式无线网络是一个新兴且热门的方向。有学者提出将区块链应用于智慧医疗，将病人的电子病历、基因数据等记录到区块链上，从而保障病人健康数据的隐私和安全。还有其他学者研究将区块链应用于物流产业，将货物的温度、湿度等信息记录到区块链上，从而保证货物的质量安全，并且提高物流效率。另外，利用区块链技术来进行数据验证也是一个热门话题。区块链可以永久地安全保存各类许可证书、登记表等，通过访问区块链上的数据，可以快速地对数据进行公证和审计。

从 1989 年的 Paxos 算法到 2013 年的改进版 Raft 算法，从 1999 年的 PBFT 算法到 2008 年比特币中面向拜占庭容错（Byzantine Fault Tolerance，BFT）的 PoW 算法，共识机制早有研究。比特币将共识机制融入区块链技术中，证明了区块链技术为分布式环境下的应用所提供的高安全性，同时也为实现 6G 内生安全中的智能共识提供了重要的思路与方法。

目前，区块链技术处在未成熟阶段，行业标准尚未建立，在诸多方面存在着问题与挑战。

首先，共识机制决定了区块链系统的性能，但是目前的共识机制都存在不同的缺陷，见表 10-3。PoW 机制消耗大量计算资源且吞吐量极低；PoS 虽降低了计算资源消耗、提高了交易吞吐量，却会带来寡头垄断的风险，与去中心化背道而驰；PBFT

面临广播带来的通信开销过大问题，系统的扩展性被大大限制。因此，共识机制设计将是未来区块链技术面临的一大技术挑战。

表 10-3　共识算法性能比较

共识算法	PoW	PoS	PBFT
类型	公有链	公有链	联盟链
拜占庭容错	<51%算力	<33%的总资产	<33%的投票
交易费	有	有	无
交易吞吐量/TPS	7	100	200～2000
交易时延	高	低	低

其次，在实际区块链网络中，共识节点的能力存在差异，安全防护等级层次不齐，使得分布式体系架构与区块链共识难以匹配，系统的安全性与稳定性难以得到保障。区块链技术与实际网络的匹配和联合优化，还需要进一步研究。

未来需要实现无线通信、边缘/雾计算、安全技术的深度融合，相关的基础理论和关键技术需要进一步突破，以便推动区块链技术在 6G 的应用与可持续发展。

10.3.1　6G 雾计算中的区块链

作为云计算的扩展，雾计算将成为支撑 6G 服务的关键技术。类似于云计算范式，雾计算可以提供一系列具有任务处理、数据存储、异构支持和 QoS 改进功能的计算服务。边缘服务器位于网络的边缘，非常接近终端设备，可以实现高效、低时延的 6G 数据计算。雾计算的分布式结构支撑着泛在计算服务，将显著改善网络的可扩展性，并有效降低网络管理复杂性。但是，在动态雾计算环境中 6G 服务的迁移（即数据计算）容易受到恶意攻击（例如干扰攻击、嗅探器攻击、DDoS 攻击等）[9]。此外，由于雾计算系统的高度动态性和开放性，边缘服务提供商的设置和配置信息的安全性和可靠性将受到极大挑战。另外，确保外部修改或变更不会影响外包的 6G 异构数据的数据保密性和不变性也是保证 6G 安全通信的关键挑战。区块链技术由于其内生的安全和分布式特性，原生地契合于 6G 雾计算架构，将成为克服现有边缘计算架构所面临的大多数安全和网络挑战的有广阔前景的技术推动力。

近年，为了解决支持 6G 雾计算中的许多安全性和管理服务等问题，针对区块链和雾计算融合的研究已经成为学术界和产业界的热点。如图 10-9 所示，区块链可以在网络、存储和计算 3 个主要方面支持基于雾计算的 6G 服务，其融合的优势主要包括如下几个方面。

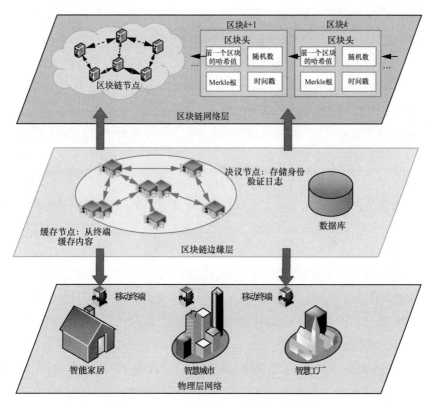

图 10-9　6G 服务的区块链和雾计算的融合

- 区块链共识依赖于 P2P 网络层传输的数据和网络节点的计算能力，而雾计算范式通过将计算和存储资源下放到网络边缘来实现边缘侧和远端云的计算融合，这种分层架构有利于区块链的信息传播和共识计算，并在物理上支持某些区块链扩展，例如网络边缘的侧链。
- 将终端设备的计算任务卸载到边缘服务器，使得资源受限的终端用户可以使用区块链服务。区块链对计算能力的过高要求使其几乎无法在移动设备或传感器上运行，此时可以利用边缘服务器充足的计算资源为用户提供共识计算。

- 边缘服务器为庞大的公共区块链提供了富裕的存储容量，为私有区块链提供了独立且安全的存储环境。此外，由于区块链提供的数据存储空间有限，多媒体应用可能需要进行链下数据存储，将原始数据存储到边缘服务器可以将区块链进一步扩展到多媒体技术。

实现区块链和边缘计算的集成具体包括如下几个方面。

- 身份验证：在具有多个交互服务提供商、基础架构和服务的雾计算环境中，实体的身份验证是保证系统安全的重中之重，这些实体通过各自的接口进行协作以通过签署智能合约来达成协议。实体的权利和要求在合同建立过程中由区块链记录。这对于在网络边缘的即使属于不同安全域的元素之间建立安全通信通道是必要的。

- 适应性：设备的数量和应用程序的复杂性，尤其是有限资源设备上应用的区块链服务不断增加。因此，区块链和 6G 雾计算的集成系统具有支持终端用户和业务的数量和复杂度动态变化的能力，并具有较高灵活性以适应动态的环境，进而允许对象或节点自由连接或离开网络。

- 网络安全：由于异构性和攻击漏洞，网络安全是 6G 雾计算的主要关注点。将区块链集成到雾计算网络中，以替换某些通信协议中的密钥管理，为维护大规模分布式边缘服务器提供便捷的访问，并在控制平面中进行更有效的监控以防止恶意行为。

- 数据完整性：数据完整性是数据在整个生命周期中的维护和保证。通过充分利用雾计算的分布式存储资源，可以在完全分布式的环境中通过一组边缘服务器以及基于区块链的框架为数据完整性服务复制数据，从而极大地阻止了对数据完整性的侵犯（外包资源的丢失、数据的错误修改和滥用的上传）。

- 可验证的计算：可验证的计算可将计算卸载到某些不受信任的客户端，同时保持正确的结果。雾计算中的定向卸载可以扩展到泛在计算而不受区块链的可扩展性的限制，区块链中智能合约的激励和自主性保证了有效的计算调度和返回解决方案的正确性。

- 低时延：通常来说，应用程序的时延是传输时延和计算时延的组合。计算时延表示花费在数据处理和区块链挖掘上的时间，这取决于系统的计算能力。尽管云中心的计算能力不断增加，但从终端用户到云的过长的传输也显著增加了传输时延。因此，区块链与边缘计算的集成需要确定计算与执行位置之间的映射，从而实现传输时延与计算时延之间的理想折中。

10.3.2　6G 智能网络中的区块链

将区块链技术应用于 6G 智能网络，可以有效地管控无线网络中机器学习的数据流和模型分发，同时保证数据流转过程中的数据安全和隐私问题。构建基于区块链的激励机制，可以促进无线网络中的智能终端更有效地收集和上传传感数据用于学习和训练机器学习模型。并且，基于区块链的机器学习解决方案可以以分布式方式处理数据，而不受限于单个实体数据集，这将显著增加训练的数据量，进而提高模型的普适度和准确度，同时保证数据的安全性和可靠性[10]。另一方面，利用 6G 无线网络中的机器学习技术，可以强化区块链应用的智能性用于数据处理和计算密集型应用的实现。此外，基于机器学习的区块链机制可以处理各种类型的交易，尤其是在智能合约中嵌入机器学习使得智能操作成为可能。

近年来，联邦学习已成为一种用于大型移动网络场景的机器学习技术，其支持使用来自物联网设备、边缘服务器等分布式节点的本地数据集进行分布式模型训练，但仅共享模型更新而不会泄露原始训练数据。联邦学习通过分散的方式实施模型训练并将数据保留在生成的地方，从而利用设备上的处理能力和未开发的私有数据。这种新兴方法提供了一种在确保高学习性能的同时保护移动设备隐私的能力，因此有望在支持对隐私敏感的 6G 移动应用（例如雾计算、网络和频谱管理）中发挥重要作用。特别是在解决 6G 无线网络中复杂问题的最新工作中，已经考虑区块链和联邦学习的融合。基于区块链网络的联邦学习架构通过在区块链中采用共识机制来实现设备上的机器学习，而无须任何集中的训练数据和协调管理。依靠分布式的区块链账本，训练网络克服了单点故障问题，并且由于对本地训练结果进行了联合验证以达成共识，从而增强了对公共网络中不可信任设备的资源利用。

此外，区块链还可以通过奖励机制加快训练过程，从而促进泛在设备的协作。使用智能合约为区块链网络构建一个有效的奖励机制，以激励具有高质量数据和高声誉的节点加入模型训练。另外，数据的可信度极大地影响着机器学习算法的有效性。具体来说，基于分布式网络中的单向加密哈希函数，检查、验证和存储区块链上的每笔交易。在通过验证后，这些曾经执行过的交易将保存在分布式账本中，这使得训练数据和模型可以进行有效的审计。通过对训练网络中各节点训练的本地模型进行准确度验证，根据验证的结果构建声誉机制，提高训练模型准确度高的节点的声誉、降低不准确节点的声誉，以此来不断更新各个节点的声誉，进而根据声誉高低选择可靠的移动设备进行联邦学习，以防御移动网络中不可靠的模型更新，防止联邦学习中的中毒攻击。

10.3.3　基于区块链技术的频谱共享

由于用户数量的不断增长、其对间歇性连接的需求，以及越来越多数据密集型应用程序的出现，高效的频谱分配在 6G 中将非常具有挑战性。无线网络和区块链的融合将使网络能够以更有效的方式监视和管理频谱资源，从而降低其管理成本并提高频谱分配效率[11]。

与常规频谱管理方案相比，区块链可以更好地解决 6G 频谱管理中的安全性和性能问题。由于区块链内生的分布式特性，可以将区块链应用于构建频谱共享和管理模型，从而提高安全性和性能，降低时延并提高吞吐量。区块链可以确保认知无线电（Cognitive Radio，CR）的分布式媒体访问协议的安全以租用和接入可用的无线信道，并验证和认证主要和次要用户之间的每个频谱租赁交易。如今，虽然已经建立了用于共享电视空白区域（TVWS）和公民宽带无线电服务的动态频谱共享模型，但相关的频率使用信息分享和管理还不够灵活高效。通过整合区块链技术，将诸如频谱感知和数据挖掘结果、频谱拍卖结果、频谱租赁映射以及空闲频谱之类的信息安全地记录在区块链上，区块链可以根据设备的动态需求动态分配频段，从而大幅提高频谱效率[12]。可以将有关 TVWS 和其他未充分利用频谱的信息记录在区块链中，此类数据可能包括频谱在 TVWS 上的频率、时间和地理位置以及主要用户的干扰防护要求等。借助区块链的分布式特性，只要主要用户在空闲频谱上记录信息，未经许可的次要用户可以轻松接入，进而可以有效管理次要用户的移动性以及主要用户的不同流量需求，提高了频谱利用的效率。可以通过智能合约在区块链中管理频谱接入，通过设定阈值，当用户达到接入阈值时，可以在指定的时间段内拒绝用户接入特定频段。此外，还可以为设备之间的频谱和资源共享提供必要但可选的激励机制，进一步刺激主要用户参与频谱共享。总而言之，使用区块链技术进行频谱共享的优势主要包括如下几个方面。

- 去中心化：采用区块链消除对受信任的外部权威的需求，例如频谱许可证、频段管理器和数据库管理器，减少由于在频谱共享期间与授权机构进行通信而导致的不必要的网络开销以及由于第三方中介机构引起的数据泄露，进而提高系统完整性和隐私性[13]。

- 透明度：由于频谱用户和服务提供商之间的所有交易都被记录在分布式账本中，因此基于区块链的解决方案能够提供更好的频谱使用本地化可见性[14]。此外，区块链可以采用智能合约，根据预先定义的共享策略对频谱共享活动进行审核。

- 难以篡改性：频谱服务（即频谱共享、监控和交易）以难以篡改的方式记录到区块链中，通过使用有效的共识机制，分布式账本可以很好地抵抗攻击或恶意用户造成的修改，确保了频谱服务的可靠性，并提高了网络实现的准确性。

- 可用性：移动用户等任何网络参与者都可以访问服务提供商管理的频谱资源以执行频谱共享和交易。此外，由于区块链将所有服务信息广播到所有实体，频谱共享数据库也可供网络中各个实体进行评估和验证。另外，没有中心机构可以验证或记录数据和交易，有助于实现更透明和安全的系统。

- 无权限：由于没有单一的受信任实体控制网络的中央权限，因此可以在不寻求其他用户批准的情况下将新的用户或应用程序添加到整个系统中，从而提供灵活的共享环境。

- 安全性：区块链可在用户和服务提供商之间进行有效通信，并具有强大的安全功能，可抵御 DDoS 风险和内部攻击。

10.3.4 区块链使能的网络切片

3GPP 对 5G 及未来网络的网络切片编排和管理的研究表明，参与者（MVNO、

MNO、OTT 提供者）之间相互信任的建立是有效且高效的多运营商切片创建的前提。因此，信任和安全性是网络工作分片代理的实现、设计和集成中要考虑的重要因素。利用区块链和分布式账本技术有效处理信任和安全问题。网络切片的交易可以基于区块链智能合约，根据来自 6G 网络切片代理的约定 SLA（Service-Level Agreement）订购切片编排。同时，将每个资源的使用方式以及每个服务提供商针对 SLA 的执行情况记录在分布式账本中。区块链结合了分布式网络结构、共识机制和高级加密技术，可提供现有结构中尚不具备的功能。区块链的分布式特性可防止单点故障问题，增强安全性。图 10-10 介绍了利用网络切片和区块链技术提供的远程手术/咨询和对无人机的远程控制（不同地区的网络运营商）。

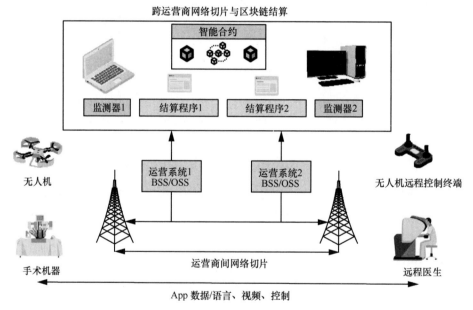

图 10-10　区块链使能的网络切片

构建基于区块链的切片代理管理流程，计费和租赁则由整合在服务层中的基于区块链的切片租赁分布式账本管理，进而在实现网络切片的安全和自动化代理的同时获得以下系统增益：（1）显著节省运营（交易和协调）成本；（2）加快切片协调的进程，从而降低切片协议的成本；（3）提高每个网片的运行效率；

（4）增强网络切片交易的安全性。区块链还可以增强与许多切片代理业务有关的协议的执行。此外，构建与定价和服务质量级别相关的智能合约可以更有效地完成 SLA 协商。

10.3.5　区块链使能的终端直通

随着智能通信终端的普及和移动通信技术的更新迭代，用户对近距离通信的需求日渐增强。D2D 作为一种最直接的近距离通信技术，可以提高频谱利用率，在 F-RAN 中也是重要的组成部分。然而，在不可信的 D2D 环境中进行设备间的数据共享，可能会造成数据泄露。另外，由于没有身份和权限认证，恶意节点可随时进行非法访问。因此，如何在确保低时延的同时进行安全的 D2D 数据共享是值得研究的问题。现有的解决方案需要依赖外部权威机构进行设备身份验证和数据访问授权，但是外部机构的引入不仅会增加不必要的通信开销，还会降低整体的网络性能。

区块链不需要依赖外部权威机构为 D2D 通信提供安全方面的保障。有研究人员利用区块链设计了一种分布式 D2D 数据共享架构，其中，AccessPoint 负责校验设备间的交易。为了使终端用户能及时收集 D2D 区块链的数据，采用轻量级区块校验方案，将 DPoS 作为一致性共识算法。为了衡量交易和区块的质量，分别制定了交易中继的价值函数和区块验证的价值函数两个模型，并基于合同理论提出了适用于 D2D 区块链的激励机制，从而实现用户间的高效安全数据共享。

| 10.4　区块链行业应用 |

2018 年以来，我国区块链应用项目不断落地，国家各部委先后推出 20 余条相关政策鼓励区块链技术应用；国内互联网巨头企业也纷纷布局区块链应用，包括阿里巴巴、华为、百度、腾讯、京东等企业纷纷推出区块链平台；国内金融机构也竞相入局，包括央行和四大国有商业银行在内的 34 家银行机构纷纷尝试区块链应用，并取得优异成果，具体见表 10-4。

表 10-4　行业应用现状

应用领域	典型案例	企业
加密数字货币	中国人民银行积极开展针对国家数字货币的研究，成立了中国人民银行数字货币研究所，积极研究基于区块链技术的数字货币	中国人民银行
跨境支付与汇款	2018 年 8 月，中国银行通过区块链跨境支付系统，成功完成河北雄安与韩国首尔两地间客户的美元汇款	中国银行
资产管理	2018 年 9 月，金融壹账通发布了 ALFA 智能 ABS 平台，用区块链技术穿透底层资产，为场内外 ABS 发行提供解决方案	金融壹账通
供应链金融	2019 年 1 月，蚂蚁区块链发布"双链通"，破局供应链中小微企业融资难题	蚂蚁区块链
医疗	2018 年 9 月，蚂蚁金服和复旦大学附属华山医院合作推出全国首个区块链电子处方	蚂蚁金服和复旦大学
溯源存证	2018 年 12 月，蚂蚁金服"相互保"互助案例使用区块链对参与者资料进行存证	蚂蚁金服
慈善	2018 年 10 月，贵州省扶贫基金会与 CROS 区块链技术公司携手合作的区块链智慧公益平台正式上线	贵州省扶贫基金会和 CROS 区块链技术公司
政务服务	2018 年 11 月，娄底市联合湖南智慧政务打造了不动产区块链信息共享平台	湖南智慧政务区块链科技有限公司
物流	2018 年 3 月，腾讯和中国物流与采购联合会签署了战略合作协议，腾讯区块链正式落地物流场景	腾讯和中国物流与采购联合会
征信	2018 年 11 月，蚂蚁金服携手华信永道打造"联合失信惩戒及缴存证明云平台"	蚂蚁金服

区块链作为以去中心化方式集体维护可信数据库的技术，具有去中心化、难以篡改、高度可扩展等特点，正成为继大数据、云计算、人工智能、虚拟现实等技术后又一项对未来信息化发展产生重大影响的新兴技术，有望推动人类从信息互联网时代步入价值互联网时代。

10.4.1　区块链行业应用总体现状

在区块链企业、互联网企业、应用企业、第三方服务机构等多方的共同推进下，我国区块链应用正持续展开。一批新产品、新平台、新服务不断涌现，以合作共建、平台先行为突出特点的应用模式持续显现。但整体上来看，当前我国区块链行业应用仍处在起步阶段，形成的应用产品有待市场验证，建设的应用平台还需实际落地。

分行业来看，金融领域是我国区块链技术应用最为活跃的领域，在数字货币、跨境支付、资产管理、供应链金融等方面已经形成了一批能够承担实际业务的新产品，市场推广正逐步展开；在电子存证和公益慈善领域，区块链技术的应用已经取得了阶段性成果；在医疗服务、政府管理、交通物流、现代征信等领域，尽管很多企业已经在探索和开展区块链应用，但由于产品研发和平台建设需要一定的时间，目前成熟的产品和平台相对较少，应用水平相对较低。

此外，国家各部委的区块链应用实践也逐渐开展（表 10-5），赛迪区块链研究院整理了各部委参与的 10 个区块链应用项目，其中已有 6 个实现落地。包括较为知名的税务总局推动的区块链电子发票项目，以及司法部推动的天平链、仲裁链项目。而最早的是 2017 年 12 月 12 日成立的面向交通运输领域的全国性区块链网络——中国交通运输链，该交通运输链将借助区块链技术，连接交通运输产业中的行业主体、基础设施，构建现代交通网络，以服务交通运输行业和政府部门。

表 10-5　各部委区块链应用实践

司法部	税务总局	公安部	财政部	审计署	民政部	交通运输部	央行
天平链和仲裁链已经落地	税链已经落地	警务区块链共享平台已落地	区块链+供应链平台正处于研究阶段	区块链数据存储正处于研究阶段	区块链+公益慈善正处于研究阶段	中国交通运输链已落地	数字货币正处于研发阶段，数字票据交易平台已落地

2019 年以来，我国进入区块链应用落地快速增长期，赛迪区块链研究院统计了 2014 年以来我国披露的 151 项区块链应用案例，并归纳梳理了区块链技术应用较多的 28 个应用场景和领域，针对已经披露的案例进行整理分析。考虑到不同场景的行业领域分布情况，优选出金融、电子政务、医疗、知识产权保护、溯源及公益慈善 6 个落地案例较多、影响力较大的区块链应用场景进行详细分析。

10.4.2　区块链重点领域行业应用发展现状

作为新一代信息技术创新发展的突出代表，区块链技术逐渐被各方认识和应用。

随着区块链技术的创新与发展，在 2019 年上半年，一批"区块链+"优秀产品不断落地，部分产业应用已经由试点实验阶段逐渐进入应用推广阶段，区块链应用效果逐步显现。

- 金融应用全面展开：目前，金融领域是区块链技术应用最为广泛的一个领域，2018 年，在金融企业和科技企业的共同努力下，我国各类区块链金融应用纷纷落地，以区块链为基础的金融科技成为金融界产品及业务创新的主要方向，各大银行和企业开始在金融业务领域开展广泛的探索和尝试。一是供应链金融。在供应链金融领域，基于区块链账本记录的可追溯和难以篡改性，整合供应链上下游企业的真实背景及贸易信息，有利于提高供应链金融行为的安全审计和行业监管效率，降低监管成本。当前，通过业内企业与区块链技术服务企业的合作，一批基于区块链的供应链金融服务平台相继启动或上线，成为我国供应链金融业务创新的重要方向。二是跨境支付。跨境支付存在诸多痛点，因跨境金融机构间对账、清算、结算成本较高，手工处理流程繁杂，致使用户端和金融业务端的支付业务费用高昂。目前，我国正在积极探索基于区块链的跨境支付系统，降低金融机构间的对账成本及争议解决的成本，提高支付业务的处理速度及效率。三是资产管理。数字化时代下，股权、债券、票据、收益凭证、仓单等数字金融资产由不同中介机构托管。区块链技术可在多节点、多机构、多区域建立资产共享的分布式账本，记录各类实体或虚拟资产，为资产高效管理提供重要的技术支撑。当前，区块链技术服务企业中与数字资产管理的相关业务正在顺利开展。四是跨境贸易。在传统进出口贸易融资中，往往存在两大问题，即对于贸易真实性的认定和是否重复融资的认定。通过应用区块链技术可以不断优化跨境业务金融服务流程，提高业务办理效率，提升企业服务体验，为涉外企业创造优良的营商环境，助推经济稳健发展，防范跨境金融风险。
- 电子政务不断推动：将区块链技术应用在电子政务领域，将有助于政府数据的共享开放，实现"一网通办"，提高政府工作效率，便于公众对政府的工作进行监督，促进政府机构向服务型转变，加强民众的参与感，增强政府公信力，实现"互联网+政务"的优化升级。

- 医疗领域逐步落地：2019 年，区块链成为我国医疗行业创新发展的一个重要关注点，在地方政府和行业领军企业的共同努力下，为实现电子病历、医疗记录、身份认证等区块链化管理，一批专门面向医疗行业的区块链应用平台相继启动，医疗领域出现了对区块链技术的强烈需求并面临广阔的应用前景。
- 产权保护重点探索：利用区块链技术的时间戳、难以篡改等可以建立可靠的数字化证明，在数字版权、知识产权、证书领域都可以建立全新的认证机制，改善公共服务领域的管理水平。通过区块链技术，对产权进行鉴定，如证明文字、视频、音频等作品的存在，保证权属的真实性、唯一性。作品在区块链上被确权后，后续交易都会被实时记录，实现文娱产业全生命周期管理，也可作为司法取证中的技术性保障。
- 溯源应用初见成效：区块链技术可以用于产品溯源，将数据难以篡改与交易可追溯两大特性相结合，可根除供应链内产品流转过程中的假冒伪劣问题，也可以追踪其来源和去向。成功的典型应用包括通过供应链跟踪商品来源、通过保护区块链上的数据来支持物联网和智慧城市解决方案等。这些应用都不需要竞争者之间建成大型初始生态系统，但是通过允许在整个供应链中准确地共享数据，可以解决当前业务流程中的痛点问题。同时，这些应用不具有创建新业务模型的额外复杂性，从而更容易执行。这也意味着这些应用只利用了区块链技术特性的一小部分，还没有充分利用它的全部功能。

10.4.3　区块链行业应用面临的问题

区块链行业应用面临的问题具体如下。

- 缺乏顶层设计：目前国家和地方政府已经出台了一些鼓励区块链布局和发展的相关政策，但是到目前为止，针对区块链发展中存在的技术异构、标准和规范不统一、行业资源配置割裂、投融资扶持政策力度有待加强、监管滞后等问题，我国还缺乏统筹规划和顶层设计的相关政策文件。此外，产业发展路线图、时间表、发展方向、产业政策支持处于空白状态。国家战略层次的顶层设计和规划的缺失，不利于区块链技术和产业的快速有序发展。
- 第三方评价机制亟待建立：当前，对于区块链发展过程中涉及市场重点关切的热点问题，例如技术标准、性能和效率、可扩展性、安全性等，尚未有通用的评价标准和体系，亟须相应的第三方评价机制建立。首先，行业层面尚未形成统一的评价标准。例如区块链平台之间的兼容性和互操作性较差，以及存在潜在的安全漏洞和风险。其次，评价机构和人才队伍亟待建设。评价机构和相关人才的缺乏使得对于区块链技术的第三方评价工作无法有效开展，不利于提高区块链技术应用服务于实体经济的能力和水平。因此，亟须独立、客观、专业的评价机构和人才队伍建设，从而保证客观和公正地对区块链技术进行评价，促进区块链技术健康发展。最后，适合区块链技术的评估方法和技术亟待形成。

- 核心技术亟待突破：性能无法满足高频交易要求。在区块链技术中，每个人都有一份完整账本，并且有时需要追溯每一笔记录，因此随着时间推进，当交易数据超大的时候，就会触及区块链性能瓶颈，产生交易拥堵。虽然可以通过一些技术手段（如索引）来缓解该问题，但尚无有效根治的办法。此外，由于区块链技术在交易时有一个确认机制，实际交易行为确认有一定的时延，如果将目前的区块链产品用于银行大规模交易系统，交易时延将会累积爆发，造成银行系统瘫痪。

- 技术尚不成熟，安全隐患较大：区块链技术产生时间尚短，仍面临较多的安全隐患。在算法安全方面，目前区块链的算法只是相对安全，随着数学、密码学和计算技术的发展会变得越来越脆弱。随着量子计算机等新计算技术的发展，未来非对称加密算法具有被破解的可能性，这也是区块链技术面临的潜在安全威胁。在智能合约方面，智能合约是部署在区块链上且可按照规则自动触发执行的数字化协议，本质上是一段程序，存在出错的可能性，从而会引发严重安全问题。

- 密钥管理存在隐患：区块链技术的一大特点就是不可逆、不可伪造，但前提是私钥是安全的。私钥是用户生成并保管的，没有第三方参与。私钥一旦丢失，便无法对账户的资产做任何操作。在实际业务中，尤其是面对普通消费者的业务中，有时候需要将私钥和消费者的社会身份进行绑定，并且由区块链系统运营方来代替消费者保管私钥。这种情况下，密钥中心化管理引发的安全问题值得高度重视。

- 社会对区块链的认识有待提高：社会各界对区块链的看法不一，多数人对区块链的认识不足。关于区块链技术应正确认识，一是区块链不等于加密"数字货币"；二是应合理看待区块链的发展进程。目前来看，任何期待区块链立刻颠覆现有信息互联网格局的愿景都是不切实际的。此外，就本质而言，区块链技术是互联网技术应用层次的创新，区块链技术更多是互联网技术的补充，而非颠覆。

| 10.5　6G 区块链共识算法的开销分析 |

公有区块链（以下简称"公链"）具备"完全去中心化"的特点，典型例子就是比特币、以太坊、超级账本。而私有区块链（以下简称"私链"）只是"部分去中心化"，主要被应用于企业的内部。对于公链共识算法的研究，主要集中在性能和安全性上。对于私链共识算法的研究，由于私链中节点都是经过接入认证的，安全问题较少，所以性能问题才是其研究重点。随着区块链的发展以及 6G 时代的到来，针对无线网络的区块链共识研究开始受到关注。尽管目前存在一些针对无线网络的区块链共识研究工作，但是相对于有线网络，针对无线网络的研究工作还较少。针对恶意攻击造成的分叉和视图更换进行了很多研究，然而在没有恶意攻击的情况下，在 6G 无线网络中由于传输失败，分叉和视图更换也有可能发生，会对区块链的共识开销造成影响。

下面以 PoW 和 PBFT 为例，在无恶意攻击情况下，系统地评估无线网络中的区块链共识开销，为轻量化区块链设计研究、区块链应用提供思路和参考。

10.5.1　网络模型以及共识流程

假设网络中共有 N 个诚实节点，随机分布在一定一跳通信范围内，即任意两个节点之间消息可以直达。节点之间通过无线信道传输数据，并且数据只发送一次，失败后不再重传（重传次数为 0，后续分析可以根据实际情况扩展）。

网络达成共识的流程如图 10-11 所示。每当交易到达，节点立刻将交易广播并且对来自其他节点的交易进行验证收集，全网节点的交易到达率为 λ。全网节点执行 PoW、PBFT 共识算法，当共识达成之后，节点将新生成的区块写入本地区块链。

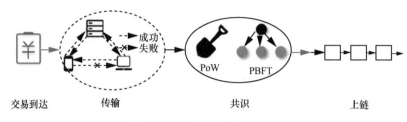

交易到达　　　　传输　　　　　　　　共识　　　　　　　上链

图 10-11　网络达成共识的流程

（1）PoW 共识流程

在 PoW 中，假设 N 个节点算力均相同且为 r_1，哈希算法的目标难度值为 D。PoW 区块链网络的正常出块流程如图 10-12（a）所示。

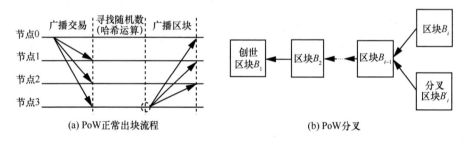

(a) PoW 正常出块流程　　　　　　　　　　(b) PoW 分叉

图 10-12　PoW 正常出块与分叉

① 节点将自身交易广播，并且对其他新交易进行验证和收集，全网节点同时参与计算，寻找满足要求的随机数。

② 某个节点率先找到符合难度值要求的随机数，获得新区块的记账权，并且立刻将该区块向全网广播。

③ 其他节点接收到新区块后，验证区块中的交易和随机数的有效性，然后将该区块加入本地区块链，开始下一个区块的构建。

在 PoW 的出块过程中，有可能发生分叉。当某个节点率先找到正确的随机数，向其他节点广播新区块时，由于节点间消息可能传输失败，一些节点并没有收到新区块的广播，这些节点会继续当前块的工作，从而产生意外的分叉情况，如图 10-12（b）

所示。当发生分叉时，由于分叉块的产生，PoW 的系统开销也必然会增加。

（2）PBFT 共识流程

在 PBFT 中，共有 N 个节点（$N=3f+1$，f 为可容忍的恶意节点数），包括一个主节点和 $N-1$ 个副本节点，假设节点算力均相同且为 r_2。PBFT 的正常出块流程如图 10-13（a）所示。

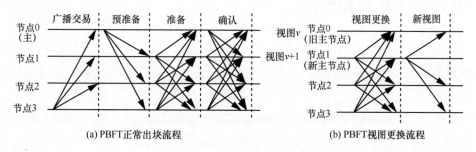

(a) PBFT正常出块流程　　　　　　(b) PBFT视图更换流程

图 10-13　PBFT 正常出块及视图更换

① 节点（指主节点和副本节点在内的所有节点）将自身交易广播，并且对其他新交易进行验证和收集。

② 主节点从交易池中取出交易并打包成新的区块，然后将区块广播至全网节点。

③ 副本节点接收到区块后，验证区块中交易的有效性，然后将区块的哈希摘要广播至全网。

④ 当节点收集到的 $2f$ 条其他节点发来的摘要都和自己的相同时，则向全网广播一条确认（Commit）消息。

⑤ 当节点收到 $2f+1$（包括节点本身）条相同的 Commit 消息后，就会正式将新区块及其包含的交易提交到本地的区块链。

如果 PBFT 共识过程未能正常出块，就会执行视图更换协议。由于传输失败，确认阶段中节点接收不到多于 $2f+1$ 条 Commit 消息，从而可能触发视图更换协议。记当前视图编号为 v，PBFT 视图更换流程如图 10-13（b）所示。

① 副本节点认为主节点存在问题，向其他节点广播一条视图更换（View-Change）消息，当前活跃的编号最小的节点成为新的主节点。

② 新的主节点收到 $2f+1$（包括主节点）条有效的 View-Change 消息后，视图

进入 $v+1$ 状态，并向其他副本节点广播一条新视图（New-View）消息。

③ 副本节点接收到新的主节点的 New-View 消息后，验证其有效性，将视图切换到 $v+1$ 状态。

当视图更换发生时，PBFT 的系统开销也会有所增加。

10.5.2　共识开销分析

在无线网络中，传输失败可能会引起区块分叉或者视图更换，从而增加网络的系统开销。因此在进行开销分析之前，需要先对节点广播时的传输成功概率进行分析。

假设节点服从密度为 γ 的二维泊松点过程。随机选择一个节点作为发送节点，以其为圆心，接收节点分布于半径为 R 的区域内。根据二维泊松点分布性质[19]，发送节点到接收节点之间的距离 r 的概率密度函数为：

$$f(r) = \frac{\mathrm{d}(r^2 / R^2)}{\mathrm{d}r} = \frac{2r}{R^2} \tag{10-1}$$

设定节点传输的信道为瑞利信道，根据无线通信中小尺度衰落的特性，接收节点处的 SNR 可以表示为：

$$\mathrm{SNR} = \frac{Shr^{-\alpha}}{\sigma^2} \tag{10-2}$$

其中，S 为节点的发射功率；h 代表瑞利衰落中非负的功率增益随机变量，服从指数为 1 的负指数分布；α 为路径损耗指数；σ^2 为干扰噪声功率。

设定系统的信噪比阈值为 Z，根据泊松点过程性质[14]，节点传输的平均成功概率 P_s 为：

$$\begin{aligned}
P_s &= \int_0^R P\{\mathrm{SNR} > Z\} \cdot f(r)\mathrm{d}r \\
&= \frac{2\pi\gamma}{N} \int_0^{\sqrt{N/(\pi\gamma)}} \exp\left\{\frac{-\sigma^2 r^\alpha Z}{S}\right\} \cdot r\mathrm{d}r
\end{aligned} \tag{10-3}$$

以此概率作为广播时的节点传输成功概率。

（1）PoW 非恶意分叉

下面考虑非恶意情况下，由于传输失败造成的 PoW 分叉。在 PoW 共识过程中，假设某个节点 k 率先找到了正确的随机数，获得新区块的记账权，并且向其他节点广播新区块。其中有 M（$M \leqslant N-1$，$M=N-1$ 时不发生分叉）个节点传输成功，这些节点验证区块的有效性后立即放弃当前区块的工作，并基于新区块寻找下一个区块，将这 M 个传输成功的节点和节点 k 定义成集合 $\mathcal{S} = \{1,\cdots,M,M+1\}$。剩下 $N-M-1$ 个节点由于传输失败，会继续寻找当前块，将这些传输失败节点定义成集合 $\mathcal{F} = \{1,2,\cdots,N-M-1\}$。集合 $\mathcal{S}$ 中的节点和集合 $\mathcal{F}$ 中的节点开始竞争寻找随机数，当集合 $\mathcal{F}$ 中的节点先找到符合难度值要求的随机数并生成区块广播后，就会产生分叉。记集合 $\mathcal{S}$ 产生区块的时间为 T_s，集合 $\mathcal{F}$ 产生区块时间为 T_f。根据目标难度值 D 和节点的算力，可以得出集合 $\mathcal{F}$ 生成区块的时间为：

$$T_f = \frac{D}{(N-M-1)\cdot r_1}, \quad M \neq N-1 \tag{10-4}$$

根据节点生成区块的概率与算力的关系，对于任意的 M 值，集合 $\mathcal{F}$ 中的节点先生成区块的概率可以表示为：

$$P\{T_f < T_s\} = P\{T = T_f\} = \frac{(N-M-1)\cdot r_1}{N\cdot r_1} = \frac{N-M-1}{N} \tag{10-5}$$

根据节点传输平均成功概率 P_s，在遍历完 M 的所有取值情况后，可以推导出 PoW 发生分叉的概率 P_f，其表达式为：

$$\begin{aligned}
P_f &= \sum_{M=0}^{N-2} C_{N-1}^M P_s^M (1-P_s)^{N-M-1} \cdot P\{T_f < T_s\} \\
&= \sum_{M=0}^{N-2} C_{N-1}^M p_s^M (1-P_s)^{N-M-1} \cdot \frac{N-M-1}{N} \\
&= \frac{N-1}{N} \cdot (1-P_s)
\end{aligned} \tag{10-6}$$

（2）PBFT 非恶意视图更换

下面考虑非恶意情况下，由于传输失败造成的 PBFT 视图更换。定义 L_1 是 PBFT 预准备阶段接收到消息的节点个数，L_2、L_3 分别是准备、确认两个阶段中成功接收

$2f$ 以上个节点消息的节点个数，M_2、M_3 分别是准备、确认两个阶段中单个节点成功接收到的消息个数，P_{s_2}、P_{s_3} 分别为准备、确认两个阶段中单个节点接收 $2f$ 以上个消息的概率。在共识过程中，当确认阶段接收到超过 $2f+1$ 个 Commit 消息的节点个数少于 $2f+1$，即 $L_3 < 2f+1$ 时，就会触发视图更换协议，视图从 v 更换到 $v+1$。

PBFT 不发生视图更换必须满足预准备阶段成功接收消息的节点数目不少于 2/3，准备、确认两个阶段中成功接收 $2f$ 以上个节点消息的节点个数超过 2/3，即 L_1 不小于 $2f$，L_2、L_3 均不小于 $2f+1$。那么不发生视图更换的概率 $P_{\overline{\text{vc}}}$ 就可以表示为：

$$P_{\overline{\text{vc}}} = P\{L_1 \geqslant 2f, L_2 \geqslant 2f+1, L_3 \geqslant 2f+1\} \tag{10-7}$$

根据前面推导的节点传输平均成功概率 P_s，可以得到 P_{s_2}、P_{s_3} 分别为：

$$P_{s_2} = \sum_{M_2=2f}^{L_1} C_{L_1}^{M_2} P_s^{M_2} (1-P_s)^{L_1-M_2} \tag{10-8}$$

$$P_{s_3} = \sum_{M_3=2f}^{L_2} C_{L_2}^{M_3} P_s^{M_3} (1-P_s)^{L_2-M_3} \tag{10-9}$$

因此，$P_{\overline{\text{vc}}}$ 可以展开为：

$$P_{\overline{\text{vc}}} = \sum_{L_1=2f}^{3f} \left\{ \begin{matrix} C_{3f}^{L_1} P_s^{L_1} (1-P_s)^{3f-L_1} \\ \sum_{L_2=2f+1}^{3f+1} \left\{ \begin{matrix} C_{3f+1}^{L_2} P_{s_2}^{L_2} (1-P_{s_2})^{3f+1-L_2} \\ \sum_{L_3=2f+1}^{3f+1} C_{3f+1}^{L_3} P_{s_3}^{L_3} (1-P_{s_3})^{3f+1-L_3} \end{matrix} \right\} \end{matrix} \right\} \tag{10-10}$$

因此，PBFT 发生视图更换的概率 P_{vc} 为：

$$P_{\text{vc}} = 1 - P_{\overline{\text{vc}}}$$

$$= 1 - \sum_{L_1=2f}^{3f} \left\{ \begin{matrix} C_{3f}^{L_1} P_s^{L_1} (1-P_s)^{3f-L_1} \\ \sum_{L_2=2f+1}^{3f+1} \left\{ \begin{matrix} C_{3f+1}^{L_2} P_{s_2}^{L_2} (1-P_{s_2})^{3f+1-L_2} \\ \sum_{L_3=2f+1}^{3f+1} C_{3f+1}^{L_3} P_{s_3}^{L_3} (1-P_{s_3})^{3f+1-L_3} \end{matrix} \right\} \end{matrix} \right\} \tag{10-11}$$

（3）系统开销分析

基于对非恶意情况下 PoW 发生分叉以及 PBFT 发生视图更换的分析，接下来将进一步研究非恶意情况下 PoW 和 PBFT 的系统开销，包括通信开销和算力开销。

定义 T_1 为 PoW 正常生成一个区块的平均时间，T_2 为 PBFT 正常生成一个区块的平均时间，T_3 为 PBFT 发生视图更换的时间。对于 PoW，生成一个区块的时间包括：①打包生成区块时间；②寻找随机数时间；③广播时延；④验证区块时间。考虑到 PoW 寻找随机数占绝大部分时间（数量级②为分级、③为秒级、①和④为毫秒级），可以忽略其他时间，因此，$T_1 \approx T_d$，T_d 是寻找随机数的平均时间。根据节点算力和目标难度值 D，可以得出生成区块时间 $T_1 = T_d = D / (N \cdot r_1)$ [14]。

对于 PBFT，生成一个区块的时间包括：①打包生成区块时间；②广播时延；③验证区块时间。T_{c_2} 是 PBFT 验证区块时间，T_b 是一次广播时延，考虑到 PBFT 广播占大部分时间（数量级②为秒级、①和③为毫秒级），忽略其他时间，因此 T_2 可以表示成 $T_2 = 3T_b$。而 PBFT 发生视图更换时，进行了两次广播，因此 $T_3 = 2T_b$。

· 通信开销

采用生成一个有效区块所需要的平均通信次数来衡量 PoW 和 PBFT 的通信开销。在 PoW 中，生成一个有效区块所需的平均通信次数 C_{pow} 等于分叉的通信次数加上不分叉的通信次数。记发生分叉时的通信次数为 C_f，不发生分叉时的通信次数为 $C_{\bar{f}}$，那么一个有效区块内的通信次数 C_{pow} 可以表示为：

$$C_{\text{pow}} = (1 - P_f) \cdot C_{\bar{f}} + P_f \cdot C_f \qquad （10\text{-}12）$$

PoW 不发生分叉时，T_1 内生成一个有效区块，这段时间内交易的到达数为 λT_1，则不发生分叉时的通信次数为：

$$C_{\bar{f}} = \lambda T_1 \cdot (N - 1) + N - 1 \qquad （10\text{-}13）$$

PoW 发生分叉时，先在 T_1 内生成一个区块，之后的 T_f 内生成一个分叉块，则发生分叉时的通信次数为：

$$C_f = C_{\bar{f}} + \lambda T_f (N - 1) + N - 1 \qquad （10\text{-}14）$$

因为 $T_f = D / (N - M - 1) \cdot r_1$，可以得到 T_f 与 T_1 的关系，即 $T_f = N \cdot T_1 / (N - M - 1)$，$M \neq N - 1$。根据分叉概率 P_f，可以推导出 PoW 的通信次数 C_{pow} 为：

$$
\begin{aligned}
C_{\text{pow}} &= (1-P_f)\cdot C_{\bar{f}} + P_f \cdot C_f \\
&= \lambda T_1 \cdot (N-1) + N - 1 \\
&\quad + \sum_{M=0}^{N-2}\left\{\begin{aligned}&C_{N-1}^M(P_s^M(1-P_s)^{N-M-1}\\&\left\{\lambda T_1\cdot(N-1)+\frac{(N-M-1)\cdot(N-1)}{N}\right\}\end{aligned}\right\} \\
&= \lambda T_1 \cdot (N-1) \cdot (2 - P_s^{N-1}) + \frac{(N-1)^2}{N}(1-P_s) + N - 1
\end{aligned}
\tag{10-15}
$$

在 PBFT 中，生成一个有效区块所需的平均通信次数 C_{pbft} 等于发生视图更换的通信次数加上不发生视图更换的通信次数。记不发生视图更换时的通信次数为 $C_{\overline{\text{vc}}}$，从执行 PBFT 到发生视图更换期间内的通信次数为 C_{vc}。假设在生成一个有效区块之前，PBFT 连续发生了 m 次视图更换，则 PBFT 生成一个有效区块的通信次数 C_{pbft} 为：

$$
C_{\text{pbft}} = \begin{cases} \displaystyle\sum_{m=0}^{\infty} p_{\text{vc}}^m \cdot (1-P_{\text{vc}})(m\cdot C_{\text{vc}} + C_{\text{vc}}), & P_{\text{vc}} \neq 1 \\ \infty, & P_{\text{vc}} = 1 \end{cases}
\tag{10-16}
$$

PBFT 不发生视图更换时，T_2 内产生一个有效区块，这段时间内交易的到达数为 λT_2，则不发生视图更换时的通信次数为：

$$
C_{\overline{\text{vc}}} = \lambda T_2 \cdot (N-1) + 2N\cdot(N-1)
\tag{10-17}
$$

当 PBFT 发生视图更换时，先在 T_2 内执行 PBFT 协议，由于传输失败，继续在 T_3 内执行视图更换协议。在 T_3 内，交易到达数为 λT_3，增加通信次数为 $\lambda T_3 \cdot (N-1)$。记执行视图更换协议的通信次数为 C_+，那么 C_{vc} 可以表示为：

$$
C_{\text{vc}} = C_{\overline{\text{vc}}} + \lambda T_3 \cdot (N-1) + C_+
\tag{10-18}
$$

执行视图更换协议的通信次数与执行 PBFT 协议的程度有关。L_1 是 PBFT 预准备阶段接收到消息的节点个数，L_2、L_3 分别是准备、确认两个阶段中成功接收 $2f$ 以上个节点消息的节点个数。PBFT 预准备阶段中 $L_1 < 2f$，或者准备、确认阶段中任何一个阶段中的 $L_2 < 2f+1$、$L_3 < 2f+1$，都会触发视图更换，而 L_3 的值直接决定视图更换协议的通信次数。视图更换协议的通信次数与 L_3 的关系为：

$$
C_+ = (N-L_3)\cdot(N-1) + N - 1 = 3f\cdot(3f+2-L_3)
\tag{10-19}
$$

当 $L_1 < 2f$ 或者 $L_2 < 2f+1$ 时，PBFT 确认阶段中任意一个节点接收到的消息数一定小于 $2f+1$，即 L_3 一定等于 0。而当 $L_1 \geqslant 2f$ 并且 $L_2 \geqslant 2f+1$ 时，L_3 的取值可以从 0 到 $2f$。因此执行视图更换协议的通信次数为：

$$
\begin{aligned}
C_+ = &\, P(L_1 < 2f+1) \cdot 3f(3f+2) \\
&+ P(L_2 < 2f+1 \mid L_1 \geqslant 2f+1) \cdot 3f(3f+2) \\
&+ P(L_3 < 2f+1 \mid L_1 \geqslant 2f+1, L_2 \geqslant 2f+1) \cdot 3f(3f+2-L_3)
\end{aligned}
\tag{10-20}
$$

进一步可以将式（10-20）展开为式（10-21）。

$$
\begin{aligned}
C_+ =&\, P_{\mathrm{vc}} \cdot 3f(3f+2) - P(L_3 < 2f+1 \mid L_1 \geqslant 2f+1, L_2 \geqslant 2f+1) \cdot 3f \cdot L_3 \\
=&\, 3f \cdot (3f+2) \cdot \left(1 - \sum_{L_1=2f}^{3f} \left\{ \begin{array}{l} C_{3f}^{L_1} P_s^{L_1}(1-P_s)^{3f-L_1} \\ \sum_{L_2=2f+1}^{3f+1} \left\{ \begin{array}{l} C_{3f+1}^{L_2} P_{s_2}^{L_2}(1-P_{s_2})^{3f+1-L_2} \\ \sum_{L_3=2f+1}^{3f+1} C_{3f+1}^{L_3} P_{s_3}^{L_3}(1-P_{s_3})^{3f+1-L_3} \end{array} \right\} \end{array} \right\} \right) - \\
& \sum_{L_1=2f}^{3f} \left\{ \begin{array}{l} C_{3f}^{L_1} P_s^{L_1}(1-P_s)^{3f-L_1} \\ \sum_{L_2=2f+1}^{3f+1} \left\{ \begin{array}{l} C_{3f+1}^{L_2} P_{s_2}^{L_2}(1-P_{s_2})^{3f+1-L_2} \\ \sum_{L_3=0}^{2f} C_{3f+1}^{L_3} P_{s_3}^{L_3}(1-P_{s_3})^{3f+1-L_3} \cdot 3f \cdot L_3 \end{array} \right\} \end{array} \right\}
\end{aligned}
\tag{10-21}
$$

因此，C_{vc} 可以表示成式（10-22）。

$$
\begin{aligned}
C_{\mathrm{vc}} =&\, C_{\overline{\mathrm{vc}}} + \lambda T_3 \cdot (N-1) + C_+ = \lambda(T_2+T_3) \cdot (N-1) + 2N \cdot (N-1) + C_+ \\
=&\, 3f \cdot \lambda(T_2+T_3) + 6f \cdot (3f+1) + 3f \cdot (3f+2) \cdot \\
& \left(1 - \sum_{L_1=2f}^{3f} \left\{ \begin{array}{l} C_{3f}^{L_1} P_s^{L_1}(1-P_s)^{3f-L_1} \\ \sum_{L_2=2f+1}^{3f+1} \left\{ \begin{array}{l} C_{3f+1}^{L_2} P_{s_2}^{L_2}(1-P_{s_2})^{3f+1-L_2} \\ \sum_{L_3=2f+1}^{3f+1} C_{3f+1}^{L_3} P_{s_3}^{L_3}(1-P_{s_3})^{3f+1-L_3} \end{array} \right\} \end{array} \right\} \right) - \\
& \sum_{L_1=2f}^{3f} \left\{ \begin{array}{l} C_{3f}^{L_1} P_s^{L_1}(1-P_s)^{3f-L_1} \\ \sum_{L_2=2f+1}^{3f+1} \left\{ \begin{array}{l} C_{3f+1}^{L_2} P_{s_2}^{L_2}(1-P_{s_2})^{3f+1-L_2} \\ \sum_{L_3=0}^{2f} C_{3f+1}^{L_3} P_{s_3}^{L_3}(1-P_{s_3})^{3f+1-L_3} \cdot 3f \cdot L_3 \end{array} \right\} \end{array} \right\}
\end{aligned}
\tag{10-22}
$$

计算出 C_{vc} 和 $C_{\overline{\text{vc}}}$ 后，可以将式（10-16）简化为：

$$C_{\text{pdft}} = \begin{cases} P_{\text{vc}}\,/(1-P_{\text{vc}}) \cdot C_{\text{vc}} + C_{\overline{\text{vc}}}, & P_{\text{vc}} \neq 1 \\ \infty & , \quad P_{\text{vc}} \neq 1 \end{cases}$$
（10-23）

从而得出 PBFT 生成一个有效区块所需要的通信次数。

· 算力开销

采用生成一个有效区块所需要的平均哈希次数来衡量 PoW 和 PBFT 的算力开销。在 PoW 中，算力用来寻找符合难度值要求的随机数，这一过程的时间近似为出块的时间。PoW 不发生分叉时，T_1 内的哈希次数为 $N \cdot r_1 \cdot T_1$，当发生分叉时，$T_1 + T_f$ 内的哈希次数为 $N \cdot r_1 \cdot (T_1 + T_f)$。根据分叉概率 P_f，生成一个有效区块所需要的哈希次数 H_{pow} 为：

$$\begin{aligned} H_{\text{pow}} &= (1-P_f) \cdot N \cdot r_1 \cdot T_1 + P_f \cdot N \cdot r_1 \cdot (T_1 + T_f) \\ &= N \cdot r_1 \cdot T_1 + N \cdot r_1 \cdot \\ &\quad \sum_{M=0}^{N-2} \left\{ C_{N-1}^M p_s^M (1-P_s)^{N-M-1} \cdot \frac{N-M-1}{N} \cdot \frac{N \cdot T_1}{N-M-1} \right\} \\ &= N \cdot r_1 \cdot T_1 \cdot \left(1 + \sum_{N=0}^{N-2} C_{N-1}^M P_s^M (1-P_s)^{N-M_t-1} \right) \\ &= N \cdot r_1 \cdot T_1 \cdot \left(2 - P_s^{N-1} \right) \end{aligned}$$
（10-24）

在 PBFT 中，算力用于对区块进行验证，这一时间占比很小，只占区块生成时间的一部分。在 PBFT 发生视图更换时，这一过程并没有对区块的验证。因此，PBFT 的算力开销只考虑 PBFT 运行时，对于区块中交易的验证，这一时间为 T_{c_2}。从而可以计算出生成一个有效区块所需要的哈希次数 H_{pbft} 为：

$$H_{\text{pdft}} = \begin{cases} \sum_{m=0}^{\infty} P_{\text{vc}}^m (1-P_{\text{vc}}) \cdot (m+1) N r_2 T c_2, & P_{\text{vc}} \neq 1 \\ \infty & , \quad P_{\text{vc}} = 1 \end{cases}$$
（10-25）

简化后可以表示为：

$$H_{\text{pdft}} = \begin{cases} 1/(1-P_{\text{vc}}) \cdot N \cdot r_2 \cdot T c_2, & P_{\text{vc}} \neq 1 \\ \infty & , \quad P_{\text{vc}} = 1 \end{cases}$$
（10-26）

10.5.3　仿真与性能分析

下面对 PoW 分叉概率和 PBFT 视图更换概率，以及 PoW 和 PBFT 的通信开销和算力开销进行评估。一些关键参数的设定如下：全网节点的交易到达率 λ =4TPS，传输时延 T_b =0.5s，PBFT 交易验证时间 T_{c_2} =5ms，PBFT 节点算力 r_2 =1MH/s，PoW 节点算力 r_1 = 1MH/s，当节点个数为 100 时，PoW 的难度值 D =2.0GH。

PoW 分叉概率随节点传输成功概率的变化曲线如图 10-14 所示。由图 10-14 可知，随着节点传输成功概率的增加，PoW 分叉概率线性减小，并且节点数量越多，传输成功概率与分叉概率相关性越强。这是因为节点传输概率与接收到记账节点广播的节点算力之和呈正相关，与未接收到记账节点广播的节点算力之和呈负相关。而分叉概率本质上就是未接收到记账节点广播的节点算力之和与节点总算力之和的比值。当节点传输成功概率增加时，未接收到记账节点广播的节点算力和降低，PoW 分叉概率减小。

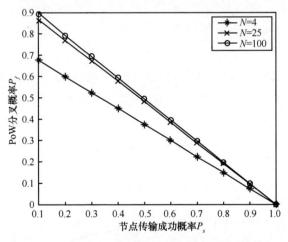

图 10-14　PoW 分叉概率随节点传输成功概率的变化曲线

图 10-15 展示了 PBFT 视图更换概率随节点传输成功概率的变化趋势。随着节点传输成功概率增加，PBFT 视图更换概率先保持不变（概率为 1），接着减小到 0 后再保持不变。这与 PBFT 三阶段中需要 2/3 以上的节点确认才能进入下一个阶段相关，当节点成功传输概率较低时，PBFT 三阶段未能正常进行，发生视图更换；

当节点成功传输概率较高时，PBFT 三阶段正常进行，不发生视图更换。

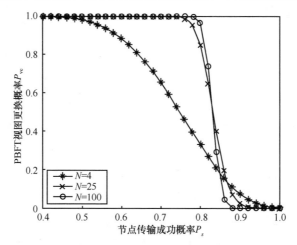

图 10-15　PBFT 视图更换概率随节点传输成功概率的变化趋势

图 10-16 展示了 PoW 通信开销随节点传输成功概率的变化趋势。随着节点传输成功概率的增加，PoW 通信开销先保持不变再减小。节点传输成功概率的增加，会减小 PoW 分叉概率，同时也会增加分叉时产生的通信开销，整体的通信开销在一定范围内保持不变。而当节点传输成功概率不断增加到接近 1 时，此时的分叉概率极小，分叉的通信开销增加，PoW 的通信开销先不变再减小。

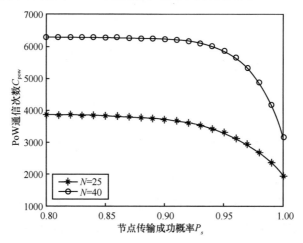

图 10-16　PoW 通信开销随节点传输成功概率的变化趋势

图 10-17 展示了 PBFT 通信开销随节点传输成功概率的变化趋势。由图 10-16 可知，随着节点传输成功概率的增加，PBFT 的通信开销先减小再保持不变。在较高的节点传输成功概率范围内，PBFT 视图更换概率小于 1，随着节点传输成功概率的增加，视图更换概率不断减小至 0 然后保持不变，PBFT 通信开销随之不断减小然后趋于稳定。

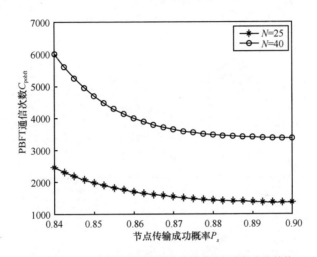

图 10-17　PBFT 通信开销随节点传输成功概率的变化趋势

图 10-18 展示了 PoW 算力开销随节点传输成功概率的变化趋势。随着节点传输成功概率的增加，PoW 的算力开销先保持不变再减小。节点传输成功概率的增加，会减小 PoW 分叉概率，但会增加分叉的算力开销，整体的算力开销在一定范围内保持不变。而当节点传输成功概率不断增加到接近 1 时，此时的分叉概率极小，分叉的算力开销可以忽略不记，因而低节点传输概率下的通信开销为不分叉时算力开销的两倍。

图 10-19 展示了 PBFT 算力开销随节点传输成功概率的变化趋势。随着节点传输成功概率的增加，PBFT 的算力开销先减小再保持不变。在较高的节点传输成功概率范围内，PBFT 视图更换概率小于 1，随着节点传输成功概率的增加，视图更换概率不断减小至 0 然后保持不变，PBFT 通信开销随之不断减小然后趋于稳定。

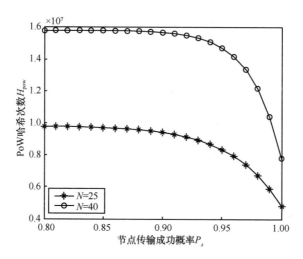

图 10-18　PoW 算力开销随节点传输成功概率的变化趋势

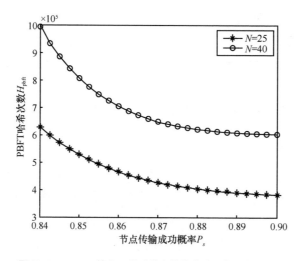

图 10-19　PBFT 算力开销随节点传输成功概率的变化趋势

　　图 10-20 展示了 PoW 和 PBFT 的通信开销随节点个数的变化曲线。PoW 的通信次数与节点数目成正比；PBFT 的通信次数与节点数目的二次方成正比。当节点数目较小时，PoW 的通信开销大于 PBFT，随着节点数目不断增大，PBFT 的通信开销将远远大于 PoW。在节点传输成功概率为 0 和不为 0 两种情况下，对比 PoW 和 PBFT 通信开销相同时的节点数目，后者较前者有所增加。

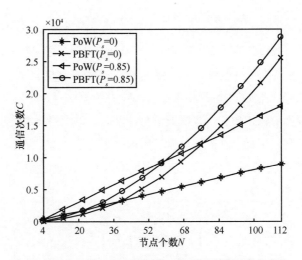

图 10-20　PoW 和 PBFT 的通信开销随节点个数的变化曲线

图 10-21 展示了 PoW 和 PBFT 的算力开销随节点个数的变化曲线。PoW 的算力开销与节点数目成正比，PBFT 的算力开销远小于 PoW 的算力开销，实际上从式（10-26）可知，PBFT 的算力开销与节点数目也是成正比的，但 PBFT 的算力消耗相对 PoW 来说很小，几乎可以忽略。

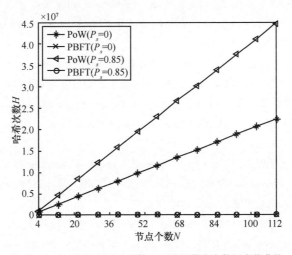

图 10-21　PoW 和 PBFT 的算力开销随节点个数的变化曲线

总之，PBFT 的算力开销始终远小于 PoW；当节点数目小于 40 时，PBFT 的通信开销更小，当节点数目在 40～60 时，PoW 和 PBFT 通信开销相差不大，当节点数目大于 60 时，PoW 的通信开销更小。这与 PoW 共识算法时间复杂度为 $O(n)$、PBFT 共识算法时间复杂度为 $O(n^2)$ 情况相吻合。PoW 共识算法有资源浪费、网络性能低、算力集中化等缺点；PBFT 共识算法通信复杂度高、对网络环境要求较为严格，并且为强一致性算法。因此，在网络环境较为恶劣的情况下，应当选择 PoW 作为共识算法，而在网络环境良好的情况下，应当根据网络节点规模的数目来灵活选择 PoW 或者 PBFT 作为共识算法。

｜ 参考文献 ｜

[1] CHO H. ASIC-resistance of multi-hash proof-of-work mechanisms for blockchain consensus protocols[J]. IEEE Access, 2018, 6: 66210-66222.

[2] WANG X, DU Y H, LIANG X F. A reputation-based carbon emissions trading scheme enabled by block chain[C]//Proceedings of the 2019 34rd Youth Academic Annual Conference of Chinese Association of Automation (YAC). Piscataway: IEEE Press, 2019: 446-450.

[3] TEJA J R. Proposing method for public record maintenance using block chain[C]//Proceedings of the 2020 International Conference on Mainstreaming Block Chain Implementation (ICOMBI). Piscataway: IEEE Press, 2020: 1-5.

[4] YANG S P, TAN S C, XU J X. Consensus based approach for economic dispatch problem in a smart grid[J]. IEEE Transactions on Power Systems, 2013, 28(4): 4416-4426.

[5] JOSEPH L, BUTERA R J. High-frequency stimulation selectively blocks different types of fibers in frog sciatic nerve[J]. IEEE Transactions on Neural Systems and Rehabilitation Engineering, 2011, 19(5): 550-557.

[6] ZHOU Q, GUAN W, SUN W. Impact of demand response contracts on load forecasting in a smart grid environment[C]//Proceedings of the 2012 IEEE Power and Energy Society General Meeting. Piscataway: IEEE Press, 2012: 1-4.

[7] NIRALA R K, ANSARI M D. Performance evaluation of loss packet percentage for asymmetric key cryptography in VANET[C]//Proceedings of the 2018 5th International Conference on Parallel, Distributed and Grid Computing (PDGC). Piscataway: IEEE Press, 2018: 70-74.

[8] NGUYEN T, TRAN N, LOVEN L, et al. Privacy-Aware Blockchain Innovation for 6G: chal-

lenges and opportunities[C]//Proceedings of the 2020 2nd 6G Wireless Summit (6G SUM-MIT). Piscataway: IEEE Press, 2020: 1-5.

[9]　ZHANG H J, QIU Y, LONG K P, et al. Resource allocation in NOMA-based fog radio access networks[J]. IEEE Wireless Communications, 2018, 25(3): 110-115.

[10]　MAKSYMYUK T, GAZDA J, HAN L Z, et al. Blockchain-based intelligent network management for 5G and beyond[C]//Proceedings of the 2019 3rd International Conference on Advanced Information and Communications Technologies (AICT). Piscataway: IEEE Press, 2019: 36-39.

[11]　STEADMAN K N, ROSE A D, NGUYEN T T N. Dynamic spectrum sharing detectors[C]//Proceedings of the 2007 2nd IEEE International Symposium on New Frontiers in Dynamic Spectrum Access Networks. Piscataway: IEEE Press, 2007: 276-282.

[12]　SHARIFI A A, NIYA M J M. Defense against SSDF attack in cognitive radio networks: attack-aware collaborative spectrum sensing approach[J]. IEEE Communications Letters, 2016, 20(1): 93-96

[13]　ZYSKIND G, NATHAN O, PENTLAND A S. Decentralizing privacy: using blockchain to protect personal data[C]//Proceedings of the 2015 IEEE Security and Privacy Workshops. Piscataway: IEEE Press, 2015: 180-184.

[14]　ABE R, WATANABE H, OHASHI S, et al. Storage protocol for securing blockchain transparency[C]//Proceedings of the 2018 IEEE COMPSAC. Piscataway: IEEE Press, 2018: 577-581.

名词索引